网络与信息安全技术

主　编 霍成义 卢宏才
副主编 刘智涛 程建峰

HEUP 哈尔滨工程大学出版社
Harbin Engineering University Press

内容简介

本书从网络安全的概述引入，并从网络安全的角度出发，全面介绍网络与信息安全的基本理论以及网络安全方面的管理、配置和维护。全书共分10章，主要内容包括网络安全概述、网络黑客攻防技术、数据加密技术、访问控制技术、Windows Server 2003安全、数字签名与认证技术、防火墙技术与计算机病毒、入侵检测技术、虚拟专用网(VPN)技术、Web与电子商务安全。每章包括案例导入、学习目标、本章小结、实例操作和练习题。

本书以理论“实用、够用”为原则，注重实用性，实例丰富典型，案例和实验内容融合在课程内容中，将理论知识与实践操作很好地结合起来，注重培养实践操作能力。

本书可作为高职高专计算机、电子商务等相关专业的教材，也可作为技术人员参考书或培训教材。

图书在版编目(CIP)数据

网络与信息安全技术/霍成义，卢宏才主编. —哈尔滨：哈尔滨工程大学出版社，2009.8(2017.1重印)
ISBN 978-7-81133-535-4

Ⅰ.网… Ⅱ.①霍…②卢… Ⅲ.计算机网络-安全技术 Ⅳ.TP393.08

中国版本图书馆CIP数据核字(2009)第165925号

出版发行 哈尔滨工程大学出版社
社　　址 哈尔滨市南岗区东大直街124号
邮政编码 150001
发行电话 0451-82519328
传　　真 0451-82519699
经　　销 新华书店
印　　刷 哈尔滨市石桥印务有限公司
开　　本 787 mm×1 092 mm　1/16
印　　张 18.25
字　　数 453千字
版　　次 2010年1月第1版
印　　次 2017年1月第6次印刷
定　　价 33.00元
http://www.hrbeupress.com
E-mail:heupress@hrbeu.edu.cn

PREFACE 前言

计算机网络的发展,特别是Internet的普及,使人们的学习、工作和生活方式发生了巨大的变化。计算机网络系统提供了丰富的资源便于用户共享,提高了系统的灵活性和便捷性,但也正是这些特点,增加了网络系统的脆弱性、网络受威胁和攻击的可能性以及网络安全的复杂性。

本书是网络与信息安全的入门教材。通过本书的学习,学生可以了解网络与信息安全的基本框架、基本理论,以及计算机网络安全方面的管理、配置和维护,为今后进行网络管理、维护,以及安全技术服务奠定基础。

我们通过调研目前社会上对网络安全方面人才的需求及技术要求,并结合多年的教学体会及实践经验编写了此书。全书按照以下思路编写:首先,每一章都不从概念说起,而是由案例引发出对一类问题的思考,继而激起学生对相关理论问题的探究;而后,详细介绍技术核心,讲解时注意简单、明确、适度;接下来,是针对当前市场上应用这类技术的流行产品及应用的实例,让学生直观地与其所学的技术联系起来;最后,给出相关的实例,从中巩固所学习的技术要点,深刻领会技术内涵及实用价值。

本书以培养应用型和技能型人才为根本,以理论"实用、够用"为原则,注重实用性,通过认识、实践、总结和提高这样一个认知过程,精心组织内容,力求重点突出,通俗易懂。全书共分10章,分别讲述网络安全概述、网络黑客攻防技术、数据加密技术、访问控制技术、Windows Server 2003安全、数字签名与认证技术、防火墙技术与计算机病毒、入侵检测技术、虚拟专用网(VPN)技术、Web与电子商务安全的相关内容。每章都配有相关的实训环节,并对实训过程做了详尽的描述及图解。

本书由霍成义、卢宏才担任主编,刘智涛、程建峰担任副主编,全书由霍成义统稿。在编写过程中参考了互联网上公布的一些相关资料,由于互联网上的资料较多,且引用复杂,无法一一注明原出处,故在此声明,原文版权属于原作者。其他参考文献在本书后列出。

本书适合高职高专电子商务、计算机网络和信息安全专业或相近专业的教学使用,也可作为从事网络安全、网络管理、信息系统开发的科研人员和相关行业技术人员的参考书。

由于作者水平有限,书中难免有疏漏和错误之处,敬请广大读者批评指正。

编　者

2009年5月于天水

CONTENTS 目录

第1章 网络安全概述

【案例导入】

提到网络安全,人们就会想到最近几年给社会生活带来巨大震荡的一系列事件:2001年的“尼姆达”,2002年的“求职信”,2003年的“冲击波”,2004年针对网络银行账户的“网络钓鱼”,2005年4月中国电信部分省市宽带网大面积中断……每一次事件的爆发,其后果都是一样的,那就是直接、间接造成的巨大经济损失。

网络改变着我们的生活方式。中国互联网络信息中心(CNNIC)于2009年1月发布了第23次互联网调查报告。报告显示,截至2008年12月31日,中国网民规模达到2.98亿,普及率达到22.6%,超过全球平均水平;网民较2007年增长8 800万人,年增长率为41.9%;截至2008年底,中国的域名总量达到16 826 198个,较2007年增长41%,依然保持快速增长之势;我国的IPv4地址资源依然保持快速增长,2008年达到181 273 344个,较2007年增长34%。

然而,网络是柄“双刃剑”,在提供共享信息,为人们带来便捷通信的同时也存在很多安全的隐患,如网上信息被泄漏和假冒、电子商务中消息的非法盗用和篡改、软件产品的版权侵犯、黑客的入侵、计算机病毒的蔓延、不良信息传播等。网络信息安全已成为影响个人利益、经济发展、社会稳定、国家安全的重大问题。网络的危险无时不在,无处不在。

“网络安全”在人们眼中似乎是一种不可求得的理想状态,即便是投入大量资金进行安全建设的企业,依然会因为各种威胁而蒙受损失。那么,我们能做些什么呢,我们该做些什么呢,我们该怎么做呢?

【学习目标】

1.了解网络安全的概念及网络安全威胁
2.理解网络安全服务及机制
3.理解网络安全策略及制定原则
4.掌握网络各层安全及防护体系
5.了解网络安全的发展

1.1 网络安全的基本知识

1.1.1 网络安全的定义

从广义上说,网络安全包括网络硬件资源和信息资源的安全性。硬件资源包括通信线路、通信设备(交换机、路由器等)、主机等,要实现信息快速、安全地交换,一个可靠的物理网络是必不可少的。信息资源包括维持网络服务运行的系统软件和应用软件,以及在网络中存储和传输的用户信息数据等。信息资源的保密性、完整性、可用性、真实性等是网络安全研究的重要课题,也是本书涉及的重点内容。

从用户角度看,网络安全主要是保障个人数据或企业的信息在网络中的保密性、完整性、不可否认性,防止信息的泄露和破坏,防止信息资源的非授权访问。对于网络管理者来说,网络安全的主要任务是保障合法用户正常使用网络资源,避免病毒、拒绝服务、远程控制、非授权访问等安全威胁,及时发现安全漏洞,制止攻击行为等。

从教育和意识形态方面,网络安全主要是保障信息内容的合法与健康,控制含不良内容的信息在网络中的传播。例如英国实施的"安全网络 R-3 号"计划,其目的就是打击网络上的犯罪行为,防止 Internet 上不健康内容的泛滥。

可见网络安全的内容是十分广泛的,不同的用户对其有不同的理解和要求。在此,对网络安全下一个通用的定义:网络安全是指保护网络系统中的软件、硬件及信息资源,使之免受偶然或恶意的破坏、篡改和泄露,保证网络系统的正常运行、网络服务不中断。

1.1.2 网络安全威胁

所谓的安全威胁是指某个实体(人、事件、程序等)对某一资源的机密性、完整性、可用性在合法使用时可能造成的危害。这些可能出现的危害,是某些别有用心的人通过一定的攻击手段来实现的。

安全威胁可分成故意的(如系统入侵)和偶然的(如将信息发到错误地址)两类。故意威胁又可进一步分成被动威胁和主动威胁两类。被动威胁只对信息进行监听,而不对其修改和破坏。主动威胁则对信息进行故意篡改和破坏,使合法用户得不到可用信息。实际上,目前没有统一、明确的方法对安全威胁进行分类和界定,但为了理解安全服务的作用,人们总结了计算机网络及通信中常遇到的一些威胁。

1.基本的安全威胁

网络安全具备四个方面的特征,即机密性、完整性、可用性及可控性。下面的四个基本安全威胁直接针对这四个安全目标。

(1)信息泄露。信息泄露给某个未经授权的实体。这种威胁主要来自窃听、搭线等信息探测攻击。

(2)完整性破坏。数据的一致性由于受到未授权的修改、创建、破坏而损害。

(3)拒绝服务。对资源的合法访问被阻断。拒绝服务可能由以下原因造成:攻击者对系统进行大量的、反复的非法访问尝试而造成系统资源过载,无法为合法用户提供服务;系统物理或逻辑上受到破坏而中断服务。

(4)非法使用。某一资源被非授权人或以非授权方式使用。

2.主要的可实现的威胁

主要的可实现的威胁可以直接导致某一基本威胁的实现,主要包括渗入威胁和植入威胁。

(1)主要的渗入威胁

①假冒。即某个实体假装成另外一个不同的实体。这个未授权实体以一定的方式使安全守卫者相信它是一个合法的实体,从而获得合法实体对资源的访问权限。这是大多黑客常用的攻击方法。

②旁路。攻击者通过各种手段发现一些系统安全缺陷,并利用这些安全缺陷绕过系统防线渗入到系统内部。

③授权侵犯。对某一资源具有一定权限的实体,将此权限用于未被授权的目的,也称

"内部威胁"。

(2)主要的植入威胁

①特洛伊木马。它是一种基于远程控制的黑客工具,具有隐蔽性和非授权性的特点。隐蔽性是指木马的设计者为了防止木马被发现,会采取多种手段隐藏木马,即使用户发现感染了木马,也不易确定其具体位置。非授权性是指一旦控制端与服务端(被攻击端)连接后,控制端就能通过木马程序窃取服务端的大部分操作权限,包括修改文件、修改注册表、运行程序等。

②陷门。在某个系统或某个文件中预先设置"机关",使得当提供特定的输入时,允许违反安全策略。

另外,还有一些潜在的安全威胁,在此不一一讲述。典型的网络安全威胁在表1-1中列出。

表1-1 典型的网络安全威胁

威胁	描述
授权侵犯	为某一特定目的被授权使用某个系统的人,将该系统用作其他未授权的目的
旁路控制	攻击者挖掘系统的缺陷或安全弱点,从而渗入系统
拒绝服务	合法访问被无条件拒绝和推迟
窃听	在监视通信的过程中获得信息
电磁泄露	从设备发出的辐射中泄露信息
非法使用	资源被某个未授权的人或以未授权的方式使用
信息泄露	信息泄露给未授权实体
完整性破坏	对数据的未授权创建、修改或破坏,造成数据一致性损害
假冒	一个实体假装成另外一个实体
物理侵入	入侵者绕过物理控制而获得对系统的访问权
重放	出于非法目的而重新发送截获的合法通信数据的拷贝
否认	参与通信的一方事后否认曾经发生过此次通信
资源耗尽	某一资源被故意超负荷使用,导致其他用户的服务中断
业务流分析	通过对业务流模式进行观察(有、无、数量、方向、频率),而使信息泄露给未授权实体
特洛伊木马	含有隐藏或觉察不出的软件,当它被运行时,损害用户的安全
陷门	在某个系统或文件中预先设置的"机关",使得当提供特定的输入时,允许违反安全策略
人员疏忽	一个授权的人出于某种动机或由于粗心将信息泄露给未授权的人

1.1.3 安全服务

安全服务是指计算机网络提供的安全防护措施。国际标准化组织(ISO)定义了以下5种基本的安全服务,即认证服务、访问控制、数据机密性服务、数据完整性服务、不可否认服务。

1.认证服务

确保某个实体身份的可靠性,可分为两种类型。一种类型是认证实体本身的身份,确保其真实性,称为实体认证。实体的身份一旦获得确认就可以和访问控制表中的权限关联起来,决定是否有权进行访问。实体认证中一种最常见的方式,就是通过口令来认证访问者的身份。但这种认证的安全性很低,对于一些重要的系统,需要采用更复杂的方法和技术来实现认证服务。另一种认证是证明某个信息是否来自于某个特定的实体,这种认证叫做数据源认证。数据源认证在现实生活中的典型例子就是签字,如银行支票和文件上的签名。在计算机系统中也有相应的数据签名技术。

2.访问控制

访问控制的目标是防止对任何资源的非授权访问,确保只有经过授权的实体才能访问受保护的资源。

3.数据机密性服务

数据机密性服务确保只有经过授权的实体才能理解受保护的信息。在信息安全中主要区分两种机密性服务,即数据机密性服务和业务流机密性服务。数据机密性服务主要是采用加密手段使得攻击者即使窃取了加密的数据也很难推出有用的信息;业务流机密性服务则要使监听者很难从网络流量的变化上推出敏感信息。

4.数据完整性服务

防止对数据未授权的修改和破坏。完整性服务使消息的接收者能够发现消息是否被修改,是否被攻击者用假消息换掉。

5.不可否认服务

根据 ISO 的标准,不可否认服务要防止对数据源以及数据提交的否认。它有两种可能,即数据发送的不可否认性和数据接收的不可否认性。这两种服务需要比较复杂的基础设施的支持,如数字签名技术。

1.1.4 安全机制

安全机制是用来实施安全服务的机制。安全机制既可以是具体的、特定的,也可以是通用的。主要的安全机制有以下几种,即加密机制、数字签名机制、访问控制机制、数据完整性机制、认证交换机制、流量填充机制、路由控制机制和公证机制等。

1.加密机制用于保护数据的机密性

它依赖于现代密码学理论,一般来说加/解密算法是公开的,加密的安全性主要依赖于密钥的安全性和强度。有两种加密机制,一种是对称的加密机制,一种是非对称的加密机制,这两种加密机制具有不同的特点,应用领域也不尽相同,在以后的章节会进一步介绍。

2.数字签名机制是保证数据完整性及不可否认性的一种重要手段

数字签名在网络应用中的作用越来越重要。它可以采用特定的数字签名机制生成,也可以通过某种加密机制生成。

3.访问控制机制与实体认证密切相关

首先,要访问某个资源的实体应成功通过认证,然后访问控制机制对该实体的访问请求进行处理,查看该实体是否具有访问所请求资源的权限,并做出相应的处理。如果访问控制机制实施成功,则大多数的攻击将不构成威胁。同时,访问控制必须得当,控制机制过于复杂和严密,将导致网络性能下降甚至不好用。

4.数据完整性机制用于保护数据免受未经授权的修改

该机制可以通过使用一种单向的不可逆函数——散列函数来计算出消息摘要(Message Digest),并对消息摘要进行数字签名来实现。

5.流量填充机制针对的是对网络流量进行分析的攻击

有时攻击者通过对通信双方的数据流量的变化进行分析,根据流量的变化来推出一些有用的信息或线索。例如:监视某一项目两个研究小组之间的通信流量,如果流量突然减少,就有可能说明某一项目的研究已结束或中止。因此,在此类的机密通信中,可以通过生成一定的哑流量填充到业务流量中去,以保持网络流量的基本恒定,使攻击者无法捕获任何信息。

6.路由控制机制可以指定数据通过网络的路径,这样就可以选择一条路径,这条路径上的节点都是可信任的,确保发送的信息不会因通过不安全的节点而受到攻击。

7.公证机制由通信各方都信任的第三方提供,由第三方来确保数据完整性、数据源、时间及目的地的正确。如一个必须在截止期限前发送的消息必须带有由可信时间服务机构提供的时间戳,以证明自己的提交时间。该时间服务机构可以在消息上直接加入时间戳,必要时还可对消息进行数字签名。

1.2 网络安全现状及对策

1.2.1 网络安全现状

网络应用领域的不断拓展,互联网在全球的迅猛发展,使得社会的政治、经济、文化、教育等各个领域都在向网络化的方面发展。与此同时,“信息垃圾”、“邮件炸弹”、“电脑黄毒”、“黑客”等也开始在网上横行,不仅造成了巨额的经济损失,也在用户的心理及网络发展的道路上投下巨大的阴影。据统计,目前全球平均每20秒就会发生一起Internet主机被入侵事件,美国75%~85%的网站抵挡不住黑客攻击,约有75%企业的网上信息失窃,其中25%的企业损失在25万美元以上。而通过网络传播的病毒无论在传播速度、传播范围和破坏性方面都比单机病毒更令人色变。目前全球已发现病毒5万余种,并仍以每天10余种的速度增长。有资料显示,病毒所造成的损失占网络经济损失的76%。

目前欧洲各国的小型企业每年因计算机病毒导致的经济损失高达220亿欧元,而这些病毒主要是通过电子邮件进行传播的。据反病毒厂商表示,像Sobig(霸王虫)、Slammer(速客一号)、Blast(冲击波)等网络病毒和蠕虫造成的网络大塞车,一年就给企业造成550亿美元的损失。而包括从身份窃贼到间谍在内的其他网络危险造成的损失则很难量化,网络安全问题带来的损失由此可见一斑。

2000年5月4日,“爱虫”病毒在短短的四五天内侵袭了全世界100多万台计算机,造成数十亿美元的损失;2001年2月,美国许多著名的网站先后遭到黑客攻击,造成直接经济损失达12亿美元,并造成股市动荡。此类事件还有很多,据美国联邦调查局调查,美国每年因为网络安全造成的经济损失超过170亿美元。不仅如此,网络安全在国家安全方面也日益显现其重要性。美国1995年提出的“战略信息战”的概念,就是指通过侵袭和操纵计算机网络设施实施破坏,从而达到战略目的的作战手段。并把它与核战和生化战一起列为对国家安全最具威胁的三大挑战。

2006年1月至11月期间,CNCERT/CC收到的网页恶意代码、网络仿冒、网页篡改等网络安全事件(不重复的事件)共达23 958起。7月至10月,随着我国被篡改网站事件的上升,安全事件的总数也随之上升,网页恶意代码由9月的12件,10月的97件上升到11月的145

件，上升较快。2006年1月至11月，我国大陆地区被篡改的网站总数达21 578个。2006年1月至11月，大陆gov.cn网站被篡改数量共计达3 427个。

在我国，黑客对于我们来说并不陌生。近年来利用网络进行的各类违法行为以每年30%的速度递增。1998年，国内共破获电脑黑客案近百起。2000年，有人利用新闻组中获得的普通技术手段，轻而易举地从多个商业站点窃取8万个信用卡号和密码，并标价26万元出售。信息业调查专家分析认为："当前国内大多数管理者对网络安全不甚了解，在管理上存在巨大的漏洞。主要表现在不重视信息系统和网络安全，只重视物理安全；不重视逻辑安全，只重视单机安全。"这种情况使得我国90%以上的网站都很容易被攻击。如果黑客或敌对国利用网络对我国核心行业进行攻击，其后果是不堪设想的。

因此，无论从我国还是从全世界范围来看，网络安全状况都是不容乐观的。网络安全已经成为网络技术发展的瓶颈，阻碍着网络应用在各个领域的纵深发展。网络安全问题对传统的国家安全体系提出了严峻的挑战，使国家机密、金融信息等面临巨大的威胁。面对当前网络安全状况，我们应当持正确的、辩证的态度。一方面不能因噎废食，拒绝先进的网络技术和文化；另一方面一定要对网络的安全威胁给予充分的重视。政府对网络安全技术的研究及网络安全产品的研发积极支持，曙光公司总裁李国杰院士表示"国家标准是一种主权"。网络使用者及网络服务提供者也应该充分认识到网络安全及网络管理的重要性，保护个人利益、企业利益、国家利益不受侵害。中国工程院院士沈昌祥说："构筑信息与网络安全防线事关重大、刻不容缓"。

1.2.2 主要的网络安全问题

网络的开放性、共享性等特点决定了网络上存在很多的安全隐患，归纳起来，大致有以下几个方面的问题。

1.网络系统软件自身的安全问题

网络系统软件是运行管理其他网络软、硬件资源的基础，因而其自身的安全性直接关系到网络的安全。网络系统软件由于安全功能欠缺或由于系统在设计时的疏忽或考虑不周而留下安全漏洞，都会给攻击者以可乘之机，危害网络的安全性。许多软件存在着安全漏洞，一般生产商会针对已发现的漏洞发布"补丁(Patch)"程序。这一点大家在许多著名的软件生产商的网站上都可以看到。用户也应对自己使用的系统经常测试或到相应的网站上了解一下，看是否也需要打"补丁"。一般选择高版本的操作系统比低版本的安全性要高，并且要使用系统所能提供的最高级别的安全性。网络安全体系随着黑客发现新的安全漏洞而变得脆弱，同时也随着安全管理员首先发现安全漏洞并及时更改配置弥补而重新变得坚固。其中的时间差往往是成败的归因。这需要网络运行者投入相当的技术力量研究或者购买相当的网络安全服务。

2.网络系统中数据库的安全问题

网络数据库中存放着大量重要的信息资源，它对信息资源的共享、资源的合理配置提供了很好的解决办法。但分布式数据库系统面临的安全问题比集中的数据库系统更为复杂和严峻。数据库的安全主要是保证数据的安全可靠和正确有效。对数据库数据的保护主要包括数据的安全性、完整性和并发控制三个方面。

数据的安全性就是保证数据库不被故意破坏或非法存取。数据完整性是防止数据库中存在不符合语义的数据，以防止由于错误信息的输入、输出而造成无效操作和错误结果。数

据库是一个共享资源，在多个用户程序并行地存取数据时，有可能会遇到多个用户程序并发地存取同一数据的情况，若不进行并发控制就会使取出和存入的数据不正确，影响数据库的一致性。

3.传输的安全与质量

尽管在电缆、光纤、无线等各种通信媒质中窃听其中指定一路的通信很困难，但其在技术上是可以实现的，所以没有绝对安全的通信线路。同时，网络通信中，消息从发送者到接收目的地一般要经过多个中间节点的存储转发才能到达，在中间节点处信息安全风险大大增加，且是发送者不易控制的。另外，网络的通信服务质量对于数据是否能安全到达指定地点也有很大影响。低服务质量的网络抗攻击性能差，轻者影响数据完整性，严重的会造成网络通信的中断。

4.网络安全管理问题

管理的失败是网络安全体系失败的一个非常重要的原因，最近报道的若干网络入侵案件证明了这一点。网络安全管理方面的问题主要包括网络管理员配置不当或网络应用升级不及时造成的安全漏洞、使用脆弱的用户口令、随意使用普通网络站点下载的软件、在防火墙内部架设拨号服务器却没有对账号的认证严格限制、用户安全意识不强将自己的账号随意转借他人或与别人共享等。这些问题都会使网络处于危险之中，而且是无论多么精妙的安全策略和网络安全体系都不能解决的。

随着网络规模的不断扩大，越来越多的系统加入到其中，各个系统的安全性及管理方式各不相同，这就极大地增加了网络安全管理的复杂度和难度。更糟糕的是，人们并没有清醒地意识到网络安全管理的重要性，目前大多数信息系统缺少安全管理员，缺少安全管理技术规范，缺少定期的系统安全测试，缺少安全审计机制。这些疏于管理的网络成为黑客们游荡的乐园。

通常安全管理涉及两个方面：一个是安全管理，即防止未授权者访问网络；另一个是管理的安全性，即防止未授权者访问网络管理系统。随着网络的全球性普及，网络信息资源的安全性变得越来越重要，网络安全管理成为网络管理中的重要领域。

5.各种人为因素

以上几方面的问题主要是从技术上考虑的。而在网络安全问题中，人为的因素是不可忽视的。多数的安全事件是由于人员的疏忽、恶意程序、黑客的主动攻击造成的。人为因素对网络安全的危害性更大，也更难以防御。

计算机病毒是一种人为编写的恶意代码，具有自我繁殖、感染、激活再生等特征。一旦计算机感染病毒，轻者影响系统性能，重者破坏系统资源，甚至造成死机或系统瘫痪。网络为病毒的传播提供了捷径，其危害也更大。

黑客攻击是指利用通信软件，通过网络非法进入他人系统，截获或篡改数据，危害信息安全。

人员的疏忽往往是造成安全漏洞的直接原因。人员造成的安全问题主要有三个方面：一是网络及系统管理员方面，对系统配置及安全缺乏清醒的认识或整体的考虑，造成系统安全性差，影响网络安全及服务质量；二是程序员方面的问题，程序员开发的软件有安全缺陷，比如常见的缓冲区溢出问题；三是用户方面，用户有责任保护好自己的口令及密钥。

1.2.3 网络安全策略

安全策略是指在某个安全区域内,所有与安全活动相关的一套规则,这些规则由此安全区域内的一个权威建立。如果说网络安全的目标是一座大厦,那么相应的安全策略就是施工的蓝图,它使网络建设和管理过程中的安全工作避免了盲目性。但是,它并没有得到足够的重视。国际调查显示,目前55%的企业网没有自己的安全策略,仅靠一些简单的安全措施来保障网络安全,这些安全措施可能存在互相分立、互相矛盾、互相重复、各自为政等问题,既无法保障网络的安全可靠,又影响网络的服务性能,并且随着网络运行而对安全措施进行不断地修补,使整个安全系统愈加臃肿不堪,难以使用和维护。

网络安全策略包括对企业的各种网络服务的安全层次和用户的权限进行分类,确定管理员的安全职责,如何实施安全故障处理、网络拓扑结构、入侵及攻击的防御和检测、备份和灾难恢复等内容。在本书中所说的安全策略主要指系统安全策略,主要涉及四大方面,即物理安全策略、访问控制策略、信息加密策略和安全管理策略。

1.物理安全策略

制定物理安全策略的目的是保护路由器、交换机、工作站、各种网络服务器、打印机等硬件实体和通信链路免受自然灾害、人为破坏和搭线窃听攻击;验证用户的身份和使用权限、防止用户越权操作;确保网络设备有一个良好的电磁兼容工作环境;建立完备的机房安全管理制度,妥善保管备份磁带和文档资料;防止非法人员进入机房进行偷窃和破坏活动。

2.访问控制策略

访问控制是网络安全防范和保护的主要策略,它的主要任务是保证网络资源不被非法使用和访问。它也是维护网络系统安全、保护网络资源的重要手段。各种安全策略必须相互配合才能真正起到保护作用,而访问控制可以说是保证网络安全最重要的核心策略之一。下面来分述各种访问控制策略。

(1)入网访问控制。入网访问控制为网络访问提供了第一层访问控制。它控制哪些用户能够登录到服务器并获取网络资源,控制准许用户入网的时间和准许在哪台工作站入网。用户的入网访问控制可分为三个步骤:用户名的识别与验证、用户口令的识别与验证、用户账号的缺省限制检查。三道关卡中只要任何一关未过,该用户便不能进入该网络。

对网络用户的用户名和口令进行验证是防止非法访问的第一道防线。用户注册时首先输入用户名和口令,服务器将验证所输入的用户名是否合法。如果验证合法,才继续验证用户输入的口令,否则,用户将被拒之于网络之外。用户的口令是用户入网的关键所在。为保证口令的安全性,用户口令不能显示在显示屏上,口令长度应不少于6个字符,口令字符最好是数字、字母和其他字符的混合,用户口令必须经过加密。经过加密的口令,即使是系统管理员也难以得到它。用户还可采用一次性用户口令,也可用便携式验证器(如智能卡)来验证用户的身份。

网络管理员应该可以控制和限制普通用户的账号使用、访问网络的时间和方式。用户名或用户账号是所有计算机系统中最基本的安全形式,用户账号应只有系统管理员才能建立。用户口令应是每个用户访问网络所必须提交的“证件”,用户可以修改自己的口令,但系统管理员可以控制口令的最小口令长度、强制修改口令的时间间隔、口令的唯一性、口令过期失效后允许入网的宽限次数。

用户名和口令验证有效之后,再进一步履行用户账号的缺省限制检查。网络应能控制用户登录入网的站点、限制用户入网的时间、限制用户入网的工作站数量。当用户对交费网络的访问“资费”用尽时,网络还应能对用户的账号加以限制。网络应对所有用户的访问进行审计。如果多次输入口令不正确,则认为是非法用户的入侵,应给出报警信息。

(2)网络的权限控制。网络的权限控制是针对网络非法操作所提出的一种安全保护措施。用户和用户组被赋予一定的权限。网络控制用户和用户组可以访问哪些目录、子目录、文件和其他资源,可以指定用户对这些文件、目录、设备能够执行哪些操作。可以根据访问权限将用户分为3类:特殊用户(即系统管理员);一般用户,系统管理员根据他们的实际需要为他们分配操作权限;审计用户,负责网络的安全控制与资源使用情况的审计。用户对网络资源的访问权限可以用一个访问控制表来描述。

(3)目录级安全控制。网络应能够控制用户对目录、文件、设备的访问。用户在目录一级指定的权限对所有文件和子目录有效,用户还可进一步指定对目录下的子目录和文件的权限。对目录和文件的访问权限一般有8种,即系统管理员权限(Supervisor)、读权限(Read)、写权限(Write)、创建权限(Create)、删除权限(Erase)、修改权限(Modify)、文件查找权限(File Scan)、存取控制权限(Access Control)。一个网络系统管理员应当为用户指定适当的访问权限,这些访问权限限制着用户对服务器的访问。8种访问权限的有效组合可以让用户有效地完成工作,同时又能有效地控制用户对服务器资源的访问,从而加强了网络和服务器的安全性。

(4)属性安全控制。当用文件、目录和网络设备时,网络系统管理员应给文件、目录等指定访问属性。属性安全控制可以将给定的属性与网络服务器的文件、目录和网络设备联系起来。属性安全在权限安全的基础上提供更进一步的安全性。网络上的资源都应预先标出一组安全属性。属性往往能控制几个方面的权限,即向某个文件写数据、拷贝一个文件、删除目录或文件、查看目录和文件、执行文件、隐藏文件、共享、系统属性等。网络的属性可以保护重要的目录和文件,防止用户对目录和文件的误删除、执行修改、显示等。

(5)网络服务器安全控制。网络允许在服务器控制台上执行一系列操作。用户使用控制台可以装载和卸载模块,可以安装和删除软件等。网络服务器的安全控制包括可以设置口令锁定服务器控制台,以防止非法用户修改、删除重要信息或破坏数据;可以设定服务器登录时间限制、非法访问者检测和关闭的时间间隔。

(6)网络监测和锁定控制。网络管理员应对网络实施监控,服务器应记录用户对网络资源的访问,对非法的网络访问,服务器应以图形或文字或声音等形式报警,以引起网络管理员的注意。如果不法之徒试图进入网络,网络服务器应会自动记录企图尝试进入网络的次数,如果非法访问的次数达到设定数值,那么该账户将被自动锁定。

(7)网络端口和节点的安全控制。网络中服务器的端口往往使用自动回呼设备、静默调制解调器加以保护,并以加密的形式来识别节点的身份。自动回呼设备用于防止假冒合法用户,静默调制解调器用以防范黑客的自动拨号程序对计算机进行攻击。网络还常对服务器端和用户端采取安全控制,用户必须携带证实身份的验证器(如智能卡、磁卡、安全密码发生器)。在对用户的身份进行验证之后,才允许用户进入用户端。然后,用户端和服务器端再进行相互验证。

(8)防火墙控制。防火墙是近期发展起来的一种保护计算机网络安全的技术性措施,它是一个用以阻止网络中的黑客访问某个机构网络的屏障,也可称之为控制进/出方向通信的门槛。在网络边界上通过建立起来的相应网络通信监控系统来隔离内部和外部网络,以阻止外部网络的侵入。

3. 信息加密策略

信息加密的目的是保护网内的数据、文件、口令和控制信息,保护网络会话的完整性。网络加密可以在链路级、网络级、应用级等进行,分别对应网络体系结构中的不同层次形成加密通信通道。用户可以根据不同的需要,选择适当的加密方式。

加密过程由加密算法来具体实施。据不完全统计,到目前为止,已经公开发表的各种加密算法多达数百种。如果按照收发双方使用的密钥是否相同来分类,可以将这些加密算法分为对称密码算法和非对称密码算法。

在对称密码算法中,加密和解密使用相同的密钥。比较著名的对称密码算法有美国的DES及其各种变形、欧洲的IDEA,RC4,RC5以及以代换密码和转轮密码为代表的古典密码等。对称密码算法的优点是有很强的保密强度,且经得住时间的检验和攻击,但其密钥必须通过安全的途径传送。因此,密钥管理成为系统安全的重要因素。

非对称密码算法中,加密和解密使用的密钥互不相同,而且很难从加密密钥推导出解密密钥。比较著名的公钥密码算法有RSA,Diffe-Hellman,LUC,Rabin等,其中最有影响的公钥密码算法是RSA。公钥密码的优点是可以适应网络的开放性要求,且密钥管理问题也较为简单,可方便地实现数字签名和验证。但其算法复杂,加密数据的速率较低。

针对两种密码体系的特点,一般的实际应用系统中都采用两类密码算法进行组合应用,对称算法加密长消息,非对称算法加密短消息。如用对称算法来加密数据,用非对称算法来加密对称算法所使用的密钥,这样既解决了对称算法密钥管理的问题,又解决了非对称算法加密速度的问题。现在流行的PGP和SSL等加密技术就是将对称密码算法和公钥密码结合一起使用,利用DES或IDEA来加密信息,而采用RSA来传递会话密钥。

加密是实现网络安全最有效的技术之一。

4. 安全管理策略

安全与方便往往是互相矛盾的。有时虽然知道自己网络中存在的安全漏洞以及可能招致的攻击,但是出于管理协调方面的问题而无法去更正。因为管理一个网络,包括用户数据更新管理、路由政策管理、数据流量统计管理、新服务开发管理、域名和地址管理等,网络安全管理只是其中的一部分,并且在服务层次上,处于对其他管理提供服务的地位上。这样,在与其他管理服务存在冲突的时候,网络安全往往需要作出让步。因此,制定一个好的安全管理策略,协调好安全管理与其他网络管理业务、安全管理与网络性能之间的关系,对于确保网络安全可靠地运行是必不可少的。

网络的安全管理策略包括确定安全管理等级和安全管理范围;制定有关网络操作使用规程和人员出入机房管理制度;制定网络系统的维护制度和应急措施等。安全管理的落实是实现网络安全的关键。

1.2.4 制定安全策略的原则

安全策略为保护网络系统中软、硬件资源的安全、防止非法的或非授权的访问和破坏提供全局的指导。通过分析网络的安全需求及存在的风险,制定一个适宜的网络安全策略,对构建一个系统的安全防护体系是十分必要的。在制定网络安全策略时,应遵循以下几方面的原则。

1.可用性原则

安全策略的制定是为了保护系统的安全,但不能因此而影响网络的使用性能。一个过于复杂的安全策略可能严重影响系统的性能,如对用户请求的响应时间过长、网络拥塞严重等问题,那么就不能称之为一个成功的策略。

2.可靠性原则

保障系统安全可靠地运行,是安全策略的最终目标。高可靠性往往是以增加安全控制和安全管理消息、牺牲有效带宽为代价的。应协调好可靠性与性能之间的关系。

3.动态性原则

安全策略是在一定时期采取的安全措施。由于用户在不断增加,网络规模在不断扩大,网络技术本身的发展变化也很快,所以制定的安全措施必须不断适应网络发展和环境的变化。安全策略应有较好的弹性和可扩充性,当不同的安全性要求提出时,能比较容易地实现扩充。

4.系统性原则

制定安全策略时,应全面、详尽地分析系统的安全需求,预测可能面临的安全风险,形成一个系统的、全方位的安全策略。这不仅有利于提高系统可靠性,而且使安全系统的测试和维护易于实现。

5.后退性原则

安全策略应该是多层次、多方位的。使用几个易于实现的策略来保护网络,比使用一个单独复杂的策略更加合理,因为后者是一个"全有或全无方案",一旦这个安全策略失效,就没有回退机制来保护网络资源了。而后者则可以在一个策略失败时利用另一个策略来替代,为网络管理者赢得足够的时间采取补救措施。

1.3 网络体系结构及各层的安全性

1.3.1 OSI参考模型

OSI参考模型,即开放系统互联参考模型 OSI-RM(Reference Model of Open System Interconnection)是国际标准化组织制定的一种网络模型。直至今日,它仍是学习网络技术最好的模型,有助于对网络通信概念的理解。OSI 只是一个概念上的框架,利用它可以更好地理解不同网络设备间的交互。OSI 模型只是定义了需要完成的任务和提供的服务,实际工作由实际网络中相应的软件或硬件完成。

1.OSI-RM 的层次结构

OSI-RM 采用分层的结构化技术,将整个通信网络划分为七层。每层按照一组协议来实现某些网络功能,同时每一层为其上层提供服务。OSI-RM 的结构模型如图 1-1 所示。

(1)物理层(Physical Layer)。物理层是 OSI-RM 的最底层,它定义了通信介质的机械特性、电气特性、功能特性和过程特性,以建立、维持和拆除物理连接。物理层建立在物理通信介质之上,是系统和通信介质的接口。

(2)链路层(Link Layer)。亦称数据链路层,它检测和校正物理层可能发生的差错,从而构成一条无差错的链路。链路层将从其上层接收的数据包封装成特定格式的数据单元,这种数据单元称为"帧",在帧中除了数据部分外还附加了一些控制信息,如帧类型、流量控制、

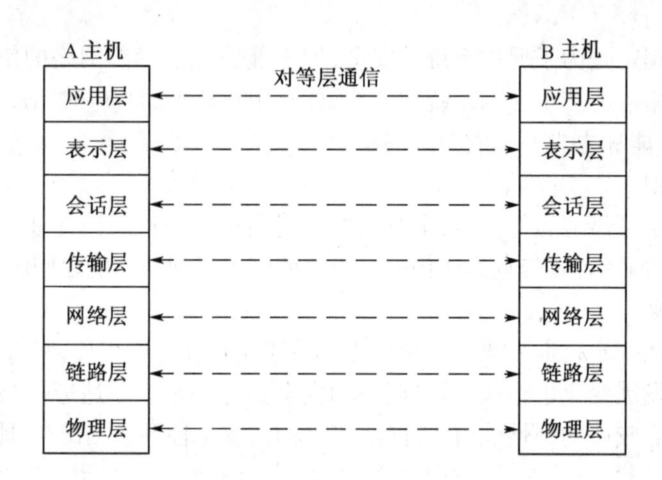

图 1－1　OSI-RM 模型

差错控制信息等，可以实现数据流量控制、差错控制及发送顺序控制等功能。

(3)网络层(Network Layer)。网络层主要实现线路交换、路由选择和网络拥塞控制等功能。保证信息包在接收端以准确的顺序接收。

(4)传输层(Transport Layer)。传输层负责实现端到端的数据报文的传递。传输层提供了两端点之间可靠、透明的数据传输，执行端到端的差错控制、流量控制及管理多路复用。

(5)会话层(Session Layer)。会话层是网络会话控制器，它建立、维护与同步通信设备之间的交互操作，保证每次会话都正常关闭。会话层建立和验证用户之间的连接，控制数据交换，决定以何种顺序将对话单元传送到传输层，决定传输过程中哪一点需要接收端的确认。

(6)表示层(Presentation Layer)。表示层的目的是为了保证通信设备之间的互操作性。由于不同的计算机系统中数据的表示不同(如使用不同的编码方式)，所以可通过表示层的处理来消除不同实体之间的语义差异。表示层代表应用进程协商数据表示，完成数据转换、格式化和文本压缩等任务。

(7)应用层(Application Layer)。应用层是用户与网络的接口，它直接为网络用户或应用程序提供各种网络服务。应用层提供的网络服务包括文件服务、事务管理服务、网络管理服务、数据库服务等。

OSI 协议有三个主要概念，即服务、接口和协议。服务定义了某一层应该做什么；接口则告诉处于上一层的进程如何访问该层；协议则定义实体间数据通信的规则。

2. OSI-RM 的数据格式

当网络中的两个主机进行通信时，使用对等层通信协议，即在不同主机的同一层数据具有相同的封装格式。从表面上看，好像数据是从一台主机的第 n 层直接到达另一台主机的第 n 层，而实际并非如此。假设数据从主机 A 发送到主机 B，数据从主机 A 的应用层依次向下一层传送，每经过一层都要加一个信息头，到达物理层后，数据通过传输介质传送到主机 B 的物理层，然后再依次向上一层传递，每经过一层去掉相应的信息头，这样不同主机的同一层信息表示是相同的，系统可以根据同等层协议来理解和控制信息。图 1－2 表示了从主机 A 将数据传送到主机 B 的数据交换格式和路径。实线表示数据实际的传输路径，虚线表示虚拟的对等层通信。

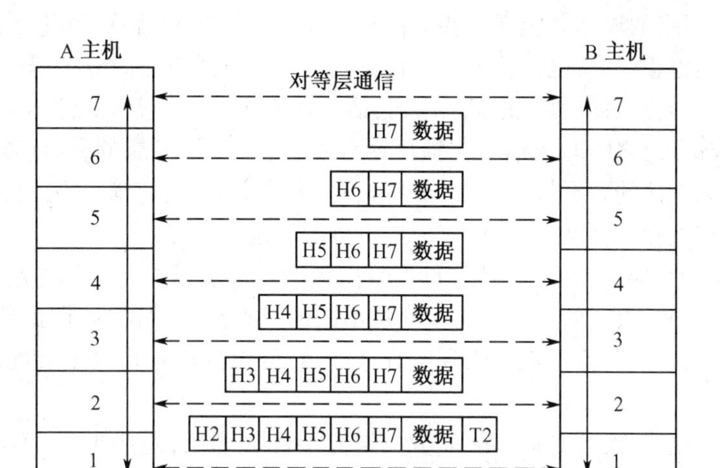

图 1－2　OSI-RM 中的数据交换路径和格式

1.3.2　TCP/IP 参考模型

1. TCP/IP 参考模型的层次结构

TCP/IP 参考模型是因特网的前身 ARPANET 及因特网的参考模型。TCP/IP 参考模型共有四层，从上至下分别为应用层、传输层、网络层及网络接口层。TCP/IP 模型的结构及各层的数据封装格式如图 1－3 所示。TCP/IP 模型没有会话层和表示层，去掉了 OSI 模型中各层之间存在的一些重复的功能，在实现上比较简练高效。并不是所有的服务都需要可靠的连接服务，如果在 IP 层进行可靠性控制就会造成处理能力的消费，因此 TCP/IP 模型把连接控制服务放到传输层进行，使 IP 层更加简洁。TCP/IP 注重实用的特性，使它在应用领域有着蓬勃的生命力，而 OSI-RM 至今仍只是一种标准，没有推广到应用中去。

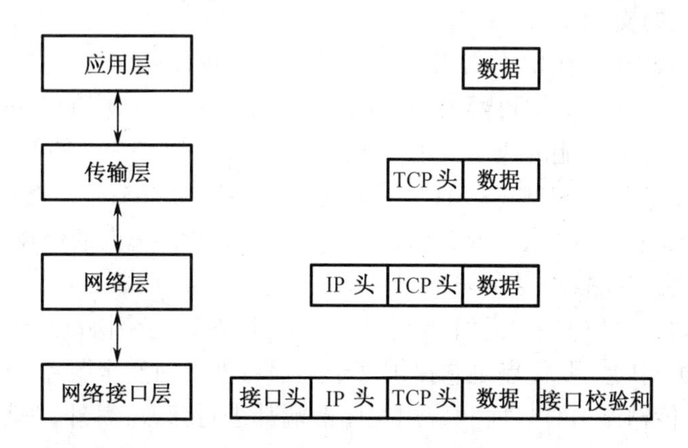

图 1－3　TCP/IP 网络的层次结构及信息格式

2. TCP/IP 参考模型各层的功能

TCP/IP 模型各层的功能如下所示。

(1)应用层。对应 OSI 的应用层，是 TCP/IP 模型的最上层，是面向用户的各种应用软件,是用户访问网络的界面。包括一些向用户提供的常用应用程序,如电子邮件、Web 浏览器、文件传输、远程登录等,也包括用户在传输层之上建立的自己的应用程序等。

(2)传输层。大致对应 OSI 的表示层、会话层和传输层。负责实现源主机和目的主机上的实体(程序或进程)之间的通信。它提供两种服务,一种是可靠的、面向连接的服务(TCP 协议),一种是无连接的数据报服务(UDP 协议)。为了实现可靠传输,要在会话时建立连接,对数据包进行校验和收发确认,通信完成后再拆除连接。

(3)网络层。对应 OSI 的网络层,负责数据包的路由选择功能,保证数据包能顺利到达指定的目的地。一个报文的不同分组可通过不同的路径到达目的地,因此要对报文分组加一个顺序标识符,以使目标主机接收到所有分组后,可以按序号将分组装配起来,恢复原报文。

(4)网络接口层。大致对应 OSI 的数据链路层和物理层,是 TCP/IP 模型的最低层。它负责接收 IP 数据包并通过网络传输介质发送数据包。

1.3.3 网络各层的安全性简介

1.传输层的安全性

在 Internet 应用编程中,通常使用广义的进程间通信(IPC)机制来与不同层次的安全协议打交道。比较常用的两个 IPC 编程界面是 BSD Sockets 和传输层界面(TLI)。在 Internet 中提供安全服务的首先的想法便是强化它的 IPC 界面,如 BSD Sockets 等,具体做法包括双端实体的认证、数据加密密钥的交换等。Netscape 通信公司遵循了这个思路,制定了建立在可靠的传输服务(如 TCP)基础上的安全套接层协议(SSL)。

SSL v3 于 1995 年 12 月制定,它主要包含以下两个协议。

(1)SSL 记录协议。它涉及应用程序提供的信息的分段、压缩、数据认证和加密。SSL v3 提供对数据认证用的 MD5 和 SHA 以及数据加密用的 R4 和 DES 等的支持。

(2)SSL 握手协议。用来交换版本号、加密算法、(相互)身份认证、交换密钥。SSL v3 提供对 Deffie-Hellman 密钥交换算法、基于 RSA 的密钥交换机制和另一种实现在 Fortezza Chip 上的密钥交换机制的支持。

Netscape 通信公司已经向公众推出了 SSL 的参考实现(SSLref)。另一免费的 SSL 实现叫做 SSLeay。SSLref 和 SSLeay 均可给任何 TCP/IP 应用提供 SSL 功能。Internet 号码分配局(IANA)已经为具备 SSL 功能的应用分配了固定的端口号,如带 SSL 的 HTTP(SHTTP)被分配的端口号为 443;带 SSL 的 SMTP(SSMTP)被分配的端口号为 465;带 SSL 的 NNTP(SNNTP)被分配的端口号为 563;微软推出了 SSL2 的改进版本称为 PCT(私人通信技术),它与 SSL 非常相似,主要区别是它们在版本号字段的最显著位置(The Most Significant Bit)上的取值不同,即 SSL 该位取 0,PCT 该位取 1。这样区别以后,就可以对这两个协议都给予支持。

传输层安全机制的主要优点是它提供基于进程对进程的安全服务。缺点是使用传输层安全协议,必须对传输层 IPC 界面和应用程序两端都进行修改,另外,对基于 UDP 的通信很难在传输层建立起安全机制。

2.网络层的安全性。

新一代的互联网协议 IPv6 在 IP 层提供了两种安全机制,即在报文头部包含两个独立的扩展报头,即认证头(AH,Authentication Header)和封装安全负荷(ESP,Encapsulating Security Payload)。

(1)认证头(AH)指一段消息认证代码(Message Authentication Code,MAC),在发送 IP 包之前,它已经被事先计算好。发送方用一个加密密钥算出 AH,接收方用同一或另一密钥对之进行验证。如果收发双方使用的是单钥体制,那么它们就使用同一密钥;如果收发双方使用的是公钥体制,那么它们就使用不同的密钥。在后一种情形下,AH 体制能额外地提供不可否认服务。IP AH 可提供认证和完整性控制的能力。

(2)封装安全负荷(ESP)封装整个 IP 报文或上层协议(如 TCP,UDP,ICMP)数据并进行加密,然后给已加密的报文加上一个新的明文 IP 报头。这个明文报头用来对已加密的 IP 包在 Internet 上作路由选择。因而 ESP 提供了良好的保密能力。当认证和保密二者都需要时,AH 与 ESP 相结合,就可以获得所需的安全性。一般的做法是把 ESP 放在 AH 里,这允许接收者在解密之前对消息进行认证检查或者并行地执行认证和检查。

AH 和 ESP 可以有两种使用方式,即传输模式和隧道模式。前一种只用于主机上的实现,为上层协议和所选的 IP 报头域提供保护;后一种可以在主机或安全网关里使用,"内部"IP 报头携带最终的源地址和目的地址,而"外部"IP 报头可能包含其他的 IP 地址,如安全网关的地址。在传输模式下,AH 和 ESP 被插入到 IP 报头的后面、上层协议信息如 TCP,UDP,ICMP 或其他已存在的 IP 安全扩展头的前面。

IP 层安全性的主要优点是它的透明性,也就是说,安全服务的提供不需要应用程序、其他通信层次和网络部件做任何改动。它的最主要的缺点就是 IP 层一般对属于不同进程和相应条例的包不作区别。对所有去往同一地址的包,它将按照同样的加密密钥和访问控制策略来处理。这可能导致提供不了所需的功能,也会导致性能下降。针对面向主机的密钥分配的这些问题,RFC1825 允许使用面向用户的密钥分配,其中不同的连接会得到不同的加密密钥。但是,面向用户的密钥分配需要对相应的操作系统内核作比较大的改动。

总之,IP 层非常适合提供基于主机对主机的安全服务。相应的安全协议可以用来在 Internet 上建立安全的 IP 通道和虚拟私有网。

3.应用的安全性

IP 层安全性可在主机之间建立安全通道,那么所有在这条通道上传输的 IP 包就都要自动加密。类似地,传输层是在两个进程之间建立起一条安全的数据通道,那么两个进程间传输的所有消息就都要自动加密。如果想要区分一个具体文件不同的安全性要求,就必须借助于应用层的安全性。提供应用层的安全服务实际上是灵活地处理单个文件安全性的手段。例如,一个电子邮件系统需要对要发出的信件的个别段落实施数据签名。较低层的协议提供的安全功能一般不会知道任何要发出的信件的段落结构,从而不可能知道该对哪部分进行签名。只有应用层是唯一能够提供这种安全服务的层次。

一般来说,在应用层提供安全服务有几种可能的做法,第一个想到的做法大概就是对每个应用(及应用协议)分别进行修改。一些重要的 TCP/IP 应用已经这样做了。在 RFC 1421 至 1424 中,IETF 规定了私用强化邮件(PEM)为基于 SMTP 的电子邮件系统提供安全服务。PEM 发展的阻碍在于它依赖于一个既存的、可操作的公钥基础设施(PKI)。而 Phil Zimmermann 开发的软件包 PGP 符合 PEM 的绝大多数规范,却不必要求 PKI 的存在。它采用了分布式的信任模型,即由每个用户自己决定该信任哪些其他用户。因此,PGP 不是去推广一个全局的 PKI,而是让用户自己建立自己信任的网。

S-HTTP 是 Web 上使用的超文本传输协议的安全增强版本。S-HTTP 提供了文件级的安全机制,因此每个文件都可以被设成私人/签字状态。S-HTTP 与 SSL 是从不同角度提供 Web

的安全性。S-HTTP 对单个文件作“私人/签字”的区分，而 SSL 则把参与通信的相应进程之间的数据通道按“私用”或“已认证”进行监管。

针对网上支付的安全性，MasterCard 公司、Visa 国际和微软发布了安全电子交易协议(SET)，其中规定了信用卡在网上交易的付费方式。这套机制的后台是一个颁发证书的基础结构，提供对 X.509 证书的支持。

以上所提到的这些安全功能的应用都面临着一个问题，就是每个这样的应用都要单独进行相应的修改。为此赫尔辛基大学的 Tatu Yloenen 开发了 Security Shell(SSH)。SSH 允许其用户安全地登录到远程主机上，执行命令和传输文件。它实现了一个密钥交换协议以及主机和客户端认证协议。SSH 有当今流行的多种 Unix 系统平台上的免费版本，也有商业版本。把 SSH 的思路再往前推进一步，就到了认证和密钥分配系统。本质上，认证和密钥分配系统提供的是一个应用编程界面，它可以用来为任何网络应用程序提供安全服务，例如认证、数据机密性和完整性、访问控制，以及不可否认服务。目前已经有一些实用的认证和密钥分配系统。如 MIT 的 Kerberos(v4，v5)，IBM CryptoKnight 和 Network Security Program 等。当前认证和密钥分配系统并未充分应用起来的一个主要原因是它仍要求应用程序本身作出改动。为此提供一个标准化的安全 API 是十分重要的。德州 Austin 大学的研究者们开发的安全网络编程(SNP)使同网络安全性有关的编程更加方便。

1.4 网络安全的发展

当今，我国网络信息化建设尚处在初级阶段，国民经济和社会“全面、协调和可持续发展”所面临的信息安全形势还十分严峻，国家面临着非传统安全威胁和挑战。这就需要我们重新全面审视我国信息安全的战略定位和体系架构。

1.4.1 网络安全的发展趋势

从技术上，网络安全取决于两个方面，即网络设备的硬件和软件。网络安全由网络设备的软件和硬件互相配合来实现。但是，由于网络安全作为网络对其上信息提供的一种增值服务，人们往往发现软件的处理速度成为网络的瓶颈，因此，将网络安全的密码算法和安全协议用硬件实现，实现线速的安全处理将仍然是网络安全发展的一个主要方向。

对于我国而言，网络安全的发展趋势将是逐步具备自主研制网络设备的能力，自发研制关键芯片，采用自己的操作系统和数据库，以及使用国产的网管软件。中国计算机安全的关键是要有自主的知识产权和关键技术，从根本上摆脱对外国技术的依赖。

另一方面，在安全技术不断发展的同时，全面加强安全技术的应用也是网络安全发展的一个重要内容，因为即使有了网络安全的理论基础，没有对网络安全的深刻认识、没有广泛地将它应用于网络中，那么谈再多的网络安全也是无用的。同时，网络安全不仅仅是防火墙，也不是防病毒、入侵监测、防火墙、身份认证、加密等产品的简单堆砌，而是包括从系统到应用、从设备到服务的比较完整的、体系性的安全系列产品的有机结合。

1.4.2 网络安全的发展途径

面对不断变化的网络安全威胁及网络安全应用的不断深入，简单地组合或堆砌安全产品已不能满足需要。如今，网络安全产品有以下几大特点：第一是网络安全来源于安全策略

与技术的多样化，如果采用一种统一的技术和策略也就不安全了；第二是网络的安全机制与技术要不断地变化；第三是随着网络在社会各方面的延伸，进入网络的手段也越来越多。因此，网络安全技术是一个十分复杂的系统工程，为此，建立网络安全体系需要对整个网络的安全问题进行统一的规划和管理，制定一整套措施和方法。

通常，网络安全的发展途径可体现在以下三个方面。

1.进行安全评估

第一步是开展安全评估，了解网络缺陷，全面检查企业网络安全的运行(或称作当前状态的“快照”)。这个过程有助于判断网络存在什么安全缺陷、在哪些位置及如何修复。安全评估通常包括外部和内部环境检查，测试外部环境时，安全专家使用黑客技术和特殊工具，试图从互联网渗透进公司网络，这样可以判断网络周边(如防火墙、路由器、主机和其他设备的状态和配置)抵御外部攻击的保护能力。外部评估还包括审查物理环境，即未经授权用户是否允许进入 IT 设施？评估内部环境时，需要进行评审，将企业安全策略和实践与业内最佳实践和规则进行对比。这些评审通常需要考查安全培训和安全意识水平。

安全评估项目通常外包，除非公司拥有合格的网络安全专家，支付高昂的工资(由于通过安全认证的专业人员紧缺，所以此项费用很高)，否则公司无法进行全面评估。一些融合技术(如 IP 支持的 PBX 应用、IP 语音、VOIP、一体化通信和 CRM 应用)尤其需要更加集中的安全解决方案。此外，外部评审人员具备更强的客观性，这是评估网络安全所必需的。

2.进行安全策略开发

第二步是进行安全策略开发以管理风险，确保必要控制措施到位。在开发安全策略的过程中，企业应当定义一个网络安全策略，并在系统和网络体系结构中实施，以保护公司资产和知识产权。除提供一般的安全策略说明外，公司应确定用户和访问控制，并分析风险等级(确定安全投资的适当水平)。安全策略开发是一个不间断的过程，包括监控网络和用户实践，必要时进行更改。它还将规定企业如何响应违反安全性的行为和业务连续性流程。ISO17799 安全标准(包括安全的其他方面)能够清楚地说明组织的安全策略应当覆盖哪些领域。

3.进行安全体系架构与设计

第三步是进行安全体系架构与设计，提供安全解决方案实施的蓝图。在安全体系架构和设计阶段，企业规划蓝图，以成功实施安全基础设施。在对网络安全要求(在安全评估阶段测定)与设定的目标和标准进行对照后，安全体系架构的设计应考虑到公司 IT 基础设施的特殊要求。网络安全体系架构的设计包括服务器、互联网/网络设备、远程访问设备和共享工作站。组织的物理访问和安全控制机制也包括在计划内。

4.其他措施

除了上述三个整体规划流程外，更应制定统一的安全规章制度，它对确保网络安全、可靠地运行将起到十分有效的作用。网络的安全管理制度包括确定安全管理等级和安全管理范围、制订有关网络操作使用规程和人员出入机房管理制度、制定网络系统的维护制度和应急措施等。另外需要对公司员工进行安全培训，这样安全观念将逐渐地发展成为公司的集体意识和文化。通过修补安全政策和在公司文化中融入安全意识，企业在引进一些新应用和新技术，以加快业务流程、提高生产力的同时，企业的安全防护能力也得到不断的增强。

网络安全的管理与分析现已被提到前所未有的高度，现在 IPv6 已开始应用，它设计的时候充分研究了以前 IPv4 的各种问题，其安全性得到了大大的提高，但并不是不存在安全问题了。在 Windows Vista 的开发过程中,安全被提到了一个前所未有的重视高度,但微软相关负责人还是表示:“即使再安全的操作系统,安全问题也会一直存在”。

网络安全是一个综合性的课题,涉及技术、管理、使用等许多方面,既包括信息系统本身的安全问题,也有物理的和逻辑的技术措施,一种技术只能解决一方面的问题,而不是万能的。因此只有完备的系统开发过程、严密的网络安全风险分析、严谨的系统测试、综合的防御技术实施、严格的保密政策、明晰的安全策略以及高素质的网络管理人才等各方面的综合应用才能完好、实时地保证信息的完整性和正确性,为网络提供强大的安全服务,这也是网络安全领域的迫切需要。

总之,安全是一个永恒的话题,面对网络安全威胁日益发展的势头,单纯地依靠软件来反病毒和防黑客不足以有效地保障系统的安全。预防和查杀是相互依存的,使用防火墙是避免遭到破坏的重要手段,但人的意识的提高才是真正的“防火墙”。实践证明,最安全的网络系统是先进技术与优秀管理的结合。良好的系统管理有助于增强系统安全性。因此,在构筑网络安全的过程中,不仅要防毒、反黑,还要克服“人”的弱点,加强技术、管理双保险,从而建成真正的安全网络。

【本章小结】

本章重点讲述了网络安全的基本概念及其常见的网络安全威胁,通过对网络安全机制和网络安全策略的分析与讲解,提出了网络安全体系结构,并以网络 OSI 参考模型为例,分析了各层的安全性,最后针对目前的网络安全现状,提出了网络安全的发展趋势。

【练习题】

一、选择题

1.计算机网络的安全是指(   )。

A.网络中设备设置环境的安全　　B.网络使用者的安全

C.网络中信息的安全　　D.网络的财产安全

2.(   )策略是防止非法访问的第一道防线。

A.入网访问控制　　B.网络权限控制

C.目录级安全控制　　D.属性安全控制

3.(   )不是保证网络安全的要素。

A.信息的保密性　　B.发送信息的不可否认性

C.数据交换的完整性　　D.数据存储的唯一性

4.信息安全就是要防止非法攻击和病毒的传播,保障电子信息的有效性,从具体的意义上来理解,需要保证以下(   )的内容。

Ⅰ.保密性　Ⅱ.完整性　Ⅲ.可用性　Ⅳ.可控性　Ⅴ.不可否认性

A.Ⅰ、Ⅱ和Ⅳ　　B.Ⅰ、Ⅱ和Ⅲ　　C.Ⅱ、Ⅲ和Ⅳ　　D.都是

5.(   )不是信息失真的原因。

A.信源提供的信息不完全、不准确

B.信息在编码、译码和传递过程中受到干扰

C.信宿(信箱)接受信息出现偏差

D.信息在理解上的偏差

6.(　　)是用来保证硬件和软件本身的安全的。

A.实体安全　　B.运行安全　　C.信息安全　　D.系统安全

7.截取是指未授权的实体得到了资源的访问权,这是对下面哪种安全性的攻击?(　　)

A.可用性　　B.机密性　　C.合法性　　D.完整性

二、填空题

1.从广义上说,网络安全包括________和________的安全性。

2.安全威胁是指某个实体(人、事件、程序等)对某一资源的________、________、________在合法使用时可能造成的危害。

3.认证服务包括________和________两种类型。

4.安全机制是用来实施安全服务的机制。主要的安全机制有以下几种,即________、________、________、________、认证交换机制、流量填充机制、路由控制机制和公证机制等。

5.网络安全的基本目标是实现信息的________、机密性、可用性和合法性。

6.如果一个登录处理系统允许一个特定的用户识别码,通过该识别码可以绕过通常的口令检查,这种安全威胁成为________。

三、简答题

1.简述网络安全的定义。

2.简述网络安全威胁的分类。

3.网络的安全策略应注意哪些原则,你如何理解这些原则?

4.在OSI网络参考模型中,各层有哪些提升安全性的措施?

5.你认为网络安全未来的发展趋势如何?

第 2 章　网络黑客攻防技术

【案例导入】

1999 年,好莱坞推出的以网络为主题的影片《黑客帝国》风靡全美。就在人们为其连连叫好时,黑客攻击战却在现实生活中出现了！2000 年 2 月 7 日至 9 日,一连三天,美国爆发了一场规模空前的网络攻击战,几个知名的网站连续遭到黑客的袭击而一度瘫痪。一时之间,网络界一片风声鹤唳。

黑客来势汹汹,2000 年 2 月 7 日,喜欢浏览 Yahoo 网站的人发现,上网的速度越来越慢,最后干脆进不去了。事后媒体披露,Yahoo 遭到黑客的袭击,于 7 日上午 10 点半到下午 1 点半,整整瘫痪了三个小时！雅虎公司总裁马利特说,在黑客攻击的最高峰期,雅虎网站上每秒钟涌进的数据,相当于部分网站全年处理的进站信息。

从这天起后数日,来历不明的黑客对雅虎、电子湾(eBay)、亚马孙、微软网络等多个美国大型互联网络连续实施大规模攻击,造成上述网站瘫痪长达数个小时。

一连串的黑客袭击事件让美国网络界震惊。专家指出,至少有数百台电脑同时发起了这次攻击行动,攻击手法是以大量资料淹没目标网站。这种攻击形式被称为"DdoS"。据悉,2000 年 2 月 7 日事件给美国 8 大网站造成的损失可能达 12 亿美元。

从以上事件可以看出,网络安全危机随处可见。这不禁引起了我们的诸多思考:影响越来越大、技术水平越来越高的 Internet 为什么在黑客面前显得如此脆弱？究竟是什么原因造成了网络攻击事件的层出不穷？黑客攻击是如何实施的？应该如何制订防护策略,以保证网络的正常安全运行？本章将对这些问题作出回答。

【学习目标】

1. 了解黑客的概念
2. 掌握黑客的动机
3. 了解黑客的种类
4. 理解无目标黑客与有目标黑客的区别
5. 掌握黑客常用的攻击方法
6. 掌握防范黑客的技巧和技术

2.1　网络黑客概述

一般认为,黑客起源于 20 世纪 50 年代麻省理工学院的实验室中,他们精力充沛,热衷于解决难题。20 世纪六七十年代,"黑客"一词极富褒义,用于指代那些独立思考、奉公守法的计算机迷,他们智力超群,对电脑全身心投入,从事黑客活动意味着对计算机的潜力进行智力上的自由探索。

到了 20 世纪八九十年代,计算机越来越重要,大型数据库也越来越多,同时信息越来越

集中在少数人的手里——这一场新时期的“圈地运动”引起了黑客们的极大反感。黑客认为，信息应共享，而不应被少数人所垄断，于是开始将注意力转移到涉及各种机密的信息数据库上，因此而产生了破解口令(Password cracking)、开天窗(Trapdoor)、走后门(Backdoor)、安放特洛伊木马(Trojan horse)等黑客活动，还有利用操作系统和程序的相关漏洞进行的创造性攻击。

2.1.1 黑客的概念

如今的黑客鱼龙混杂，既有善意的以发现计算器系统漏洞为乐趣的“计算机黑客”(Hacker)，又有玩世不恭、好作恶作剧的“计算机黑客”(Cyberbunk)，还有纯粹以私欲为目的、任意篡改数据，非法获取信息的“计算机黑客”(Cracker)。

黑客(Hacker)，源于英语动词 Hack，意为“劈，砍”，引申为“干了一件非常漂亮的工作”。在早期麻省理工学院的校园俚语中，“黑客”则有“恶作剧”之意，尤指手法巧妙、技术高明的恶作剧。在日本《新黑客词典》中，对黑客的定义是“喜欢探索软件程序奥秘，并从中增长了其个人才干的人。他们不像绝大多数计算机使用者那样，只规规矩矩地了解别人指定了解的狭小部分知识。”他们通常具有硬件和软件的高级知识，并有能力通过创新的方法剖析系统。

2.1.2 黑客的种类

硬币有正反两面，黑客也有黑白之分。一方面，黑客入侵可能造成网络暂时瘫痪，另一方面，黑客也是整个网络的建设者，他们不知疲倦地寻找网络“大厦”的缺陷，使得网络“大厦”的根基更加稳固。从这个角度来看，黑客可以具体分为五大类。

1.白帽黑客。依靠自己掌握的知识帮助系统管理员找出系统中的漏洞并加以完善。

2.黑帽黑客。他们因摧毁计算机系统，窃取口令或造成尽可能大的混乱而感到兴奋。

3.骇客。是受雇佣的黑客，他们通过各种黑客技能对系统进行攻击，入侵计算机系统以窃取有价值的信息或者做其他一些有害于网络的事情，从而获利。

4.脚本鼠。具有极少技术知识的黑客，他们下载脚本程序，以自动完成侵入计算机系统的工作。

5.内部人。有不满或其他情绪的雇员，单独或与外部的人一起破坏公司计算机系统。

2.1.3 黑客的目的

要想进一步了解黑客，那么首先应该了解黑客的动机，只有这样，才会明白黑客的入侵目的，以及有助于人们了解哪些因素是计算机容易成为黑客攻击的目标。

1.黑客攻击计算机系统的最原始动机也是最常见动机——挑战

当发现某种漏洞进行攻击时，黑客们会在 Internet 论坛上发表他们的最新作品，人们就能看到黑客们最新发现的漏洞信息，以及攻防实战信息。在这里可以发现，黑客通过攻击有难度的系统而赢得他们的地位。

具有挑战动机的黑客往往是无目标的，换句话说，那些以攻击为乐趣的人并不是真正关心他们攻击的是哪个系统。他们一般不会寻找特定的信息或访问目标，整个 Internet 上的主机都可能是潜在的目标。这部分人的技巧水平分为不同层次，从完全没有技巧到非常有技巧，各不相同。但大部分都属于无目标攻击的黑客。黑客无目标攻击的常用方法有下列两种。

(1)侦察。通常，无目标的黑客会针对一个地址范围执行一次秘密扫描，以便确定哪些系统在线。秘密扫描试图在一个地址范围内发现系统。根据所扫描的结果,还能识别出找到的系统所提供的服务。可以将秘密扫描与对地址范围的 ping 扫描一起使用,ping 扫描只是尝试 ping 每一个地址并检查是否收到回应。

当黑客执行秘密扫描时,他向地址发送正常 TCP SYN 数据包,并等待 TCP SYN/ACK 回应。如果收到回应,那么黑客会发送一个 TCP RST 数据包,以便在连接实际完成之前结束连接。在许多情况下,这可以防止在目标的日志中留下尝试连接的证据。

(2)攻击。一般来说,无目标黑客在侦察完后,寻找到容易攻击的系统,就会使用一个或多个攻击工具来攻击系统。在系统被攻击之后,黑客一般会在系统中留下后门,以便他们再次访问该系统。

所谓"后门"就是黑客在入侵了计算机后,为了以后能方便地进入该计算机而安装的一类软件,它的使用者是水平比较高的黑客,他们入侵的计算机都是一些性能比较好的服务器,而且这些计算机的管理员水平都比较高,为了不让管理员发现,这就要求"后门"必须很隐蔽,因此后门的特征就是它的隐蔽性。

2.黑客攻击计算机系统的最古老的动机——贪婪

对于黑客,可以将这种动机引申为包括任何获得钱财、货物、服务或者信息的欲望。

事实上,任何一款网络应用软件都会有身份验证所需要的账号密码,而热门的网络应用软件往往成为不法者的目标。从最早的 QQ 密码大盗开始,偷窃者们一直在试图通过不同的方式偷窃他人的账号密码以满足自己的私欲。随着网络游戏和电子商务的发展,虚拟账号内的虚拟财富开始和现实世界里的现实财产挂钩,更是刺激了部分不法分子的犯罪动机。专门针对某一款应用软件的密码偷盗程序开始变得非常普遍,通过强大搜索引擎,甚至可以随意下载。

面对这样的情况,目前无论是开发商还是运营商都没有好办法制止盗号现象,只是允许玩家可在游戏内加入防盗机制。而玩家丢账号的主要原因是盗号者通过间谍软件程序,记录玩家登录游戏时输入的账号密码,然后窃取。间谍软件程序只有在被盗者计算机上安装了才会起作用,而网吧的计算机是最容易发生这种情况的。

所以一旦遇到此种情况,不管是用"Ctrl + Alt + Del"组合键来查看是否有不明程序运行,还是输入密码时玩点小花样,总之玩家要时刻保护自己的密码,不要轻易把密码告诉别人,最好经常更换密码,并申请手机密码保护。此外更重要的还是要加大对黑客的处罚。

3.黑客攻击计算机系统的最终动机——恶意破坏

在这种情况下,黑客并不关心对系统的控制(除非是想进一步的破坏),而是打算通过拒绝合法用户使用计算机或者将站点的消息更改为合法拥有者不利的形式来造成破坏。恶意攻击一般会针对特定目标。黑客会积极寻找破坏特定站点或机构的方式。而且这种动机的黑客基本上都属于有目标攻击黑客。

2.2 黑客攻击技术

2.2.1 黑客攻击的一般步骤

黑客常用的攻击步骤可以说变幻莫测,但纵观其整个攻击过程,还是有一定规律可循的,一个有预谋的黑客攻击主要遵循以下规律。

1.锁定目标

攻击的第一步就是要确定目标的位置，在互联网上就是要知道这台主机的域名或者 IP 地址，知道了要攻击目标的位置还不够，还需要了解系统类型、操作系统、所提供的服务等全面的资料。

2.信息收集

如何才能了解到目标的系统类型、操作系统、提供的服务等全面的资料呢？黑客一般会利用下列的公开协议或工具来收集目标的相关信息。

(1)SNMP 协议。用来查阅网络系统路由器的路由表，从而了解目标主机所在网络的拓扑结构及其内部细节。

(2)TraceRoute 程序。用该程序获得到达目标主机所要经过的网络数和路由器数。

(3)Whois 协议。该协议的服务信息能提供所有有关的 DNS 域和相关的管理参数。

(4)DNS 服务器。该服务器提供了系统中可以访问的主机的 IP 地址表和它们所对应的主机名。

(5)Finger 协议。用来获取一个指定主机上的所有用户的详细信息(如注册名、电话号码、最后注册时间以及他们有没有读邮件等)。

(6)ping。可以用来确定一个指定的主机的位置。

(7)自动 Wardialing 软件。可以向目标站点一次连续拨出大批电话号码，直到遇到某一正确的号码使其 MODEM 响应为止。

3.系统分析

当一个黑客锁定目标之后，黑客就开始扫描分析系统的安全弱点了。黑客一般可能使用下列方式来自动扫描驻留在网络上的主机。

(1)自编入侵程序

对于某些产品或者系统，已经发现了一些安全漏洞，该产品或系统的厂商或组织会提供一些“补丁”程序来进行弥补。但是有些系统常常没有及时打补丁，当黑客发现这些“补丁”程序的接口后就会自己编写能够从接口入侵的程序，通过这个接口进入目标系统，这时系统对于黑客来讲就变得一览无余了。

(2)利用公开的工具

像 Internet 的电子安全扫描程序 ISS(Internet Security Scanner)、审计网络用的安全分析工具 SATAN(Security Analysis Tool for Auditing Network)等。这些工具可以对整个网络或子网进行扫描，寻找安全漏洞。

这些工具都有两面性，就看是什么人在使用它们了。系统管理员可以使用它们来帮助发现其管理的网络系统内部隐藏的安全漏洞，从而确定系统中哪些主机需要用“补丁”程序去堵塞漏洞，从而提高网络的安全性能。

而如果被黑客所利用，则可能通过它们来收集目标系统的信息，发现漏洞后进行入侵并可能获取目标系统的非法访问权。

4.发动攻击

完成了对目标的扫描和分析，找到系统的安全弱点或漏洞后，接下来是黑客们要做的关键步骤——发动攻击。

黑客一旦获得了对系统的访问权后，可能有下述多种选择。

(1)试图毁掉攻击入侵的痕迹，并在受到损害的系统上建立另外的新的安全漏洞或后门,以便在先前的攻击点被发现之后,继续访问这个系统。

(2)在你的系统中安装探测软件,包括木马等,用以掌握你的一切活动,以收集他比较感兴趣的东西(不要以为人人都想偷窥你的信件,人家更感兴趣的是你的电子银行帐号和密码之类)。

(3)如果你是在一个局域网中,黑客就可能会利用你的电脑作为对整个网络展开攻击的大本营,这时你不仅是受害者,而且还会成为帮凶和替罪羊。

2.2.2 网络监听

网络监听,作为一种发展比较成熟的技术,在协助网络管理员监测网络传输数据,排除网络故障等方面具有不可替代的作用,因而一直备受网络管理员的青睐。然而,在另一方面网络监听也给以太网安全带来了极大的隐患,许多的网络入侵往往都伴随着以太网内网络监听行为,从而造成口令失窃、敏感数据被截获等连锁性安全事件。

1.网络监听的概念

网络监听技术本来是提供给网络安全管理人员进行管理的工具,可以用来监视网络的状态、数据流动情况以及网络上传输的信息等。当信息以明文的形式在网络上传输时,使用监听技术进行攻击并不是一件难事,只要将网络接口设置成监听模式,便可以源源不断地将网上传输的信息截获。网络监听可以在网上的任何一个位置实施,如局域网中的一台主机、网关上或远程网的调制解调器之间等。监听效果最好的地方是在网关、路由器、防火墙等一类的设备处,但这些地方通常由计算机主机网络管理员来管理与操作,黑客取得权限并进行监听的难度很大。所以,黑客喜欢找局域网中的计算机,在这些地方实现监听就容易得多了。

2.局域网监听的基本原理

由于局域网中采用广播方式,因此在某个广播域中可以监听到所有的信息包。而黑客通过对信息包进行分析,就能获取局域网上传输的一些重要信息。但另一方面,我们对黑客入侵活动和其他网络犯罪进行侦查、取证时,也可以使用网络监听技术来获取必要的信息。因此,了解局域网监听技术的原理、实现方法和防范措施就显得尤为重要。

对于目前很流行的以太网协议,其工作方式是将要发送的数据包发往连接在一起的所有主机,包中包含着应该接收数据包主机的正确地址,只有与数据包中目标地址一致的那台主机才能接收。但是在主机工作监听模式下,无论数据包中的目标地址是什么,主机都将接收(当然只能监听经过自己网络接口的那些包)。

在因特网上有很多使用以太网协议的局域网,许多主机通过电缆、集线器连在一起。当同一网络中的两台主机通信的时候,源主机将写有目的主机地址的数据包直接发向目的主机。但这种数据包不能在IP层直接发送,必须从TCP/IP协议的IP层交给网络接口,也就是数据链路层,而网络接口是不会识别IP地址的,因此在网络接口数据包又增加了一部分以太帧头的信息。在帧头中有两个域,分别为只有网络接口才能识别的源主机和目的主机的物理地址,这是一个与IP地址相对应的48位的地址。

传输数据时,包含物理地址的帧从网络接口(网卡)发送到物理的线路上,如果局域网是由一条粗缆或细缆连接而成,则数字信号在电缆上传输,能够到达线路上的每一台主机。当使用集线器时,由集线器再发向连接在集线器上的每一条线路,数字信号也能到达连接在集线器上的每一台主机。当数字信号到达一台主机的网络接口时,正常情况下,网络接口读入数据帧,进行检查,如果数据帧中携带的物理地址是自己的或者是广播地址,则将数据帧交

给上层协议软件,也就是 IP 层软件,否则就将这个帧丢弃。对于每一个到达网络接口的数据帧,都要进行这个过程。

然而,当主机工作在监听模式下,所有的数据帧都将被交给上层协议软件处理。而且,当连接在同一条电缆或集线器上的主机被逻辑地分为几个子网时,如果一台主机处于监听模式下,它还能接收到发向与自己不在同一子网(使用了不同的掩码、IP 地址和网关)的主机的数据包。也就是说,在同一条物理信道上传输的所有信息都可以被接收到。另外,现在网络中使用的大部分协议都是很早设计的,许多协议的实现都是基于一种非常友好的、通信双方充分信任的基础之上,许多信息以明文发送。因此,如果用户的账户名和口令等信息也以明文的方式在网上传输,而此时一个黑客或网络攻击者正在进行网络监听,只要具有初步的网络和 TCP/IP 协议知识,便能轻易地从监听到的信息中提取出感兴趣的部分。同理,正确的使用网络监听技术也可以发现入侵并对入侵者进行追踪定位,在对网络犯罪进行侦查取证时获取有关犯罪行为的重要信息。网络监听已成为打击网络犯罪的有力手段。

3.局域网监听的简单实现

要使主机工作在监听模式下,需要向网络接口发出 I/O 控制命令,将其设置为监听模式。在 UNIX 系统中,发送这些命令需要超级用户的权限。在 Windows 系列操作系统中,则没有这个限制。要实现网络监听,可用相关的计算机语言和函数编写出功能强大的网络监听程序,也可以使用一些现成的监听软件,在很多黑客网站或从事网络安全管理的网站都可以下载,具体的各个监听软件的使用方法将在后面章节详细介绍。

4.如何检测并防范网络监听

网络监听是很难被发现的,因为运行网络监听的主机只是被动地接收在局域局上传输的信息,不主动地与其他主机交换信息,也没有修改在网上传输的数据包。

(1)对可能存在的网络监听的检测

①对于怀疑运行监听程序的计算机,用正确的 IP 地址和错误的物理地址 ping,运行监听程序的计算机会有响应。这是因为正常的计算机不接收错误的物理地址,处理监听状态的计算机能接收,但如果他的 IP stack 不再次反向检查的话,就会响应。

②向网上发大量不存在的物理地址的包,由于监听程序要分析和处理大量的数据包会占用很多的 CPU 资源,这将导致计算机性能下降。通过比较前后该计算机性能加以判断。这种方法难度比较大。

③使用反监听工具如 Antisniffer 等进行检测。

(2)对网络监听的防范措施

①从逻辑或物理上对网络分段

网络分段通常被认为是控制网络广播风暴的一个基本手段,但其实也是保证网络安全的一项措施。其目的是将非法用户与敏感的网络资源相互隔离,从而防止可能的非法监听。

②以交换式集线器代替共享式集线器

对局域网的中心交换机进行网络分段后,局域网监听的危险仍然存在。这是因为网络最终用户的接入往往是通过分支集线器而不是中心交换机,而使用最广泛的分支集线器通常是共享式集线器。这样,当用户与主机进行数据通信时,两台计算机之间的数据包(称为单播包 Unicast Packet)还是会被同一台集线器上的其他用户所监听。因此,应该以交换式集线器代替共享式集线器,使单播包仅在两个节点之间传送,从而防止非法监听。

当然,交换式集线器只能控制单播包而无法控制广播包(Broadcast Packet)和多播包

(Multicast Packet)。但广播包和多播包内的关键信息,要远远少于单播包。

③使用加密技术

数据经过加密后,通过监听仍然可以得到传送的信息,但显示的是乱码。使用加密技术的缺点是影响数据传输速度以及使用弱加密术比较容易被攻破。系统管理员和用户需要在网络速度和安全性上进行折中。

④划分 VLAN

运用 VLAN(虚拟局域网)技术,将以太网通信变为点到点通信,可以防止大部分基于网络监听的入侵。

网络监听技术作为一种工具,总是扮演着正反两方面的角色。对于入侵者来说,最喜欢的莫过于用户的口令,通过网络监听可以很容易地获得这些关键信息。而对于入侵检测和追踪者来说,网络监听技术又能够在与入侵者的斗争中发挥重要的作用。鉴于目前的网络安全现状,我们应该进一步挖掘网络监听技术的细节,从技术基础上掌握先机,才能在与入侵者的斗争中取得胜利。

2.2.3 扫描攻击和防范

Internet 上的主机大部分都提供 WWW,Mail,FTP,BBS 等网络信息服务,基本上每一台主机都同时提供几种服务,一台主机为何能够提供如此多的服务呢?一般提供服务的操作系统如 UNIX 等是多用户多任务的系统,将网络服务划分为许多不同的端口,每一个端口提供一种不同的服务,一个服务会有一个程序时刻监视端口活动,并且给予应有的应答。并且端口的定义已经成为了标准,如 FTP 服务的端口是 21,Telnet 服务的端口是 23,WWW 服务的端口是 80 等。在 Internet 安全领域中,扫描是黑客入侵网络的真正开始。利用扫描工具找到系统的漏洞,从而进行下一步的攻击。

如果攻击者使用软件扫描目标计算机,得到目标计算机打开的端口,也就了解了目标计算机提供了那些服务。我们都知道,提供服务就可能有服务软件的漏洞,根据这些漏洞,攻击者可以达到对目标计算机的初步了解。如果计算机的端口打开太多,而管理者又不知道,那么就可能发生两种情况,一种是提供了服务而管理者没有注意,如安装 IIS 的时候,软件就会自动增加很多服务,而管理员可能没有注意到;另外一种是服务器被攻击者安装了木马,通过特殊的端口进行通信。这两种情况都是很危险的,说到底,就是管理员不了解服务器提供的服务,减小了系统安全系数。

端口扫描程序是黑客或者网络攻击常用的工具。有许多网络入侵都是从端口扫描开始的。有一些很老的端口扫描程序,如 SATAN 的程序,现在仍然可以查出网络上主机的安全缺陷。有些技术先进、防范严密的计算机竟然也不能抵挡这种很老工具的攻击。

1.端口扫描

(1)端口的基本概念

网络中的每一台计算机都如同一座城堡,在这些城堡中,有的对外完全开放,有的却紧锁城门。把这些城堡的城门称为端口。端口在计算机网络中是一个很重要的概念。简单来说,端口就是计算机与外界通信交流的出入口。

而所谓的端口监听,是指主机网络进程接收到 IP 数据包后,查看其口标端口是不是自己的端口号,如果是的话就接收该数据包进行处理。进行网络通信的主机,既要发送数据,又要接收数据,所以就要开启相应的端口以接收数据。一个网络上的主机有可能开启多个网络进程(如既浏览网页又上 QQ),也就是监听了多个端口。

如现在想监听 TCP \ UDP 的端口,可以执行“开始|运行”命令,输入“cmd”命令,进入“命令提示符”窗口,然后输入 netstat-a-n 命令,这样就可以看到所监听的 TCP/UDP 端口了,如图 2-1 所示。

图 2-1 netstat 命令

入侵者通过端口扫描,便可以判断出目标计算机有哪些端口打开。

(2)端口的分类

端口是一个 16 位的地址。端口号大致可分为三大类。

①公认端口(WellKnown Ports),又称为熟知端口号。由 ICANN 统一负责分配一些常用的应用程序固定使用的熟知端口,其数值从 0~1 023,它们紧密绑定(binding)于一些服务上。通常这些端口的通信明确表明了某种服务的协议。

②注册端口(Registered Ports)。从 1 024~4 915。它们松散地绑定于一些服务上。也就是说,有许多服务绑定于这些端口,这些端口同样用于许多其他目的。如许多系统处理动态端口从 1 024 左右开始。

③动态和/或私有端口(Dyamic and/or Pivate Ports)。从 49 152~65 535。理论上不应为服务分配这些端口。实际上,计算机通常从 1 024 起分配动态端口。但也有例外,SUN 的 RPC 端口从 32 768 开始。

如果根据所提供的服务方式的不同,端口又可分为“TCP 协议端口”和“UDP 协议端口”两种。计算机之间相互通信一般采用这两种通信协议。前面所介绍的“连接方式”是一种直接与接收方进行的连接,发送信息以后,可以确认信息是否到达,这种方式大多采用 TCP 协议;另一种不是直接与接收方进行连接,只管把信息放在网上发出去,而不管信息是否到达,也就是前面所介绍的“无连接方式”。这种方式大多采用 UDP 协议,IP 协议也是一种无连接方式。对应使用以上这两种通信协议的服务所提供的端口,也就分为“TCP 协议端口”和“UDP 协议端口”。

(3)端口扫描原理

一般的端口扫描原理其实非常简单,只是简单地利用操作系统提供的 connect()系统调用,与每一个感兴趣的目标计算机的端口进行连接。如果端口处于监听状态,那么 connect()就能成功。否则,这个端口不能用,即没有提供服务。这个技术的一个最大的优点是不需要任何权限,系统中的任何用户都有权利使用这个调用。另一个好处就是速度快,如果对每个目标端口以线性的方式使用单独的 connect()调用,那么将会花费相当长的时间。可以同时打开多个套接字,从而加速扫描。使用非阻塞 1/0 允许设置一个低的时间用尽周期,同时观察多个套接字。但这种方法的缺点是很容易被发觉,从而被过滤掉。目标计算机的 Logs 文件会显示一连串的连接和连接时出错的服务消息,并且能很快地使它关闭。

(4)常用端口扫描工具

通常进行端口扫描的工具目前主要采用的是端口扫描软件,也通常称之为“端口扫描器”,端口扫描器是一种自动检测远程或本地计算机安全性弱点的程序,通过使用扫描器可不留痕迹地发现远程服务器的各种 TCP 协议端口的分配及提供的服务,还可以得知它们所使用的软件版本,这就能间接地了解到远程计算机所存在的安全问题。

端口扫描器通过选用远程 TCP/IP 协议不同端口的服务,记录目标计算机端口给予的回答的方法,可以搜集到很多关于目标计算机的各种有用信息(如是否有端口在侦听?是否允许匿名登录?是否有可写的 FTP 目录?是否能用 Telnet 等)。

2.常用工具软件的使用

(1)X-Scan

以 X-Scan-v3.3 为例对 X-Scan 的功能做简单介绍。

采用多线程方式对指定 IP 地址段(或单机)进行安全漏洞检测,支持插件功能。扫描内容包括远程服务类型、操作系统类型及版本、各种弱口令漏洞、后门、应用服务漏洞、网络设备漏洞、拒绝服务漏洞等二十几个大类。

该工具提供了两种端口扫描方式供选择:①标准 TCP 连接扫描;②SYN 方式扫描。其中“SYN 扫描”和“被动识别操作系统”功能实现均使用“Raw Soket”构造数据包,不需要安装额外驱动程序,理论上可运行于 Windows NT 系列操作系统,推荐运行于 Windows 2000 以上的 Server 版 Windows 系统。

“检测范围”模块:在“指定 IP 范围”文本框中可以输入独立 IP 地址或域名,也可输入以“-”和“.”分隔的 IP 范围,如“192.168.0.1-20,192.168.1.10-192.168.1.254”或类似“192.168.100.1/24”的掩码格式,或选中“从文件获取主机列表”复选框,将从文件中读取待检测主机地址,文件格式应为纯文本,每一行可包含独立 IP 或域名,也叫包含以“-”和“.”分隔的 IP 范围。检测范围模块如图 2-2 所示。

“扫描模块”项:下面对其中常见的扫描模块进行介绍,如图 2-3 所示,通过“打钩”来选择要扫描的项目。

①NT-server 弱口令。探测 NT 主机用户名密码是否过于简单。

②NetBIOS 信息。NetBIOS(网络基本输入输出协议)通过 139 端口提供服务,默认情况下存在,可以通过 NetBIOS 获取远程主机信息。

③SNMP 信息。探测目标主机的 SNMP(简单网络管理协议)信息。通过对这一项的扫描,可以检查出目标主机在 SNMP 中不止当的设置。

④FTP 弱口令。探测 FTP 服务器(文件传输服务器)上密码设置是否过于简单或允许匿名登录。

⑤SQL-Server 弱口令。如果 SQL-Server(数据库服务器)的管理员密码采用默认设置或设置过于简单,如“1234”、“abc”等,就会被 X-Scan 扫描出“SQL-Server”、“abc”等,就会被 X-Scan 扫描出SQL-Server弱口令。

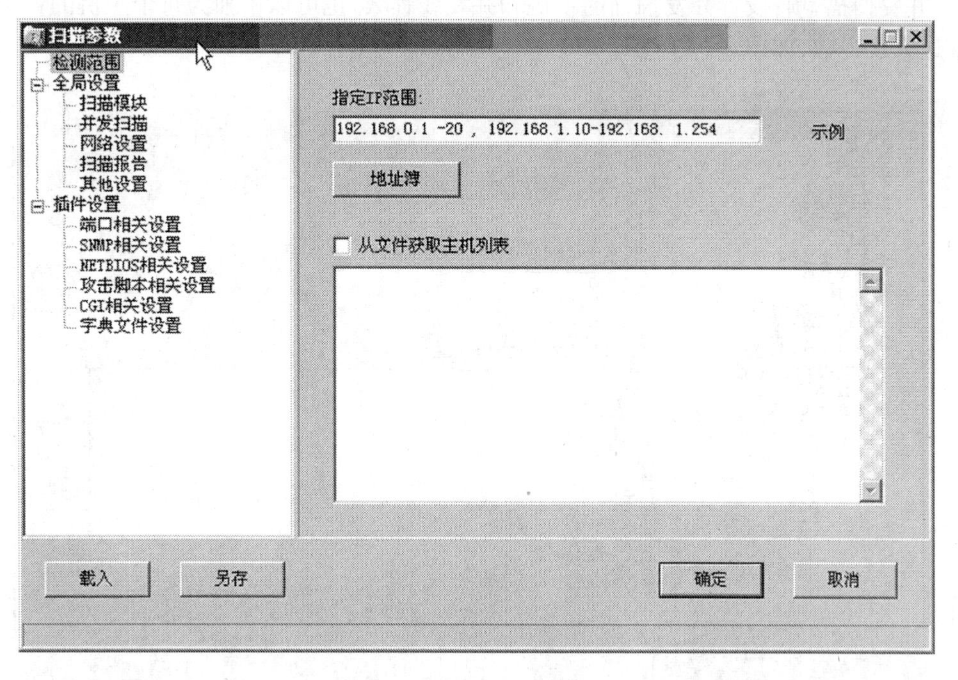

图 2-2　全局设置模块

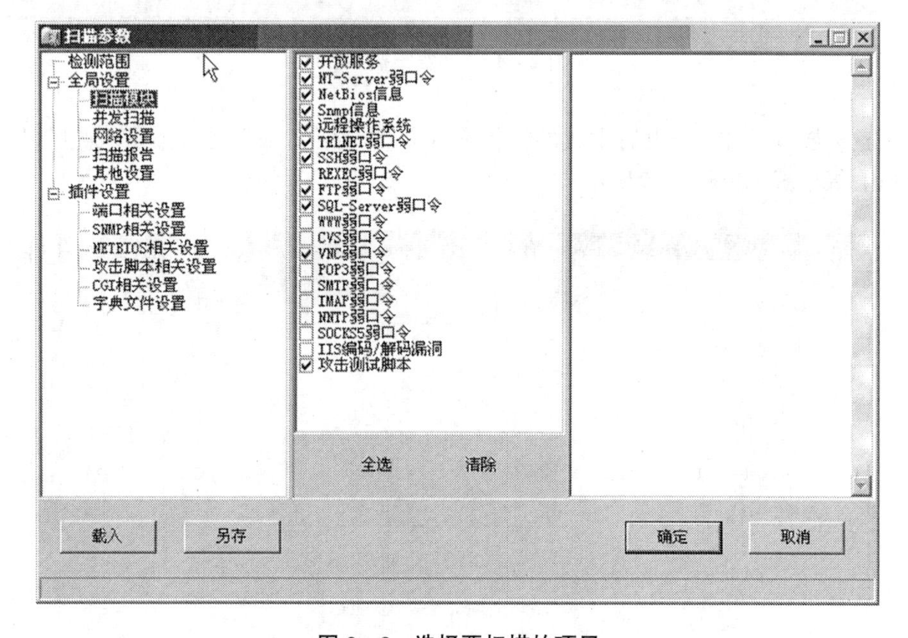

图 2-3　选择要扫描的项目

⑥POP3 弱口令。POP3 是一种邮件服务协议,专门用来为用户接收邮件。选择该项后,X-Scan 会探测目标主机是否存在 POP3 弱口令。

⑦SMTP 漏洞。SMTP(简单邮件传输协议)漏洞指 SMTP 协议在实现过程中出现的缺陷(Bug)。

“并发扫描”项:设置并发扫描的主机和并发线程数,也可以单独为每个主机的各个插件设置最大线程数,如图 2-4 所示。

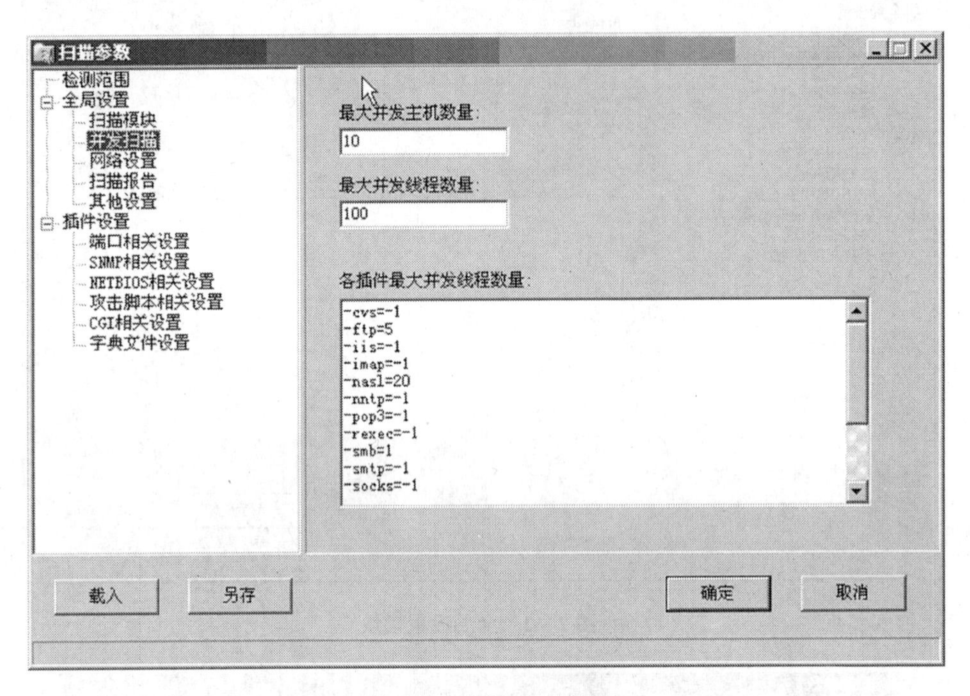

图 2-4 “并发扫描”项

“扫描报告”项:扫描结束后生成的报告文件名,保存在 Log 目录下。扫描报告目前支持 TXT,HTML 等格式,如图 2-5 所示。

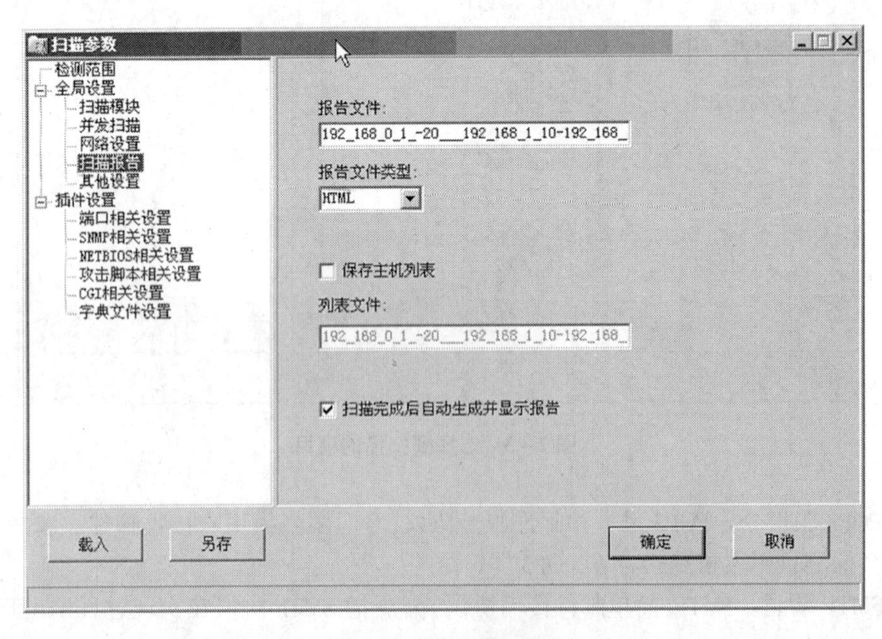

图 2-5 “扫描报告”项

“其他设置”项：其中，“跳过没有响应的主机”表示若目标主机不响应 ICMP ECHO 及 TCP SYN 报文，X-Scan 将跳过对该主机的检测。“跳过没有检测到开放端口的主机”表示若在用户指定的 TCP 端口范围内没有发现开放端口，将跳过对该主机的后续检测。“使用 NMAP 判断远程操作系统”表示 X-Scan 使用 SNMP、NetBios 和 NMAP 综合判断远程操作系统类型，若 NMAP 频繁出错，可关闭该选项。“显示详细进度”主要用于调试，一般情况下不推荐使用该选项。

现在检测 192.168.0.1－80 八十个 IP 地址，界面如图 2－6 所示。

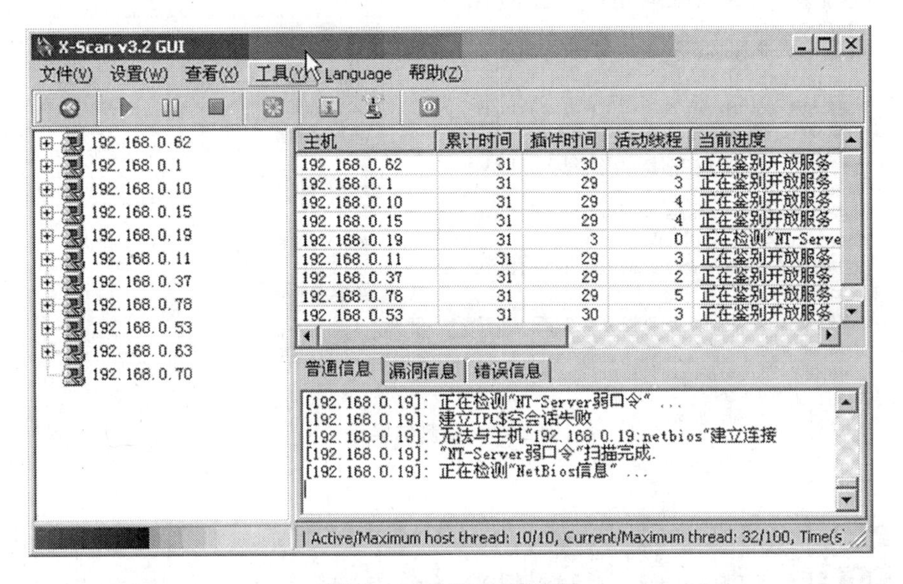

图 2－6　检测 IP 地址图

检测结果包括扫描时间、检测结果、主机列表、主机分析、漏洞分析等，如图 2－7 所示。

以上介绍了 X-Scan v3.2 图形界面的使用方法，还有一种扫描程序 SuperScan。

(2)扫描特定计算机所有端口的工具 SuperScan

攻击者在攻击一台主机之前，一般都需要搜集目标计算机提供的服务，SuperScan 就可以实现这种功能。

对一个纯粹管理服务器的管理员而言，上面介绍的 X-Scan 并不能完全满足要求，毕竟服务器不会太多。对一台服务器的完全了解才是最重要的。

SuperScan 有以下特点。

①小巧易用，使用方法比较简单，而且软件对常用端口有介绍。

②可以选择需要扫描的端口也可以选择所有端口；这一点对于管理员来说比较方便，其实大部分时候我们不必扫描计算机的所有端口，扫描 1 024 以下的端口基本已经可以了。

③可以选择扫描多个网段；尽管提供这项功能，还是不推荐使用这个功能，因为速度实在太慢。

④其他功能，比如取得计算机主机名，设定扫描速度等。

SuperScan 4.0 的运行界面如图 2－8 所示。

以上界面其实可以分为以下两部分。

主机列表	
主机	检测结果
192.168.0.62	发现安全警告
主机摘要 - OS: Windows XP; PORT/TCP: 25, 80, 110, 135, 139, 443, 445	
192.168.0.10	发现安全警告
主机摘要 - OS: Windows XP; PORT/TCP: 21, 25, 110, 139, 445	
192.168.0.1	发现安全警告
主机摘要 - OS: Unknown OS; PORT/TCP: 21, 25, 110, 139	
192.168.0.53	发现安全警告
主机摘要 - OS: Unknown OS; PORT/TCP: 21, 25, 110, 139	
192.168.0.37	发现安全警告
主机摘要 - OS: Unknown OS; PORT/TCP: 21, 25, 110, 135, 139, 445	
192.168.0.70	发现安全警告
主机摘要 - OS: Unknown OS; PORT/TCP: 21, 25, 110, 139, 445	
192.168.0.11	发现安全警告
主机摘要 - OS: Unknown OS; PORT/TCP: 21, 25, 110, 139	
192.168.0.78	发现安全警告
主机摘要 - OS: Unknown OS; PORT/TCP: 21, 25, 80, 110, 139, 445	
192.168.0.19	发现安全警告
主机摘要 - OS: Unknown OS; PORT/TCP: 21, 25, 110, 135, 139	
192.168.0.63	发现安全警告
主机摘要 - OS: Unknown OS; PORT/TCP: 21, 25, 110, 139, 445, 8000	
192.168.0.15	发现安全提示
主机摘要 - OS: Unknown OS; PORT/TCP: 21, 25, 80, 110	

图 2-7　检测结果图

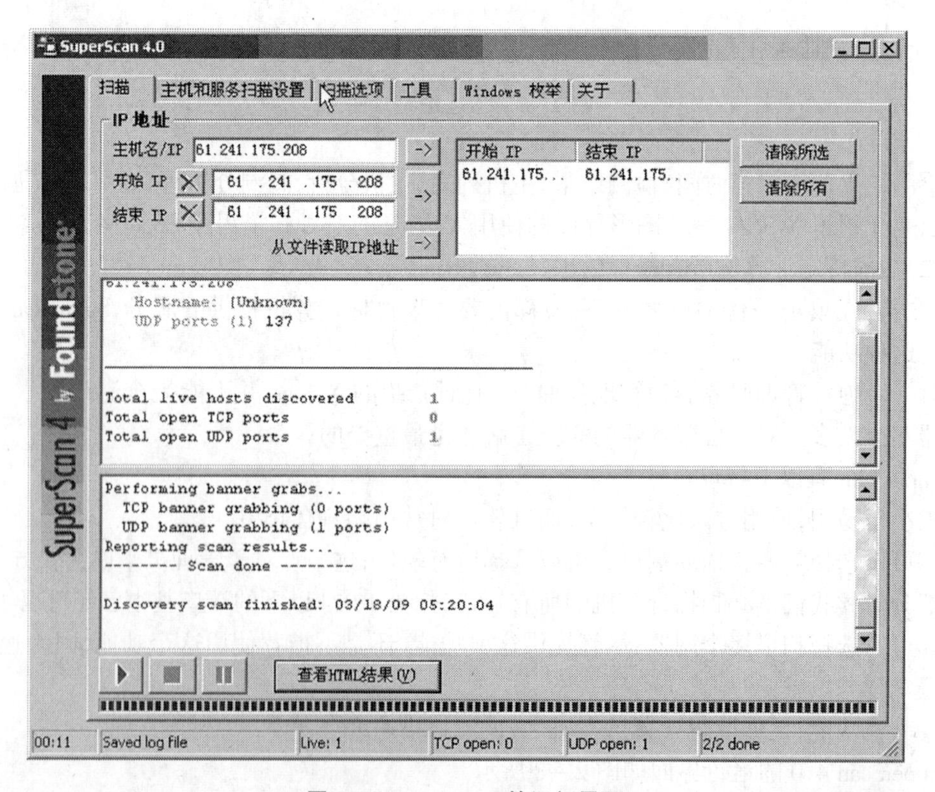

图 2-8　SuperScan 的运行界面

①扫描设置区:在“IP”部分可以设置需要扫描的 IP(或者 IP 网段);在“Timeout”设置各种时间参数;在“Scan type”选择扫描方式,可以只 ping 目标计算机(ping only),Every Port in list(端口列表的所有端口),端口列表的端口在“Port list setup”设置。

②结果显示区:在该区域可以看到扫描到的结果。

以上界面设置需要扫描的端口,我们可以选择扫描默认设置端口。现在开始扫描,主机和服务扫描设置窗口如图 2-9 所示。

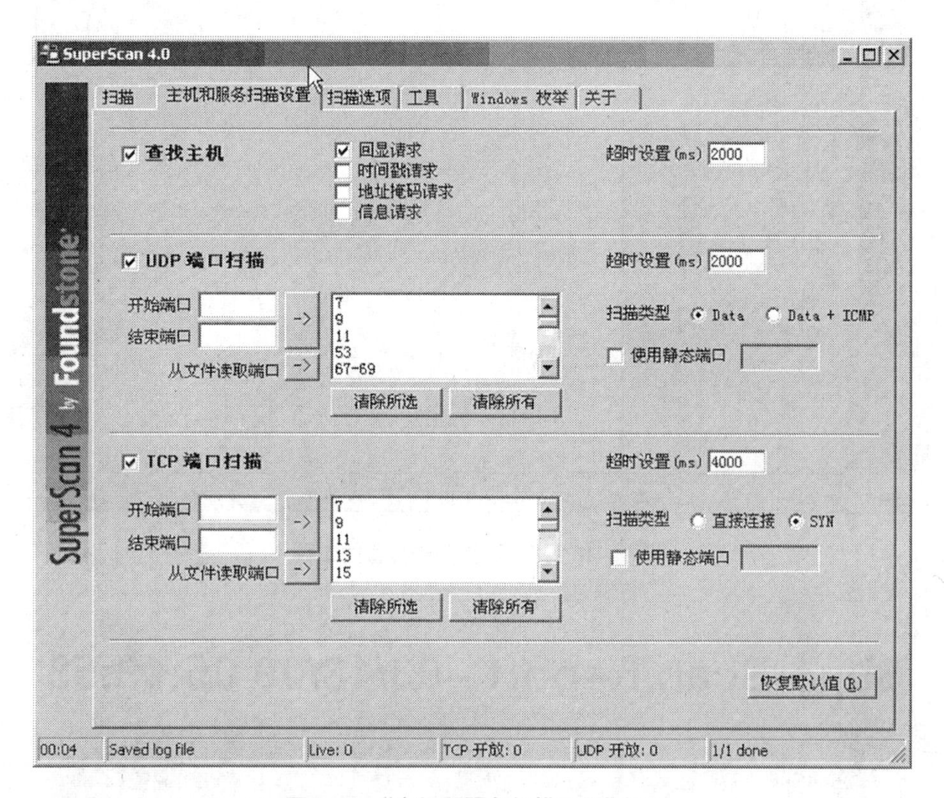

图 2-9 “主机和服务扫描设置”窗口

在以上界面中,我们可以看出有三个选项,分别是查找主机、UDP 端口扫描、TCP 端口扫描,对于对应的选项,可以设置或选择扫描对象。

SuperScan 4.0 的工具选项卡提供的工具,如图 2-10 所示。扫描结果用 html 显示,如图 2-11 所示。

3.防止端口扫描的方法

我们介绍了怎样扫描目标计算机的端口,现在我们看一下怎样设置服务器端口,使端口与提供的服务适配,并能通过这些设置来防止端口扫描。

Windows XP,Windows 2000 和 Windows NT 都可以在 TCP/IP 设置界面设置打开服务器端口。现在我们看 Windows XP 中怎样设置端口。打开“Internet 协议(TCP/IP)属性”设置,选择“高级”,在出现的“高级 TCP/IP 设置”中选择“选项”,在出现的界面中选择“TCP/IP 筛选”,单击“属性”,出现如图 2-12 所示界面。

在图 2-12 所示的界面中,可以设置 TCP 和 UDP 端口。在确定打开那些端口以前,建议考虑以下几点。

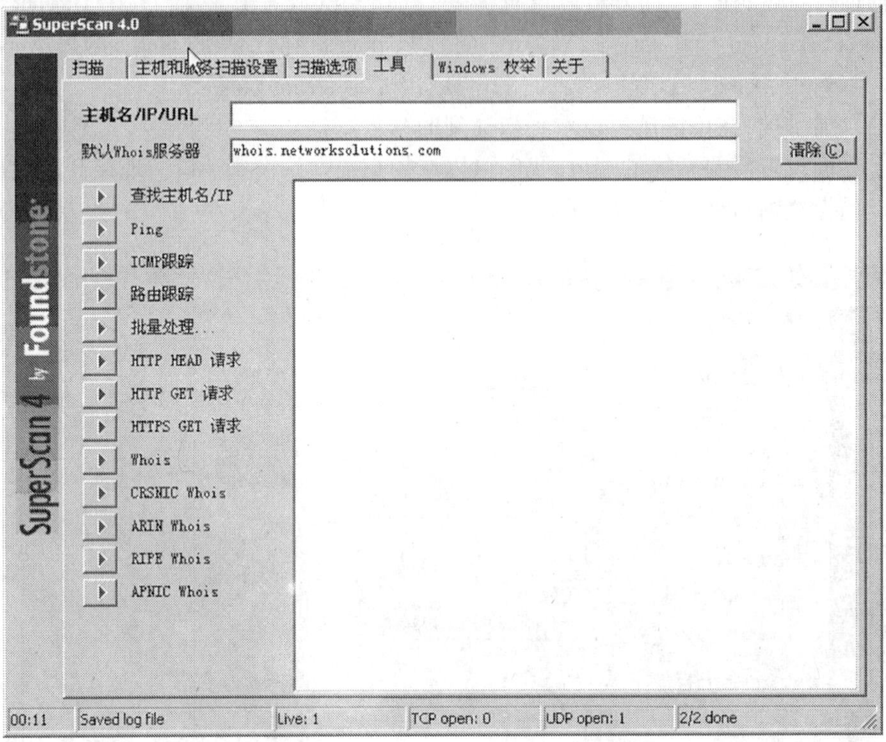
SuperScan 4.0
扫描
主机和服务扫描设置
扫描选项
工具
Windows 枚举
关于
主机名/IP/URL
默认Whois服务器
whois.networksolutions.com
清除(C)
查找主机名/IP
Ping
ICMP跟踪
路由跟踪
批量处理...
HTTP HEAD 请求
HTTP GET 请求
HTTPS GET 请求
Whois
CRSNIC Whois
ARIN Whois
RIPE Whois
APNIC Whois
SuperScan 4 by Foundstone
00:11
Saved log file
Live: 1
TCP open: 0
UDP open: 1
2/2 done

图 2－10 “工具”选项卡提供的工具

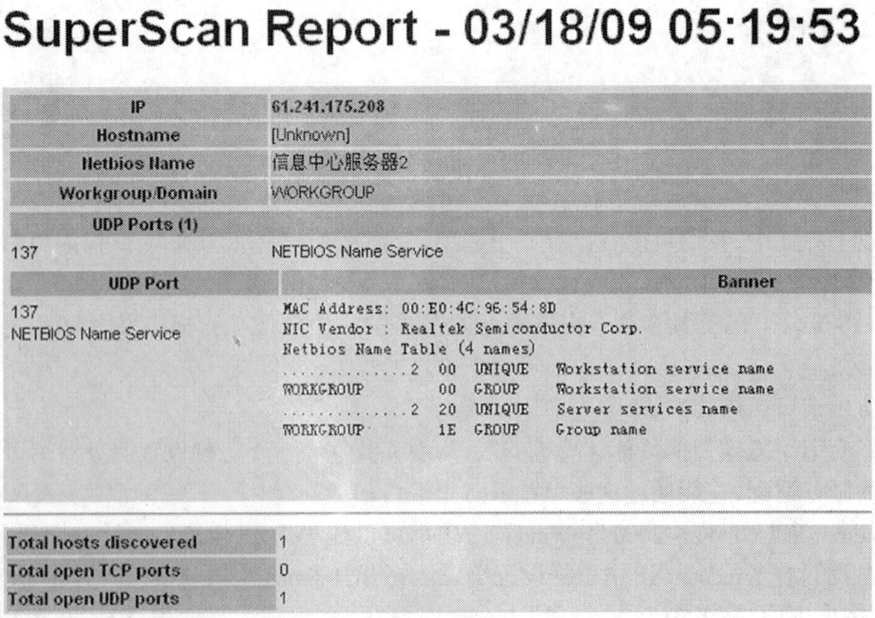
SuperScan Report - 03/18/09 05:19:53
IP
61.241.175.208
Hostname
[Unknown]
Netbios Name
信息中心服务器2
Workgroup/Domain
WORKGROUP
UDP Ports (1)
137
NETBIOS Name Service
UDP Port
Banner
137
NETBIOS Name Service
MAC Address: 00:E0:4C:96:54:8D
NIC Vendor : Realtek Semiconductor Corp.
Netbios Name Table (4 names)
..............2 00 UNIQUE Workstation service name
WORKGROUP 00 GROUP Workstation service name
..............2 20 UNIQUE Server services name
WORKGROUP 1E GROUP Group name
Total hosts discovered
1
Total open TCP ports
0
Total open UDP ports
1

图 2－11 扫描结果用 html 显示

①服务器到底提供哪些服务，这些服务使用哪些端口，这一点是每一个管理员都应该考虑的。在满足要求的情况下，提供尽量少的服务，打开尽可能少的端口，可以在一定程度上

加固服务器的安全。

②设置完成以后对服务器进行全面检测。尽管管理员可能对服务器很熟悉,但是在设置完成以后还是应该对服务器的所有服务作一个全面检测,以免出现服务不能正常运行的情况。

另外端口还可以通过一些软件来设置,如 PortBlocker, PortMapping 等,具体设置这里不再一一列举。

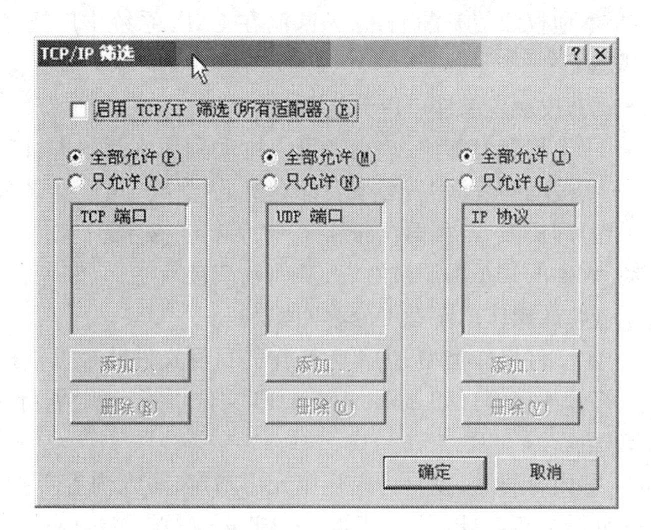

图 2-12 “TCP/IP 筛选”界面

个人用户要想防止端口扫描,就要经常注意给操作系统打补丁,因为操作系统的某些漏洞会导致系统的特定端口开放,成为黑客入侵的后门,带来不安全因素。同时,要安装个人防火墙,因为防火墙会对系统各个端口的情况进行监控,一旦发现端口有异常情况会发出警报并产生日志文件,提醒用户注意。

2.2.4 漏洞攻击与防范

许多系统都有这样那样的安全漏洞(Bugs),其中某些是操作系统或应用软件本身具有的,如 Sendmail 漏洞,Windows 98 中的共享目录密码验证漏洞和 IE5.0 漏洞等,这些漏洞在补丁未被开发出来之前一般很难防御黑客的破坏,除非将网线拔掉;还有一些漏洞是由于系统管理员配置错误引起的,如在网络文件系统中,将目录和文件以可写的方式调出,将未加 Shadow 的用户密码文件以明码方式存放在某一目录下,这都会给黑客带来可乘之机,应及时加以修正。

而且 Web 站点编程的发展带来了新的编程中的漏洞类型,这种新类型与在线购物有关。在一些 Web 站点上,采购信息被保存在 URL 字符串自身中,这个信息包含了货物编号、数量以及价格等。在结账时,URL 中的信息将被 Web 站点用来决定从信用卡上划走多少钱。人们发现,许多这类站点都没有在订购货物时对信息进行验证。站点只是提取 URL 中的价格并认为它是正确的。如果黑客选择在结账前修改 URL,那么他可能不花钱即可得到货物。

事实上,这种例子已经屡见不鲜,也确实给站点带来了很大的风险。

1.漏洞的分类

(1)按用户群体分为两类。

①大众类软件的漏洞,如 Windows 的漏洞、IE 的漏洞等。

②专用软件的漏洞,如 Oracle 漏洞、Apache 漏洞等。

(2)按作用范围分为远程漏洞和本地漏洞。

①远程漏洞,攻击者可以利用并直接通过网络发起攻击的漏洞。这类漏洞危害极大,攻击者能随心所欲地通过此漏洞操作他人的计算机,并且此类漏洞很容易导致蠕虫攻击。

②本地漏洞,攻击者必须在本机拥有访问权限前提下才能发起攻击的漏洞。比较典型

的是本地权限提升漏洞，这类漏洞在UNIX系统中广泛存在，能让普通用户获得最高管理员权限。

(3)按触发条件可以分为两类。

①主动触发漏洞，攻击者可以主动利用该漏洞进行攻击，如直接访问他人计算机。

②被动触发漏洞，必须要计算机的操作人员配合才能进行攻击利用的漏洞。比如攻击者给管理员发一封邮件，带了一个特殊的jpg图片文件，如果管理员打开图片文件就会导致看图软件的某个漏洞被触发，从而系统被攻击，但如果管理员不看这个图片则不会受攻击。

(4)从操作角度看可分为四类。

①文件操作类型，主要为操作的目标文件路径可被控制(如通过参数、配置文件、环境变量、符号连接等)，如oracle TNS LOG文件可指定漏洞，导致任何人可控制运行Oracle服务的计算机。

②内存覆盖，主要为内存单元可指定，写入内容可指定，这样就能执行攻击者想执行的代码(缓冲区溢出、格式串漏洞、PTrace漏洞、Windows 2000的硬件调试寄存器用户可写漏洞)或直接修改内存中的机密数据。

③逻辑错误，这类漏洞广泛存在，典型的有PTrace漏洞、FreeBSD的smart IO漏洞、Microsoft公司的Windows 95/98的共享口令可轻易获取漏洞；还有就是TCP/IP协议中的3步握手导致SYN FLOOD拒绝服务攻击等。

④外部命令执行问题，典型的有外部命令可被控制(通过PATH变量，输入中的SHELL特殊字符等)和SQL注入问题。

2.漏洞及漏洞防范

(1)利用MS05-039漏洞传播的蠕虫病毒。

命名为Zotob的蠕虫病毒已经在发布，并且造成了一些影响，部分有MS05-039漏洞的系统在被攻击时会不断重新启动，无法正常运行。这个蠕虫不会感染或者影响到Windows95/98/ME/NT系统，但是有可能在这些系统上运行去感染其他的系统。并且可以通过IRC接收黑客命令，使被感染计算机被黑客完全控制。

(2)大家知道DNS是域名系统(Domain Name System)的缩写。大家在上网时输入的网址，是通过域名解析系统找到相对应的IP地址才能访问到网站。但是最近Microsoft公司的Windows 2000和Windows 2003的DNS服务出现一个极高的安全漏洞，如果被黑客成功利用的话，那么用户的上网操作将遇到巨大的麻烦。

打开系统的命令提示符，接着跳转到DNS服务器漏洞利用工具所在的命令，然后执行该漏洞利用工具。

在该漏洞的利用程序中执行命令：dns.exe-h 127.0.0.1-t l-p 445，因为是在本地计算机上进行测试的，所以其中的IP地址为127.0.0.1，而且需要根据服务器版的语言设置参数。当利用工具提示溢出成功以后，就可以利用telnet命令或程序nc连接存在漏洞的服务器中的4444端口，如telnet 127.0.0.1 4444，如图2-13所示。需要说明的是，该工具的成功率并不是特别高，所以在测试的时候需要多进行几次。

```
Microsoft Windows XP [版本 5.1.2600]
(C) 版权所有 1985-2001 Microsoft Corp.

C:\Documents and Settings\Administrator>cd\

C:\>telnet 127.0.0.1 4444
```

图2-13 程序中执行命令图

当成功利用漏洞进行溢出以后，就可以在命令行输入：net user zhangsan 1234/add，单击

Enter 键确定后如果显示命令成功,就说明已经成功地添加了一个用户名为 zhangsan,密码为 1234 的用户。

然后再在命令行输入 net localgroup administrators zhangsan/add,成功执行的话就表示将该用户已经添加到管理员组。

接下来利用 Windows 系统自带的远程桌面功能。打开远程桌面连接的办法为:从“开始菜单”中选择“程序”,然后在程序中选择“附件”中“通信”下的“远程桌面连接”,接着连接到该 DNS 服务器的 IP 地址,然后利用刚刚创建的用户名进行登录,就可以进行适时的远程管理操作了,如图 2 – 14 所示。

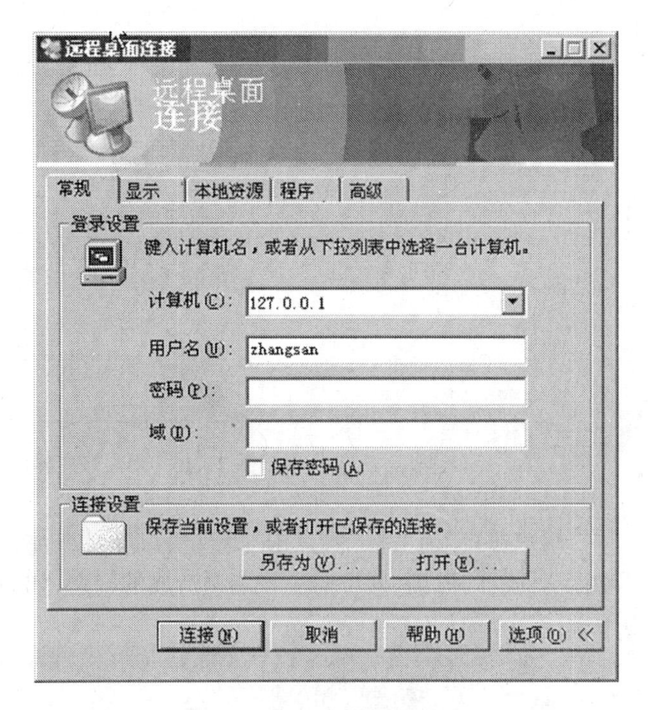

图 2 – 14　远程管理操作图

如果远程服务器没有开通终端服务功能,也可以通过溢出得到的命令提示符窗口,通过 FTP 或 Tftp 命令上传木马程序,这样也可以进行有效的远程管理操作。

(3)利用 Windows XP 安全漏洞攻击及简单防范

Windows XP 操作系统保留了 Windows 2000 的稳定性,又融入了更多的个人用户操作特性,是除 Windows 98 系统外个人用户使用较多的系统之一。其优点是软件兼容性好,其兼容性更优于 Windows 2000;对硬件的支持比 Windows 98 更卓越,因为是新发布的系统,里面包含了更多新硬件的驱动程序,安全性较高,系统内部集成了网络防火墙;稳定性好,可以和 Windows 2000 媲美。缺点是资源占有量大,对计算机的硬件要求较高。

虽然 Windows XP 操作系统稳定性与安全性都得到了很大的提高,但是依然存在许多安全漏洞,因此我们仍要注意。

①快速用户切换漏洞

Windows XP 快速用户切换功能存在漏洞,当你单击“开始|注销|切换用户”启动快速用户切换功能时,如图 2 – 15 所示,在传统登录方法下用一个用户名重试登录时,系统会误认为有暴力破解攻击的嫌疑,因而会锁定全部非管理员账号。

图 2 – 15　快速用户切换窗口

该漏洞是由于使用了快速用户切换功能所致,因此解决的方法就是取消该功能,具体操作是在“开始”菜单中点击“控制面板”图标,然后选择“用户账户”选项,如图 2 – 16 所示。

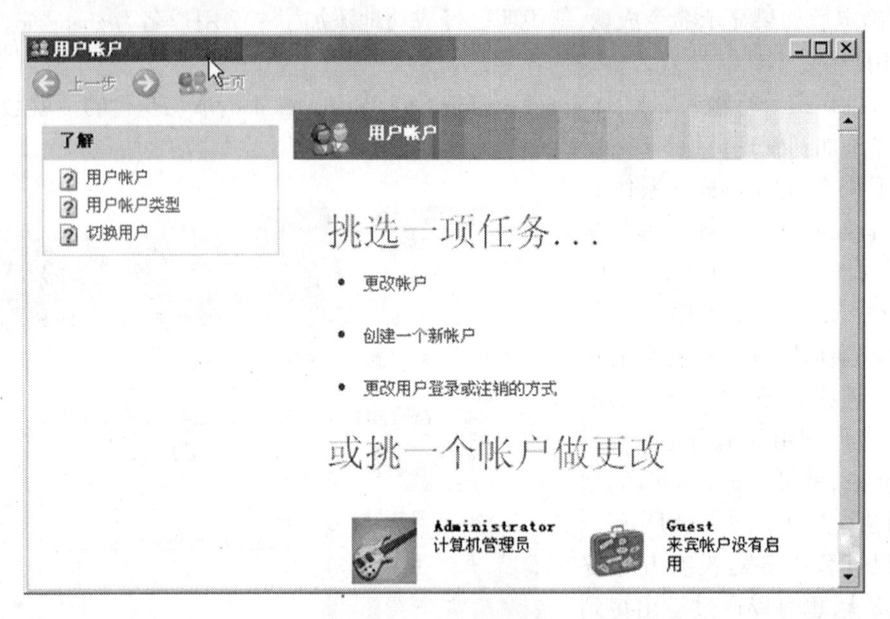

图 2-16　用户账户界面

在“用户账户”选项框中，点击“更改用户登录或注销的方式”项。将“使用快速用户切换”功能前面的勾取消，即可避免该漏洞造成的问题，如图2-17所示。

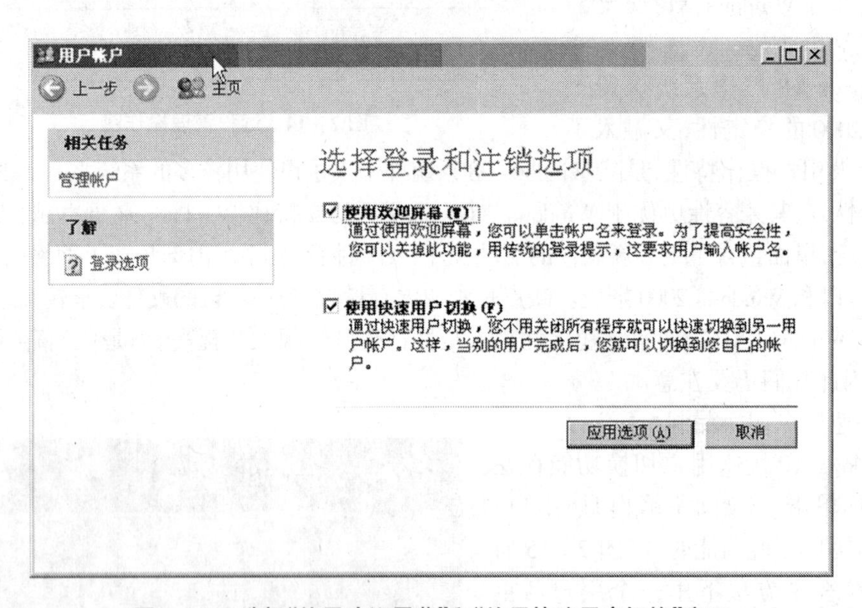

图 2-17　选择“使用欢迎屏幕”和“使用快速用户切换”窗口

②RPC 漏洞

在 Windows XP 上有一项名为“远程协助”的功能，它允许用户在使用计算机发生困难时，向 MSN 上的好友发出远程协助邀请，来帮助自己解决问题。这个“远程协助”功能正是“冲击波”病毒所使用的 RPC(Remote Procedure Call)漏洞。

病毒利用该漏洞进行攻击时，会破坏掉用户的 RPC 服务，从而使用户反复出现 1 分钟后重启计算机的现象，而且还会出现无法打开网页的二级链接之类的问题。

建议用户不要使用该功能，使用前也应该安装 Microsoft 提供的 RPC 漏洞工具和“冲击波”免疫程序。

禁止“远程协助”的方法是右击“我的计算机”，选择“属性”，打开系统“属性”对话框，在“远程”项里去掉“允许从这台计算机发送远程协助邀请”前面的勾。

如果用户希望给自己的系统打上 RPC 漏洞补丁，可以到 http://download.microsoft.com/download/a/a/5/aa56d061-3a38-44af-8d48-85e42de9d2c0/Windows XP-KB823980-x86-CHS.exe 直接下载补丁文件。

③终端服务漏洞

“终端服务”是 Windows XP 在 Windows 2000 系统（Windows 2000 利用此服务实现远程服务器托管）上遗留下来的一种服务形式。用户利用终端可以实现远程控制。“终端服务”和“远程协助”是有一定区别的，虽然都实现的是远程控制，终端服务更注重用户的登录管理权限，它的每次连接都需要当前系统的一个具体登录 ID，且相互隔离，“终端服务”独立于当前计算机用户的邀请，可以独立、自由登录远程计算机。在 Windows XP 系统下，“终端服务”是被默认打开的，也就是说，如果有人知道你计算机上的一个用户登录 ID，并且知道计算机的 IP，它就可以完全控制你的计算机。在 Windows XP 系统里可以采用关闭“终端服务”的方法，单击鼠标右键选择“我的计算”，选择“属性”，打开系统“属性”对话框，选择“远程”项，去掉“允许用户远程连接到这台计算机”前面的“√”即可，如图 2－18 所示。

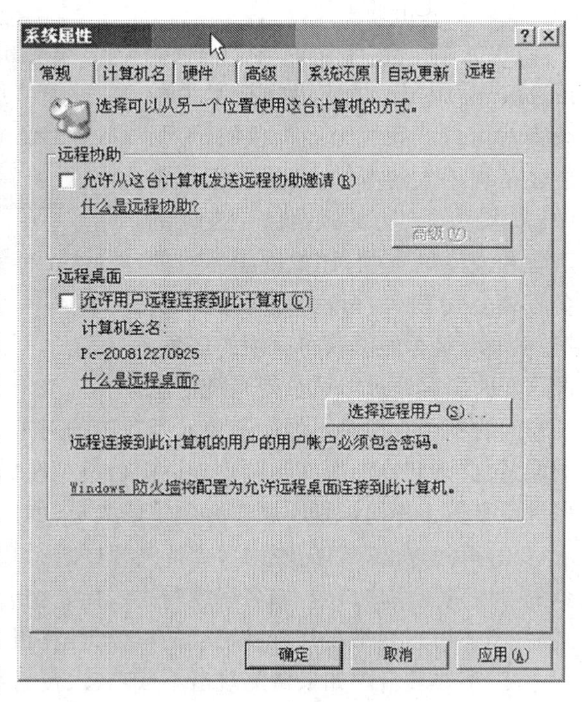

图 2－18　远程桌面连接窗口

④热键漏洞

热键功能是操作系统提供的服务，它可以使用户通过键盘组合来快速调用应用程序，该漏洞存在于系统的注销功能下。当用户离开计算机后，该计算机即处于未保护状态下，此时的 Windows XP 系统会自动实施“自注销”功能，虽然此时无法进入桌面，但由于热键服务还未停止，仍可使用热键启动应用程序，从而给我们的计算机带来伤害。可以通过启动屏幕保护程序，并设置密码的方法防止该漏洞被利用，如图 2－19 所示，也可以在离开计算机时锁定计算机，这样别人就不能用该漏洞执行程序了。

2.2.5　口令攻击方法和防范

1.口令入侵

口令是网络系统的第一道防线。当前的网络系统都是通过口令来验证用户身份、实施访问控制的。口令攻击是指黑客以口令为攻击目标，破解合法用户的口令，或避开口令验证过程，然后冒充合法用户潜入目标网络系统，夺取目标系统控制权的过程。如果口令攻击成功，黑客进入了目标网络系统，他就能够随心所欲地窃取、破坏和篡改被侵入方的信息，直至完全控制被侵入方。所以，口令攻击是黑客实施网络攻击的最基本、最重要、最有效的方法之一。

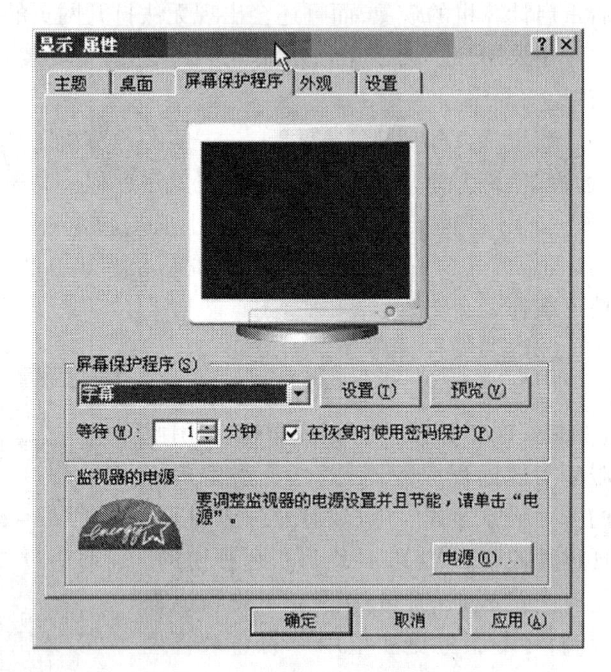

图 2－19 屏幕保护程序窗口

2.口令攻击的主要方法

(1)社会工程学(Social Engineering)攻击，是使用非技术手段获得对信息或系统未经授权的访问，主要是利用人的本性，在社会工程学中，黑客最强有力的武器就是友善的声音和说谎的本领，比如说黑客可能会假装公司职员打电话请求技术支持，从而看是否能够获得有用的信息。像这样的黑客通过电话获得系统信息和密码的例子有很多。然而避免此类攻击的对策是加强用户意识。培训员工前台如何与他们联系，会询问他们哪些问题。告诉前台员工在提供密码之前如何验证员工身份，同时也要培训所有员工如何识别不属于办公室的人员，如何对待这种情况。

(2)猜测攻击。首先使用口令猜测程序进行攻击。口令猜测程序往往根据用户定义口令的习惯猜测用户口令，如名字缩写、生日、宠物名、部门名等。在详细了解用户的社会背景之后，黑客可以列举出几百种可能的口令，并在很短的时间内就可以完成猜测攻击。

(3)字典攻击。如果猜测攻击不成功，入侵者会继续扩大攻击范围，对所有英文单词进行尝试，程序将按序取出一个又一个的单词，进行一次又一次尝试，直到成功。据报道，对于一个有 8 万个英文单词的集合来说，入侵者不到一分半钟就可试完。所以，如果用户的口令不太长或只是单词、短语，那么很快就会被破译出来。

(4)穷举攻击。如果字典攻击仍然不能够成功，入侵者会采取穷举攻击。一般从长度为 1 的口令开始，按长度递增进行尝试攻击。由于人们往往偏爱简单易记的口令，穷举攻击的成功率很高。如果每千分之一秒检查一个口令，那么 86% 的口令可以在一周内破译出来。

(5)混合攻击。结合了字典攻击和穷举攻击，先字典攻击，再穷举攻击。避免以上四类攻击的对策是加强口令策略。

(6)直接破解系统口令文件。所有的攻击都不能够奏效，入侵者会寻找目标主机的安全漏洞和薄弱环节，伺机偷走存放系统口令的文件，然后破译加密的口令，以便冒充合法用户访问这台主机。

(7)网络嗅探(Sniffer)。通过嗅探器在局域网内嗅探明文传输的口令字符串。避免此类攻击的对策是网络传输采用加密传输的方式进行。

(8)键盘记录。在目标系统中安装键盘记录后门，记录操作员输入的口令字符串，如很多间谍软件、木马等都可能会盗取用户的日述。

(9)其他攻击方式。如中间人攻击、重放攻击、生日攻击、时间攻击。

避免以上几类攻击的对策是加强用户安全意识,采用安全的密码系统,注意系统安全,避免感染间谍软件、木马等恶意程序。

3.常用口令攻击工具简介

SMBCrack

使用方法:SMBCrack < IP > < username > < password file >。其中,IP 为目标 IP,username 为待破译密码账号,password file 为密码文件。

以 192.168.3.55 上的 chi 为例,输入"SMBCrack 192.168.3.55 chi 123.dic"命令进行暴力破解,如图 2-20 所示。

```
Microsoft Windows XP [版本 5.1.2600]
(C) 版权所有 1985-2001 Microsoft Corp.

C:\Documents and Settings\Administrator>cd\

C:\>SMBCrack 192.168.0.62 chi 123.dic_
```

图 2-20 SMBCrack 命令执行图

确定后,开始破解,然后破解出远程主机的密码。

4.口令攻击的防护手段

这里所说的猜测口令不仅仅是系统用户账号的口令,还有一些网络常用工具的口令,如电子邮件程序、OICQ 聊天等,一旦黑客获悉这些工具的口令之后,就可以冒充你作出一些损害你的利益的事情。更严重的是,当黑客识别了一台主机而且发现了基于 NetBIOS、Telnet 或 NFS 等服务的可利用的用户账号,就可能通过猜测口令对目标计算机进行控制。

猜测法是最原始、最笨拙的,但同时也是最有效的、最直接的破解口令的方法。有很多软件和先进口令破解方法都是基于口令猜测建立起来的。

口令安全是用户用来保卫自己系统安全的第一道防线。人们总是试图通过猜测合法用户的口令的办法来获得没有授权的访问。一般有两种通用的做法,一是从存放许多常用的口令的数据库中,逐一地取出口令一一尝试;另一个做法是设法偷走系统的口令文件,如 E-mail 欺骗,然后用口令破译的工具来破译这些经过加密的口令。

攻击者都喜欢得到一个系统的口令文件。在许多的 UNIX 系统中,得到口令文件并不是一件很容易的事,因为口令文件只有超级用户才有权利读写。因此,当口令文件被盗走时,绝大多数情况下,说明系统的超级用户权限在某些特定的情况下,可以被攻击者直接或间接地得到和行使。至于攻击者获取口令文件的目的,很显然,因为从口令文件中可以破译出一些口令和用户名来,便于以后冒充合法的用户访问这台主机,因此当发现系统的口令文件被非法访问过以后,一定要更换所有的口令。当一个攻击者得到了初始的访问的权利后,他就会到处查看系统的漏洞,借此来得到进一步的权限。因此,使系统安全的第一步就是让那些未经授权的用户不能进入你的系统。

猜测法的根本是利用了别人的疏忽大意和草率。如有些人以用户名作口令,有些人以简单词作口令等。这种人往往为图口令方便易记,而疏于防范。猜测法依靠的是经验和对目标用户的熟悉程度。现实生活中,很多人的密码就是姓名汉语拼音的缩写和生日的简单组合。甚至还有人用最危险的密码——与用户名相同的密码!这时候,猜测法便拥有了最高的效率。

其实,如果稍微有点安全意识的话,只要在口令上做点文章,就会加大口令猜测难度。举个例子,如果用 m2d1n3 作口令,你是否可以猜出来呢?同时它也不是完全没有意义的,mdn 意为麦当娜,213 是所住房间号码。当然,这只是针对猜测法破解口令,而不能对付穷举法。

(1)防止口令猜测,使用口令时应注意的问题

①口令要有一定长度,不要少于6个字符。

②不要使用姓名、出生日期、电话号码、身份证号码、车牌号码、单位名称、家庭住址等常用信息作口令。

③不要以任何形式使用用户名作口令(如反向或缩写等形式)。

④不要以英语或其他语言中的单词作口令。

⑤口令设置建议字母、数字和“%,#,*,@,^,&”等混排。

⑥应该定期更换口令。

⑦口令必须加密存储,并保证口令加密文件和口令存储载体的安全。

⑧口令在网络中传输时应加密。

有时候使用了好的口令也是不够的。因为当口令在网络上传输的时候,尤其当它穿过一个并不安全的网络的时候,就面临着被监听的危险(我们下一节要介绍的内容)。即使当前的网络使用了网络协议和其他的防护措施,因为网络协议是通用的,别人只要监听到了你传送的数据包,就可以使用对应的协议和工具将里面的口令和用户名挑选出来。这时候,你就得考虑使用口令加密的办法。当无法实现加密的时候,就必须保证在网上传输的口令是一次性口令。因为一次性的口令即使被人监听了也没有关系。

(2)安装个人防火墙软件

对于即时通信工具的探测和网络游戏的探测,虽然使用一个复杂的密码可以起到一定的防护效果,但是通常对这类工具进行探测攻击往往是某个别有用心的人,他们会通过木马程序的形式,隐藏在用户的系统中,然后伺机把这些密码通过网络传出去,由于这种方式相当于给系统派了一个间谍,多复杂的密码也会丢失,因此对付这类密码探测攻击,除了要设一个更复杂的密码外,还应该给系统加个人防火墙,即使被偷到也不会流失出去。

2.2.6 拒绝服务攻击

拒绝服务攻击简称DoS(Denial of Service),是一种针对TCP/IP协议的缺陷来进行网络攻击的手段,它可以出现在任何平台上。拒绝服务攻击的原理并不复杂而且易于实现,通过向目标主机发送海量的数据包,占据大量的共享资源(这里资源指的可以是处理器的时间、磁盘的空间、打印机和调制解调器,也甚至涉及到系统管理员的时间),使系统没有其他的资源来给其他的用户使用,或使网络服务器中充斥了大量要求回复的信息,消耗网络带宽或系统资源,造成目标主机所在网段拥塞,导致网络或系统不胜负荷以至于瘫痪、停止正常的网络服务。

拒绝服务降低了资源的可用性,攻击的结果是停止和失去服务,甚至主机崩溃。通过简单的工具就能在因特网上引发极度的混乱,而且这种攻击工具在网上每个人都可以得到、使用,更糟的是目前还没有一个有效的对付方法。

1.拒绝服务攻击的类型

拒绝服务攻击的实现是利用了Internet网络协议的许多安全漏洞,它让我们看到了现存网络脆弱性的一面。可用于发动拒绝服务攻击的工具很多,比较常见的有如下四种类型。

(1)带宽消耗

这是最常见也是最阴险的DoS攻击。其基本原理是攻击者消耗掉通达某个网站的几乎所有可用带宽,组织合法用户使用网络带宽。带宽消耗型的DoS攻击可发生在局域网上,但更常见的是攻击者远程消耗带宽资源,通过多个主机多点集中拥塞目标网络,这种多点攻击难以找到真正的攻击发起者。

(2)系统资源消耗

攻击者通过盗用、滥用目标主机的资源访问权,消耗目标主机的CPU利用率、内存、文件系统限额和系统进程总数之类的系统资源,造成文件系统变慢、进程被挂起直至系统崩溃,从而使得合法用户无法使用系统的资源。

(3)编程缺陷

攻击者利用应用程序、操作系统或嵌入式逻辑芯片在处理异常情况时的失败,而向目标主机发送非常规的数据包分组,导致内核发生混乱,从而使系统崩溃。

(4)路由和DNS攻击

由于网络上使用的较早版本的路由协议没有或只有很弱的认证机制,攻击者可以假冒IP地址,操纵路由表项,为DoS攻击创造条件,使其拒绝对合法系统或网络提供服务。这种攻击的后果是目标网络的分组或者经由攻击者的网络路由,或者被路由到不存在的黑洞网络上。

基于域名系统(DNS)的攻击和基于路由的攻击一样,也是采取欺骗的手法,改变目标域名服务器高速缓存中的地址信息,使得合法用户请求的DNS服务被重定向到不正确的站点或黑洞网络。

2.常见的拒绝服务攻击方法与防御措施

拒绝服务攻击是最容易实施的攻击行为,常见的DoS工具有Smurf攻击、UDP洪水攻击、SYN洪水攻击、TearDrop、Land攻击、死亡之Ping、Fraggle攻击、电子邮件炸弹、畸形消息攻击、分布式拒绝服务攻击DDoS等。下面我们分别对这些黑客经常使用的拒绝服务攻击方法与防御措施进行介绍。

(1)Smurf攻击

原理:一个简单的Smurf攻击可以通过将回复地址设置成受害网络的广播地址,使用ICMP应答请求(ping)数据包来淹没受害主机的方式进行,最终导致该网络的所有主机都对此ICMP应答请求作出答复,导致网络阻塞,比Ping of Death的流量高出一或两个数量级。更加复杂的Smurf将源地址改为第三方的受害者,最终导致第三方雪崩。

防御:为了防止黑客利用你的网络攻击他人,关闭外部路由器或防火墙的广播地址特性。为防止被攻击,在防火墙上设置规则,丢弃ICMP包。

(2)UDP洪水(UDP Flood)

原理:通过各种各样的假冒攻击,利用简单的TCP/IP服务,如Chargen和Echo,来传送毫无用处的占满带宽的数据。通过伪造与某一主机的Chargen服务之间的一次UDP连接,使回复地址指向开着Echo服务的一台主机,这样就生成在两台主机之间的无用数据流,如果数据流足够多就会导致带宽拥塞而形成攻击。

防御:关掉不必要的TCP/IP服务,或者对防火墙进行配置,阻断来自Internet的请求这些服务的UDP请求。

(3)SYN洪水(SYN Flood)

原理:一些TCP/IP栈的实现只能等待从有限数量的计算机发来的ACK消息,因为它们只有有限的内存缓冲区用于创建连接,如果这一缓冲区充满了虚假连接的初始信息,该服务器就会对接下来的连接停止响应,直到缓冲区里的连接超时。在一些创建连接不受限制的实现里,SYN洪水具有类似的影响。

防御:在防火墙上过滤来自同一主机的后续连接。

未来的 SYN 洪水令人担忧，由于释放 SYN 洪水的主机并不寻求响应，所以无法将其从一个简单高容量的传输中鉴别出来。

(4)泪滴(TearDrop)

原理：泪滴攻击利用在 TCP/IP 堆栈实现中信任 IP 碎片中包的标题头所包含的信息来实现的攻击。IP 分段含有指示该分段所包含的是源包的哪一段的信息，某些 TCP/IP(包括 service pack 4 以前的 Windows NT)在收到含有重叠偏移的伪造分段时将崩溃。

防御：服务器应用最新的服务包，或者在设置防火墙时对分段进行重组，而不是转发它们。

(5)Land 攻击

原理：在 Land 攻击中，使用一个特别打造的 SYN 包，它的源地址和目标地址都被设置成某一个服务器地址，此举将导致接受服务器向它自己的地址发送 SYN-ACK 消息，结果这个地址又发回 ACK 消息并创建一个空连接，每一个这样的连接都将保留直到超时。不同的操作系统对 Land 攻击的反应不同，不少 UNIX 系统受到攻击后就将崩溃，而 Windows NT 会变得极其缓慢。

防御：打最新的补丁，或者在防火墙进行配置，将那些在外部接口上入栈的含有内部源地址过滤掉(包括 10 域、127 域、192.168 域、172.16 到 172.31 域)。

(6)死亡之 Ping(Ping of Death)

原理：由于在早期的阶段，路由器对包的最大尺寸都有限制，许多操作系统对 TCP/IP 栈的实现在 ICMP 包上都是规定为 64 KB，并且在对包的标题头进行读取之后，要根据该标题头里包含的信息来为有效载荷生成缓冲区，当产生畸形时，声称自己的尺寸超过 ICMP 上限的包也就是加载的尺寸超过 64 K 上限时，就会出现内存分配错误，导致 TCP/IP 堆栈崩溃，致使接受方当机。

防御：现在所有的标准 TCP/IP 实现都已实现对付超大尺寸的包，并且大多数防火墙能够自动过滤这些攻击，包括从 Windows 98 之后的 Windows NT(service pack 3 以上版本)/2000、Linux、Solaris、Mac OS 都具有抵抗一般 Ping of Death 攻击的能力。此外，对防火墙进行配置，阻断 ICMP 以及任何未知协议，都能防止此类攻击。

(7)Fraggle 攻击

原理：Fraggle 攻击对 Smurf 攻击作了简单的修改，使用的是 UDP 应答消息而非 ICMP。

防御：在防火墙上过滤掉 UDP 应答消息。

(8)电子邮件炸弹

原理：电子邮件炸弹是最古老的匿名攻击之一，通过设置一台计算机不断的、大量的向同一地址发送电子邮件，攻击者能够耗尽接受者网络的带宽。

防御：对邮件地址进行配置，自动删除来自同一主机的过量或重复的消息。

(9)畸形消息攻击

原理：各类操作系统上的许多服务都存在此类问题，由于这些服务在处理信息之前没有进行适当正确的错误校验，在收到畸形的信息时可能会崩溃。

防御：打最新的服务补丁。

3.分布式拒绝服务攻击 DDoS

1999 年 7 月份左右，微软公司的视窗操作系统的一个 Bug 被人发现和利用，并且进行了多次攻击，这种新的攻击方式被称为“分布式拒绝服务攻击”即“DDoS(Distributed Denial Of

Service Attacks)攻击”。DDoS 也是一种特殊形式的拒绝服务攻击。它是利用多台已经被攻击者所控制的计算机对某一台单机发起攻击,相比之下被攻击的主机很容易失去反应能力。现在这种方式被认为是最有效的攻击形式,并且很难防备。但是利用 DDoS 攻击是有一定难度的,没有高超的技术是很难实现的,因为它不但要求攻击者熟悉入侵的技术,而且还要有足够的时间和智力水平。要实施 DDoS,首先要做一个软件出来,这个软件必须能够像病毒一样能够传染,可在网上扩散;还必须能够像病毒一样潜伏,不让别人发现;更重要的是它必须能接收你发布的指令,在某一时刻向某个网站发动攻击。

而现在却因有黑客编写出了傻瓜式的攻击工具,所以也就使 DDoS 攻击相对变得简单了。至今为止,攻击者最常使用的分布式拒绝服务攻击程序包括 Trinoo、TFN、TFN2K 和 Stacheldraht 等。这些源代码包的安装使用过程比较复杂,因为你首先得找到目标计算机的漏洞,然后通过一些远程溢出漏洞攻击程序,获取系统的控制权,再在这些计算机上安装并运行 DDoS 分布端的攻击守护进程。

(1)实施分布式拒绝服务攻击的步骤

为了提高分布式拒绝服务攻击的成功率,攻击者需要控制成百上千的被入侵主机。这些主机通常是 Linux 和 SUN 计算机,但这些攻击工具也能够移植到其他平台上运行。这些攻击工具入侵主机和安装程序的过程都是自动化的。这个过程可分为以下几个步骤:

①探测扫描大量主机以寻找可入侵主机目标;

②入侵有安全漏洞的主机并获取控制权;

③在每台入侵主机中安装攻击程序;

④利用已入侵主机继续进行扫描和入侵。

由于整个过程是自动化的,攻击者能够在 5 秒钟内入侵一台主机并安装攻击工具。也就是说,在短短的一小时内可以入侵数千台主机。

(2)几种常见分布式拒绝服务攻击工具

①Trinoo

客户端、主控端和代理端主机相互间通信时使用如下端口:

1 524 tcp

27 665 tcp

27 444 udp

31 335 udp

重要提示:以上所列出的只是该工具的缺省端口,仅作参考,这些端口可以轻易被修改。

②TFN

客户端、主控端和代理端主机相互间通信时使用 ICMP ECHO 和 ICMP ECHO REPLY 数据包。

③Stacheldraht

客户端、主控端和代理端主机相互间通信时使用如下端口和数据包:

16 660 tcp

65 000 tcp

ICMP ECHO

ICMP ECHO REPLY

重要提示:以上所列出的只是该工具的缺省端口,仅作参考,这些端口可容易被修改。

④TFN2K

客户端、主控端和代理端主机相互间通信时并没有使用任何指定端口(在运行时指定或由程序随机选择),但结合了 UDP,ICMP 和 TCP 数据包进行通信。

(3)分布拒绝服务攻击异常现象监测

许多人或工具在监测分布式拒绝服务攻击时常犯的错误是只搜索那些 DDoS 工具的缺省特征字符串、缺省端口、缺省口令等。要建立网络入侵监测系统(NIDS)对这些工具的监测规则,人们必须着重观察分析 DDoS 网络通信的普遍特征,不管是明显的,还是模糊的。

DDoS 工具产生的网络通信信息有两种:控制信息通信(在 DDoS 客户端与服务器端之间)和攻击时的网络通信(在 DDoS 服务器端与目标主机之间)。

根据以下异常现象在网络入侵监测系统建立相应规则,能够较准确地监测出 DDoS 攻击。

异常现象 1:虽然这不是真正的"DDoS"通信,但却能够用来确定 DDoS 攻击的来源。

根据分析,攻击者在进行 DDoS 攻击前总要解析目标的主机名。BIND 域名服务器能够记录这些请求。由于每台攻击服务器在进行一个攻击前会发出 PTR 反向查询请求,也就是说在 DDoS 攻击前域名服务器会接收到大量的反向解析目标 IP 主机名的 PTR 查询请求。

异常现象 2:当 DDoS 攻击一个站点时,会出现明显超出该网络正常工作时的极限通信流量的现象。现在的技术能够分别对不同的源地址计算出对应的极限值。当明显超出此极限值时就表明存在 DDoS 攻击的通信。因此可以在主干路由器端建立 ACL 访问控制规则以监测和过滤这些通信。

异常现象 3:特大型的 ICMP 和 UDP 数据包。正常的 UDP 会话一般都使用小的 UDP 包,通常有效数据内容不超过 10 字节。正常的 ICMP 消息也不会超过 64 到 128 字节。那些明显大得多的数据包很有可能就是控制信息通信用的,主要含有加密后的目标地址和一些命令选项。一旦捕获到(没有经过伪造的)控制信息通信,DDoS 服务器的位置就无所遁形了,因为控制信息通信数据包的目标地址是没有伪造的。

异常现象 4:不属于正常连接通信的 TCP 和 UDP 数据包。最隐蔽的 DDoS 工具随机使用多种通信协议(包括基于连接的协议),通过基于无连接的通道发送数据。优秀的防火墙和路由规则能够发现这些数据包。另外,那些连接到高于 1024 而且不属于常用网络服务的目标端口的数据包也是非常值得怀疑的。

异常现象 5:数据段内容只包含文字和数字字符(如没有空格、标点和控制字符)的数据包。这往往是数据经过 BASE64 编码后而只会含有 base64 字符集字符的特征。TFN2K 发送的控制信息数据包就是这种类型的数据包。TFN2K(及其变种)的特征模式是在数据段中有一串 A 字符(AAA…),这是经过调整数据段大小和加密算法后的结果。如果没有使用 BASE64 编码,对于使用了加密算法数据包,这个连续的字符就是"\0"。

异常现象 6:数据段内容只包含二进制和 high-bit 字符的数据包。虽然此时可能在传输二进制文件,但如果这些数据包不属于正常有效的通信时,可以怀疑正在传输的是没有被 BASE64 编码但经过加密的控制信息通信数据包(如果实施这种规则,必须将 20,21,80 等端口上的传输排除在外)。

2.2.7 欺骗攻击

欺骗攻击可以分为四大类,即 IP 欺骗、电子信件欺骗、WEB 欺骗以及非技术类欺骗。

1.IP 欺骗。它是指公司使用其他计算机的 IP 地址来获得信息或者得到特权。IP 欺骗由若

干步骤组成,这里简要地解释一下。首先,假设目标主机已经选定,而且信任模式已被发现,并找到了一个被目标主机信任的主机。黑客为了进行 IP 欺骗,进行以下工作:使得被信任的主机丧失工作能力,同时采样目标主机发出的 TCP 序列号,猜测出它的数据序列号。一般采用的方法是"TCP SYN 淹没"。然后,伪装成被信任的主机,同时建立起与目标主机基于地址验证的应用连接。如果成功,黑客可以使用一种简单的命令放置一个系统后门,以进行非授权操作。

2.电子邮件欺骗。它是指电子信件的发送方地址的欺骗。攻击者使用电子邮件欺骗有三个目的,第一,隐藏自己的身份;第二,如果攻击者想冒充别人,他能假冒那个人的电子邮件。使用这种方法,无论谁接收到这封邮件,都会认为它是攻击者冒充的那个人发的。电子信件看上去是来自 TOM,但事实上 TOM 没有发信,是冒充 TOM 的人发的信;第三,电子邮件欺骗能被看作是社会工程的一种表现形式。例如,如果攻击者想让用户发给他一份敏感文件,攻击者伪装他的邮件地址,使用户认为这是老板的要求,用户可能会发给他这封邮件。

3.Web 欺骗。攻击者会利用现在注册一个域名没有任何要求的现状,抢先或特别设计注册一个非常类似的有欺骗性的站点。当一个用户浏览了这个假冒地址,并与站点做了一些信息交流,如填写了一些表单,站点会给出一些响应的提示和回答,同时记录下用户的信息,并给这个用户一个 cookie,以便能随时跟踪这个用户。典型的例子是假冒金融机构,偷盗客户的信用卡信息。

4.非技术类欺骗。这些类型的攻击是把精力集中在攻击的人力因素上。它需要通过社会工程技术来实现。

2.2.8 缓冲区溢出攻击

缓冲区溢出是非常普遍、也非常危险的安全漏洞,不管是在各种软件,还是在操作系统里面,都广泛存在。缓冲区溢出的原理是向一个有限空间的缓冲区拷贝了过长的字符,结果会出现了两种情况,一是过长的字符覆盖了相邻的存储单元,这样会引起程序运行的失败,严重的话,可以导致当机、系统重新启动等后果;二是利用这样的漏洞可以执行任意的指令,甚至系统的操作权。下面,我们将从多方面对缓冲区溢出的攻击方法进行阐述。

1.缓冲区溢出的危害

由于程序设计或在其编写的时候出现的错误,对系统安全带来了潜在的威胁。这样的情况也是很多的。而缓冲区溢出便是这一典型的例子。

用 C 语言写程序的时候,下面是最常见的一种情况:

```
int do _ something (char * str)
{
      char buffer [BUFFER-LEN];
strcpy (buffer, str);
……
}
```

在这个例子中,如果 str 字串的长度远比 buffer 变量的空间大得多的时候,会发生什么现象? 如果 buffer 是在进程的用户空间会怎么样? 如果这个缓冲区是在系统的核心又会怎样? 那么多的字串会放到什么地方,有什么事情会发生呢? 这些问题显然是没有多少人会真正去注意的。无论是系统提供的一些调用,还是用户编写的程序,常常缺乏对要拷贝的字串长度的检查。当超过缓冲区长度的字符被送到了过小的缓冲区中,常常将进程的其他邻近的空间覆盖掉。比较严重的时候会使程序运行失败。程序员常常犯的一个错误就是不检查程序的输出,总是想当然认为用户肯定会输入他所希望的参数。

实际上,我们并不能肯定用户会用什么形式的参数来作为程序的入口。

而另一个常见的现象是不管是无心的还是故意的,有人会对一个命令或一个应用程序输入两页多的字符来作为命令行参数,想看看程序会有什么样子的反应。而通常的情况下,这个程序会报错。在 UNIX 系统中,便会有一个名字为"core"的文件出现。另外也可以让 Windows NT 执行一段经过设计的代码,后果就是难以预料的了。缓冲区溢出对系统的安全带来巨大的威胁。在 UNIX 系统中,使用一个精心编写的程序,利用 SUID 程序中存在的这样的错误可以很容易的得到系统的 root 权限。当服务程序在端口服务的时候,缓冲区溢出程序可以将这个服务关闭,使服务在一定的时间内瘫痪,严重的时候会使系统当机,而这样的方式又转换成了拒绝服务攻击。

这样的错误不仅是由于程序员的粗心,系统本身在实现的时候出现这样的错误会更多。在今天,缓冲区溢出漏洞正源源不断的从各式各样的系统以及其他联网设备中被发现,并构成了对系统安全威胁数量最多、危害较大的一类攻击。

2.缓冲区溢出的原理

C 语言不进行数组的边界检查,这个是很多人都知道的事情。在许多用 C 语言实现的程序当中,都假定缓冲区的长度是足够的,它的长度肯定要大于要拷贝的字串的长度。然而,事实上并不是这个样子的,当程序出错的时候,便有很多想不到的事情发生。当向一个局部变量中拷贝一个超过数组本来长度的字串时,超过数组本来长度的那部分字串将会覆盖与数组相邻的其他变量的空间,使变量出现不可预料的值。如果正好是这样的话,数组与子程序的返回地址临近时,由于超出的一部分字串覆盖了子程序的返回地址,当子程序执行完毕返回的时候,便可能转向一个无法知道的地址,这样就会使程序发生流程错误,甚至由于应用程序访问不了在进程的空间,导致程序失败。

其实说起来,缓冲区溢出就是一个超长的字符串拷贝到缓冲区的结果。超过缓冲区空间的字符串覆盖了相邻的空间,下面我们来看一个关于缓冲区溢出的程序:

```
void function (char * str)
{
char buffer [16];
strcpy (buffer, str);
}
void main( )
{
int t;
char buffer [128]
for (I = 0;I < 127;I + + )
        buffer [I] = 'A';
buffer [127] = 0;
function (buffer);
print("this is a test \ n");
}
```

这个是一个典型的存在缓冲区溢出错误的程序，在函数 function()中，将一个 128 字节长度的字串 copy 到只有 16 字节长的局部缓冲区中去。在这个例子中，使用的是 strcpy()函数，而不是 strncpy()，并且在字符串拷贝的时候，没有进行缓冲区越界的检查。运行这个程序的时候，我们必然会得到一个错误的显示，这样一来，程序并没有我们期望的输出，虽然说缓冲区溢出程序就是这个原理，但是要想使它能够执行任意命令并没有那么简单。

3.利用缓冲区溢出程序取得特权

无论是以一个合法的用户身份或是他人的帐户，还是用某种方法为自己增加一个新的帐户，当进入一台计算机主机之后，尽管还没有超级用户的权限，但是系统的大部分信息已经都是可以看到的。而在这个时候，下一步就要取得系统的最高权限了。

为了得到这个权限，可以仔细地观察系统设置中是否存在着漏洞，也可以在系统可写的目录下面做一个木马的程序，但效率最高的就是运行一个缓冲区溢出的程序。虽然每次不能说是 100%的成功，但是通过尝试不同的这类程序，并进行调试参数，在多数的情况下，还是会取得成功的。目前看来，这种问题还没有充分引起系统管理员的注意，仍有不少系统没有及时打上补丁。

“缓冲区溢出”之类的程序并不是凭空编写出来的，它是利用了系统的漏洞和一些应用程序的不足而精心设计来取得 SUID 权限的。一般这样的程序有如下两个要点：

(1)该应用程序必须是存在缓冲区溢出问题的程序。

(2)它必须是 ROOT SUID 程序。在程序运行时，它的 SUID 为 0，和 ROOT 的一样。

能够实施缓冲区溢出攻击是因为系统应用程序中存在漏洞。用精心设计的程序就可以得到超级用户的权限。在以前，有很多的这样的漏洞被发现，这对于系统安全来说是一个巨大的威胁。而它的隐蔽性很高，当别人用 W 或 WHO 来查询的时候，仍然是原来的用户名，一般只要不对系统设置进行大的修改，很难被发现。

要想理解和掌握这方面知识和技术，需要对汇编、虚拟内存的管理和进程等多方面的知识。

4.利用缓冲区溢出程序攻击 Windows

缓冲区溢出程序同样在 Windows 9x 和 Windows NT 下面起作用。

我们来看下面这个例子：

通过连接到 Windows 9x 或 Windows NT 的 FTP 端口(21)并如下送入一段很长的字串：

user xxxxxxxxxxxxxxxxxxxxxxxxxxxxxxxxxxxxxxxxxxxxxxxxxxxxxxxxxxxx…(很长的字串)

pass xxxxxxxxxxxxxxxxxxxxxxxxxxxxxxxxxxxxxxxxxxxxxxxxxxxxxxxxxxxx…(很长的字串)

也能使这两个系统中的一个，因某版本的 FTP 漏洞，而导致守护进程程序运行错误并退出。

5.缓冲区溢出漏洞的一些防治手段

缓冲区溢出漏洞发现很久了，但是一直都没有引起系统和软件开发者的重视。随着网络应用的日益普及，利用这样的漏洞引发了许多攻击，对系统安全性带来了很大的危害。

想要有效地防止这样的攻击，首先必须及时发现这样的漏洞；其次是及时用补丁对系统进行修补；最后，就是经常升级系统了。

通过网络，也可以使正在使用的计算机出现这种无响应、死机的现象。事实上，大量的程序往往经不住黑客们恶意的攻击。目前，能够对 Windows 95 和 Windows NT 进行攻击的方法很多，当前流行的有 tearDrop，OOB，Land 和 Ping of Death 等。有些攻击方法在拒绝服务攻击一节中做了详细介绍，并给出了一些对策。

能够实施这些攻击的原因是在 Windows 95 和 Windows NT 中存在错误，这是一种处理 TCP/IP 协议或者服务程序的错误。人们利用这些错误，通过给端口送一些故意弄错的数据包，在这个数据包的偏移字段和长度字段写入一个过大或过小的值，Windows 95 和 Windows NT 都不能够处理这个情况，因此可导致蓝屏甚至死机。据称 TearDrop 就可以使被攻击的主机立刻“当”机。

这些攻击的危险性在于它可以通过网络发起攻击，当攻击者发现了一台上网的 Windows 95、Windows NT 或者 Linux 操作系统主机时，只需启动这一程序，输入入口参数假冒 IP、端口号，被攻击主机的 IP 地址和端口号，便可以发起攻击了。通常是 Linux 遭到攻击就当机，而 Windows 在受到更多次的攻击之后也可能死机，这时候再用 ping 命令进行试探，如果没有回应就表明被攻击的主机已经死机了。

服务程序存在错误的情况是很多的，例如，Windows NT 中的 RPC 服务存在漏洞。某个用户可以远程登录到 Windows NT 3.5x 或者服务器的端口 135，并任意输入 10 个字符，然后回车，切断连接。这便可以使目标主机的 CPU 利用率达到 100%。虽然一个简单的重启动就消除了这个问题，但毕竟这是很讨厌的，是系统安全的重要隐患并严重地影响系统性能。对于 OOB 攻击，人们已经提出一些对策，如在 Windows NT 4.0 中，可以对发到端口 39 的包进行过滤，这都需要对系统的网络设置进行配置，来分别处理拨号上网和使用 LAN 的情况。

目前网上已经出现补丁程序，用来对付这些攻击方法的攻击。在 Windows 95 和 Windows NT 上的安装非常简单，只需运行一下安装包即可。

在没有找到补丁程序之前，也可以安装一个 PC 防火墙，禁止从主机的所有端口发出数据包，同时禁止数据包发向本主机的所有端口，这实际上已将本主机应用层的服务功能和访问功能切断。此时，虽然可以 ping 通一台有帐户和口令的 UNIX 主机，但却无法登录(Telnet)到该主机或从该主机用 FTP 取回文件。

2.2.9 利用后门进行攻击

通常黑客在得到一个主机的控制权后，总是考虑如何使下次闯进来能够轻易些，而不需要每次都重复利用复杂的漏洞，因为有可能被系统管理员发现漏洞并及时补上。这时就需要安装 Backdoor(后门)了，这样只要管理员没有发现被入侵或没有发现这个后门，下次就可以非常轻松的通过后门进入了。

本节我们讨论了许多常见的后门及其检测方法，更多的焦点放在 UNIX 系统的后门，同时还讨论了一些未来将会出现的 Windows NT 的后门。本节涉及大量流行的初级和高级入侵者制作后门的手法，但限于篇幅不可能覆盖到所有可能的方法。

1. 口令破解后门

口令破解是入侵者使用的最早也是最老的方法，它不仅可以获得对 UNIX 机器的访问，而且可以通过破解口令制造后门，这就是在进入系统后破解其他口令薄弱的帐号。以后即使管理员封了入侵者的当前帐号，这些新的帐号仍然可能是重新侵入的后门。多数情况下，入侵者寻找口令薄弱的未使用帐号，然后将口令改得复杂些，当管理员寻找口令薄弱的帐号时，也不会发现这些密码已修改的帐号，因而管理员很难确定查封哪个帐号。

2. Rhosts + + 后门

在联网的 UNIX 机器中，像 Rsh 和 Rlogin 这样的服务使用简单的认证方法，用户可以轻易地改变设置而不需口令就能进入。入侵者只要向可以访问的某用户的 Rhosts 文件中输入

“++”,就可以允许任何人从任何地方无须口令进入这个帐号。特别是当 Home 目录通过 NFS 向外共享时。入侵者更热衷于此,这些帐号也成了入侵者再次侵入的后门。

3.校验和及时间戳后门

严格地讲,这只是一个隐藏后门的方法。早期,许多入侵者用自己的 trojan 程序替代二进制文件,系统管理员便依靠时间戳和系统校验和程序来辨别一个二进制文件是否已被改变,如 UNIX 里的 SUM 程序。

后来入侵者又发展了使 trojan 文件和原文件时间戳同步的新技术。它是这样实现的:先将系统时钟拨回到原文件时间,然后调整 trojan 文件的时间为系统时间。一旦二进制 trojan 文件与原来的精确同步,就可以把系统时间设回当前时间。SUM 程序是基于 CRC 校验的,很容易被入侵者骗过。MD5 是被大多数人推荐的,MD5 使用的算法目前还没人能骗过,所以建议系统管理员定期用 MD5 校验和来检查文件。

4.Login 后门

这个是最常用的后门,在 UNIX 系统里,Login 程序通常用来对 Telnet 来的用户进行口令验证。入侵者获取 login.c 的原代码并修改,使它在比较输入口令与存储口令时先检查后门口令(而对于其他用户来说和原来的 login 用起来感觉是一样的),而且后门口令是在用户真实登录并被日志记录到 utmp 和 wtmp 前产生的一个访问,因此在程序上可以不必记录 utmp 和 wtmp,那么你用后门密码进去的时候就是隐形的了。如果用户敲入后门口令,它将忽视管理员设置的口令让你长驱直入。这将允许入侵者进入任何帐号,甚至是 root。但管理员还是可以用 MD5 校验和来发现这类后门。

5.服务后门

几乎所有网络服务曾被入侵者作过后门,如 Finger,rsh,rexec,rlogin,ftp,甚至 inetd 等。

有的只是连接到某个 TCP 端口的 shell,通过后门口令就能获取访问。这些程序有时用 ucp 这样的服务,或者被加入 inetd.conf 作为一个新的服务。管理员应该非常注意那些正在运行的服务,并用 MD5 对原服务程序做校验。

6.Cronjob 后门

UNIX 上的 Cronjob 可以按时间表调度特定程序的运行。入侵者可以加入后门 shell 程序使它在 1.AM 到 2.AM 之间运行,那么每晚有一个小时可以获得访问,也可以查看 cronjob 中经常运行的合法程序,同时置入后门。当然系统管理员也会检查“/usr/spool/cron/crontabs/”下的文件来看有没有安排后门的存在,所以通过修改那些正常的 cron 程序,可以达到隐蔽的目的。

7.库后门

几乎所有的 UNIX 系统使用共享库。共享库用于相同函数的重用而减少代码长度。一些入侵者在 crypt.c 和-crypt.c 等这些函数里作了后门。如果用 login.c 这样的程序调用了 crypt(),当使用后门口令时将产生一个 shell。因此,即使管理员用 MD5 检查 login 程序,仍然能产生一个后门函数,而且许多管理员并不会检查库是否被作了后门。如果管理员 MD5 检查所有的文件,难免会发现这些问题。但如果黑客在调用 open()和其他的文件存取函数上面做文章,使 MD5 执行时读取的是原来的文件,但执行的却是黑客的后门程序,所以 MD5 看到的校验和是没有问题的。对于管理员来说有一种方法可以找到这种后门,就是静态连编 MD5 校验程序然后运行,因为静态连接程序不会使用 trojan 共享库。

8.内核后门

可装载内核后门是最难发现而且难度最高的了，因为内核是 UNIX 工作的核心。用于库躲过 MD5 校验的方法同样适用于内核级别，甚至连静态连接多不能识别。一个后门作的很好的内核是最难被管理员查找的，所幸的是内核的后门程序还不是随手可得。具体的描述可以参看 woowoo 的 Linux Kernel Module（LKM）Hacking，网址是 http://www.woowoo.org/files/articles/lkmhack.txt。

9.文件系统后门

入侵者需要在服务器上存储他们的掠夺品或数据，包括 exploit 脚本工具、后门集、Sniffer 日志、email 的备分、源代码等，使之不被管理员发现。有时为了防止管理员发现这么大的文件，入侵者需要修改"ls"，"du"，"fsck"等以隐匿特定的目录和文件。在很低的级别，入侵者做这样的漏洞：以专有的格式在硬盘上割出一部分，且表示为坏的扇区。因此入侵者只能用特别的工具访问这些隐藏的文件。对于普通的管理员来说，很难发现这些"坏扇区"里的文件系统，而它又确实存在。

10.网络通行后门

入侵者不仅想隐匿在系统里的痕迹，而且也要隐匿他们的网络通行。这些网络通行后门有时允许入侵者通过防火墙进行访问。有许多网络后门程序允许入侵者建立某个端口号并不用通过普通服务就能实现访问。因为这是通过非标准网络端口的通行，管理员可能忽视入侵者的足迹。这种后门通常使用 TCP，UDP 和 ICMP，但也可能是其他类型报文。

11.TCP Shell 后门

这是最常见的后门之一，入侵者可能在防火墙没有阻塞的高位 TCP 端口建立这些 TCPShell 后门。许多情况下，他们用口令进行保护以免管理员连接上后立即看到是 shell 访问。但用 netstat 很容易发现，管理员可以用 netstat 命令查看当前的连接状态、哪些端口在侦听、目前连接的来龙去脉等。通常这些后门可以让入侵者躲过 TCPWrapper 技术，这些后门可以放在 SMTP 端口，因为许多防火墙允许 E-mail 通行的。

12.UDP Shell 后门

基于 udp 传输的后门原理和 TCP shell 后门差不多。管理员经常注意 TCP 连接并观察其怪异情况，而 UDP Shell 后门没有这样的连接，所以 netstat 不能显示入侵者的访问痕迹。许多防火墙设置成允许类似 DNS 的 UDP 报文的通行，通常入侵者将 UDP Shell 放置在这个端口，以穿越防火墙。

13.ICMP Shell 后门

通过 ICMP 协议建立 ping 来实现通信的后门。ping 是通过发送和接受 ICMP 包检测机器活动状态的通用办法之一，许多防火墙允许外界 ping 它内部的机器。入侵者可以把数据放入 ping 的 ICMP 包，在 ping 的机器间形成一个 shell 通道。管理员也许会注意到 ping 包被泄漏的问题，但除非他查看包内的数据，否则入侵者不会使之暴露的。

14.引导区后门

在 PC 中病毒有一种类型叫引导型病毒，通过修改引导区程序来达到隐藏和执行的目的。当然有许多杀毒程序也能查杀这些病毒。但在 UNIX 中，很少有管理员会使用软件来检查引导区，所以把后门放到引导区也是一个很有用的方法。

15.进程隐藏后门

不让管理员用 ps 发现后门程序运行一般有以下几种方法。

(1)通过修改 argv[]来使程序看起来像另一个进程。

(2)改名成和系统进程类似的名字。

(3)修改 ps,使 ps 看不见。

(4)利用 amodload 之类的程序,内核加入可装载模块来实现后门。

16. ACK Shell 后门

这是通过 TCP 中 ACK 数据片来进行通信的后门,据说这个后门攻击能避过许多防火墙。

2.3 特洛伊木马的检测与防范

"木马"全名为"特洛伊木马",即 Trojan Horse,源于古希腊神话故事。公元前 1193 年,特洛伊国王普里阿摩斯和他的二王子——帕里斯王子到希腊皇宫作客。帕里斯王子和美丽的希腊皇后海伦一见钟情,帕里斯王子将希腊皇后海伦带离了希腊,恼怒的希腊国王和他的兄弟开始讨伐特洛伊。由于特洛伊城池坚固,希腊大军和特洛伊大军对峙了长达 10 年之久。于是英雄奥德修斯献上妙计,制造一只高两丈的大木马,假装战马神,让士兵藏匿于巨大的木马中,大部队假装撤退而将木马弃于特洛伊城下。城中得知解围的消息后,遂将木马作为奇异的战利品拖入城内,全城饮酒狂欢。到午夜时分,全城军民进入梦乡,藏于木马中的将士打开秘门游绳而下,开启城门,四处纵火,城外伏兵涌入,部队里应外合,焚屠特洛伊城。后世称这只大木马为"特洛伊木马"。

与故事中的特洛伊木马相似,计算机世界中把伪装成其他良性程序的程序形象地称为"木马"。

2.3.1 特洛伊木马工作原理

计算机中完整的木马程序一般由两个部分组成,一个是服务器程序,另一个是控制器程序。"中了木马"就是指安装了木马的服务器程序,若用户的计算机被安装了服务器程序,则拥有控制器程序的人就可以通过网络控制用户的计算机,这时用户的计算机上的各种文件、程序,以及在其上使用的账号、密码就无安全可言了。目前,木马主要依靠 E-mail、下载等途径传播。然后,木马通过一定的提示诱使目标主机运行木马的服务器端程序,实现木马的种植。如目标主机打开了不知名者发送的捆有木马的 E-mail 邮件,当目标主机打开邮件阅读的同时,木马服务器端程序也已经在后台运行着。由于木马程序都非常小,所以很难判断文件中是否带有木马程序。此外,木马还可以通过脚本漏洞进行传播和感染。

当目标主机执行了木马服务器端程序后,入侵者便可以通过客户端程序与目标主机的服务器端建立连接,进而控制目标主机。一方面,木马服务器端程序在隐蔽的同时监听端口,等待客户端的连接;另一方面,服务器端通过修改注册表实现自启动功能。

2.3.2 特洛伊木马的特征

从木马的名字基本上就能发现它的特征,木马所具备的特征主要有以下几个方面。

(1)隐蔽性。它必须隐藏在用户的系统之中,它会想尽一切办法不被发现。主要表现在它不产生图标,并且木马程序自动在任务管理器中隐藏,并以"系统服务"的方式欺骗操作系统。

(2)欺骗性。木马程序要达到其长期隐蔽的目的,就必须借助系统中已有的文件,以防被发现，它经常使用的是常见的文件名或扩展名，如“dll，win，sys，explorer”等字样，或者仿制一些不易被人区别的文件名，如字母“l”与数字“1”、字母“o”与数字“0”，常修改基本文件中的这些难以分辨的字符，更有甚者干脆就借用系统文件中已有的文件名，只不过它保存在不同路径之中。还有的木马程序为了隐藏自己，也常把自己设置成一个 zip 文件式图标，当用户一不小心打开它时，它就马上运行。

(3)具有自动运行性。它是一个在系统启动时即自动运行的程序，所以它必须潜入在用户的启动配置文件中，如 win.ini，system.ini，winstart.bat 以及启动组等文件之中。

(4)自动恢复功能。现在很多的木马程序中的功能模块已不再是由单一的文件组成，而是具有多重备份，可以相互恢复。

(5)自动打开特别的端口。木马程序潜入计算机之中的目的主要不但是为了破坏用户的系统，更是为了获取系统中有用的信息，这样就必须要在上网时能与远端客户进行通信，这样木马程序就会用服务器/客户端的通信手段把信息告诉黑客们，以便黑客们控制用户的计算机，或实施更进一步的入侵。

2.3.3 特洛伊木马的检测

1.手动检测木马方法

检查木马是否存在，执行“开始|运行”命令，输入“msconfif”命令，运行 Windows 自带的“系统配置实用程序”。

(1)查看 system.ini 文件。选中“system.ini”，展开“boot”目录，查看是否为“shell = Explorer.exe”，如若不是，则中木马。

(2)查看 win.ini 文件。选中“win.ini”，展开“Windows”目录，查看“run = ”与“load = ”行，等号后是否为“空”。

(3)查看注册表。是否有 netbus netspy netserver 等不熟悉的单词出现。如 Acid Battery 木马，会在注册表中“HKEY_LOCAL_MACHINE\software\Microsoft\Windows\currentversion\run”下加入“Explorer = c:\Windows\explorer.exe”。

2.其他方法

要反击恶意代码，最佳的武器就是最新的、最成熟的病毒扫描工具。扫描工具能够检测出大多数特洛伊木马，并尽可能地使清理过程自动化。

特洛伊木马入侵的一个明显证据是受害计算机上意外地打开了某个端口，如果这个端口正好是特洛伊木马常用的端口，木马入侵的证据就更加肯定了。一旦发现有木马入侵的证据，应当尽快切断该计算机的网络连接，减少攻击者探测和进一步攻击的机会。打开任务管理器，关闭所有连接到 Internet 的程序，如 E-mail 程序、IM 程序等，从系统托盘上关闭所有正在运行的程序。注意暂时不要启动到安全模式，启动到安全模式通常会阻止特洛伊木马装入内存，为检测木马带来困难。

大多数操作系统，当然包括 Windows，都带有检测 IP 网络状态的 Netstat 工具，它能够显示出本地计算机上所有活动的监听端口(包括 UDP 和 TCP)。打开一个命令行窗口，执行“Netstat-a”命令就可以显示出本地计算机上所有打开的 IP 端口，注意一下是否存在意外打开的端口(当然，这要求对端口的概念和常用程序所用的端口有一定的了解)。木马程序通常都是通过特定的端口对目标计算机进行攻击的，所以了解一些常见木马程序所用的计算机端口，对于防范木马黑客程序的攻击非常有用。

2.3.4 特洛伊木马的防范

1.入侵确认(一般都会有痕迹出现)

(1)计算机是否突然死机,然后又重启。

(2)无任何操作下,硬盘开始读/写,系统对软驱搜索。

(3)用 netstat 命令查看网络,有非法端口打开,并发现有用户连接。

(4)关闭连接后,Modem 指示灯仍然亮。

(5)在 Windows 2000 下,同时出现两个 administrator 管理员或多出一个用户。

2.确认黑客入侵程度

(1)只得访问权。

(2)只得访问权,并改变数据。

(3)只得访问权,系统控制权,拒绝特权用户访问。

(4)没有获得访问权,用不良程序引起系统失灵。

3.应急操作

(1)估计形势

①确定是否有人闯入。是,则先保护用户、文件以及系统资源。

②确定是否还滞留在系统中。是,则阻止。

③确定是否来自内部威胁。是,则不要让其他人知道。

④确定是否可以关闭连接,甚至关闭 Internet。是,则关闭。

⑤确定是否了解入侵者身份。如果想知道,可预先留出空间,从中了解(这有一定危险性)。

(2)切断连接

①能否关闭服务器?需要关闭吗?

②是否关心追踪?

③如若关闭服务器,是否承受得住失去系统信息的损失?

④分析问题

(3)采取行动

我们平时就应该预防入侵事件的发生,所以要养成良好的上网习惯,具体方法如下所述。

①不要轻易运行来历不明和从网上下载的软件。即使通过了一般反病毒软件的检查,也不要轻易运行。对于此类软件,要用如 Cleaner、Sudo99 等专门的黑客程序进行软件检查。

②保持警惕性,不要轻易相信熟人发来的 E-mail 就一定没有黑客程序。如 Happy99 就会自动加在 E-mail 附件当中。

③不要在聊天室内公开自己的 E-mail 地址,对来历不明的 E-mail 应立即清除。

④不要随便下载软件(特别是不可靠的 FTP 站点)。

⑤不要将重要口令和资料存放在上网的计算机里。

⑥将资源管理器配置成始终显示扩展名,如扩展名为 vbs,shs,pif 的文件多为木马。

⑦共享文件尽量少用或不用。

⑧经常升级系统,见漏必补。

2.4 实例——网页木马的预防与清除、流行木马的清除

2.4.1 网页木马的预防与清除

1.网页木马的原理

网页木马实际上是一个 HTML 网页，与其他网页不同的是该网页是黑客精心制作的，用户一旦访问了该网页就会中木马。为什么说是黑客精心制作的呢？因为嵌入在这个网页中的脚本恰如其分地利用了 IE 5.0 的漏洞，让 IE 在后台自动下载黑客放置在网络上的木马并运行(安装)这个木马，也就是说，这个网页能下载木马到本地并运行(安装)下载到本地计算机上的木马，整个过程都在后台运行，用户一旦打开这个网页，下载过程和运行(安装)过程就自动开始。

实际上，为了安全，IE 浏览器是禁止自动下载程序，特别是运行程序的，但是 IE 浏览器存在着一些已知和未知的漏洞，网页木马就是利用这些漏洞获得权限来下载程序和运行程序的。

2.即时安装安全补丁

网页木马的防范只靠杀毒软件和防火墙是远远不够的，因为一旦黑客使用了反弹端口的个人版木马(个人反汇编的一些杀毒软件无法识别的木马)，那么杀毒软件和防火墙就无可奈何，所以，网页木马的防范要从它的原理入手，从根源上进行防范。

3.改名或卸载(反注册)最不安全的 ActiveX Object(IE 插件)

在系统中有些 ActiveX Object 会运行 EXE 程序，如本文中"自动运行程序"代码中的 Shell.application 控件，这些控件一旦在网页中获得了执行权限，那么它就会变为木马运行的"温床"，所以把这些控件改名或卸载能彻底防范利用这些控件的网页木马。但是 ActiveXObject 是为了应用而出现的，而不是为了攻击而出现的，所有的控件都有它的用处，所以在改名或卸载一个控件之前，必须确认这个控件是自己不需要的，或者即使卸载也无关大体。

(1)卸载 ActiveX Object 的方法如下

①执行"开始|运行"命令，输入"CMD"命令打开"命令提示符"窗口。

②命令提示符下输入"regsvr32.exe shell32.dll/u/s"，然后单击 Enter 键就能将 Shell.application控件卸载。

如果希望以后继续使用这个控件的话，可以在"命令提示符"窗口中输入"regsvr32.exe shell32.dll/i/s"命令，将它们重新安装(注册)。在上述命令中，"rcgsvr32.cxe"是注册或反注册 OLE 对象或控件的命令，[u]是反注册参数，[/s]是寂静模式参数，[/i]为安装参数。

(2)ActiveX Object 的改名

需要说明的是，对一个控件改名时，控件的名称和 CLSID(ClassID)都要改，并且要改彻底。下面仍以 shell.application 为例来介绍方法。

①打开注册表编辑器，查找"shell.Application"。用这个方法能找到两个注册表项："{13709620-C279-llCE-A49E-444553540000}"和"shell.application"。

②把{13709620-C279-11CE-A49E-444553540000}改为{13709620-C279-llCE-A49E-444553540001}。

③把“shell.application”改名为“Shell.application-xxx”。以后用到这个控件的时候，使用这个名称就可以正常调用此控件了。

4.提高IE的安全级别，禁用脚本和ActiveX控件

如果网页木马是由“网页木马专业版生成器”生成的，只要调高IE的安全级别，或者禁用脚本，该网页木马就不起作用了。从木马的攻击原理可以看出，网页木马是利用IE脚本和ActiveX控件上的一些漏洞下载和运行木马的，只要禁用了脚本和ActiveX控件，就可以防止木马的下载和运行。

(1)IE浏览器的菜单栏上执行“工具|Internet选项”命令，弹出“Internet选项”对话框。

(2)在“安全”选项卡上，在Internet和本地Internet区域，分别把滑块移动到最高，如图2-21所示，或者单击“自定义级别”按钮，在弹出的对话框上禁用脚本，禁用ActiveX控件。

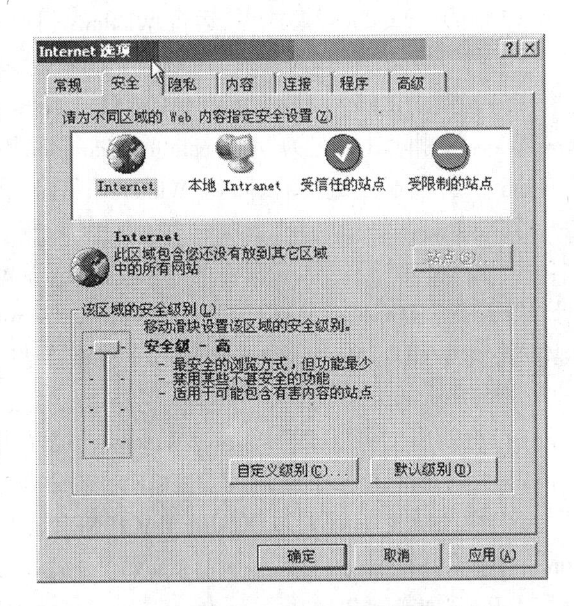

图2-21 “安全”选项窗口

5.升级IE到最高版本

网页木马主要是利用了IE低版本的漏洞，使网络更安全，应该遵守见漏必补的原则。

6.常开网络防火墙

使用网络防火墙，并进行适当的配置。

2.4.2 流行木马的清除

结合当前比较流行的常见木马进行分析，举例完成木马的手动检查和清除。具体步骤如下所述。

1.冰河

表现形式如下：服务器端程序为G-server.exe，客户端程序为G-client.exe，默认端口号为7626。

一旦运行了服务器端程序，程序会在“c:\Windows\system”目录下生成“Kernel32.exe”与“Sysexplr.exe”并删除自身。即使删除了“Kernel32.exe”，但只要打开“txt”文件，则“Sysexplr.exe”就会被激活，再生成“Kernel32.exe”。

清除方法如下：

(1)删除“c:\Windows\system”下的“Kernel32.exe”和“Sysexplr.exe”。

(2)在注册表“HKEY_LOCAL_MACHINE\software\Microsoft\Windows\currentversion\run”下删除“c:\Windows\system”下的“Kernel32.exe”。

(3)在注册表“HKEY_LOCAL_MACHINE\software\Microsoft\Windows\currentversion\run services”下删除“c:\Windows\system”下的“Kernel32.exe”。

(4)最后，修改注册表“HKEY_CLASSES_ROOT\exefile\shell\open\command”下的默认值，其中木马后的“c:\Windows\system\sysexplr.exe%1”改为“c:\Windows\notepad.exe%1”。

2.广外女生

除正常破坏外,还在于广外女生服务器端被执行后,会自动检查是否有“金山毒霸”、“防火墙”、“实时监控”等字样,如有则会终止运行。

运行后在 system 下生成名为“Diagcfg.exe”的文件,如冒然删除此文件,则系统中所有的“.exe”文件会全打不开。

清除方法如下:

(1)在“DOS”下,找到“SYSTEM \ Diagfg.exe”并删除;

(2)将“Windows”目录中注册表编辑器“Regedit.exe”改为“Regedit.com”;

(3)回到“Windows”模式下,运行 Windows 目录下 Regedit.com 程序;

(4)找到“HKEY _ CLASSES _ ROOT \ exefile \ shell \ open \ command”,将其默认值改为“%1”;

(5)找到“HKEY _ LOCAL _ MACHINE \ software \ Microsoft \ Windows \ currentversion \ runservices”,删除其中名为“diagnostic configuration”的键值;

(6)关掉注册表编辑器,回到“Windows”目录,将“Regedit.com”改为“Regedit.exe”。

3.Netspy(网络精灵)

表现形式如下:默认端口号为 7306,在“c: \ Windows \ system”下生成“netspy.exe”,在注册表“HKEY _ LOCAL _ MACHINE \ software \ Microsoft \ Windows \ currentversion \ run”下建立键值“c: \ Windows \ system \ netspy.exe”系统启动时会自动加载。

清除方法如下:

(1)重新启动并出现“starting Windows”提示时,按下 F5 键进入命令行状态,在“C \ Windows \ system”目录下输入“del netspy.exe”命令按 Enter 键。

(2)在注册表“HKEY _ LOCAL _ MACHINE \ software \ Microsoft \ Windows \ current version \ run”下,删除其键值“c: \ Windows \ system \ netspy.exe”。

4.Back Orifice(BO)

检查注册表“HKEY _ LOCAL _ MACHINE \ software \ MicrosoftWindows \ currentversion \ runservices”中有无“.exe”键值。如有则将其删除,并进入 MS-DOS 方式,将“c: \ Windows \ system”中的“.exe”文件删除。

5.Back Orifice 2000(BO2000)

检查注册表“HKEY _ LOCAL _ MACHINE \ software \ Microsoft \ Windows \ currentversion \ runservices”中有无“Umgr32.exe”的键值,如有则将其删除。重新启动计算机,并将“c: \ Windows \ system”中的“Umg32.exe”删除。

6.Happy99

此程序首次运行时,会在荧幕上开启一个名为“Happy new year1999”的窗口,显示美丽的烟花,此时该程序就会将自身复制到 Windows95/98 的 system 目录下,更名为“Ska.exe”,创建文件“Ska.dll”,并修改“Wsock32.dll”,将修改前的文件备份为“Wsock32.Ska”,并修改注册表。

用户可以检查注册表“HKEY _ LOCAL _ MACHINE \ software \ Microsoft \ Windows \ currentversion \ run once”中有无键值“Ska.exe”。如有,将其删除,并删除“c: \ Windows \ system”中的“Ska.exe”和“Ska.dll”两个文件,将“Wsock32.ska”更名为“Wscok32.dll”。

7.Picture

检查 win.ini 系统配置文件中“load =”是否指向一个可疑程序,清除该项。重新启动计算机,将指向的程序删除即可。

8.Netbus

用“Netstat-an”查看12345端口是否开启，在注册表相应位置中是否有可疑文件。首先清除注册表中的Netbus的主键，然后重新启动计算机，删除可执行文件即可。

【本章小结】

通过学习黑客的概念、种类、目的、动机以及历史上的黑客技术，我们要掌握熟练黑客常用的攻击技术与工具，如网络监听、扫描攻击、漏洞攻击、口令攻击、拒绝服务攻击以及欺骗攻击等，从而熟练掌握防范黑客攻击的基本手段与方法。同时通过对特洛伊木马相关知识的学习，能够掌握特洛伊木马的监测与防范手段，并能在实际工作中应用。

【练习题】

一、选择题

1.下面哪个术语通常与入侵计算机或者网络的人有关？（　　）

A.解密高手　　B.计算机狂想者　　C.用户　　D.黑客

2.黑客入侵计算机系统的最古老的动机是（　　）。

A.贪婪　　B.挑战　　C.破坏　　D.无聊

3.下面哪种验证方法是目前为止最常用的验证方法？（　　）

A.锁头　　B.密码　　C.智能卡　　D.生物统计方法

4.黑客使用的最强大的武器（包括和善的声音和撒谎的能力）是（　　）

A.病毒攻击　　B.强力　　C.社会工程　　D.木马攻击

5.有目标黑客通常使用哪种方法来访问某个地点？（　　）

A.物理访问中的缺陷　　B.吹嘘他们的攻击成果

C.删除攻击记录　　D.打听

6.攻击者通常使用什么方法来寻找开放的端口？（　　）

A.手动扫描　　B.自动扫描　　C.Ping扫描　　D.口令扫描

7.拒绝服务攻击的后果是（　　）。

A.被攻击服务器资源耗尽　　B.无法提供正常的网络服务

C.被攻击者系统崩溃　　D.A，B，C都有可能

8.网络监听是（　　）。

A.远程观察一个用户的电脑　　B.监视网络的状态、传输的数据流

C.监视PC系统运行情况　　D.监视一个网站的发展方向

9.拒绝服务（DoS）攻击（　　）。

A.用超出被攻击目标处理能力的海量数据包消耗可用系统、带宽资源等方法的攻击

B.全称是Distributed Denial Of Service

C.拒绝来自一个服务器所发送回应（echo）请求的指令

D.入侵控制一个服务器后远程关机

10.通过非直接技术攻击称作（　　）攻击手法。

A.会话劫持　　B.社会工程学　　C.特权提升　　D.应用层攻击

11.网络型安全漏洞扫描器的主要功能有（　　）。（多选题）

A.端口扫描检测　　　　　　　　　　B.后门程序扫描检测
C.密码破解扫描检测　　　　　　　　D.应用程序扫描检测
E.系统安全信息扫描检测

12.在程序编写上防范缓冲区溢出攻击的方法有(　　)。

Ⅰ.编写正确的代码　　　　　　　　Ⅱ.程序指针完整性检测
Ⅲ.数组边界检查　　　　　　　　　Ⅳ.使用应用程序保护软件

A.Ⅰ、Ⅱ和Ⅳ　　B.Ⅰ、Ⅱ和Ⅲ　　C.Ⅱ和Ⅲ　　D.四个方法都是

13.HTTP 默认端口号为(　　)。

A.21　　B.80　　C.8080　　D.23

14.对于反弹端口型的木马,是(　　)主动打开端口,并处于监听状态。

Ⅰ.木马的客户端　　Ⅱ.木马的服务器端　　Ⅲ.第三服务器

A.Ⅰ　　B.Ⅱ　　C.Ⅲ　　D.Ⅰ或Ⅲ

二、填空题

1.表面上看是有用的程序,但是实际上是用来破坏计算机系统或者收集系统信息的恶意代码,称其为________。

2.在网络中,防止信息以明文传输而被监听到的方法是________。

3.端口大致可以分为________、________以及________。

4.欺骗攻击可以分为四大类,即________欺骗、________欺骗、________欺骗以及非技术类欺骗。

5.攻击者向目标计算机发送大量的 TCP SYN 数据包,从而导致计算机无法访问的一种 DoS 攻击是________。

三、简答题

1.口令攻击的常见方法有哪些,如何防护?

2.简述特洛伊木马的特点以及平时的防范习惯有哪些。

3.说出自己所了解的电子邮件欺骗、IP 欺骗以及 Web 欺骗的实施方法。

四、操作题

在学校尝试社会工程,收集实验中尽可能多的学生信息,如登录 ID、密码等。在班上讨论自己的发现。

第 3 章　数据加密技术

【案例导入】

事件一:A 公司正在进行某个招标项目的投标工作,工作人员通过电子邮件的方式把经过充分准备的标书发给了招标单位。A 公司的竞争对手从网络上窃取到了这封电子邮件,得到了 A 公司的标书,从中知道 A 公司投标的标的。后果有多么严重,人们应该可以想象出来。

事件二:B 公司在网上接到了一大笔订单,兴奋异常,货准备好了,对方却否认曾签订过这份电子订单。从网上发来的订单上确实没有对方的盖章和签字,无法证明订货方的身份,于是 B 公司白白耗费了时间、物力、人力。这样的电子商务,带来了多少的烦恼啊!

以上事件引发我们一系列的思考:在互联网上进行文件传输,电子邮件商务往来,存在着很多不安全因素,特别是对于一些机密文件,而这种不安全性是互联网存在的基础——TCP/IP 协议所固有的;互联网给众多的商家带来了无限的商机,但只有做到了电子合同的抗抵赖、防篡改,才能使商家开展正常的、有序的商务往来。解决以上问题,只能选择数据加密技术。

【学习目标】

1. 掌握数据加密的基本概念
2. 理解传统加密技术
3. 理解现代加密技术
4. 掌握加密工具 PGP 软件的使用

3.1　密码技术概述

随着计算机网络不断渗透到各个领域,密码学的应用也随之扩大。密码学是一门古老而深奥的学科,长期以来,它只在很少的范围内,如军事、外交、情报等部门使用。计算机密码学是研究计算机信息加密、解密及其变换的科学,是数学和计算机的交叉学科,也是一门新兴的学科。随着计算机网络和计算机通信技术的发展,计算机密码学得到前所未有的重视并迅速普及和发展起来。在国外,它已成为计算机安全的主要研究方向,也是信息安全课程教学中的主要内容。数字签名、身份鉴别等都是由计算机密码学派生出来的新技术和新应用。

1. 数据加密。在计算机上实现的数据加密,其加密或解密变换是由密钥控制实现的。密钥(Keyword)是用户按照一种密码体制随机选取的,它通常是一随机字符串,是控制明文和密文交换的唯一参数。

2. 数字签名。密码技术除了提供信息的加密解密外,还提供对信息来源的鉴别、保证信息的完整和不可否认等功能,而这三种功能都是通过数字签名实现的。

数字签名的原理是将要传送的明文通过一种函数运算(Hash)转换成报文摘要(不同的明文对应不同的报文摘要),报文摘要加密后与明文一起传送给接受方,接受方将接受的明文产生新的报文摘要与发送方发来的报文摘要解密比较,比较结果一致表示明文未被改动,如果不一致表示明文已被篡改。

3.对称加密与公开密钥加密。根据密钥类型不同将现代密码技术分为两类,一类是对称加密(秘密钥匙加密)系统,另一类是公开密钥加密(非对称加密)系统。

对称钥匙加密系统是加密和解密均采用同一把秘密钥匙,而且通信双方都必须获得这把钥匙,并保持钥匙的秘密。

3.1.1 密码学的发展

密码学的历史可以追溯到4000年以前,古埃及有些贵族墓碑上的铭文用奇怪的象形符号代替普通的象形文字,这是最早的密码形式。它包含了密码学的秘密性和文字变形两大要素。

作为保障数据安全的一种方式,数据加密起源于公元前2000年。埃及人是最先使用特别的象形文字作为信息编码的人。随着时间的推移,巴比伦、美索不达米亚和希腊文明都开始使用一些方法来保护他们的书面信息,如被 Julius Caesar(凯撒大帝)使用。正如《破译者》一书中所说"人类使用密码的历史几乎与使用文字的时间一样长"。

密码学(Cryptograph)从其发展来看,可分为古典密码(以字符为基本加密单元的密码)和现代密码(以信息块为基本加密单元的密码)。

密码学按加密手段基本可分为手工阶段(如凯撒密码)、机械阶段(转换密码机)和电子计算机阶段。

近期加密技术主要应用于军事领域,包括美国独立战争、美国内战和两次世界大战。最广为人知的编码机器是 German Enigma 机。在第二次世界大战中,德国人利用它创建了加密信息。此后,由于 Alan Turing 和 Ultra 计划以及其他人的努力,终于对德国人的密码进行了破解。太平洋战争中美军破译了日本海军的密码机,读懂了日本舰队司令官山本五十六发给各指挥官的命令,在中途岛彻底击溃了日本海军,导致了太平洋战争的决定性转折。当初,计算机的研究就是为了破解德国人的密码,当时人们并没有想到计算机给今天带来的信息革命。随着计算机的发展,运算能力的增强,过去的密码都变得十分简单了,于是人们又不断地研究出了新的数据加密方式,如利用 RSA 算法产生的私钥和公钥就是在这个基础上产生的。可以说,是计算机技术推动了数据加密技术的发展。

密码算法基本分为两类,即传统密码(即对称密码)和公钥密码(即非对称密码)。

3.1.2 数据加密

数据加密的基本思想是伪装信息,伪装就是对数据施加一种可逆的数学变换。伪装前的数据称为明文(Plaintext),伪装后的数据称为密文(Ciphertext)。伪装的过程称为加密(Encryption),去掉伪装恢复明文的过程称为解密(Decryption)。加、解密要在密钥的控制下进行。将数据以密文的形式存储在计算机的文件中或送入网络信道中传输,而且只给合法用户分配密钥。这样,即使密文被非法窃取,因不法分子没有密钥而不能得到明文,从而达到确保数据秘密性的目的。同样,因为不法分子没有密钥也不能伪造出合理的明密文,因而篡改数据必然会被发现,从而达到确保数据真实性的目的。与能够检测发现篡改数据的道理相同,如果密文数据中发生了错误或毁坏也将能够被检测发现,从而达到确保数据完整性的目的。图 3-1 是密码系统模型。

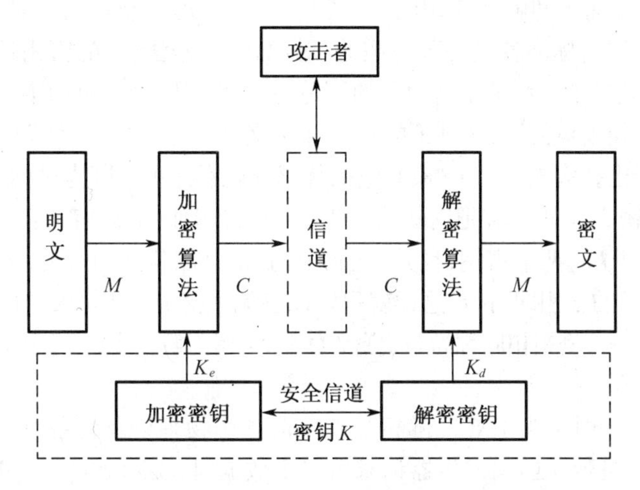

图 3-1　密码系统模型

加密方法是多种多样的,其中比较经典的是替代密码、换位密码、简单异或、一次密码本等;现代密码技术中包括有对称密钥加密、不对称密钥加密等。

3.1.3　基本概念

1.密钥

密钥是由数字、字母或特殊符号组成的字符串,它可以控制加密、解密的过程。算法通过它对数据进行加密,就像一把锁一样把数据锁上。有锁没有人能够拿走数据,除非拥有钥匙把锁打开。当数据加密时,使用(加密)密钥与明文混合,运行加密算法,得到相对应的密文,就像用钥匙锁上数据一样;当数据解密时,使用(解密)密钥与密文混合,运行解密算法,还原得到相对应的明文,就像是用钥匙重新将锁打开一样。在这个过程中,密钥是保密的,不应该知道密钥的人是不能知道的,否则他一样可以把锁打开,得到明文。

使用加密密钥和解密密钥的作用如图 3-2 所示。

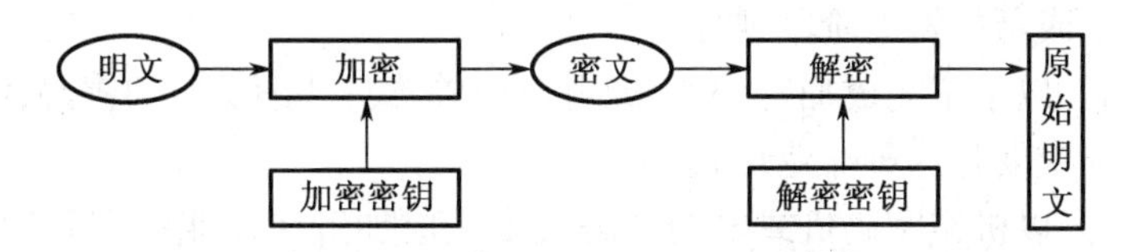

图 3-2　加密密钥和解密密钥的作用

密钥是必要的。当然,有人可能会认为,只要保密算法已经足够。但事实上,保密一个算法远远不能解决问题,攻击者总能找出算法。就算能够保密算法,也没有人能保证算法会永远不被破解,届时,用户的秘密信息就被全部获悉,这就是需要密钥的理由。保密一条密钥远远比保密一个算法容易。而且应用不同的密钥保密不同的秘密,当一条密钥被攻击后,其他秘密还是安全的,这就是需要密钥的原因。

2.对称式和非对称式

加密技术通常分为两大类,即“对称式”和“非对称式”。

对称式加密就是加密和解密使用同一个密钥。这种加密技术目前被广泛采用,如美国政府所采用的DES加密标准就是一种典型的“对称式”加密法,它的密钥长度为56位。

非对称式加密就是加密和解密所使用的不是同一个密钥,通常有两个密钥,称为“公钥”和“私钥”,它们两个必须配对使用,否则不能打开加密文件。这里的“公钥”是可以对外公布的,“私钥”则不能,只能由持有人一个人知道,它的优越性就在这里。因为对称式的加密方法如果是在网络上传输加密文件就很难把密钥告诉对方,不管用什么方法都有可能被别人窃取到。而非对称式的加密方法有两个密钥,且其中的“公钥”是可以公开的,也就不怕别人知道;收件人解密时只要用自己的私钥即可以,这样就很好地避免了密钥的传输安全性问题。

通常,把加密与解密密钥相同称为单钥密码体制,加密与解密密钥不同称为双钥密码体制。

3.随机数发生器

随机数发生器,有时称为RNG。随机数发生器利用物理设备将各类型的无法预测的输入集中起来,生成随机数。当向发生器请求第二组数据时,实际上是不可能得出与第一组数据相同的结果,所以说随机数是不会重复的。

Intel公司生产了一种RNG,它以系统的热噪音作为不可预测的输入,从而生成随机数。一般研制的密码加速器中都会包含有RNG。

4.伪随机数发生器

如果没有了RNG,也可以用伪随机数发生器(PRNG)生成随机数,这些随机数同样可以通过随机检验。用一种称之为种子(Seed)的输入来改变PRNG的输出。正如RNG接受各种物理输入一样。每次改变种子都会生成新的数字,种子由自己自行决定。

种子可以是许多事物,如用毫秒计算的时间等。把它们混在一起就产生了随机型。

运用PRNG,主要原因是它可以帮助人们在短时间内获得足够长的随机数。一般说来,200位左右的种子在几毫秒内就可以得到需要的几千比特的随机数。良好的随机数对密钥加密有至关重要的作用。

3.1.4 密码的分类

从不同的角度,根据不同的标准,可以把密码分成若干类。

1.按应用技术或历史发展阶段划分

(1)手工密码。以手工完成加密作业,或者以简单器具辅助操作的密码,叫作手工密码。第一次世界大战前主要是这种作业形式。

(2)机械密码。以机械密码机或电动密码机来完成加解密作业的密码,叫作机械密码。这种密码从第一次世界大战中出现,到第二次世界大战中得到普遍应用。

(3)内乱密码。通过电子电路,以严格的程序进行逻辑运算,以少量致乱元素生产大量的加密乱数,因为其致乱是在加解密过程中完成的而不须预先制作,所以称为电子机内乱密码。从20世纪50年代末期出现,到20世纪70年代广泛应用。

(4)计算机密码,是以计算机软件编程进行算法加密为特点,适用于计算机数据保护和网络通信等广泛用途的密码。

2.按保密程度划分

(1)理论上保密的密码。不管获取多少密文和有多大的计算能力,对明文始终不能得到唯一解的密码,叫作理论上保密的密码,也叫理论不可破的密码。如客观随机一次一密的密码就属于这一种。

(2)实际上保密的密码。在理论上可破,但在现有客观条件下,无法通过计算来确定唯一解的密码,叫作实际上保密的密码。

(3)不保密的密码。在获取一定数量的密文后可以得到唯一解的密码,叫作不保密的密码。如早期单表代替密码,后来的多表代替密码,以及明文加少量密钥等密码,现在都成为不保密的密码。

3. 按密钥方式划分

(1)对称式密码。收发双方使用相同密钥的密码,叫作对称式密码。传统的密码都属此类。

(2)非对称式密码。收发双方使用不同密钥的密码,叫作非对称式密码。如现代密码中的公共密钥密码就属此类。

4. 按明文形态划分

(1)模拟型密码。用以加密模拟信息,如对动态范围之内,连续变化的语音信号加密的密码,叫作模拟式密码。

(2)数字型密码。用于加密数字信息,如对两个离散电平构成0,1二进制关系的电报信息加密的密码叫作数字型密码。

5. 按编制原理划分

可分为移位、代替和置换3种以及它们的组合形式。古今中外的密码,不论其形态多么繁杂,变化多么巧妙,都是按照这3种基本原理编制出来的。移位、代替和置换这3种方法在密码编制和使用中相互结合,灵活应用。

3.2 传统加密技术

数据的表示有多种形式,使用最多的是文字,还有图形、图像、声音等。这些信息在计算机系统中都是以某种编码的方式来存储的。传统加密方法的主要应用对象是对文字信息进行加密解密。

3.2.1 传统加密技术概述

传统的加密方法有替代法、置换法。比较经典的是Caesar替代法、由Caesar替代法改进后的仿射密码(Affine Cipher)法以及Vigenere加密法。

发送秘密消息的最简单做法,就是使用通信双方预先设定的一组代码。代码可以是日常用的词汇、专有名词或特殊用语,但都有一个特点,就是预先知道其确切含义。它简单有效,得到了广泛的应用,例如:

密文	明文
黄姨白姐安全到家	黄金白银已经走私出境

代码简单好用,但只能传输一些预先约定好的信息。当然,可以将所有的语言单元(如

每个单词)编排成代码簿,加密任何语句只要查代码簿即可。但是,代码经过多次的反复使用,窃密者会逐渐明白它们之间的含义,代码就失去了原有的安全性。

明文中的每一个字母或每组字母被替换成另一个字母或另一组字母,例如下面的一组字母对应关系就构成了一个替换加密器。

明文字母:A　B　C　D　E　F…

密文字母:O　P　Q　R　S　T…

替换加密器可以用来传达任何信息,但有时还不及代码加密安全。窃密者只要多收集一些密文就能发现其中的规律。替换加密器还可以用一些特殊的图形符号,以增加解密的难度。如在柯南道尔的福尔摩斯侦探集中《跳舞的小人》这个故事里,不同姿态的跳舞的小人就表示不同的字母,福尔摩斯找到了常用的字母"E",从而很快就明白了句子的含义。这种替换可以用机械或电器装置来实现。在第二次世界大战中,德军就使用过一台类似的打字机加密装置。以上的例子就是替代法中比较简单的应用。

以下举一个简单的置换法的例子。

加密方首先选择一个用数字表示的密码,然后把明文逐行写在数字下。按密钥中数字指示的顺序,逐列将原文抄写下来,就是加密后的密文。

密钥:4　1　6　8　2　5　7　3　9　0

明文:来　人　已　出　现　住　在　平　安　里

密文:里　人　现　平　来　住　已　在　出　安

3.2.2　简单异或

异或在C语言中是"^"操作,或者用数学表达式$\oplus$表示。它是对位的标准操作,有以下一些运算:$0\oplus0=0$,$0\oplus1=1$,$1\oplus0=1$,$1\oplus1=0$。

也要注意:$a\oplus a=0$,$a\oplus b\oplus b=a$。

异或在密码学中是一种有用的比特运算,因为它有一半结果是1,一半结果是0。如果一个比特是明文,一个比特是密钥流,则密钥有时候会改变该比特,有时候不会。

对数字进行异或运算,计算机会把所有的数字都看成是二进制数。

二进制文本的值:

```
            01000010 01001001 01001011 01000101
            10011001 00101010 10101001 01010100
XOR ─────────────────────────────────────────
            11011011 01100011 11100010 00010001
```

转换为十六进制文本的值:

```
          42 49 4B 45
          99 2A A9 54
XOR ─────────────────
          DB 63 E2 11
```

在上面的算式中,第一行是英文单词"BIKE"的ASCII码。第二行就是密钥流,为了加密"BIKE",执行算法设定的步骤,就是与密钥流异或。将得到密文"?　*?　T"。如果从密文开始,并将它与密钥流异或,将会重新得到明文:

```
        11011011 01100011 11100010 00010001
        10011001 00101010 10101001 01010100
XOR ———————————————————————————————————————
        01000010 01001001 01001011 01000101
```

这就是异或运算在密码学中被经常使用的原因——对称性。

异或加密的代码如下:

```
#include "stdio.h"
int main(int argc,char * argv[])
{
}
```

当接受者接受到密文后,只要知道密钥,将算法再使用一次即可得到明文。

3.2.3 Caesar 替代法

替代加密法是单字符加密法。称通信中所用的英文字母(共 26 个),数字(0~9),标点符号中每一个为明字符。将每个明字符用它们中的某一个代替,称为明字符的密字符。全体名字符的一一对应表称为密码表。

信息传输中,每个明字符用密字符去替代,明文块数据被密文块数据隐藏下来,只要通信双方保密这张密码表,通信过程中的安全性就有了保证。

先将英文 26 个字母 a,b,c…依次排列,z 后面接着排 a,b,c…,它的加密方法就是把明文中所有字母都用它右边的第 k 字母替代。这种映射关系表示为如下函数

$$C = f(a) = (a + k) \bmod n$$

其中,a 表示明文字母,n 为字符集中字母的个数,k 为密钥。映射表示 $f(a)$等于$(a + k)$除以 n 的余数。接受方接到密文后,运用解密算法 $A = f(c) = (c - k) \bmod n$,还原为原来的明文,其中 A 表示明文,C 表示密文,k 表示密钥。

设 $k = 3$,对于明文 P = game is over,则

$f(g) = (7 + 3) \bmod 26 = 10 = j$

$f(a) = (1 + 3) \bmod 26 = 4 = d$

$f(m) = (13 + 3) \bmod 26 = 16 = p$

……

所以,密文 $C = \mathrm{Ek}(P)$ = jdphlvryhu,当接受方接受到密文后,结合密钥,运用解密算法还原得到明文为 gameisover。

对于 Caesar 替代法,容易受到攻击者的频率攻击。攻击者在截获密文后,分析密文各个字母出现的频率,便可以猜想出各个字母的对应关系。基于这个缺陷,法国人 Vigenere 改进了 Caesar 算法,提出了 Vigenere 替代算法。

这种替代法是循环使用有限个字母来实现替代的一种方法。若明文信息 $M_1, M_2, M_3, \cdots, M_n$,采用 n 个字母(n 个字母为 $B_1, B_2, B_3, \cdots, B_n$)替代法,那么,$M_n$ 将根据字母 B_n 的特征来替代,M_{n+1}又将根据 B_1 的特征来替代……如此循环,可见 $B_1, B_2, B_3, \cdots, B_n$ 就是加密的密钥。

这种加密的加密表是以字母表移位为基础把 26 个英文字母进行循环移位,排列在一起,形成 26×26 的方阵,该方阵被称为维吉尼亚表。采用的算法为

$$C_i = (aM_i + B_i) \bmod n (i = 1,2,3,\cdots,n)$$

当接受方接受到密文后，通过解密算法 $M_i = (1/a)(\mathrm{mod}\ n)(C_i - B_i)(\mathrm{mod}\ n)$ 还原出明文。

3.3 对称密钥体制

单钥制加密技术即采用了对称密码编码技术，它的最大特点就是加密和解密使用相同的密钥，即加密密钥也可以作为解密密钥，这种方法在密码学中叫做对称加密算法。对称加密算法有简单快捷、密钥较短和破译困难的特点。

一般表示方法：M 表示明文；C 表示密文；E 表示加密；D 表示解密；K 表示加密密钥。

对于对称密钥密码体制：

$$C = E(K, M)$$

$$M = D(K, C) = D(E(M))$$

对称加密系统最著名的是美国数据加密标准 DES，AES（高级加密标准）和欧洲数据加密标准 IDEA。1977 年美国国家标准局正式公布实施了美国的数据加密标准 DES，公开它的加密算法，并批准用于非机密单位和商业上的保密通信。随后 DES 成为全世界使用最广泛的加密标准。加密与解密的密钥和流程是完全相同的，区别仅仅是加密与解密使用的子密钥序列的施加顺序刚好相反。

但是，经过 20 多年的使用，已经发现 DES 很多不足之处，对 DES 的破解方法也日趋有效。AES 将会替代 DES 成为新一代加密标准。

3.3.1 数据加密标准

最著名的保密密钥或对称密钥加密算法数据加密标准（Data Encryption Standard，DES）是由 IBM 公司在 20 世纪 70 年代发展起来的，并经政府的加密标准筛选后，于 1976 年 11 月被美国政府采用。DES 随后被美国国家标准局和美国国家标准学会（American National Standards Institute，ANSI）承认。

1. DES 基本思想

DES 使用 56 位密钥，对 64 位的数据块进行加密，并对 64 位的数据块进行 16 轮编码。如图 3－3 所示是 DES 的加密流程图。在每轮编码时，一个 48 位的"每轮"密钥值由 56 位的完整密钥得出来。DES 用软件进行解码需用很长时间，而用硬件解码速度非常快。幸运的是，当时大多数黑客并没有足够的设备制造出这种硬件设备。在 1977 年，人们估计要耗资2 000万美元才能建成一个专门计算机用于 DES 的解密，而且需要 12 个小时的破解才能得到结果。当时 DES 被认为是一种十分强壮的加密方法。

图 3－3 DES 的加密流程图

但是，当今的计算机速度越来越快，制造这样一台特殊机器的花费已经降到 10 万美元左右，而用它来保护 10 亿美元的银行间通信时，就必须慎重考虑；另一方面，如果只用它来保护一台服务器，那么 DES 确实是一种好的办法，但对现在要求很高的加密场合已经不完全适用了。

DES 主要的应用范围有以下几方面。

(1)计算机网络通信。对计算机网络通信中的数据提供保护是 DES 的一项重要应用。但这些被保护的数据一般只限于民用敏感信息,即不在政府确定的保密范围之内的信息。

(2)电子资金传送系统。采用 DES 的方法加密电子资金传送系统中的信息,可准确、快速地传送数据,并可较好地解决信息安全的问题。

(3)保护用户文件。用户可自选密钥对重要文件加密,防止未授权用户窃密。

(4)用户识别。DES 还可用于计算机用户识别系统中。

DES 是一种世界公认的较好的加密算法。自问世 20 多年来,DES 成为密码界研究的重点,经受住了许多科学家的研究和破译,在民用密码领域得到了广泛的应用。它曾为全球贸易、金融等非官方部门提供了可靠的通信安全保障。但是任何加密算法都不可能是十全十美的,它的缺点是密钥太短(56 位),影响了它的保密强度。此外,由于 DES 算法完全公开,其安全性完全依赖于对密钥的保护,必须有可靠的信道来分发密钥,如采用信使递送密钥等。因此,它已不适合在网络环境下单独使用。

2.三重 DES

确定一种新的加密法是否真的安全是极为困难的,何况 DES 的密码学缺点只是密钥长度相对比较短,所以人们并没有放弃使用 DES,而是想出了一个解决其长度的方法,即采用三重 DES。这种方法用两个密钥对明文进行 3 次加密,假设两个密钥是 K1 和 K2。

三重 DES 的加密过程如下所示。

(1)用密钥 K1 进行 DES 加密。

(2)用密钥 K2 对步骤 1 结果进行 DES 加密。

(3)对步骤 2 的结果使用密钥 K1 进行 DES 加密。

这样,使用了三个 56 比特的密钥,这就相当于使用了一个 168 比特的密钥。但是,密码学家很快研究得出一个简化的强力攻击算法,运用这个算法相当于攻击一个 108 比特的密钥。这使三重 DES 这种密钥长度是很“强壮”的加密方法的安全性受到了危害。同时还有一个问题,就是 DES 需要较长的时间进行加密和解密,三重 DES 更为甚之,这使得高速吞吐更难以实现。

基于以上原因,人们需要寻找一种新的算法。

3.3.2 国际数据加密算法及应用

IDEA 算法是由瑞士苏黎世联邦工业大学的赖学家(Xuejia Lai)和梅西(James L.Massey)于 1991 年提出的。该算法在形式上和 DES 类似,也是使用循环加密方式,把 64 位的明文加密成 64 位的密文。和其他方法所不同的是 IDEA 使用 128 位的密钥,强度高于 DES;同一个算法既可用于加密又可用于解密;而且 IDEA 的设计易于软件实现。到目前为止,从公开发表的文献看,IDEA 尚未找到破解方法。

1.IDEA 加密基本运算

IDEA 的基本操作是将两个 16 位的值映射成一个 16 位的值。操作如下所示:(1)异或;(2)模 216 加;(3)模 216 + 1 乘。

由于这些运算都是可逆的,所以加密和解密使用同一个算法。这个算法对 16 位处理器尤其有效。

2.IDEA 加密工作原理

IDEA 的基本工作原理如图 3 - 4 所示。IDEA 的加密过程包含 17 个循环,其中奇数循环使用 4 个密钥,而偶数循环使用 2 个密钥,它们在处理方法上也不一样,如图 3－5 所示。

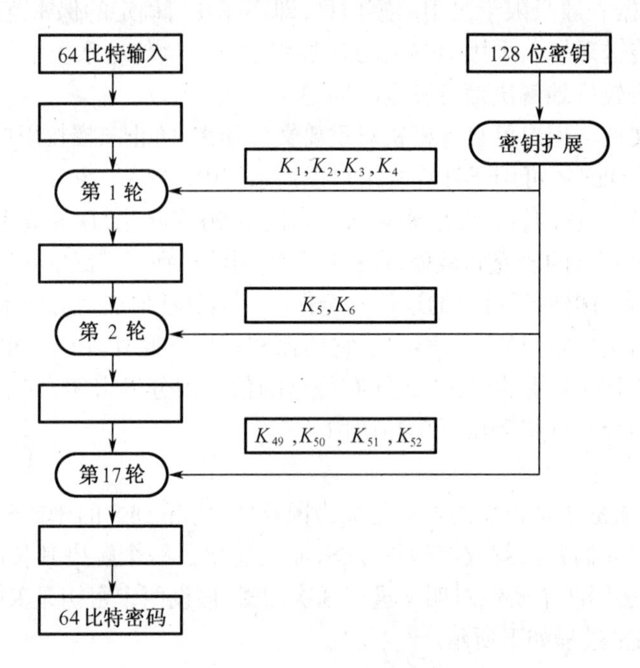

图 3－4　IDEA 加密原理

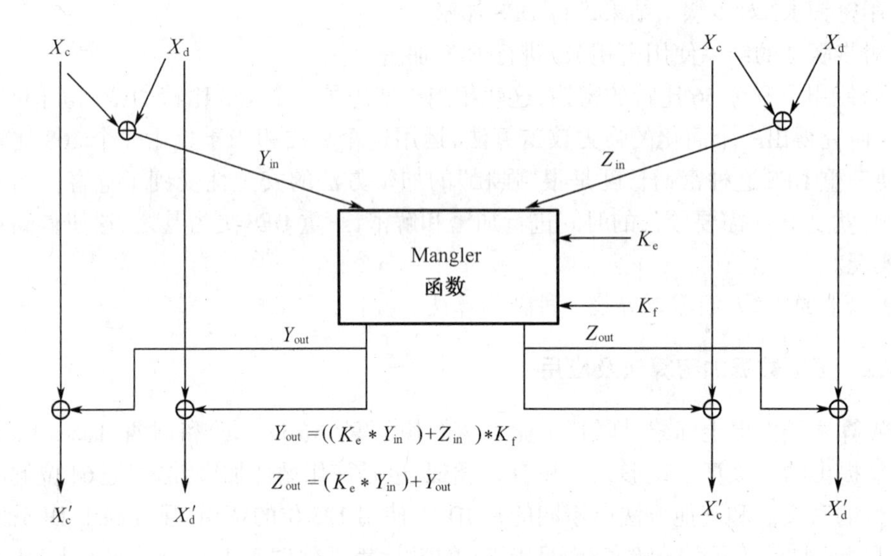

图 3－5　IDEA 加密算法偶数循环的处理方法

不难验证,将新的 X'_a, X'_b, X'_c, X'_d 作为这个循环的输入,便可得到旧的 X_a, X_b, X_c, X_d 值,因此加密和解密可理解为是对不同的值使用同一个处理过程。

3.密钥生成

IDEA 将 128 位的密钥扩展成 52 个 16 位的循环密钥,加密和解密的密钥扩展方式是不同的,但操作是一样的。加密循环密钥的产生方式如下所示。

(1)将主密钥分成 8 个 16 比特块,便得到 $K_1 \sim K_8$。

(2)将主密钥循环左移 24 位,再按(1)操作,便得到 $K_9 \sim K_{16}$。

(3)再将(2)重复 4 次,得到 48 个循环密钥。

(4)将主密钥循环左移 22 位,从最左开始取 4 个 16 比特块作为 K_{49} 至 K_{52}。

为了使加密与解密使用同一程序,解密的循环密钥应是加密循环密钥的逆,并按相反的次序使用(这与 DES 相同)。因此,解密循环密钥的产生方式如下所示。

(1)在奇数循环中,解密密钥是对应加密密钥的逆元,如解密密钥的 K_1 是加密密钥 K_{49} 的逆元,K_4 是加密密钥 K_{52} 的逆元等。

(2)在偶数循环中,根据运算的可逆性可知两种密钥对应相同,如解密密钥的 K_{47} 与加密密钥的 K_5 相同。

IDEA 是一个相对较新的算法,它的 128 位密钥中融合了对任何已公开密码分析的抵抗性,在欧洲和美国已获专利。IDEA 可应用于分组密码的任何模式中。

3.4 公开密钥密码体制

3.4.1 公开密钥密码简介

对称密钥体制是指加密和解密的密码(密钥)是完全相同的;公开密钥体制(非对称密码体制)的密钥则不同。如果双方用对称密钥加密通信的内容,那么就要求双方都知道加密的密钥,否则总有一方无法进行加密和解密。随着互联网的飞速发展,通信的双方间距离会越来越远,共享密钥的最好的方法就是将密钥连同加密后的信息传给通信的对方。这样如何保护密钥成了大问题:如果要是两个以上的实体间进行通信,也许通信的各方都要维护一个密钥表,只要一方提出要更新其会话密钥,所有的人都要同时更新各自维护的密钥表了。面对这个问题最好的解决方案就是寻求第三方的协助,具体地说就是由可信的第三方来维护这张密钥表。如图 3 – 6 所示。

如果一方要求与另一方通信,他必须先和可信的第三方(这里简称 KDC,即 Key Distribution Center 密钥分配中心)联系,以共享另一方的会话密钥。当然,第三方的处理能力是有限的,也就是说他只能维护少数几个实体间的对话;特别是在开放互联的网络环境中,要把一个网络节点看作可信的第三方很难,要这个节点维护庞大的节点群之间的会话更是不可思议的。对称密码系统的安全性依赖于两个因素,第一,加密算法必须是足够强的,仅仅基于密文本身去解密信息在实践上是不可能的;第二,加密方法的安全性依赖于密钥的秘密性,而不是算法的秘密性,因此,我们没有必要确保算法的秘密性,而需要保证密钥的秘密性。对称加密系统的算法实现速度极快,从 AES 候选算法的测试结果看,软件实现的速度都达到了每秒数兆或数十兆比特。对称密码系统的这些特点使其有着广泛地应用。因为算法不需要保密,所以制造商可以开发出低成本的芯片以实现数据加密。这些芯片有着广泛的应用,适合于大规模生产。

综上所述,对称加密系统最大的问题是密钥的分发和管理非常复杂、代价高昂。如对于具有 n 个用户的网络,需要 $n(n-1)/2$ 个密钥,在用户群不是很大的情况下,对称加密系统是有效的。但是对于大型网络,当用户群很大,分布很广时,密钥的分配和保存就成了大问

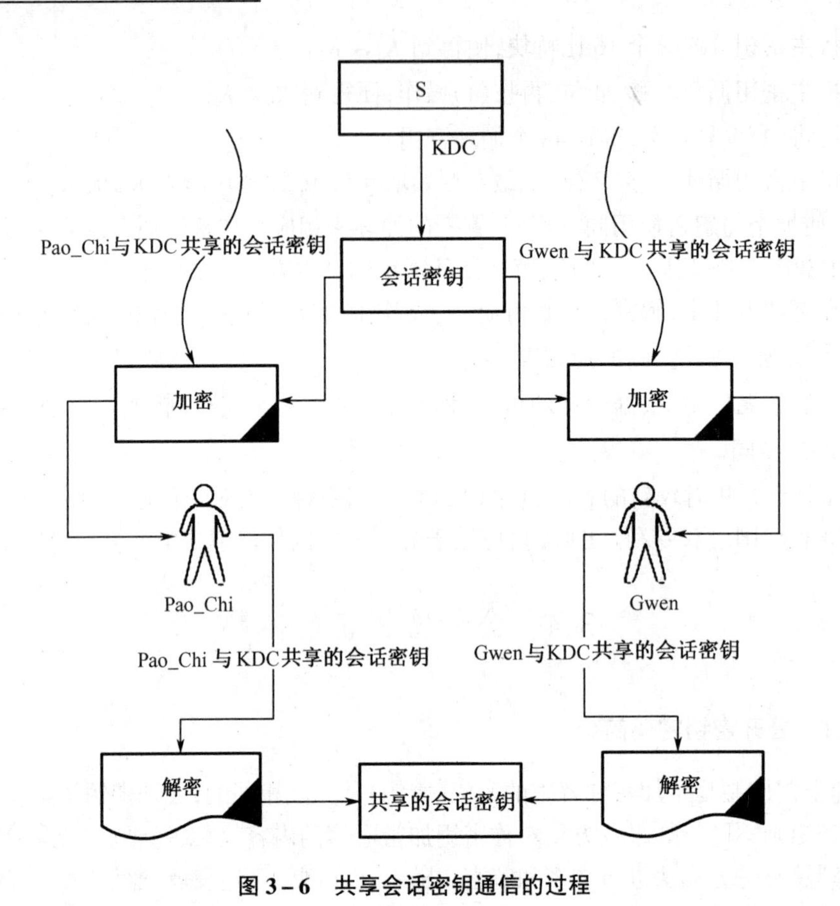

图 3-6　共享会话密钥通信的过程

题。对称加密算法另一个缺点是不能实现数字签名。

如系统中若有 n 个用户,其中每两个用户之间需要建立密码通信,则系统中每个用户须掌握 $(n-1)$ 个密钥,而系统中所需的密钥总数为 $n\times(n-1)/2$ 个。对于 10 个用户的情况,每个用户必须有 9 个密钥,系统中密钥的总数为 45 个。对 100 个用户来说,每个用户必须有 99 个密钥,系统中密钥的总数为4 950个。这还仅考虑用户之间的通信只使用一种会话密钥的情况。如此庞大数量的密钥生成、管理、分发确实是一个难处理的问题。

公开密钥密码是在试图解决常规加密面临的两个最突出的难题的过程中发展起来的。第一个难题就是密钥分配问题。我们知道常规的密钥分配要求通信双方或者共享了一个密钥,这个密钥已经以某种方式分配给他们;或者要用到一个密钥分配中心。公开密钥的研究者之一 Whitfield Diffie 分析认为,这第二个要求从根本上违反了密码学的本义,使你自己的通信丧失完全保密的能力。正如 Diffie 所说的:"如果用户被迫与一个可能由于盗窃或法庭传唤而泄密的 KDC 共享密钥,那么设计出不可破译的密码系统还有什么意义呢?"

Diffie 曾经考虑的第二个问题是一个看起来与第一个无关的问题,这就是数字签名问题。如果密码设计要获得广泛的应用,不仅用在军事场合而且用于商业或私人目的,那么电子报文和文件就需要一种与书面材料中使用的签名等效的认证手段。即我们需要一种方法,可以让参与各方都信服地确认一个数字报文是由某个人发送的。这提出了一个比鉴别更高的要求,同时也是实际应用中的迫切需求。

假设用户甲要寄信给用户乙,他们互相知道对方的公钥。甲就用乙的公钥加密邮件寄

出,乙收到后就可以用自己的私钥解密出甲的原文。由于别人不知道乙的私钥,所以即使是甲本人也无法解密那封信,这就解决了信件保密的问题。另一方面,由于每个人都知道乙的公钥,他们都可以给乙发信,那么乙怎么确信是不是甲的来信呢? 那就要用到基于加密技术的数字签名了。

甲用自己的私钥将签名内容加密,附加在邮件后,再用乙的公钥将整个邮件加密(注意这里的次序,如果先加密再签名的话,别人可以将签名去掉后签上自己的签名,从而篡改了签名)。这样这份密文被乙收到以后,乙用自己的私钥将邮件解密,得到甲的原文和数字签名,然后用甲的公钥解密签名,这样一来就可以确保两方面的安全了。

传统的加密方法是加密、解密使用同样的密钥,由发送者和接收者分别保存,在加密和解密时使用,采用这种方法的主要问题是密钥的生成、注入、存储、管理、分发等很复杂,特别是随着用户的增加,密钥的需求量成倍增加。在网络通信中,大量密钥的分配是一个难以解决的问题。

1976 年 Diffie 和 Hellman 两人共同提出了公钥密码加密的概念,从此人们在安全通信领域走向了新的纪元。公钥密码加密所遵循的规则很好地解决了上述问题。通信的各方都公开自己的一个密钥,保留另一个私钥。公开的密钥可以用来加密通信的内容,只有相应的私钥才可解开被加密的内容,问题就此简化了。由于加密钥匙是公开的,密钥的分配和管理就很简单,如对于具有 n 个用户的网络,仅需要 $2n$ 个密钥。公开密钥加密系统还能够很容易地实现数字签名,因此,最适合于电子商务应用需要。在实际应用中,公开密钥加密系统并没有完全取代对称密钥加密系统,这是因为公开密钥加密系统是基于尖端的数学难题,计算非常复杂,它的安全性更高,但它实现速度却远赶不上对称密钥加密系统。在实际应用中可利用二者的各自优点,采用对称加密系统加密文件,采用公开密钥加密系统加密"加密文件"的密钥(会话密钥),这就是混合加密系统,它较好地解决了运算速度问题和密钥分配管理问题。因此,公钥密码体制通常被用来加密关键性的、核心的机密数据,而对称密码体制通常被用来加密大量的数据。自公钥加密问世以来,学者们提出了许多种公钥加密方法,它们的安全性都是基于复杂的数学难题。根据所基于的数学难题来分类,有以下 3 类系统目前被认为是安全和有效的,即大整数因子分解系统(代表性的有 RSA)、椭圆曲线离散对数系统(ECC)和离散对数系统(代表性的有 DSA)。

当前最著名、应用最广泛的公钥系统 RSA 是由 Rivet, Shamir, Adelman 提出的(简称为 RSA 系统),它的安全性是基于大整数素因子分解的困难性。因大整数因子分解问题是数学上的著名难题,至今没有有效的方法予以解决,因此可以确保 RSA 算法的安全性。RSA 系统是公钥系统的最具有典型意义的方法,大多数使用公钥密码进行加密和数字签名的产品和标准使用的都是 RSA 算法。

RSA 方法的优点主要在于原理简单,易于使用。但是,随着分解大整数方法的进步及完善、计算机速度的提高以及计算机网络的发展(可以使用成千上万台机器同时进行大整数分解),作为 RSA 加解密安全保障的大整数要求越来越大。为了保证 RSA 使用的安全性,其密钥的位数一直在增加,如目前一般认为 RSA 需要 1 024 位以上的字长才有安全保障。但是,密钥长度的增加导致了其加解密的速度大为降低,硬件实现也变得越来越难以忍受,这对使用 RSA 的应用带来了很重的负担,对进行大量安全交易的电子商务更是如此,从而使得其应用范围越来越受到制约。

DSA(Data Signature Algorithm)是基于离散对数问题的数字签名算法,它仅提供数字签名，不提供数据加密功能。安全性更高、算法实现性能更好的公钥系统椭圆曲线加密算法 ECC(Elliptic Curve Cryptography)是基于离散对数的计算困难性。

3.4.2 公开密钥密码系统

公开密钥算法用一个密钥进行加密，而用另一个不同但是有关的密钥进行解密。这些算法有以下重要性。仅仅知道密码算法和加密密钥而要确定解密密钥，在计算上是不可能的。

某些算法，例如 RSA，还具有这样的特性：两个相关密钥中任何一个都可以用作加密，而让另外一个用作解密。

公钥密码的加密过程重要步骤如图 3－7 所示。

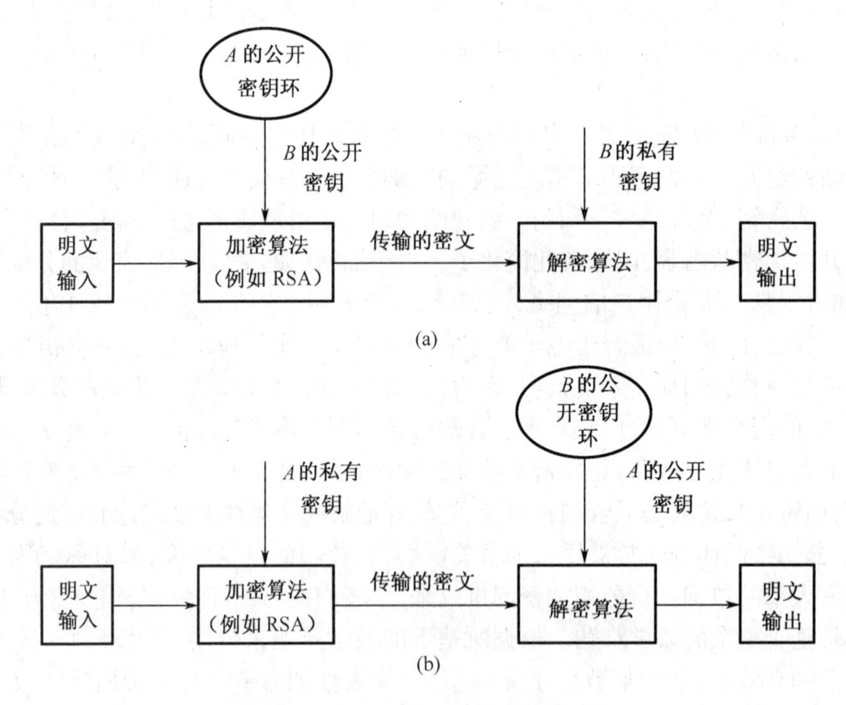

图 3－7 公开密钥加密与鉴别过程

(a)公开密钥加密过程；(b)公开密钥鉴别过程

(1)网络中的每个端系统都产生一对用于对它将接受的报文进行加密和解密的密钥。

(2)每个系统都通过把自己的加密密钥放进一个登记本或者文件来公布它。

(3)如果 A 想给 B 发送一个报文，他就用 B 的公开密钥加密这个报文。

(4)B 收到这个报文后就用他的保密密钥解密报文。其他所有收到这个报文的人都无法解密它，因为只有 B 才有 B 的私有密钥。

使用这种方法，所有参与方都可以获得各个公开密钥，而各参与方的私有密钥由各参与方自己在本地产生，因此不需要被分配得到。只要一个系统控制住他的私有密钥，它收到的通信内容就是安全的。在任何时候，一个系统都可以更改它的私有密钥，并公开相应的公开密钥来替代原来的公开密钥。

3.4.3 公开密钥密码应用

公开密钥密码系统的特点是它们使用具有两个密钥的密码算法，这两个密钥一个是保密的，一个则可以公开得到。根据应用的需要，发送方可以使用发送方的私有密钥、接收方的公开密钥，或者两个都使用，以完成某种类型的密码设计与解码功能。一般来说，可以将公开密钥密码系统分为3类。

1.加密/解密。发送方用接收方的公开密钥加密报文。

2.数字签名。发送方用它自己的私有密钥“签署”报文。签署功能是通过对于报文，或者作为报文的一个函数的一小块数据应用密码算法完成的。

3.密钥交换。两方合作以便交换会话密钥。这有几种可能的方法，其中涉及到一方或两方的私有密钥。

某些算法能适合所有3类系统，而另外一些算法只适用于这些系统中的一种或两种。和常规加密一样，公开密钥加密体制可能受到强行攻击，其防范措施也一样，即采用长密钥。但在具体应用时要进行折中考虑。公开密钥系统依赖于使用某种不可逆的数学函数，计算这些函数的复杂性随着密钥比特数的增加而非线性递增。因而密钥大小必须足够大，才能保证强行攻击难以成功。但是又要考虑密钥长度需适中，从而保证加解密速度。实践中采用的密钥大小既要考虑密钥的强度和安全性，又要考虑到加密解密速度。公钥密码目前已广泛应用于密钥管理和数字签名。

3.5 RSA 系 统

1977年，Diffie—Hellman开创性的论文引进了密码设计的一种新方法后，美国麻省理工学院(MIT)的Ron Rivest，Adi Shamir和Len Adleman研制并于1978年首次发表了一种算法，即RSA。从此，RSA(Rivest、Shamir、Adleman)方案作为唯一被广泛接受并实现的通用公开密钥加密方式而受到重视。

RSA是一种分组密码，与其他此类系统一样，RSA使用很大的素数来构造密钥对。

3.5.1 RSA算法描述

RSA体制是第一个成熟的，迄今为止理论上最为成功的公开密钥密码体制。它的安全性基于数论中的欧拉定理和计算复杂性理论中的下述论断：求两个大素数的乘积是容易计算的，但要分解两个大素数的乘积，求出它们的素因子则是非常困难的。

RSA的安全性基于大素数分解的难度。其公开密钥和私人密钥是一对大素数(100到200个十进制数或更大)的函数。从一个公开密钥和密文中恢复出明文的难度等价于分解两个大素数之积。RSA算法的方案如下所示：

(1)选择 p,q 两个素数(私有，选择)。

(2)计算 $n = pq$(公开，计算出)。

(3)选择 e，其中 $\gcd((n), e) = 1, 1 < e < (n)$(公开，选择)。

说明：欧拉函数 $(n) = (pq) = (p-1)(q-1)$，符号 $\gcd(a, b)$ 表示 a 和 b 的最大公因子。

(4)计算 $d = e^{-1} \bmod (n)$(私有，计算出)。

说明：mod n 表示模 n 运算，私有密钥由 $\{d\}$ 组成，公开密钥由 $\{e, n\}$ 组成。

假设用户 A 公布了它的公开密钥，而用户 B 希望向 A 发送一个报文 M，那么 B 计算出 $C = M^e (\text{mod } n)$，并传输 C。在收到这个密文时，用户 A 通过计算 $M = C^d (\text{mod } n)$ 进行解密。图 3－8 表示 RSA 的算法流程。

从上述算法描述可以看出，每个密钥对共享两个素数的乘积，即模数，但是每个密钥队还具有特定的指数。RSA 实验室对 RSA 密码体制的原理做了如下的说明：用两个很大的素数 p 和 q，计算它们的乘积 $n = pq$；n 是模数。选择一个比 n 小的数 e，它与 $(p-1)(q-1)$ 互为质数，即除了 1 以外，e 和 $(p-1)(q-1)$ 没有其他的公因数。找到另一个数 d，使 $(de-1)$ 能被 $(p-1)(q-1)$ 整除。值 e 和 d 分别称为公共指数和私有指数。公钥是这一对数 (n, e)；私钥是这一对数 (n, d)。

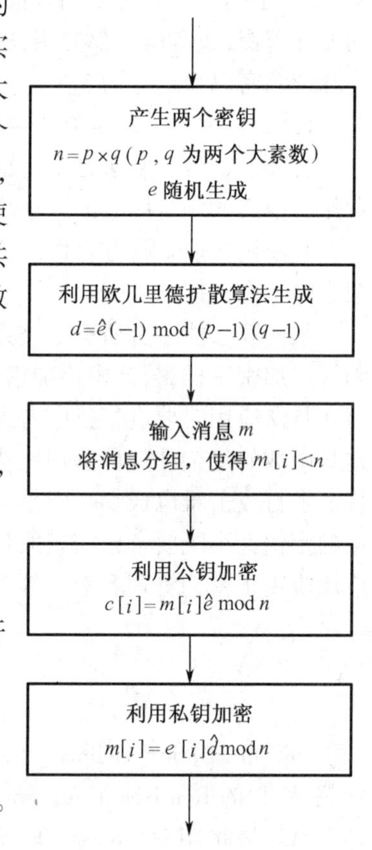

图 3－8 RSA 的算法流程

下面看一个具体的实例：

如果 $p = 47$，$q = 71$，那么 $n = pq = 3\,337$；

加密密钥 e 要与 $(p-1)(q-1) = 46 \times 70 = 3\,220$ 互素，即没有公因子。

随机选取 e，如 79，那么

$$d = 79^{-1} \text{mod } 3\,220 = 1\,019$$

该数用欧几里得算法（详见有关数论著作）计算。公开 e 和 n，将 d 保密。

若需加密的消息为 $m = 003$，则加密后的密文为

$$c = 003^{79} \text{mod } 3\,337 = 158$$

解密消息时需要解密密钥 1 019 进行相同的指数运算。因而

$$1\,570^{1\,019} (\text{mod } 3\,337) = 003 = m$$

密钥的生成过程如下所示。

(1)选择两个素数 $p = 47$，$q = 71$。

(2)计算 $n = pq = 47 \times 71 = 3\,337$。

(3)计算 $(n) = (p-1)(q-1) = 3\,220$。

(4)选择一个 e，它小于 (n) 且与 (n) 互素，在这里取 $e = 79$。

(5)求出 d，使得 $de = 1 \text{ mod } 3\,220$ 且 $d < 3\,220$。此处的取值是 $d = 1\,019$。

结果得到的密钥为公开密钥{79，3 337}和私有密钥 1 019。两个素数 p 和 q 不再需要，它们应该被舍弃，但绝不可泄露。这个例子显示了这些密钥对明文输入 $m = 003$ 的应用。

3.5.2 RSA 的实现

1. RSA 的硬件实现

关于 RSA 的硬件实现，已经制造出了许多实现 RSA 加密的芯片。目前使用的部分芯片如表 3－1 所示。

表 3-1 部分 RSA 芯片

公司	时钟速度	每 512 位波特率	每 512 位加密的时钟周期	技术	每个芯片的位	晶体管数目
Alpha Techn	25 MHz	13 kbaud/s	0.98 M	2 μm	1 024	180 000
AT&T	15 MHz	19 kbaud/s	0.4 M	1.5 μm	298	100 000
英国电信	10 MHz	5.1 kbaud/s	1 M	2.5 μm	256	—
西门子	5 MHz	8.5 kbaud/s	0.3 M	1 μm	512	60 000

硬件实现时,RSA 比 DES 慢大约1 000倍。最快的具有 512 位模数的 VLSI 硬件实现吞吐量为 64 Kb/s,该芯片在 1995 年制成。在智能卡中已大量实现了 RSA,这些实现都较慢。

2.RSA 的软件实现

用软件实现时,DES 大约比 RSA 快 100 倍。这些数字会随着技术发展而发生相应的变化。如果能很好地选择一个 e 值,RSA 加密速度将快得多。

RSA 在世界上许多地方已成事实上的标准。ISO(国际标准化组织)几乎已指定 RSA 用作数字签名标准。法国和澳大利亚也使用 RSA 标准。

3.攻击 RSA 算法的可能方法

(1)强行攻击。这包含对所有的私有密钥都进行尝试。

(2)数学攻击。有几种方法,实际上都等效于对两个素数乘积的因子分解。

(3)定时攻击。这依赖于解密算法的运行时间。

对 RSA 强行攻击的防范方式与其他密码系统采用的方法相同,即采用一个较大的密钥,因而 e 和 d 的比特数越多越好。然而因为在密钥产生和加密/解密中包含的计算很复杂,密钥越大则系统越慢。

RSA 并不能替代 DES,它们的优缺点正好互补。RSA 的密钥很长,加密速度慢,而采用 DES 正好弥补了 RSA 的缺点。即 DES 用于明文加密,RSA 用于 DES 密钥的加密。DES 加密速度快,适合加密较长的报文;而 RSA 可解决 DES 密钥分配的问题。美国的保密增强邮件(PEM)就是采用了 RSA 和 DES 结合的方法,目前已成为 E-mail 保密通信标准。

3.6 实例——加密工具 PGP 软件的使用

PGP 最早的版本是由美国的 Philip Zimmermann 在 1991 年夏天发布的。Philip Zimmermann 将 PGP 免费地张贴出去。由于 PGP 的优良特性及其开放性,PGP 和 Linux 一样并列为最伟大的自由软件。1992 年 2 月,在欧洲发布了 PGP 的新版本,PGP 的国际版本在美国境外开发,打破了美国政府的软件出口限制,PGP 的国际版本带有 i 的后缀,如 PGP 6.5.1i。2002 年 12 月 3 日的最新版本 PGP 8.0 可以从挪威的 www.pgpi.com 下载。PGP 把整套加密技术交给用户,它没有采用密钥公证制度,也是出于避免国家介入个人隐私的考虑。

PGP 实现了大部分的加密和认证的算法,如 Blowfish,CAST,DES,TripleDES,IDEA,RC2,RC4,RC5,Safer,Safer-SK 等传统的加密方法,以及 MD2,MD4,MD5,RIPEMD-160,SHA 等散列算法,当然也包括 D-H,DSA,Elgamal,RSA 等公开密钥加密算法。PGP 先进的加密技术使它成为最好的、攻击成本最高的安全性程序。

PGP 的巧妙之处在于它汇集了各种加密方法的精华。PGP 兼有加密和签名两种功能。数据的加密主要使用速度快、安全性能好的 IDEA 算法。对 IDEA 的密钥进行加密使用 RSA 算法,因为它是一个最好的公钥系统,这样,把两种加密体制巧妙地结合起来,可扬长避短,各尽其能。PGP 用 MD5 作为散列函数,保护数据的完整性,同时和加密算法相结合,提供了签名功能。PGP 的加密功能和签名功能可以单独使用,也可以同时使用,由用户自行决定。

从密码体制上来说,PGP 使用了最好的加密技术,其安全性应当是有保证的。但是从密钥的安全性来说,PGP 使用了一个用户随机产生的 RSA 密钥和打开这个密钥的口令,保护好自己的口令是一件关键性的事情。公钥的篡改和冒充是 PGP 的主要威胁。另外,PGP 的源代码是公开的,有可能受到攻击,所以一定要从可靠的站点上下载可靠的程序。如果不小心把黑客假冒的 PGP 程序安装到你的机器上,后果将不堪设想。

1.使用 PGP 产生和管理密钥

PGP 是免费的软件,可以自由下载。在挪威的 www.pgpi.com 网站中可以下载到最新的版本。双击下载安装包,根据提示完成安装,重新启动计算机后,用户可以通过“开始|程序|PGP”找到 PGP 的软件包的工具盒。在操作系统任务栏的右下方也可以看到一个锁状的 PGPtray 图标。

第一次使用 PGP 时,需要用户输入注册信息,用户需要填入用户名和组织名称,并输入相应的注册码,作为个人用户可选择“Later”按钮,此时用户可使用 PGPmail, PGPkeys, 和 PGPtray 的功能。PGPemail 插件和 PGPdisk 不能被使用。如图 3-9 所示。

接着,PGP 会引导用户产生密钥对,如图 3-10 所示。

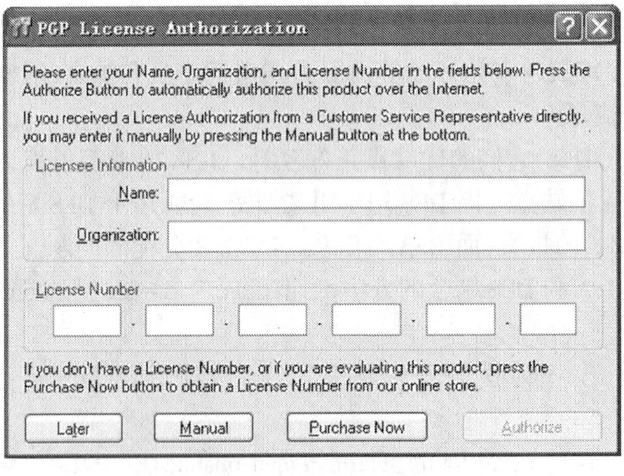

图 3-9 PGP 注册信息

密钥对需要与用户名称及电子邮件地址相对应,用户填入相应资料,单击“下一步”按钮,如图 3-11 所示。

输入并确认输入一个至少 8 字符长而且包括非字母符号的短语来保护密钥,这个短语非常重要,千万不能泄露。单击“下一步”按钮。如图 3-12 所示。

根据用户输入密钥自动产生,单击“下一步”按钮,如图 3-13 所示。PGP 密钥产生向导工作完成,如图 3-14 所示。

用户可选择“开始|程序|PGP|PGPkeys”或单击屏幕右下方的“PGPtray”,然后从其快捷单

图 3-10　产生密钥向导

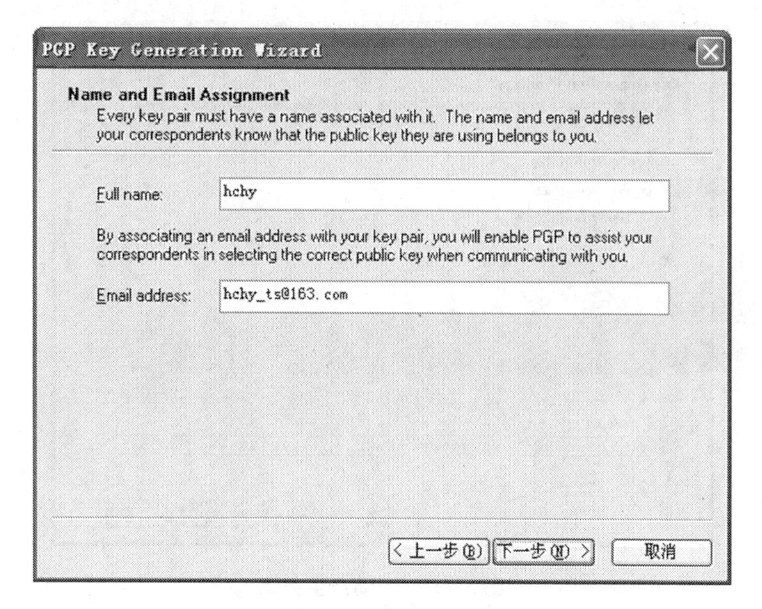

图 3-11　输入用户名称及电子邮件地址

中选择PGPkeys来打开 PGP 密钥管理窗口，如图 3-15 所示。

单击密钥管理窗口工具栏中最左边的钥匙图标，启动密钥生成向导。

(1)输入姓名和电子邮件地址，这两项联接作为交换密钥时的唯一名称标识。

(2)输入并确认输入一个至少 8 字符且包含非字母符号的短语，尽量好记难猜。

(3)计算机系统自动产生密钥。

(4)密钥生成完毕。

(5)完成后在密钥管理窗口中出现新的密钥，如图 3-16 所示。

(6)在关闭密钥管理窗口时系统将提示将密钥文件进行备份。

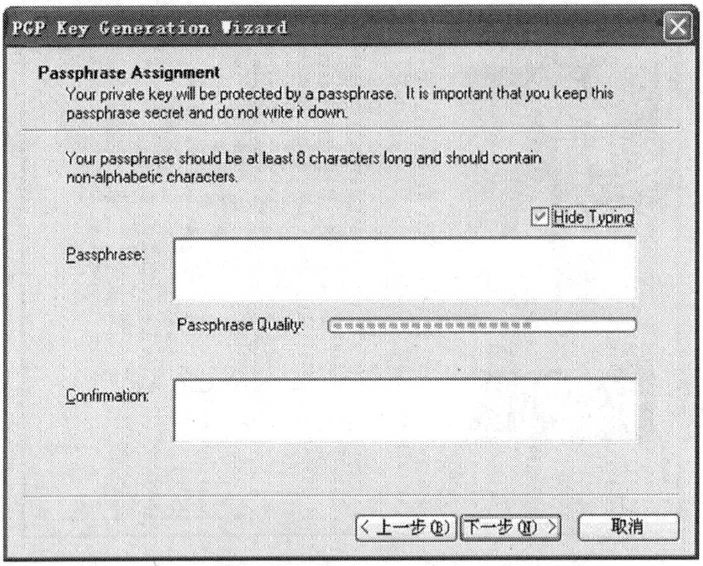

图 3－12　输入并确认输入一个符合要求的短语

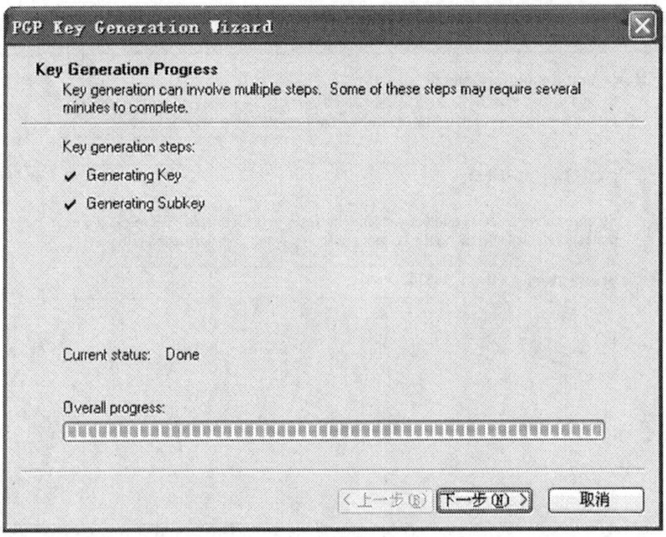

图 3－13　自动产生密钥

在图 3－16 所示的密钥管理窗口中，工具栏中的工具按钮从左到右的功能依次是产生新的密钥、废除选中选项、签名选中选项、删除选中选项、打开密钥搜索窗口、将密钥送往某服务器或邮件接收者、从服务器更新密钥、显示密钥属性、从文件导入密钥以及将所选择的密钥对导出到某个文件。

2. 使用 PGP 进行加密/脱密和签名/验证

要对一个文件进行加密或签名，应先打开资源管理器，右击选择的文件，出现 PGP，拉出其子菜单，如图 3－17 所示。在子菜单中有加密、签名、加密和签名、销毁文件以及创建一个自动解密的文件等选项。用户可先选择第一项，对文件进行加密。

在弹出窗口中选择将要加密的文件的阅读者。如果是自己看，就选择自己；如果是发送

图 3－14　密钥产生向导完成

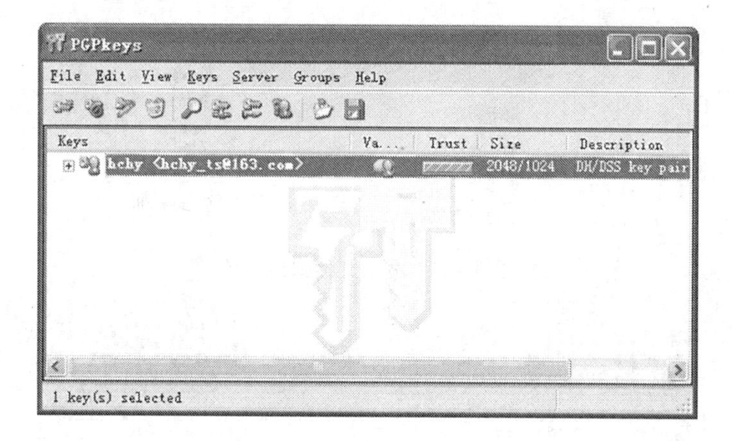

图 3－15　PGP 密钥管理窗口

给其他人，选择其名字。双击或拖动名称到接收者框，即可完成接收者设定。如图 3－18 所示。

图 3－18 所示窗口的左下方的几个复选框的意义如下。

(1)“Text Output”表示将输出文本形式的加密文件，隐含输出二进制文件。

(2)“Input Is Text”表示输入的是文本。

(3)“Wipe Original”表示彻底地销毁原始文件，此项应谨慎使用，因为如果忘了密码，任何人也无法打开。

(4)“Conventional Encryption”表示将用传统的 DES 方法加密，不用公钥系统，只能留在本地自己看，隐含的是用公钥系统加密。

(5)“Self Decrypting Archive”表示将创建一个自动解密的文件，加密和解密用的是同一个会话密钥，主要用于与没有安装PGP的用户交换密文。用户可选择一个文件进行加密，并设定加密文件的阅读者。加密后形成的文件名为“＊.asc”或“＊.pgp”。双击该文件，即可依照

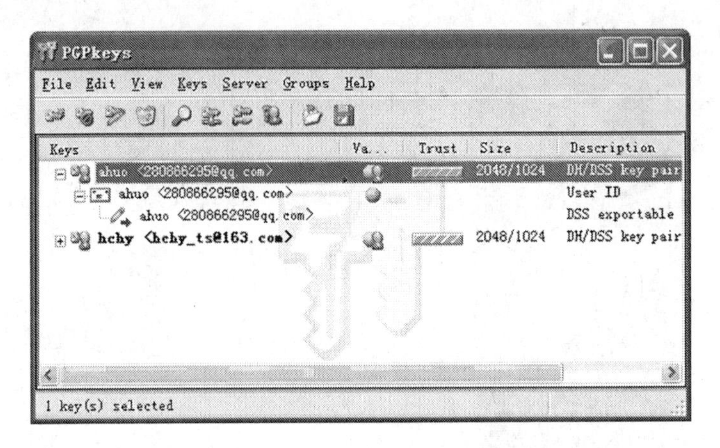

图 3－16　生成了新的密钥

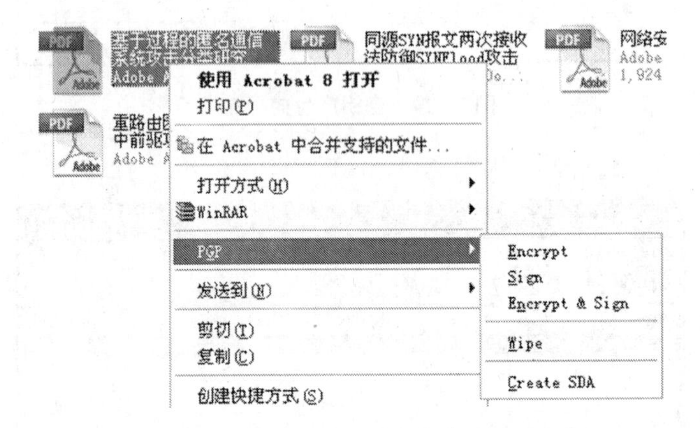

图 3－17　右击文件弹出菜单

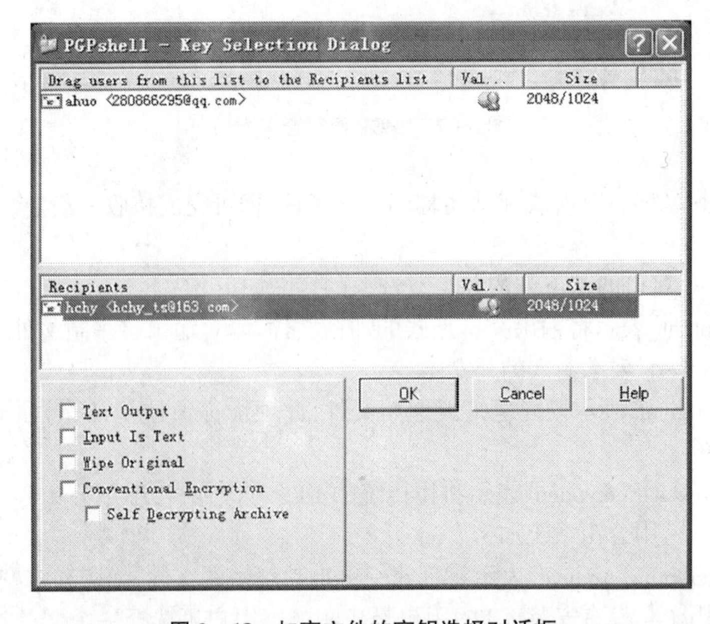

图 3－18　加密文件的密钥选择对话框

提示解密文件。

若要对文件进行签名,可在 PGP 的子菜单中选择"Sign"菜单项,弹出窗口如图 3-19 所示。用户可在"Signing key"中选择签名人,因为签名要用到签名人的私钥,所以需要输入保护私钥的口令。此口令即为生成密钥时输入的一个长度超过 8 个字符,且包含非字母字符的短语。

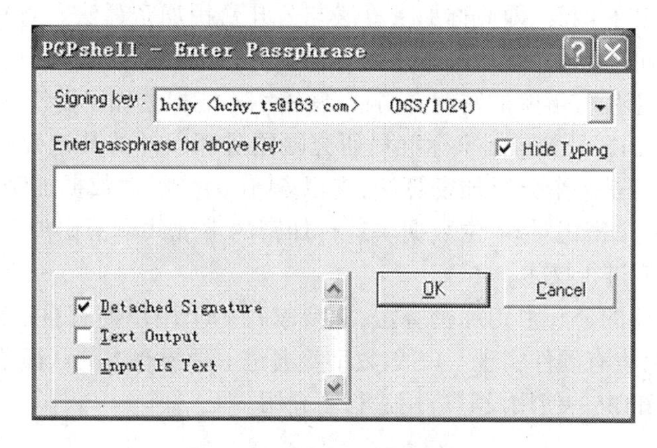

图 3-19 输入口令进行签名

签名后形成的文件名为"*.sig"。双击该文件,即可核对签名人的身份。

若用户在 PGP 子菜单中选择"Encrypt&Sign"则可同时完成加密与签名,步骤与上述相似。

用户可将加密文件和签名文件作为电子邮件的附件发送给其他人。如果用户的邮件软件已经安装了 PGP 插件,那么加密和签名的操作可以在邮件软件中进行。

3.使用 PGP 销毁秘密文件

文件的销毁操作很简单,但是应当谨慎。右击文件名,在弹出的快捷菜单中选择 PGP,拉出其子菜单,并选择"Wipe"菜单项,如图 3-17 所示。然后会弹出一个窗口要求用户确认。单击"Yes"按钮,即可销毁文件,如图 3-20 所示。注意,此功能需谨慎使用。

图 3-20 确认销毁

【本章小结】

本章重点讲述了计算机密码学的基本概念、基本原理及其应用。数据加密的基本过程包括用某种方式伪装消息以隐藏它的内容的过程。消息被称为明文,转换后的消息被称为密文。而把明文转换为密文的过程称为加密,把密文转换为明文的过程称为解密。

基本的加密算法有两类,即对称加密算法与公开密钥加密算法。对称算法有时又叫传统密码算法,就是加密密钥能够从解密密钥中推导出来;公开密钥算法也叫非对称算法,用作加密的密钥不同于用作解密的密钥,而且解密密钥不能根据加密密钥计算出来。

数据加密标准 DES 是美国国家标准局研究除国防部以外的其他部门的计算机系统的数据加密标准。DES 是一个分组加密算法,它以 64 位为分组对数据加密。IDEA 与 DES 一样,也是一种使用一个密钥对 64 位数据块进行加密的常规共享密钥加密算法。IDEA 使用 128 位(16 字节)密钥进行操作。

RSA 是一种重要的公开密钥加密算法,它要求每一个用户拥有自己的一种密钥。RSA 算法既有软件实现,也有硬件实现。RSA、数字签名是一种强有力的认证鉴别方式。

本章最后还对 PGP 的使用及其应用进行了介绍。

【练习题】

一、选择题

1.可以认为数据的加密和解密是对数据进行的某种变换,加密和解密的过程都是在(　　)的控制下进行的。

A.明文　　B.密文　　C.信息　　D.密钥

2.为了避免冒名发送数据或发送后不承认的情况出现,可以采取的办法是(　　)。

A.数字水印　　B.数字签名　　C.访问控制　　D.发电子邮件确认

3.数字签名技术是公开密钥算法的一个典型的应用,在发送端,它是采用(　　)对要发送的信息进行数字签名,在接收端,采用(　　)进行签名验证。

A.发送者的公钥　　B.发送者的私钥

C.接收者的公钥　　D.接收者的私钥

4.以下关于加密说法,正确的是(　　)。

A.加密包括对称加密和非对称加密两种

B.信息隐蔽是加密的一种方法

C.如果没有信息加密的密钥,只要知道加密程序的细节就可以对信息进行解密

D.密钥的位数越多,信息的安全性越高

5.在公开密钥体制中,加密密钥即(　　)。

A.解密密钥　　B.私密密钥　　C.公开密钥　　D.私有密钥

6.下列关于加密的说法中错误的是(　　)。

A.三重 DES 是一种对称加密算法

B.Rivest Cipher5 是一种不对称加密算法

C.不对称加密又称为公开密钥加密,其密钥是公开的

D.RSA 和 Elgamal 是常用的公钥体制

7.如果使用凯撒密码,在密钥为4时 attack 的密文为(　　)。

A.ATTACK　　B.DWWDFN　　C.EXXEGO　　D.FQQFAO

8.计算机网络系统中广泛使用的DES算法属于(　　)。

A.不对称加密　　B.对称加密　　C.不可逆加密　　D.公开密钥加密

二、填空题

1.密码学的目的是________。

2.对称密钥密码技术从加密模式上可分为________和________两类。

3.在实际应用中,一般将对称加密算法和公开密钥算法混合起来使用,使用________算法对要发送的数据进行加密,而其密钥则使用________算法进行加密,这样可以综合发挥两种加密算法的优点。

4.在加密技术中,作为算法输入的原始信息称为________。

5.DES使用的密钥长度是________位。

6.PGP是一个基于________算法的应用程序。

三、简答题

1.什么是数据加密?

2.简述加密和解密的基本过程。

3.在凯撒密码中,令密钥 $k=8$,制造一张明文字母与密文字母对照表。

4.DES算法主要有哪几部分组成?

5.简述DES算法和RSA算法保密的关键所在。

6.RSA算法的密钥是如何选择的,其安全性的基础是什么?

7.画图说明公钥密码的加密和解密过程。

第4章　数字签名与认证技术

【案例导入】

2001年8月27日，上海自得科技发展有限公司通过8848网站上的电子交易平台，向北京珠峰万维商贸有限公司的上海分公司订购了大批电脑产品，总计货款为70.08万元。为了证明自己已准备了足额的资金，“自得公司”向“珠峰万维”传真了已经开具的支票。在订单和支票传真件的证明下，“珠峰万维”即按约将货物送交自得公司指定的地点，但自得公司付货后却没有将支票交出，事后“珠峰万维”多次上门催讨，但双方一直没有结清货款，两公司因此走上了法庭。

法院认为，两公司以互联网电子交易形式进行买卖，虽均不能提供电子合同，但根据发货单、运输单据、支票等证据，依然可证明双方存在70.08万元的电脑产品交易，自得公司理应在收到货物后付款。至于自得公司提出70.08万元均属于交易返点，自己无需再支付现金的说法，凭已有证据，只能证实自得公司享有14.1万元网上储值的权利，故其只能在14.1万元的限额内，对所争执货款进行抵扣。法院就此终审判决，自得公司应限期支付“珠峰万维”欠款55.98万元及相应利息。

在信息系统中，安全目标的实现除了保密技术外，另外一个重要方面就是认证技术。认证技术主要用于防止对手对系统进行的主动攻击，如伪装、窜扰等，这对于开放环境中各种信息系统的安全性尤为重要。认证的目的有两个方面：一是验证信息的发送者是合法的，而不是冒充的，即实体认证，包括信源、信宿的认证和识别；二是验证消息的完整性以及数据在传输和存储过程中是否被篡改、重放或延迟等。

【学习目标】

1．掌握数字签名与认证技术的概念
2．了解盲签名和群签名的基本概念
3．理解Kerberos认证协议的工作原理
4．掌握数字证书的概念与应用

4.1　数字签名

数字签名是网络通信和网络安全的一种非常特殊的密码认证形式，它包括身份认证、数据完整性、不可否认性以及匿名性等方面内容，在大型网络安全通信的密钥分配、认证和电子商务等系统中，有着广泛的应用。

4.1.1　数字签名的基本原理

数字签名实际上是附加在数据单元上的一些数据或是对数据单元所作的密码变换，这种数据或变换能使数据单元的接收者确认数据单元的来源和数据的完整性，并保护数据，防

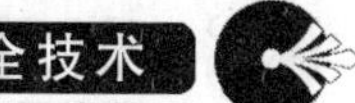

止被人(如接收者)伪造。

签名机制的本质特征是该签名只有通过签名者的私有信息才能产生,也就是说,一个签名者的签名只能由他自己生成。当收发双方发生争议时,第三方(仲裁机构)就能够根据消息上的数字签名来裁定这条消息是否确实由发送方发出,从而实现抗抵赖服务。另外,数字签名应是所发送数据的函数,即签名与消息相关,从而防止数字签名的伪造和重用。

4.1.2 数字签名基本要求

在日常的社会生活和经济往来中,签名盖章是非常重要的。在签订经济合同、契约、协议以及银行业务等很多场合都离不开签名或盖章,它是个人或组织对其行为的认可,并具有法律效力。在计算机网络应用中,尤其是电子商务中,电子交易的不可否认性是必要的。它一方面要防止发送方否认曾发送过消息;另一方面还要防止接收方否认曾接收过消息,以避免产生经济纠纷。提供这种不可否认性的安全技术就是数字签名。

传统形式的签名基于书面文件,以手写签名和印鉴为主。随着计算机网络和电子政务、电子商务的兴起,基于电子文档的计算机文件处理多采用电子形式的签名,即数字签名。这种使用密码技术的数字签名逐步替代了传统手签方法,并开始应用于网络环境下的电子公文流转、电子商务、电子银行等诸多领域中。

手写签名与数字签名的主要区别如下:

(1)签名实体对象不同。手写签名印在文件的物理部分;数字签名则以签名算法体现在所签文件中。

(2)认证方式不同。手签通过真实手签原型来比较验证,但较易伪造;数字签名则由公开的验证算法来检验,安全性较高。

(3)拷贝形式不同。手签不易复制,复制品与原件易区别;数字签名易拷贝,复制品与原件无区别。因此要防止数字签名消息的重复使用。

一个数字签名方案包括两个部分,即签名算法和验证算法。即用私钥为消息签名,随后可用一个公开算法得到验证。因此,一个签名算法至少应满足三个条件。

(1)签名者事后不能否认自己的签名。

(2)任何其他人都不能伪造签名,接收者能验证签名。

(3)当签名双方发生争执时,可由公正的第三方通过验证辨别真伪。

4.1.3 数字签名的实现

数字签名可通过如下所述的方法实现。

1.使用对称加密和仲裁者实现数字签名

假设 A 与 B 进行通信,A 要对自己发送给 B 的文件进行数字签名,以向 B 证明是自己发送的,并防止他们伪造。利用对称加密系统和一个双方都信赖的第三方(仲裁者)可以这样实现。假设 A 与仲裁者共享一个秘密密钥 K_{AC},B 与仲裁者共享一个秘密密钥 K_{BC},实现过程如图 4-1 所示。

(1)A 用 K_{AC} 加密准备发给 B 的消息 M,并将之发给仲裁者,

(2)仲裁者用 K_{AC} 解密消息。

(3)仲裁者把这个解密的消息及自己的证明(证明消息来自于 A)用 K_{BC} 加密。

(4)仲裁者把加密的消息送给 B;

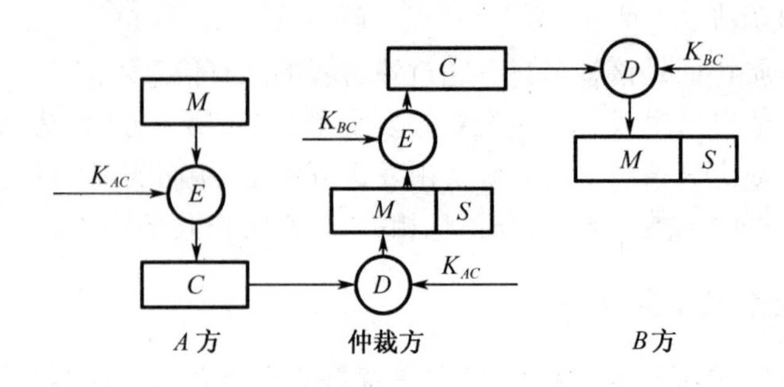

图 4-1　使用对称加密和仲裁的数字签名机制

(5)B 用与仲裁者共享的密钥 K_{BC} 解密收到的消息,就可以看到来自 A 的消息 M 和来自仲裁者的证明 S。

这种签名方法是否可以实现数字签名的目的呢? 首先,仲裁者是通信双方 A,B 都信任的,因而由他证明消息来自于 A,B 是可信的;第二,K_{AC} 只有 A 与仲裁者有,别人无法用 K_{AC} 与仲裁者通信,所以签名不可伪造;第三,如果 B 把仲裁者的证明 S(证明消息来自于 A)附在别的文件上,通过仲裁者时,仲裁者就会要求 B 提供消息和用 K_{AC} 加密消息,B 因不知道 K_{AC} 当然无法提供,所以签名是不可伪造的;最后,当 A,B 之间发生纠纷,A 不承认自己做的事时,仲裁者的证明 S 可以帮助解决问题,所以这种签名过程是不可抵赖的。

2.使用公开密钥体制进行数字签名

公开密钥体制的发明,使数字签名变得更简单,它不再需要第三方去签名和验证。签名的实现过程如下所述。

(1)A 用他的私人密钥加密消息,从而对文件签名。

(2)A 将签名的消息发送给 B。

(3)B 用 A 的公开密钥解密消息,从而验证签名。

由于 A 的私人密钥只有他一个人知道,因而用私有密钥加密形成的签名别人是无法伪造的;B 只有使用 A 的公钥才能解密消息,因而 B 可以确信消息的来源为 A,且 A 无法否认自己的签名;同样,在这个签名方案中,签名是消息的函数,无法用到其他的消息上,因而此种签名也是不可重用的。这样的签名方式可以达到上面所述的数字签名的目的。

3.使用公开密钥体制与单向散列函数进行数字签名

我们知道公钥体制的一个缺点就是运算速度较慢,如果采用这种方式对较大的消息进行签名,效率会较低。为解决这个问题,可以采用下面的方案。

利用单向散列函数,产生消息的指纹,用公开密钥算法对指纹加密,形成数字签名,过程如图 4-2 所示。

(1)A 使消息 M 通过单向散列函数 H,产生散列值,即消息的指纹或称消息验证码。

(2)A 使用私人密钥对散列值进行加密,形成数字签名 S。

(3)A 把消息与数字签名一起发送给 B。

(4)B 收到消息和签名后,用 A 的公开密钥解密数字签名 S。再用同样的算法对消息运算生成散列值。

(5)B 把自己生成的散列值与解密的数字签名相比较,看是否匹配,从而验证签名。

在上面所述的签名方案中,不仅可以实现数字签名的可信、不可重用、不可抵赖、不可伪

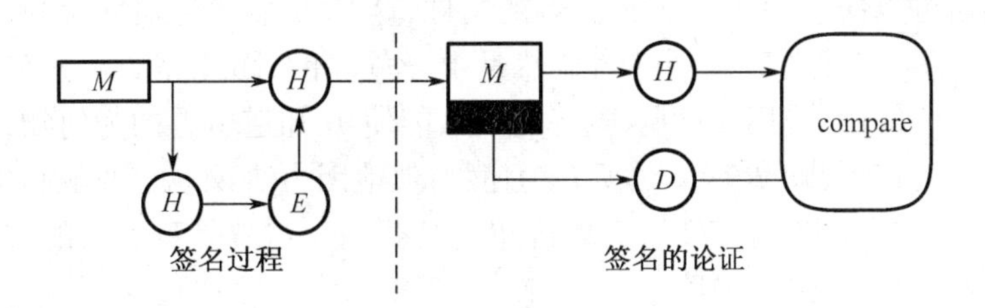

图 4-2　使用公开密钥体制与单向散列函数的数字签名

造等目的,而且由于签名从消息的散列值产生的,可以实现对消息的完整性验证。

4.1.4　盲签名和群签名

这一小节介绍两种特殊的签名方法,盲签名和群签名。

1.盲签名

一般的数字签名中,总是要先知道了文件内容后才签署,这也符合一般情况的需要。但有时需要对一个文件签名,而且不想让签名者知道文件的内容,称这样的签名为盲签名(Blind Signature)。这种签名方法最先是由 Chaum 提出的,如在投票选举和货币协议中会碰到这类要求。利用盲变换可以实现盲签名,这类签名的过程如图 4-3 所示。

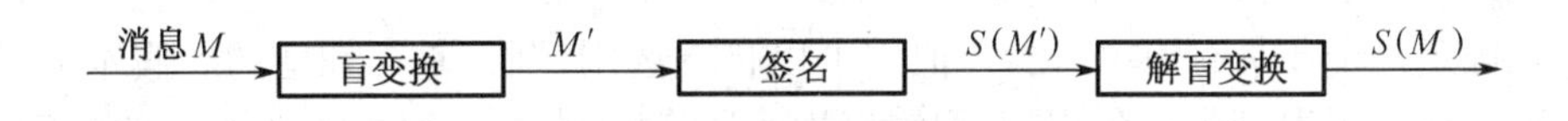

图 4-3　盲签名的过程

(1)完全盲签名

现在假设 B 担任仲裁人的角色,A 要求 B 签署一个文件,但并不想让他知道文件的内容,而且 B 也没必要知道文件的内容,他只需要确保在需要时能进行公正的仲裁。以下就是实现这个签名的具体过程。

①盲变换。A 将要签名的文件与一个随机数相乘,该随机数称为盲因子。这实际上完成了对原文件的隐藏,隐藏的文件被称为盲文件。

②A 将该盲文件送给 B。

③签名。B 对该盲文件签名。

④解盲变换。A 对签过字的盲文件除以所用的盲因子,就得到 B 对原文件的签名。

只有当签名算法和乘法是可交换的,则上述的过程就可以真正实现,否则就要考虑用其他方法对原文件进行盲变换。

如何保证 B 不能进行欺诈活动?这要求盲因子是真正的随机因子,这样 B 不能对任何人证明对原文件的签名,而只是知道对其签过名,并能验证该签名。这就是一个完全盲签名的过程。完全盲签名的特点如下:

①首先 B 对文件的签名是合法的,和传统的签名具有相同的属性。

②B 不能将所签文件与实际文件联系起来,即使他保存所有曾签过的文件,也不能获得所签文件的真实内容。

(2)盲签名的意义

完全盲签名可以使 A 令 B 签任何内容的文件，这对 B 显然是很危险的，例如，对“B 欠 A100 万元”这样的内容赋予完全盲签名显然是十分危险的，因此完全盲签名并不实用。为了避免这种恶意的使用，采用“分割－选择”技术，能使 B 知道所签的为何物，但仍保留了完全盲签名有意义的特征，即 B 能知道所签为何物，但他因为协议规定的限制条件，无法进行对他有利的欺诈，或者说进行欺诈所需代价超过其获利。这就是盲签名的实用所在。为了便于理解，举两个例子来进行说明。

例 1 要确定进出关口的人是不是毒贩，海关不可能对每个人进行检查。一般用概率方法，例如对入关者抽取 1/10 进行检查。那么毒贩在大多情况下可逃脱，但有 1/10 的机会被抓获。而为了有效惩治犯罪，一旦抓获，其罚金将大于其他 9 次的的获利。所以通过适当地调节检查概率，就可以有效控制贩毒活动。

例 2 反间谍组织的成员身份必须保密，甚至连反间谍机构也不知道他是谁。机构组织要给每个成员一个签名文件，文件上可能会注明：持此签署文件的人将享有充分的外交豁免权，并在其中写入该成员的化名。每个成员都有自己的化名名单，使反间谍机构不仅要提供签名文件，还要能验证提供签署文件的人是不是真正的合法组织成员。特工们不想把他们的化名名单送给所属机构，因为敌方可能已经破坏了该机构的计算机。另一方面，反间谍机构也不会盲目地对特工送来的文件都进行签名。否则，一个聪明的特工可能会送来这样的请求签名文件：“该成员已退休，每年发给 100 万退休金”，若对这样内容的文件进行签署那不是就出麻烦了吗。

现在假定每个成员有 10 个化名，他们可以自行选用，别人是不知道的。假定成员并不关心在哪个化名下得到了豁免权，并假定机构的计算机为 C，下面的协议能达到如下效果。

①每个成员准备 10 份文件，各用不同的化名，以得到外交豁免权。

②成员以不同的盲因子盲化每个文件。

③成员将 10 个文件送给计算机 C。

④C 随机选 9 个，并询问成员每个文件的盲因子。

⑤成员将适当的盲因子送给 C。

⑥C 从 9 个文件中移去盲因子，确信其正确性。

⑦C 将所签署的第 10 个文件送给成员。

⑧成员移去盲因子，并读出他的新的化名 Bob，这可能不是他用以欺诈的那个化名，若他想用一个化名进行欺诈，成功的概率只有 1/10。

以上的两个例子都体现了盲签名的思想。通常人们把盲变换看作是信封，盲化文件就是对文件加个信封，而去掉盲因子的过程就是打开信封。文件在信封中时无人能读它，而在盲文件上签名相当于在复写纸信封上签名，从而得到了对真文件（信封内）的签名。

2.群签名

首先简单介绍一下群体密码学的概念。群体密码学是研究面向一个团体的所有成员需要的密码体制。在群体密码中，有一个公用的公钥，群体外面的人可以用它向群体发送加密消息，密文收到后要由群体内部成员的子集共同进行解密。

群签名（Group Signature）是面向群体密码学中的一个课题分支，于 1991 年由 Chaum 和 Van Heyst 提出。群签名有以下几个特点。

①只有群体中的成员能代表群体签名。

②接收到签名的人可以用公钥验证群签名，但不可能知道由群体中哪个成员所签。

③发生争议时可由群体中的成员或可信赖机构识别群签名的签名者。

这类签名可用于投标商务活动中。例如所有公司应邀参加投标,这些公司组成一个群体,且每个公司都匿名地采用群签名对自己的标书签名。事后当选中了一个满意的标书,就可以识别出签名的公司,而其他标书仍保持匿名。中标者想反悔已无济于事,因为在没有他参加下仍可以识别出他的签名。在其他类似场合这样的签名也是行之有效的。

以上介绍的签名方法都是常见的、应用比较多的签名,还有其他的签名方法,不再一一列举。

4.2 身份认证技术

在现实的社会和经济生活中。每个人都必须具有能够证明个人身份的有效证件,如身份比、护照、工作证、驾驶执照和信用卡等,在身份证件上应当包括个人信息(如姓名、性别、出生年月、住址等)、个人照片、证件编号和权威发证机构签章等,目的是防止身份假冒和欺诈。为了防止身份欺诈,必须采用有效的身份认证系统(Identity Authentication System)对身份进行严格的验证。

在网络系统环境中,身份认证是非常重要的。身份认证是限制非法用户访问网络资源,是其他安全机制的基础,也是安全系统中的第一道防线。一般操作系统都提供了基于用户名和口令(Password)的身份认证方法,这也是最常用的身份认证方法。在电子银行、电子证券、电子商务等电子交易系统中,则需要更复杂、更安全的用户身份证明和认证机制,如数字证书、电子 ID 卡、一次性密码等。下面介绍几种主要的身份认证方法。

4.2.1 身份认证的概念

网络安全涉及两个重要的问题,其一是保密性问题,防止攻击者破译系统中的机密信息;其二是认证(鉴别)问题,确保数据的真实性,防止篡改、冒充等主动攻击。认证不能自动提供保密性,而保密也不能自然地提供认证功能。身份认证指的是对用户身份的证实,用以识别合法或非法的用户,防止非授权用户访问网络资源。身份认证通常利用的对象包括口令、标示符、信物、指纹、视网纹等作为认证的证件。具体来说可以分成 3 类。

(1)只有主体了解的秘密,如口令、密钥。

(2)主体随身携带的物品,如智能卡和令牌卡。

(3)主体具有的独一无二的特征或能力,如指纹、声音、视网膜或签字。

最简单的身份认证方式是采用用户名/密码方式,它是一种最基本的认证方式,其特点是灵活简单。但是网络环境下容易受到窃听和重放攻击,安全级别很低。

在身份认证系统中,提供证件的被验证者称为示证者,检验证件正确性和合法性的一方称为验证者,提供仲裁和调解的一方必须是可信赖的。此外,网络中还存在企图进行窃听和伪装来骗取信任的攻击者。一个身份认证系统一般需要具有以下特征。

(1)验证者正确识别合法客户的概率极大。

(2)攻击者伪装示证者骗取验证者信任的成功率极小。

(3)通过重放认证信息进行欺骗和伪装的成功率极小。

(4)计算有效性,实现身份认证的算法计算量足够小。

(5)通信有效性,实现身份认证所需的通信量足够小。

(6)秘密参数能够安全存储。

(7)第三方的可信赖性。

(8)可证明安全性。

4.2.2 基本的身份认证方法

常用的基本身份认证方法包括以下几个方面。

1.基于口令的身份认证

利用口令来确认用户的身份,是最常用的认证技术,其最主要的优点就是简单易行,因此,在几乎所有需要对数据加以保密的系统中,都引入了口令机制。通常,每当用户需要登录时,系统都要求用户先输入用户名,登录程序利用用户名去查找一张用户注册表或口令文件。在该表或口令文件中,每个已注册用户都有一个表项,其中记录有用户名和口令等。登录程序从中找到匹配的用户名后,再要求用户输入口令。如果用户输入的口令也与注册表中用户所设置的口令一致,系统便认为该用户是合法用户,并允许用户进入系统,否则将拒绝该用户登录。

口令是由数字、字母或者字母和数字混合组成,它可由用户自己选择,也可由系统随机产生。系统产生的口令不便记忆,用户自己规定的口令虽然容易记忆,但也容易被攻击者猜中。

2.基于智能卡的认证方式

智能卡具有硬件加密功能,有较高的安全性。每个用户持有一张智能卡,智能卡存储用户个性化的秘密信息,同时,在验证服务器中也存放该秘密信息。进行认证时,用户输入PIN(个人身份识别码),智能卡认证 PIN 成功后,即可读出智能卡中的秘密信息,进而利用该秘密信息与主机之间进行认证。

基于智能卡的认证方式是一种双重的认证方式(PIN 十智能卡),即使 PIN 或智能卡被窃取,用户仍不会被冒充。智能卡提供硬件保护措施和加密算法,可以利用这些功能加强安全性能,例如可以把智能卡设置成用户只能得到加密后的某个秘密信息,从而防止秘密信息的泄露。

3.基于生物特征的认证方式

这种认证方式以人体唯一的、可靠的、稳定的生物特征(如指纹、虹膜、脸部、掌纹等)为依据,采用计算机的强大功能和网络技术进行图像处理和模式识别。该技术具有很好的安全性、可靠性和有效性,与传统的身份确认手段相比,这无疑是质的飞跃。

4.一次性口令

一次性口令系统允许用户每次登录时使用不同的口令。它使用一种口令发生器设备,口令发生器内含加密程序和一个唯一的内部加密密钥。系统在用户登录时给用户提供一个随机数,用户将这个随机数送入口令发生器,口令发生器用用户的密钥对随机数加密,然后用户再将口令发生器输出的加密口令送入系统。系统也采用同样的方法计算出一个结果,并与用户输入比较,如果二者相同,允许用户访问系统。这种方案的优点是用户不需口令保密,只需保护口令发生器的安全。

4.2.3 分布式环境下的身份认证

在不同的网络应用环境中保护计算机资源的方式是不同的。在没有联网的单用户计算机系统中,用户资源的安全性主要通过对计算机使用的控制来保护。在早期的多用户计算机系统中,用户使用的是共享的、集中式的、采用分时操作系统的大型计算机来提供服务。在这种环境中,需要共享操作系统来提供安全性。为了提供系统的安全性,操作系统内部通常采用基于用户身份的资源存取方式。用户的身份采用用户登录的方式来进行证实,用户登最后,其资源操作权限也就被确定下来。

但是随着计算机及互联网技术的发展,当今的计算机环境发生了非常大的变化。具有代表性的应用环境是由大量的客户工作站和分布在网络中的公共服务器组成的。服务器向网络用户提供各种网络应用的服务,用户使用客户工作站来访问这些服务。在这种开放的分布式计算环境中,工作站上的用户需要访问分布在网络不同位置上的服务。通常为了保护自身资源安全性,服务提供者需要通过授权来限制用户对资源的访问。对用户进行授权和访问限制策略是建立在对用户服务请求进行鉴别的基础上的。也就是说,用户的服务请求或用户自身必须要通过鉴别或认证,才能访问服务器提供的服务。

身份认证或鉴别需要一套可靠和可信的机制。在涉及到电子商务和网上交易时,身份认证在整个安全设计框架中更是具有极其重要的作用。由于交互过程是在网络上进行的,存在大量安全性的威胁。例如一个用户可能假扮成工作站上的另一个授权用户来操作和访问网络服务;攻击者可能窃听到报文的交互过程,利用重放攻击来获得服务的访问授权。而合法用户也可能经常迁移,使用不同的工作站来访问网络。身份认证机制必须能正确地判断和处理这些情况。网络系统的安全性可采用不同的身份认证策略实现。

1.基于客户工作站的用户身份鉴别,由客户工作站确保用户身份的真实性,服务器对用户身份进行标示,以强化其安全策略。

2.基于客户系统的身份鉴别,客户系统向服务器证实自身,服务器将信任该客户系统中的用户的身份。

3.用户在访问网络中的每一项服务时都必须证实其自身的身份,同时服务器必须向用户证实其身份。

在小型的封闭网络环境中,如果能够对网络和计算机进行统一管理,采用第 1、2 种策略还是可行的。在开放的分布式环境中,则必须采用第 3 种策略来保护服务器中的信息和资源。在这种环境中,对用户请求和身份的鉴别无法依靠客户系统来完成,原因是由于开放性和用户的流动性使客户系统无法向网络服务提供者证实每一个用户的身份。

4.3 鉴 别 协 议

鉴别作用是证实通信中某一方的身份,也称为认证。鉴别技术可分为两个基本的方式,即双向鉴别和单向鉴别。

4.3.1 双向鉴别

相互鉴别协议用于通信各方相互之间进行身份认证,同时交换会话密钥。这个鉴别过程的重点是密钥的分配。具有鉴别能力的密钥交换中心通常需要密钥交换的机密性和时效性。从通信的机密性来看,为防止会话密钥被篡改或被泄露,基本的用户身份信息和会话密钥信息都必须以密文形式进行交换,这通常需要通信各方事先保存一个密钥(共享密钥或公开密钥)。

另一方面，密钥的时效性也非常重要，以防止采用报文重放(Replay)攻击的威胁。攻击者可能利用重放攻击向接收者发送伪造的报文并扰乱其正常的工作。更严重的是，攻击者还可能通过重放来窃取会话密钥，假扮成一个通信方欺骗其他人。重放攻击有多种形式，攻击者可以简单地窃听并复制一个报文，并在以后的某个时间重放。对于重放攻击，一般可以有几种可选的方式来进行预防。

(1)报文序号方式。这是预防重放攻击的一种方法，它为每个需要鉴别的报文分配一个序号，新报文到达后对序号进行检查，只有在序号满足正确次序的情况下才被接收。这种方式在实现上存在一个难点，那就是通信的各方都必须记录最近处理的序号，需要一定的开销。此外，通信各方还必须保持序号的同步。因此，序号方式一般不被用于鉴别和密钥交换。

(2)时间戳方式。这种方式是在传送的报文中附加时间戳，记录报文发送的时间。接收方接收到一个报文时，对时间戳进行检验，只有当报文的时间戳与其掌握的时间(本地时钟)足够接近时，才认为该报文是一个新报文。此方法可在一定程度上防止重放攻击。攻击者在有效的时间窗口以外的重放报文将会被识别，但在有效的时间窗口内的重复报文也可能造成破坏。因此，时间窗口必须足够小才能有效降低重放攻击成功的几率。

时间戳方式同样存在一个问题，即需要通信各方的时钟保持同步。这种同步必须采用某种协议来维持，同时还要求同步协议必须应对网络的故障和恶意的攻击，具有安全性和容错性。但是实现这样的协议存在相当的难度。网络时延的可变性和不可预测性使我们很难期望一种网络协议能够保证分布时钟保持精确同步。因此，这种时间戳技术需要申请足够大的时间窗口以适应网络时延，这与小时间窗口的要求是相互矛盾的。此外，暂时失去同步将导致同参与者鉴别失败，也可能让攻击者的成功率大大增加。因此时间戳方式能否适用于面向连接的应用还存在着一些争论。

基于对称密钥加密的鉴别

可以采用两级分层对称加密来为分布式环境中的通信方提供机密性。这个方案需要一个可信的密钥分配中心(KDC)。通信双方和 KDC 共享一个密钥(主密钥)。KDC 为通信双方产生一个会话密钥，并使用主密钥来保护会话密钥的分发。下面介绍一种经多次改进后的协议。该协议描述如下：

(1)$A \rightarrow B: ID_A \parallel N_a$。

(2)$B \rightarrow KDC: ID_B \parallel N_b \parallel E_{kb}[ID_A \parallel N_a \parallel T_b]$。

(3)$KDC \rightarrow A: E_{ka}[ID_B \parallel N_a \parallel T_b \parallel K_a] \parallel E_{kb}[ID_A \parallel K_a \parallel T_b] \parallel N_b$。

(4)$A \rightarrow B: E_{KB}[ID_A \parallel K_a \parallel T_b] \parallel E_{ka}[N_b]$。

具体的交换过程如下所述。

①A 产生一个现时加上自己的标识，以明文的形式发给 B。包含这个现时和会话密钥加密的消息将返回 A，A 通过该现时确保消息的时效性。

②B 告知 KDC 需要一个会话密钥。它发往 KDC 的消息包括它的标识符和一个现时 Nb。包含这个现时和会话密钥加密的消息将返回 B，B 通过该现时确保消息的时效性。B 发往 KDC 的消息还包括一个使用由 B 和 KDC 共享的密钥加密的分组，这个分组用来通知 KDC 向 A 分布一个信任状，包括信任状的预期接收者、从 A 发来的现时和信任状的过期时间。时间 Tb 相对于 B 的时钟。这样，这个时间戳不需要同步时钟，因为 B 只检查自身产生

的时间戳。

③KDC 将 *B* 的现时和一个使用 *B* 和 KDC 共享密钥加密的分组传递给 *A*。这个分组作为 *A* 在随后认证中使用的一种“票据”。KDC 还向 *A* 传送了一个使用 *A* 和 KDC 共享密钥加密的分组，这个分组用于证实 *B* 已经收到初始消息(ID_b)，这是一个及时的消息而不是重放(N_a)，此外还向 *A* 提供一个会话密钥(K_s)和它的使用时限(T_b)。

④*A* 将票据连同 *B* 的现时传送给 *B*，后者使用会话密钥加密。该票据为 *B* 提供了用来解密以恢复这个现时的票据。使用会话密钥对 *B* 的现时加密这一事实能认证该消息来自 *A* 而不是一个重放。

这个协议给 *A* 和 *B* 建立会话提供了一种有效、安全的会话密钥交换方式。而且，该协议让 *A* 和 *B* 拥有一个会话密钥，能用于加密双方对话内容，避免了需要重复多次与认证服务器联系的必要。

上述协议建立后，在会话的有效期内，*A* 与 *B* 之间的会话协议如下所示。

$A \to B: E_{kb}[ID_A \parallel K_b\ T_b] \parallel N'_a$；

$B \to A: N'_b \parallel E_{ks}[N'_a]$；

$A \to B: E_{Ks}[N'_b]$。

当 *B* 收到消息时，它验证消息中的票据没有过期。新产生的现时 Na'和 Nb'将向每方保证这不是重放攻击。

基于公钥加密的鉴别

在公开密钥加密实现的鉴别(或称认证)中，也需要一个类似的中心系统来分发通信各方的公开密钥的证书。因为在没有认证中心或密钥分配中心的情况下，要使通信双方总能拥有对方的当前公开密钥是不切实际的。下面首先讨论一个使用时间戳机制的公开密钥分配和鉴别方案。假定通信的双方分别为 *A* 和 *B*，AS 为鉴别中心(或称认证中心)。这个协议的过程如下所示。

(1)$A \to AS: IDA \parallel IDB$。

(2)$AS \to A: E_{KRas}(ID_A \parallel KU_a \parallel T) \parallel E_{KRas}(ID_B \parallel K_{Ub} \parallel T)$。

(3)$A \to B: E_{KRas}(ID_A \parallel KU_a \parallel T) \parallel E_{KRas}(ID_B \parallel K_{Ub} \parallel T) \parallel E_{Kub}(E_{KRa}(K_s \parallel T))$。

其中，*A*、*B* 的公钥和对称密钥分别为 K_{Ua}、K_{Ra}、K_{Ub} 和 K_{Rb}。AS 的公钥和私钥分别为 K_{Uas} 和 K_{Ras}。在这个协议中，中心系统只能称为认证(鉴别)服务器(AS)，它并不负责密钥的分配。AS 实际上只提供公开密钥证书。会话密钥 K_s 的选择和加密由 *A* 完成，因此不存在 AS 泄露密钥的危险。由于同时使用了时间戳，可以防止重放攻击对密钥安全性的威胁。

这个协议虽然非常简洁，但是也需要严格的时钟同步才能保证协议的安全。一种替代时间戳的方案是使用现时值 *N*。下面给出了一个以 KDC 为中心的鉴别协议。

(1)$A \to KDC: IDA \parallel IDB$。

(2)$KDC \to A: E_{KRK}(ID_B \parallel K_{Ub})$。

(3)$A \to B: E_{KUb}(N_a \parallel ID_A)$。

(4)$B \to KDC: ID_B \parallel ID_A \parallel E_{KUk}(N_a)$。

(5)$KDC \to B: E_{KRk}(ID_A \parallel K_{Ua}) \parallel E_{KUb}(E_{KRk}(N_a \parallel K_s \parallel ID_B))$。

(6)$B \to A: E_{KUa}(E_{KRk}(N_a \parallel K_s \parallel ID_B) \parallel N_b)$。

(7) $A \rightarrow B: E_{Ks}(N_b)$。

其中，K_{Uk}和K_{Rk}分别是KDC的公开密钥和私有密钥。在协议过程中，A首先通知KDC需要建立一个到B的安全连接；KDC向A返回B的公开密钥证书。然后，A使用B的公钥同B建立一个通信，并发送现时值N_a。在第4步中，B向KDC请求A的公钥证书和一个会话密钥，其中包含加密的N_a以便KDC对会话密钥K_s进行标记。KDC向B返回A的公钥证书、会话密钥K_s及N_a等。N_a用于保证K_s是最新的。KDC使用其对称密钥对会话密钥进行加密，使B能确认该密钥是来自KDC的；同时再用B的公钥进行加密，以确保传输的保密性。最后，B将会话密钥用A的公钥加密后发送给A，同时使用一个新的现时值N_b；A解密后可得出会话密钥K_s，并将用K_s加密的N_b发回B；B由此可确信A已获得了正确的会话密钥。

上述的协议是一个相对比较安全的协议，但其中也存在某些安全隐患。进一步的改进是在第5步和第6步传递的内容中增加A的标识符ID_A。这样，会话密钥K_s、AB双方的标识符以及Na都绑定到一起，使攻击者的进攻更难以得逞。改进后的协议如下所示。

(1) $A \rightarrow KDC: ID_A \| ID_B$。

(2) $KDC \rightarrow A: E_{KRk}(ID_B \| K_{Ub})$。

(3) $A \rightarrow B: E_{KUb}(N_a \| ID_A)$。

(4) $B \rightarrow KDC: ID_B \| ID_A \| E_{KUk}(N_a)$。

(5) $KDC \rightarrow B: E_{KRk}(ID_A \| K_{Ua}) \| E_{KUb}(E_{KRk}(N_a \| K_s \| ID_A \| ID_B))$。

(6) $B \rightarrow A: E_{KUa}(E_{KRk}(N_a \| K_s \| ID_A \| ID_B) \| N_b)$。

(7) $A \rightarrow B: E_{Ks}(N_b)$。

4.3.2 单向鉴别

单向认证协议在电子邮件中广泛应用。邮件被转发到收方的电子邮箱中，保存下来直到收方阅读它，而收发双方无需同时在线。通常发信方希望邮件内容保密，不希望邮件处理系统或其他方能读到邮件的明文信息；收信方也希望确认该信是来自被认为的发信方。和双向认证一样，我们也可采用对称加密法和公钥加密法满足这类认证需要。

1.对称加密法协议

(1) $A \rightarrow KDC: ID_A \| ID_B \| N_a$。

(2) $KDC \rightarrow A: E_{Ka}[ID_B \| N_a \| K_s \| E_{Kb}[ID_A \| K_s]]$。

(3) $A \rightarrow B: E_{Kb}[ID_A \| K_s] \| E_{Ks}[M]$。

这个方法保证只有合法的接收者B才能读到消息的内容，同时也使B确信信是来自A的。该协议无法防止重放攻击。由于电子邮件潜在的延时，即使加上时戳，其作用也有限。

2.公钥加密方法

公钥加密法能提供机密性和认证性，非常适合电子邮件系统。为保证机密性，我们可采用$A \rightarrow B: E_{KUb}[K_s] \| E_{Ks}[M]$。

这种方法中，需要A知道B的公钥。A用B的公钥对会话密钥加密，再用会话密钥对消息加密。因此，消息内容只能由B用自己的私钥进行解密恢复会话密钥，然后再用会话密钥解密出消息内容。但B无法确认该信是由A发来的。

对于认证,不考虑保密,可采用 $A \rightarrow B: M \parallel E_{KRa}[H(M)]$.

该方法可使 A 无法否认自己向 B 发过消息。B 需要知道 A 的公钥。若第三方 C 截获该信息,将 A 的签名换成 C 的签名,再将消息送到准备投递给 B 的邮件队列中。显然此时,C 窃取了 A 的想法。为此,可用收方 B 的公钥对消息和签名一起加密,以保证只有 B 能恢复消息内容,即 $A \rightarrow B: E_{KUb}[M \parallel E_{KRa}[H(M)]]$。

若既需要机密性,又需要认证,可将上述两种方法结合起来即可。

4.4 Kerberos 认证服务

Kerberos 是为 TCP/IP 网络设计的可信第三方认证协议。网络上的 Kerberos 服务器起着可信仲裁者的作用。Kerberos 可提供安全的网络鉴别,允许个人访问网络中不同的机器。Kerberos 基于对称密码学(采用的是 DES,但也可用其他算法替代),它与网络上的每个实体分别共享一个不同的秘密密钥,是否知道该秘密密钥便是身份的证明。

Kerberos 最初是在麻省理工学院(MIT)为 Athena 项目而开发的,Kerberos 模型是基于 Needham 和 Schroeder 提议的可信第三方协议。Kerberos 的设计目标就是提供一种安全、可靠、透明、可伸缩的认证服务。在 Kerberos 模型中,主要包括客户机、服务器、认证服务器(Authentication Server)和票据授予服务器(ticket-Granting Server)。其组成如图 4-4 所示。

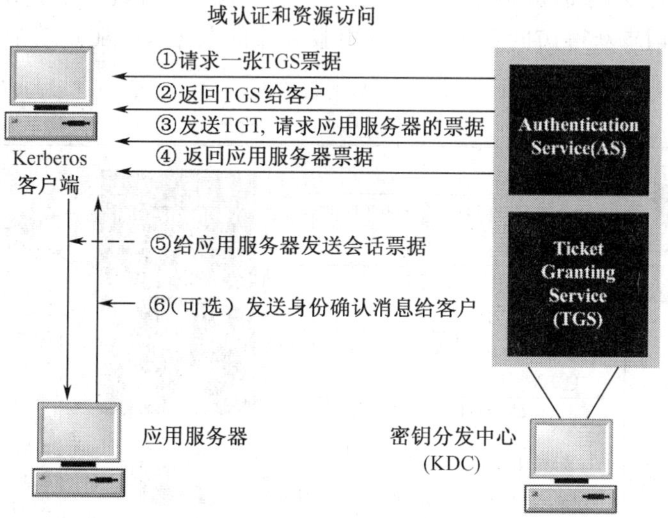

图 4-4 Kerberos 组成

Kerberos 有一个所有客户和自己安全通信所需的秘密密钥数据库(KDC),也就是说,Kerberos 知道每个人的秘密密钥,故而它能产生消息,向每个实体证实另一个实体的身份。

Kerberos 还能产生会话密钥,只供一个客户机和一个服务器(或两个客户机之间)使用,会话密钥用来加密双方的通信消息,通信完毕,会话密钥即被销毁。

Kerberos 使用 DES 加密。Kerberos 第 4 版提供非标准的鉴别模型,该模型的弱点是它无法检测密文的某些改变。Kerberos 第 5 版使用 CBC 模式。

4.4.1 Kerberos V4 认证消息对话

下面我们讨论第四版 Kerberos 身份认证进程的处理过程。

(1)在客户登录到本地工作站以后,客户向认证服务器(AS)发送一个服务请求,请求获得指定应用服务器的“凭证”(Credentials)(如图 4-5 所示的消息①),所获凭证可直接用于应用服务器或票据授予服务器(TGS)。

$C \rightarrow AS: ID_c \parallel ID_{tgs} \parallel TS1$

该消息包含客户 ID 以及票据授予服务器的 ID 和时间戳。

(2)认证服务器(AS)以凭证作为响应,并用客户的密钥加密(如图 4-5 所示的消息②)凭证。凭证由下面几部分组成:票据授予服务器“票据”(Ticket);临时加密密钥 $K_{c,tgs}$(称为会话密钥)。

$AS \rightarrow C: E_{Kc}[K_{c,tgs} \parallel ID_{tgs} \parallel TS_2 \parallel Lifetime2 \parallel Tickettgs]$

$Ticket_{tgs} = E_{Ktgs}[K_{c,tgs} \parallel ID_V \parallel AD_c \parallel ID_{tgs} \parallel TS_2 \parallel Lifetime2]$

其中,票据 Ticket 用 AS 和 TGS 之间的共享密钥 E_{Ktgs} 加密,从而确保客户和其他对手无法修改其内容。为了防止对手以后再次使用票据来欺骗 TGS,票据还包含了时间戳以及生命周期(票据的合法时间段)。E_{Kc} 是指用客户同 AS 共享的口令来加密该凭证,确保只有正确的客户才能恢复凭证。Lifetime2 是该凭证的生命周期。

(3)拥有了票据和会话密钥,客户 C 就做好了向 TGS 服务器靠近的准备。客户向 TGS 服务器发送消息请求获得访问某个特定应用服务器的票据 $Ticket_v$(如图 4-5 所示的消息②)。

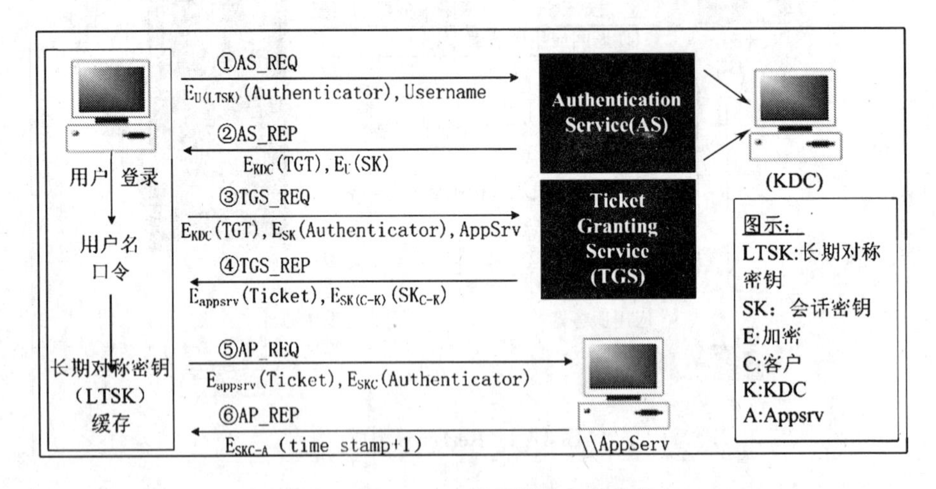

图 4-5 Kerberos 认证消息交换过程

$C \rightarrow TGS: ID_v \parallel Ticket_{tgs} \parallel Authenticator_c$

$Authenticator_c = E_{Kc,tgs}[ID_c \parallel AD_c \parallel TS_3]$

$Ticket_{tgs} \mid = E_{Ktgs}[K_{c,tgs} \parallel ID_v \parallel AD_c \parallel ID_{tgs} \parallel TS_2 \parallel Lifetime2]$

该消息包含了身份验证器(Authenticator),它包括了 C 用户的 ID 和地址以及时间戳。与票据不同的是,票据可以重复使用,而身份验证器只能使用一次,而且生命周期很短。

TGS可以用与AS共享的密钥解密票据。这个票据指出已经向用户 C 提供了会话密钥 $K_{c,tgs}$。然后TGS可以检查身份验证器来证明客户的名称和地址是否与票据中的名称和接受消息的地址相同。如果都相同,TGS可以确保票据的发送方是票据的真正拥有者。

(4)TGS服务器返回应用服务器票据以应答(如图4-5所示的消息④)客户请求。

$TGS \rightarrow C: E_{Kc,tgs}[K_{c,v} \| ID_v \| TS_4 \| Ticket_v]$

$Ticket_v = EK_v[K_{c,v} \| ID_c \| AD_c \| ID_v \| TS_4 \| Lifetime4]$

此消息已经用TGS和 C 共享的会话密钥进行了加密,它包含了 C 和服务器V共享的会话密钥 $K_{c,v}$,V的ID和票据的时间戳。票据本身也包含了同样的会话密钥。

现在 C 就拥有了V可重用的票据授予的票据。当 C 出具此票据时,如消息⑤所示,它就发出了身份验证码。应用服务器可以解密票据,恢复会话密钥并解密身份验证码。

(5)客户将该Ticket(包含了客户的身份证明和会话密钥的拷贝,这些都以服务器的密钥加密)传送给应用服务器(如图4-5所示的消息⑤)。

$C \rightarrow V: Ticket_v \| Authenticator_c$

$Ticket_v = E_{Kv}[K_{c,v} \| ID_c \| AD_c \| ID_v \| TS_4 \| Lifetim4]$

$Authenticator_c = E_{Kc,v}[ID_c \| AD_c \| TS_5]$

(6)现在客户和应用服务器已经共享会话密钥,如果需要互相验证身份,服务器可以发送消息⑥进行响应,以证明自己的身份。服务器返回身份验证码中的时间戳值加1,再用会话密钥进行加密,C 可以将消息解密,恢复增加1后的时间戳。因为消息是由会话密钥加密的,所以,C 能够保证只有V才能创建它。消息的内容向 C 保证它不是以前的应答。

$V \rightarrow C: E_{Kc,v}[TS_5 + 1]$

共享的会话密钥还可用于加密双方进一步的通信或交换加密下一步通信用的单独子会话密钥。

在上述六个消息当中,消息①和②只在用户首次登录系统时使用。消息②和④在用户每次申请某个特定应用服务器的服务时使用。消息⑤则用于每个服务的认证。消息⑥可选,只用于互相认证。

4.4.2 Kerberos基础结构和交叉领域认证

当一个系统跨越多个组织时,就不可能用单个认证服务器实现所有的用户注册,相反,则需要多个认证服务器,各自负责系统中部分用户和服务器的认证。我们称某个特定认证服务器所注册的用户和服务器的全体为一个领域(Realm)。交叉域认证允许一个委托人(Principal)向注册在另外一个域的服务器验明自己的身份。

要支持交叉领域认证,Kerberos必须满足以下三个条件。

(1)Kerberos服务器在数据库中必须拥有所有用户ID和所有参与用户口令哈希后的密钥。所有用户都已经注册到Kerberos服务器。

(2)Kerberos服务器必须与每个服务器共享保密密钥。所有的服务器已经注册到Kerberos服务器。

(3)不同领域的Kerberos服务器之间共享一个保密密钥。这两个Kerberos服务器要互相注册。

一个Kerberos客户(委托人)为了向远程领域验证自己的身份,首先需要从本地认证服务器(AS)获得一张远程领域的票据授予票(Ticket Granting Ticket)。这就要求委托人所在的本地认证服务器同验证人所在的远程领域认证服务器共享一个保密密钥。然后委托人使用该票据授予票据从远程认证服务器交换票据信息。远程认证服务器利用共享的交叉域保密密钥来验证来自外来领域的票据授予票据的有效性。如果有效,向委托人发放新票据和会话密钥。交叉领域之间的认证流程如图 4-6 所示。

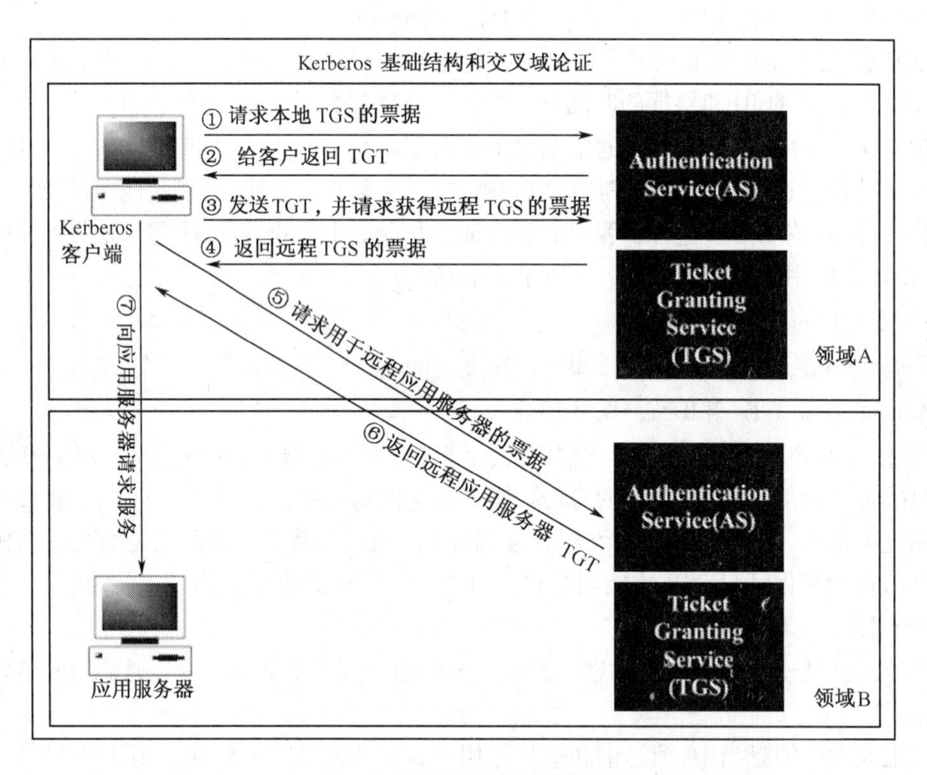

图 4-6 交叉领域认证流程

4.4.3 Kerberos 版本 5

Kerberos V5 在 RFC1510 中定义。下面只对版本 5 所作的改进进行简单描述。版本 5 在两个方面解决了版本 4 的局限性,即环境缺陷和技术缺陷。因为版本 4 在设计之初是在雅典娜项目背景下的。并没有考虑通用环境下的身份认证问题,从而导致了环境缺陷。

1.加密系统的相关性。版本 4 需要使用 DES,DES 的出口管制和 DES 的强度都成了问题所在,在版本 5 中,可以用加密类型标识符进行标记,所以可以使用任何一种加密技术。

2.Internet 协议相关性。版本 4 中只能使用四地址,而版本 5 中网络地址可以使用类型和长度进行标记,允许使用任何类型的网络地址。

3.消息字节顺序。版本 4 中发送字节顺序由发送方自定,版本 5 中所有的消息结构都用抽象语法标记 1 号(Abstract Syntax Notation No1)和基本编码规则(Basic Encoding Rules)进行定义。

4.票据的生命周期。版本 4 中生命周期的数值编码为 8 位数(以 5 分钟为单位),所以其最大生命周期为 $2^8 \times 5 = 1\,280$分钟。这对某些应用来说太短。在版本 5 中,票据包括显式的开始时间和结束时间,允许票据具有任意生命周期。

5.身份验证转发。版本 5 支持多跳(Multi-hop)交叉领域认证,允许密钥的层次共享。也就是说,每个领域同其子女和父母共享一个密钥。例如 qinghuau.edu 领域同 edu 领域共享一把密钥,同时,edu 领域还和 lzu.edu,pku.edu,nwu.edu 等领域共享一把密钥。如果 qinghuau.edu 同 pku.edu 之间没有共享密钥可用,来自 qinghuau.edu 的客户 xyz@qinghuau.edu 要向 pku.edu 域进行身份认证,可以首先通过 qinghuau.edu 领域获得一张来自 edu 领域的票据授予票据,然后利用该票据授予票据从 edu 认证服务器获得 pku.edu 领域的票据授予票据,最终获得注册到 pku.edu 认证服务器的某应用服务器票据。最后的票据内记录了所有经过的中间领域,最末尾的服务器决定是否信任这些领域。

除了环境缺陷外,版本 4 自身还存在一些技术缺陷,如下所示。

(1)双重加密。前面的消息②和消息④中,提供给客户的票据加密了两次,第一次用目标服务器的密钥,第二次用客户机知道的保密密钥。实际上,第二次的加密是浪费计算资源,完全没有必要。

(2)PCBC 加密。版本 4 中的加密利用了非标准的 DES 模式。这种模式已经证明对涉及到密文块互相交换的攻击是薄弱的。版本 5 提供了显式的完整性机制,允许用标准的 CBC 方式进行加密。

(3)会话密钥。每个票据都包括一个会话密钥,客户机用它来加密要发送给票据相关服务的身份验证码,而且,客户机和服务器还可以用会话密钥来保护会话中传送的消息。但是,因为可以重复使用同样的票据来获得特定的服务,所以要冒一定的风险,如对手可能重放发送给客户机和服务器的老会话中的消息。在版本 5 种,客户机和服务器可以协商出一个子会话密钥,只在一次连接中使用,每次客户机的新访问都需要一个新的子会话密钥。

(4)口令攻击。两种版本对密钥攻击来说都很脆弱。AS 对发送给客户机的消息都用密钥进行加密,而该密钥都是以用户共享的口令为基础的。对手可以捕获该消息,然后采用口令穷举法进行攻击。

4.5 X.509 认证服务

认证即证明、确认个体的身份。传统的认证方式多采用面对面的方式,或者以一些如笔迹、习惯动作及面貌等生理特征来辨识对方,而在互联网逐渐深入每个人生活之中的今天,每一位网络用户都可以运用网络来进行各种活动,对于认证的需求也日益增多。

为了在开放网络上实现远程的网络用户身份认证,ITU 于 1988 年制定了认证体系标准:“开放性系统互连 - - 目录服务:认证体系 X.509”。

X.509 作为定义目录业务的 X.500 系列的一个组成部分,是由 ITU—T 建议的,这里所说的目录实际上是维护用户信息数据库的服务器或分布式服务器集合,用户信息包括用户名到网络地址的映射和用户的其他属性。X.509 定义了 X.500 目录向用户提供认证业务的一个框架,目录的作用是存放用户的公钥证书。X.509 还定义了基于公钥证书的认证协议。由于 X.509 中定义的证书结构和认证协议已被广泛应用于 S/MIME、IPSec、SSL/TLS 以及 SET 等诸多应用过程,因此 X.509 已成为一个重要的标准。

X.509 的最初发布日期是 1988 年,1993 年对初稿进行了修订,1995 年发布了第三版。

X.509 的基础是公钥密码体制和数字签名,但其中未特别指明使用哪种密码体制(建议使用 RSA)，也未特别指明数字签名中使用哪种哈希函数。1988 年公布的第一版中描述了一个建议的哈希，但由于其安全性问题而在第二版中去掉了。

在 X.509 中，对于认证推出了“简单认证”及“强认证”两种不同安全度的认证等级，并且描述了公开密钥证书格式、证书管理、证书路径处理、目录数据树结构及密钥产生，并提到如何将认证中心之间交叉认证的证书储存于目录中，以减少证书验证时必须从目录服务中获得的证书信息的量。

X.509 主要内容包括如下几方面。

(1)简单认证(Simple Authentication)程序。在此部分，X.509 建议了安全度较低的身份认证程序，此部分所定义的验证程序使用最常见的口令(Password)认证的技术来识别通信双方。只要用户可以提供正确的口令，就认为他/她是合法用户。该认证体系仅能提供较简单、有限的保护，以防止未授权的存取访问。

(2)强认证(Strong Authentication)程序。该程序提出了一个高安全度的身份认证机制。其验证程序是使用公开密钥密码学的技术来识别通信双方。强认证可分为“单向的”、“双向的”及“三向的”三种认证方式，分别提供不同安全层次的安全认证。对于公开密钥证书的使用有详细的定义，以强化其认证能力。

(3)密钥及证书管理。因为强认证程序中需要公开密钥密码系统的支持来实现其认证目的，这部分内容就是针对密钥以及证明密钥正确性的证书管理。

(4)证书扩充及证书吊销列表扩充(Certificate and CRL Extensions)。由于 1988 年版的 X.509 中对于证书及证书吊销列表的定义并不是很完善，所以在 1995 年，针对这些问题，提出 X.509 修正案，对这两部分作了一些修正与补充，以弥补旧版 X.509 的不足，最终于 1997 年 6 月将这两部分合二为一，为最新版的 X.509 文件。

4.5.1 认证协议—简单认证过程

X.509 所提出的简单认证方式，与一般常见的 UNIX 系统基于口令的认证方式类似。它是根据每位用户所提供的用户名以及一个只有收、发双方知道的用户密码来实现安全程度较低的认证程序的。

X.509 提供的简单认证有下列三种运行方式。

(1)用户将其口令及用户 ID 未做任何加密保护，直接以明文方式传送给接收端。

(2)用户将其个人口令、用户 ID、一个随机数和/或时间戳在经过一单向函数保护后，传送至接收瑞。

(3)用户用上面第(2)种方式所述的方法，先经一次单向函数保护所有数据，然后再连同另一组随机数和/或时间戳，再经过第二次的单向函数保护后，传送至接收端。

简单验证中的认证方式并未以加密的方式保护口令及用户 ID，最多只使用单向函数的保护，非常容易实现，可以提供安全需求较低的封闭区域的认证。以下内容将描述这三种其中，方法一认证程序的执行步骤如图 4-7 所示，详细的执行步骤如下所述。

(1)由用户 A 将其用户代号及口令送至接收端 B。

(2)接收端 B 将 A 送来的口令及用户代号送至目录服务器；目录服务器比对先前 A 储存在此的口令。

(3)目录服务器响应 B 是否接受 A 为合法的用户。

(4)B 回复 A 是否为合法的用户。

这种认证方式的主要缺陷主要在于明文传输用户代号和口令。在第二及三两种认证方式中,发方 A 送至收方 B 的信息内容都经过单向函数运算的杂凑值,将此杂凑值经网络传给对方,密码的明文不会出现在网络上,如图 4-8 所示。

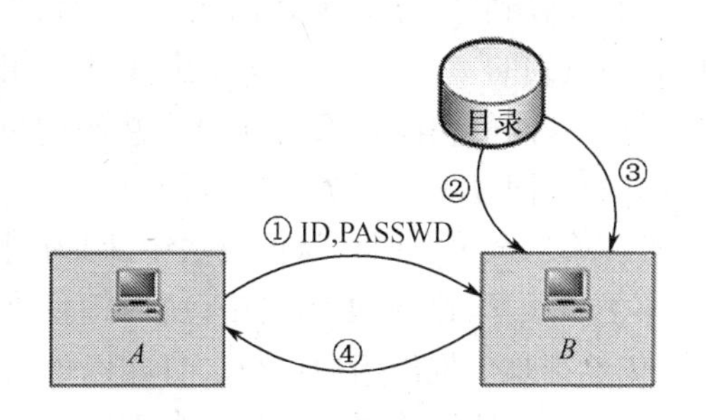

图 4-7　口令及用户代号认证

第二种方法所描述的认证方式如图 4-8 种的"受保护的数据 1"所示的杂凑运算(其中,f_1 及 f_2 为单向函数),可以表示为

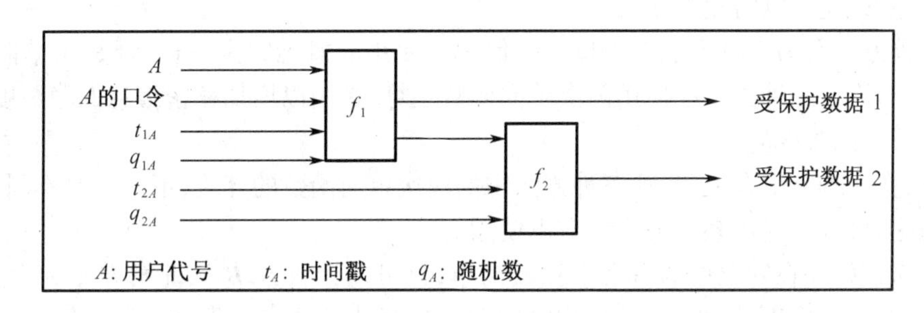

图 4-8　第二种认证方法

受保护数据 1 = $f_1(t_{1A}, q_{1A}, A, A$ 的口令$)$ 发送方 A 所送出的数据 = $(t_{1A}, q_{1A}, A$ 受保护数据 1$)$

此方法将用户的口令以单向函数保护起来,不会在传输时直接暴露在网络上,且包含时间戳、随机数等数据,每次传输的认证信息都不相同,可以降低遭受重放攻击的风险。其实施程序如图 4-9 所示。

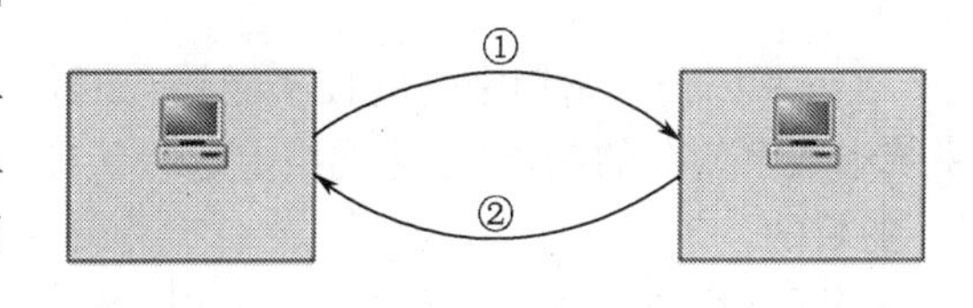

图 4-9　实施步骤

(1)当 A 要获得 B 的认证时,先产生"发送方 A 所送出的数据",然后通过网络传送至收方 B。在 B 收到"发送方 A 所送出的数据"时,根据此组数据可以找出 A 先前存于此的口令,再将收到的 t_{1A}, q_{1A} 执行与 A 相同的动作,即 $f_1(t_{1A}, q_{1A}, A, A$ 的口令$)$,比较其运算的结果是否与"受保护数据 1"一样,若两值相同则承认 A 是合法的用户。

(2)B 回复 A 是否为合法的用户。

对于第三种方法所描述的认证方式而言,其对于密码保护的方式如图 4-17 中的受保护数据 2 所示,用数学式写为

受保护数据 1 = $f_1(t_{1A}, q_{1A}, A, A$ 的口令$)$ 受保护数据 2 = $f_2(t_{2A}, q_{2A},$ 受保护数据 1$)$ 发送方 A 所送出的数据 = $(t_{1A}, q_{1A}, t_{2A}, q_{2A},$ 受保护数据 2$)$

其实施程序如图 4-9 所示,详细描述如下。

(1)当 A 要获得 B 的认证时,先产生"发方 A 所送出的数据"后,通过网络传送至收方

B。在 B 收到“发方 A 所送出的数据”时，根据此组数据可以找出 A 先前存于此的口令，然后利用收到的 t_{1A}、q_{1A}、t_{2A}、q_{2A}，执行与 A 相同的动作，比较其运算结果是否与“受保护数据2”一样，若两值相同则承认 A 是合法的用户。

(2)B 回复 A 是否为合法的用户。

在第二及第三两种认证方法中，因为用户的口令并不直接送到网络上，而是经单向函数 f_1 及 f_2 的运算后，再送到网络，所以即使在网络上被攻击者拦截到，因为有单向函数的保护，仍然很难反推出用户口令。且在以单向函数保护的运算过程中，又加入了时间戳和随机数一起运算，所以攻击者若将信息重发，虽然可以通过验证，但因“时间戳”是记录送方送出的时间，若是与收方收到的时间相差得太多，可以确定是攻击者的重发，欲假冒合法用户，应该予以拒绝，如此可以防止重放攻击。

第二种方法与第三种方法对于口令的保护所使用的概念完全一样，都是用单向函数保护用户口令，而第三种方法中使用两次单向函数运算，是用以增加秘密信息的隐蔽度和增加攻击者破解的困难度的。

另外，在 X.509 中有说明，第三种方法中的两次单向函数的算法，不一定要不同，这并没有强制规定，可以随应用系统的需要自由使用。

简单认证程序在安全性的考虑上比较简单，只可以让收方 B 认证发方 A 为合法用户，无法让发方 A 也可以认证收方 B，达到收发双方相互认证的安全程度。所以简单认证程序比较适合在较封闭的区域内使用。若是在一般的开放性系统中，面对广域网络，“简单认证”在安全的需求上就嫌不足了，应该有更强的认证方式，以保证远程认证的正确性。在 X.509 中定义的“强认证”即可以达到更强的认证目的。

4.5.2 认证协议——强认证程序

X.509 以公开密钥密码的技术能够让通信双方容易共享密钥的特点，并利用公钥密码系统中数字签名的功能，强化网络上远程认证的能力，定义出强认证程序，以达到所谓“强认证”的目的。

当网络用户面对因特网时，若想在网络上做秘密的通信，以传统密码学而言，通信双方必须先共享一把密钥，这种先决条件在目前互联网环境上要实现并不容易。1976 年，由 Diffie 及 Hellman 两位密码学者所提出的公开密钥概念很有效的解决了传统密码学上网络共享密钥的问题，从而让网络上的通信双方可以很容易地实现秘密通信。在此之后，随着 Knapsack、RSA 及 ELGamal 等公开密钥密码系统的提出，更增加了公开密钥系统的实用性，但相对的也衍生出另一问题，就是网络上密钥的确认问题。

试想，在图 4－10 中，当网络用户 Bob 自网络上获得一把宣称是另一用户 A1ice 的公开密钥时，Bob 如何相信这把公开密钥是属于 A1ice 的。在网络环境下，无法真正看到对方，直接拿到对方的公钥，任意一个用户(如图 4－10 的 Cherry)都可能仿冒 A1ice 传送假的公开密钥给 Bob，让 Bob 误以为他所通信的对方就是 A，而实际上 Bob 是与另一不知名的攻击者通信。此种攻击法之所以能够成功，究其原因在于用户的公钥并未与用户的身份紧密相结合。公钥必须让他人可以辨别、验证且无法伪造，同时又与个人的身份相结合，这样才可以有效防止此类攻击的发生。

目前最常使用来防止上述攻击法的机制是所谓的认证中心(Certificate Authority，CA)技术，它是通过为每位网络用户签发电子证书来防止这类攻击的。

此方法如图 4－11 所示，以类似传统大使馆颁发、登记公民签证的方式，由大家所相信的公正第三者或认证机构（CA）以数字签名的技术，将每一个用户的公钥与个人的身份数据签署成电子证书（以下简称证书）。当用户收到他人的证书之后，可以经过一定的验证程序，确定所收到的证书无误，确信此证书内所含的公开密钥、身份数据及其他相关内容确实是证书上声称的主体（Subject）的，而不是其他主体用户的。如此可将用户身份与用户的公钥紧密地结合在一起，让攻击者无法伪冒他人，传送假的公钥欺骗其他网络用户。

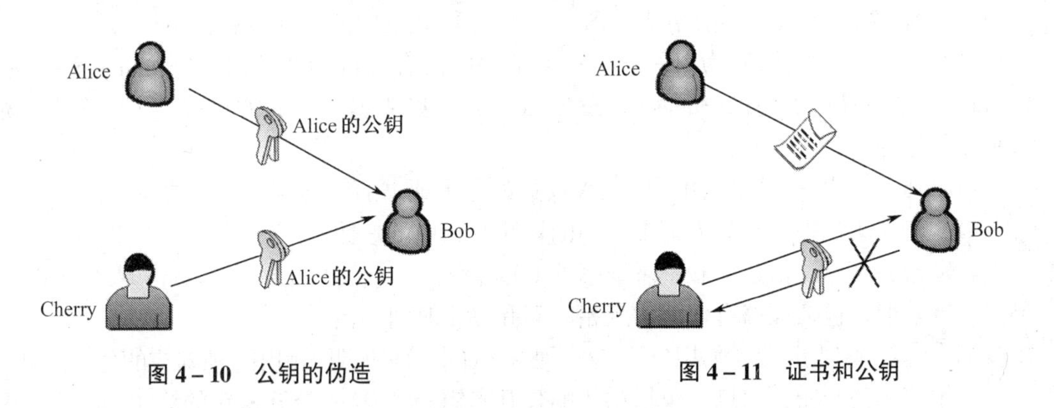

图 4－10　公钥的伪造　　　图 4－11　证书和公钥

这种利用公正的第三者帮我们认证用户公钥的方式，可以将用户必须认证网络上每一个用户公钥的问题，缩减到只需认证用户所信任的公正第三方的公钥正确性的问题，大大增加了公开密钥的实用性。

在 X.509 中提到的证书必须符合下列两个特点。

（1）所有可取得认证中心公钥的用户，可以认证任何由该认证中心签发的证书。

（2）除认证中心本身以外，其他任何人修改证书的动作都会被察觉、检测出来。

由于证书有上述的两个特点，我们可以直接把证书放到证书目录服务中，让用户自由访问存取，不需再使用其他额外的措施保护它，而数字签名的技术恰好合乎上述两种特性。认证中心会以自己的私钥为用户签发证书，而当用户拿到证书之后，可以使用认证中心的公钥验证所获得证书的正确性，从而相信证书中所含的信息是正确的，进而相信证书所含的公钥是正确的。

在 X.509 中，认证中心对一些用户的相关数据，例如用户姓名、用户识别码、公钥的内容、签发者的身份数据以及其他用户的相关数据，以认证中心的密钥，运用数字签名技术生成一个数字签名，之后将用户的有关数据、认证中心的签名算法与数字签名，合成一个电子文件，就是所谓的数字证书。

4.6　数字证书

数字证书就是互联网通信中标志通信各方身份信息的一系列数据，提供了一种在 Internet 上验证身份的方式，其作用类似于司机的驾驶执照或日常生活中的身份证。它是由一个由权威机构——CA 机构，又称为证书授权（Certificate Authority）中心发行的，人们可以在网上用它来识别对方的身份。数字证书是一个经证书授权中心数字签名的包含公开密钥拥有者信息以及公开密钥的文件。最简单的证书包含一个公开密钥、名称以及证书授权中心的数字签名。一般情况下证书中还包括密钥的有 效时间，发证机关（证书授权中心）的名称，该证书的序列号等信息，证书的格式遵循 ITUT X.509 国际标准。

数字证书是各类终端实体和最终用户在网上进行信息交流及商务活动的身份证明，在电子交易的各个环节，交易的各方都需验证对方数字证书的有效性，从而解决相互间的信任问题。

用户的数字证书是 X.509 的核心，证书由某个可信的证书发放机构 CA 建立，并由 CA 或用户自己将其放入公共目录中，以供其他用户访问。目录服务器本身并不负责为用户创建公钥证书，其作用仅仅是为用户访问公钥证书提供方便。

X.509 中，数字证书的一般格式如图 4－12 所示，证书中的数据域有：

(1)版本号。若默认，则为第一版。如果证书中需有发行者唯一识别符(Initiator Unique Identifier)或主体唯一识别符(Subject Unique Identifier)，则版本号为 2，如果有一个或多个扩充项，则版本号为 3。

(2)序列号。为一整数值，由同一 CA 发放的每个证书的序列号是唯一的。

(3)签名算法识别符。签署证书所用的算法及相应的参数。

(4)发行者名称。指建立和签署证书的 CA 名称。

(5)有效期。包括证书有效期的起始时间和终止时间。

(6)主体名称。指证书所属用户的名称，即这一证书用来证明私钥用户所对应的公开密钥。

(7)主体的公开密钥信息。包括主体的公开密钥、使用这一公开密钥的算法的标识符及相应的参数。

(8)发行者唯一识别符。这一数据项是可选的，当发行者(CA)名称被重新用于其他实体时，则用这一识别符来唯一标识发行者。

(9)主体唯一识别符。这一数据项也是可选的，当主体的名称被重新用于其他实体时，

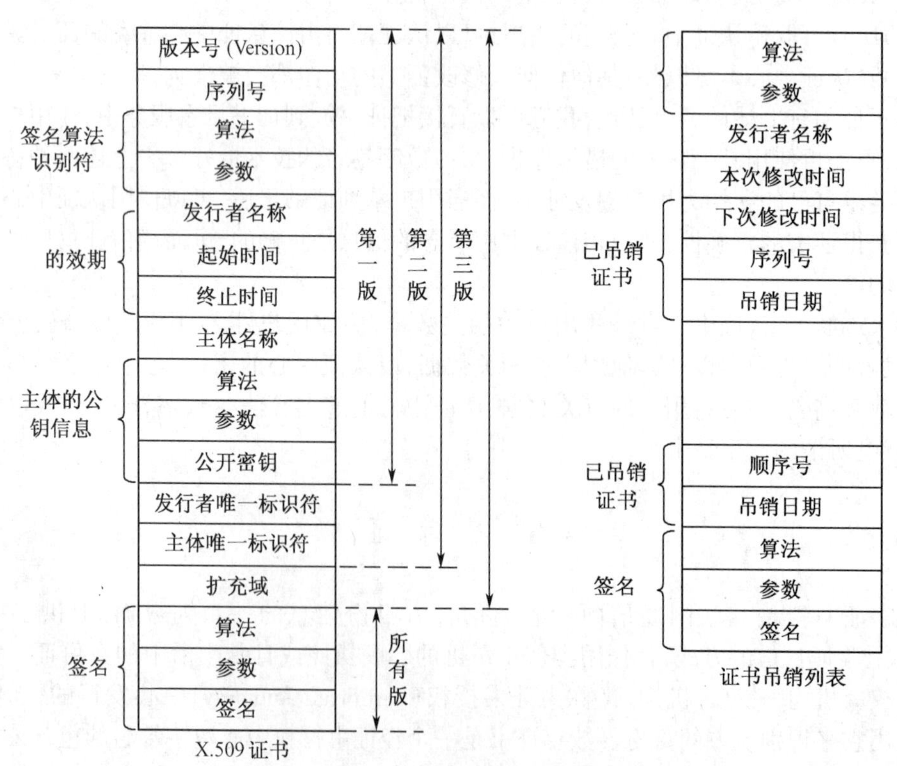

图 4－12　X.509 证书和证书吊销列表格式

则用这一识别符来唯一地识别主体。

(10)扩充域。其中包括一个或多个扩充的数据项,仅在第三版中使用。

(11)签名。CA 用自己的秘密密钥对上述域的哈希值进行数字签名的结果。

4.6.1 证书的获取

CA 为用户产生的证书应有如下两点特性。

(1)其他任一用户只要得到 CA 的公开密钥,就能由此得到 CA 为该用户签署的公开密钥。

(2)除 CA 以外,任何其他人都不能以不被察觉的方式修改证书的内容。

因为证书是不可伪造的,因此无需对存放证书的目录施加特别的保护。

如果所有用户都由同一 CA 为其签署证书,则这一 CA 就必须取得所有用户的信任。用户证书除了能放在目录中供他人访问外,还可以由用户直接把证书发给其他用户。用户 B 得到 A 的证书后,可相信用 A 的公开密钥加密的消息不会被他人获悉,还相信用 A 的秘密密钥签署的消息是不可伪造的。

如果用户数量极多,则仅一个 CA 负责为用户签署证书就有点不现实,通常应有多个 CA,每个 CA 为一部分用户发行、签署证书。

设用户 A 已从证书发放机构 X_1 处获取了公开密钥证书,用户 B 已从 X_2 处获取了证书。如果 A 不知 X_2 的公开密钥,则他虽然能读取 B 的证书,但却无法验证用户 B 证书中 X_2 的签名,因此 B 的证书对 A 来说是没有用处的。然而,如果两个 CA: X_1 和 CA: X_2 彼此间已经安全地交换了公开密钥,则 A 可通过以下过程获取 B 的公开密钥。

(1) A 从目录中获取由 X_1 签署的 X_2 的证书 $X_1《X_2》$,因 A 知道 X_1 的公开密钥,所以能验证 X_2 的证书,并从中得到 X_2 的公开密钥。

(2) A 再从目录中获取由 X_2 签署的 B 的证书 $X_2《B》$,并由 X_2 的公开密钥对此加以验证,然后从中得到 B 的公开密钥。

以上过程中,A 是通过一个证书链来获取 B 的公开密钥的,证书链可表示为

$$X_1《X_2》X_2《B》$$

类似地,B 能通过相反的证书链获取 A 的公开密钥,表示为

$$X_2《X_1》X_1《A》$$

以上证书链中只涉及两个证书,同样有 N 个证书的证书链可表示为

$$X_1《X_2》X_2《X_3》\cdots X_N《B》$$

此时,任意两个相邻的 CAX_i 和 X_{i+1} 已彼此间为对方建立了证书,对每一 CA 来说,由其他 CA 为这一 CA 建立的所有证书都应存放于目录中,并使用户知道所有证书相互之间的连接关系,从而可获取另一用户的公钥证书。X.509 建议将所有 CA 以层次结构组织起来,如图 4-13所示。用户 A 可从目录中得到相应的证书以建立到 B 的以下证书链

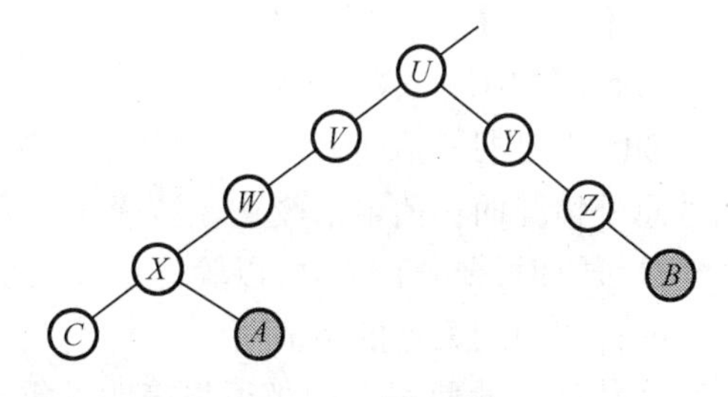

图 4-13 X.509 证书层次结构

$$X《W》W《V》V《U》U《Y》Y《Z》Z《B》$$

并通过该证书链获取 B 的公开密钥。

类似地，B 可建立以下证书链以获取 A 的公开密钥

$$Z《Y》Y《U》U《V》V《W》W《X》X《A》$$

4.6.2 证书的验证

证书的验证，是验证一个证书的有效性、完整性、可用性的过程。证书验证主要包括以下几方面的内容。

(1)验证证书签名是否正确有效，这需要知道签发证书的 CA 的真正公钥，有时可能要涉及证书路径的处理。

(2)验证证书的完整性，即验证 CA 签名的证书散列值与单独计算出的散列值是否一致。

(3)验证证书是否在有效期内。

(4)查看证书撤销列表，验证证书没有被撤销。

(5)验证证书的使用方式与任何声明的策略和使用限制一致。

下面看一下一个数字证书的验证过程。

1.拆封数字证书

数字证书是用颁发者的私钥签字的，证书拆封就是使用颁发者的公钥解密签字的过程。该过程一方面可以验证该证书是否是声明的可信的证书机构签发的，从而证明该证书的真实性和可信性；另一方面，正确拆封证书后，可以获得证书持有者的公钥。

2.证书链的认证

验证证书的有效性，需要用到签发者的公钥。签发该证书者的公钥可以通过一些可靠的渠道获得，也可由上一级 CA 颁发给该签发者的 CA 证书中获取。如果是由上一级的 CA 签发的 CA 证书中获取，则又要验证上一级 CA 的证书，如此就形成了一条证书链，直到最上层的根节点结束。这条路径中任何一个 CA 的证书无效，比如超过其生存期，则整个验证过程失败。所谓证书链的认证，就是要通过证书链追溯到可信赖的 CA 的根。

3.序列号验证

序列号的验证是指检查实体证书中签名实体序列号是否与签发者的证书的序列号一致。其操作过程是从实体证书中取得 Authority Key identifier 扩展项 Cert Serial Number 字段的值，然后从签发者的 CA 证书中获取 Certificate Serial Number 字段的值，两者的值应该相同。

4.有效期验证

验证证书的 Validity Period 字段的值，看证书是否在规定的有效期限之内，否则使用该证将是不安全的。

5.查询 CRL

CRL 为证书撤销列表，一个实体证书除了超过有效期而废止外，也可能由于私钥泄露等其他意外情况而提前申请废止。被废止的证书以证书撤销列表的方式公布。用户在验证一个实体证书时，要查询 CRL，以验证该证书是否已被废止。

6.证书使用策略的验证

实体证书的使用方式必须与声明的策略一致，实体证书中的 Certificate Policy 字段的值应该是 CA 所承认的证书使用策略。

证书的验证过程由 CA 来完成，对用户是透明的。

4.6.3 证书的吊销

从证书的格式上我们可以看到，每一证书都有一个有效期，然而有些证书还未到截止日期就会被发放该证书的 CA 吊销，这可能是由于用户的秘密密钥已被泄漏，或者该用户不再由该 CA 来认证，或者 CA 为该用户签署证书的秘密密钥已经泄露。为此，每一 CA 还必须维护一个证书吊销列表 CRL(Certificate Revocation List)，如图 4－12 所示，其中存放所有未到期而被提前吊销的证书，包括该 CA 发放给用户和发放给其他 CA 的证书。CRL 还必须由该 CA 签字，然后存放于目录中以供他人查询。

CRL 中的数据域包括发行者 CA 的名称、建立 CRL 的日期、计划公布下一 CRL 的日期以及每一被吊销的证书数据域。被吊销的证书数据域包括该证书的序列号和被吊销的日期。对一个 CA 来说，它发放的每一证书的序列号是唯一的，所以可用序列号来识别每一证书。

所以每一用户收到他人消息中的证书时，都必须通过目录检查这一证书是否已被吊销，为避免搜索目录引起的延迟以及因此而增加的费用，用户自己也可维护一个有效证书和被吊销证书的局部缓冲区。

4.7 实例——个人数字证书的安装及应用

一份经过签名的文件如有改动，就会导致数字签名的验证过程失败，这样就保证了文件的完整性。因此以数字证书为核心的加密传输、数字签名、数字信封等安全技术，使得在 Internet 上可以实现数据的真实性、完整性、保密性及交易的不可抵赖性。

1.数字证书的申请

连接到 testca.netca.net。由于证书的申请会在加密方式下进行，而网证通 NETCA 是没有经过验证的 CA，系统会自动弹出安全警报，点击“是”继续下一步，点查看证书可看到对方证书的详细信息，如图 4－14 和图 4－15 所示。

确认后进入网证通电子认证系统的主界面，如图 4－16 所示。

点击“证书申请”后进入证书申请主界面，如图 4－17 所示。

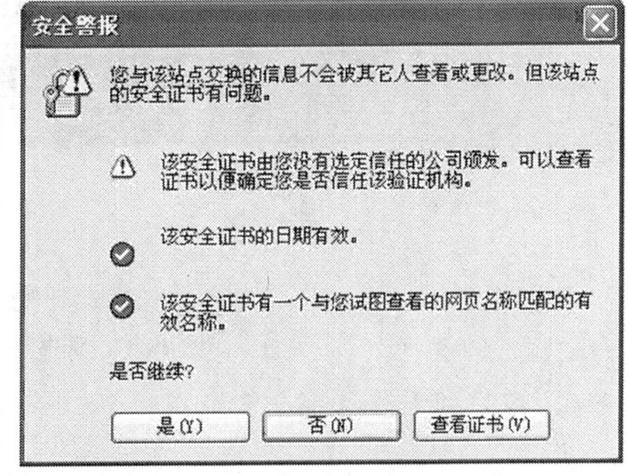

图 4－14 安全警报

点击“试用型个人数字证书申请”，由于是初次安装，按照提示，选择“安装证书链”，如图 4－18 所示。

由于该网站没有经过安全确认(未安装根证书)，在弹出的对话框中确定(选“是”)以继续下一步，如图 4－19 所示。

确定图 4－20 就可完成根证书的安装，该站点就被确认为信息的机构 CA 了。

系统还要求输入证件号码、出生年月、地址等个人附加资料，以上这些资料与其客服有关，可以不用填写，如图 4－21 所示。

资料填写完后会显示《北京网证通科技有限公司(试用型)电子认证服务协议》，点击“继续”后同意以上协议，如图 4－22 所示。

2. 安装个人证书

在以上步骤中，证书已经申请完毕，并且已经取得一个“证书业务受理号”，如图 4－23 所示。通过这个号码和之前设定的密码就可以下载到相应的数字证书，如图 4－24。

输入正确，系统会再次显示你填写的个人信息，如图 4－25。

在安装证书前，系统会再次弹出对话框，确认证书的合法性，如图 4－26 所示。

在以上对话框中作最后的确定，就可以看到系统提示证书安装成功，如图 4－27 所示。

3. 验证证书的安装

证书安装完毕，需要进一步验证安装的正确性。在开始菜单中—运行“mmc”进入控制台，如图 4－28 所示。

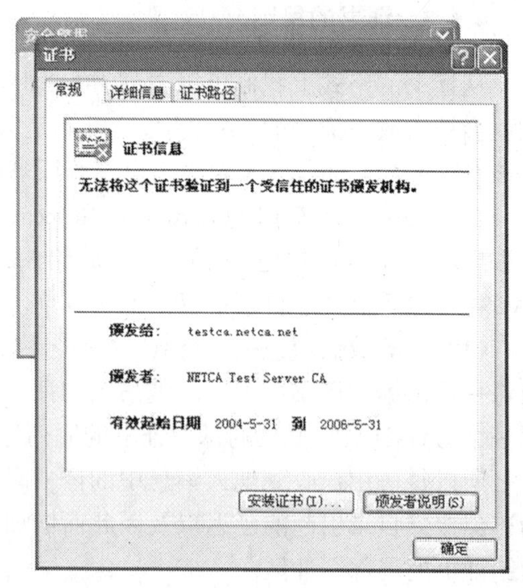

证书
常规
详细信息
证书路径
证书信息
无法将这个证书验证到一个受信任的证书颁发机构。
颁发给: testca.netca.net
颁发者: NETCA Test Server CA
有效起始日期 2004-5-31 到 2006-5-31
安装证书(I)...
颁发者说明(S)
确定

图 4－15　查看证书

网证通 NETCA
网证通NETCA电子认证系统
www.cnca.net
证书申请
证书安装
证书管理

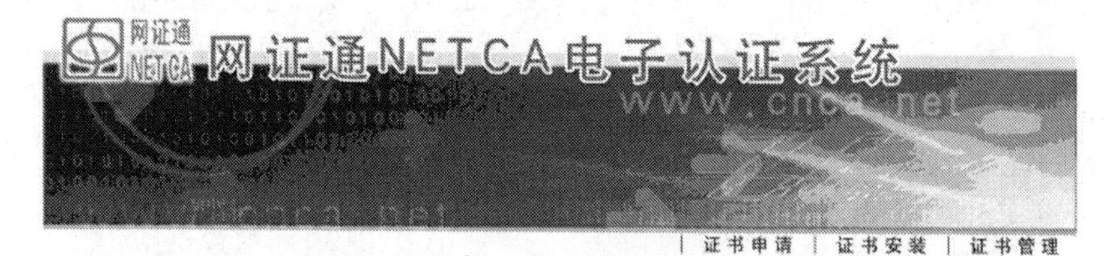

图 4－16　网证通电子认证系统的主界面

网证通 NETCA
网证通NETCA电子认证系统
www.cnca.net
证书申请
试用型个人数字证书申请
试用型代码签名数字证书申请
试用型服务器数字证书申请

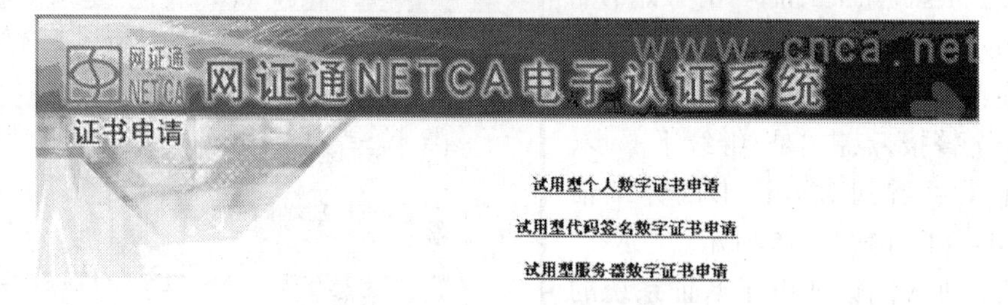

图 4－17　证书申请主界面

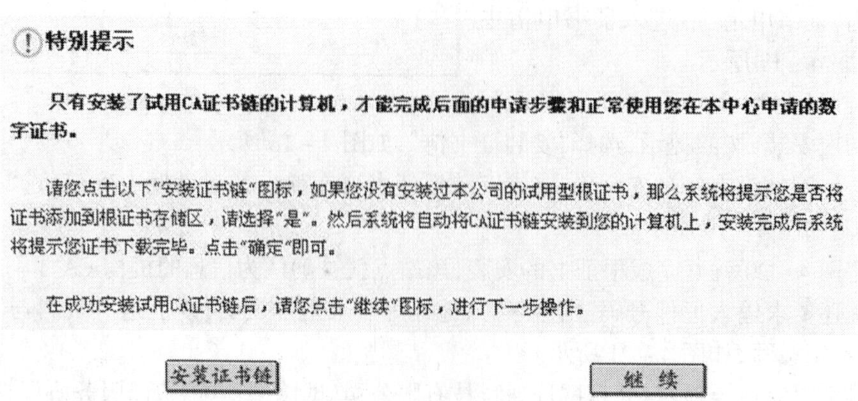

特别提示
只有安装了试用CA证书链的计算机，才能完成后面的申请步骤和正常使用您在本中心申请的数字证书。
请您点击以下“安装证书链”图标，如果您没有安装过本公司的试用型根证书，那么系统将提示您是否将证书添加到根证书存储区，请选择“是”。然后系统将自动将CA证书链安装到您的计算机上，安装完成后系统将提示您证书下载完毕。点击“确定”即可。
在成功安装试用CA证书链后，请您点击“继续”图标，进行下一步操作。
安装证书链
继 续

图 4－18　选择“安装证书链”

潜在的脚本冲突

此网站正在将一个或多个证书添加到此计算机上。允许不信任的网站更新您的证书有安全风险。此网站可能会安装您不信任的证书，这可能会允许您不信任的程序在此计算机上运行并获取对您的数据的访问。

您想让此程序现在添加证书吗？如果您信任此网站，请单击“是”。否则，请单击“否”。

是(Y) 否(N)

图 4－19　确认对话框

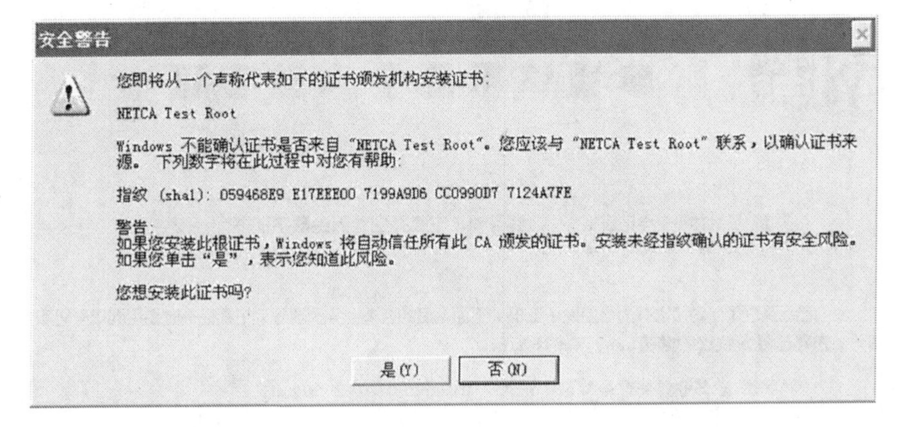

图 4－20　安全警告

申请试用型个人数字证书

1、填写并提交申请表格	2、下载并安装您的数字证书

您的基本信息

请输入以下各栏信息，不可填写特殊字符。所有的信息都需要正确填写，否则将无法完成下面的申请步骤。

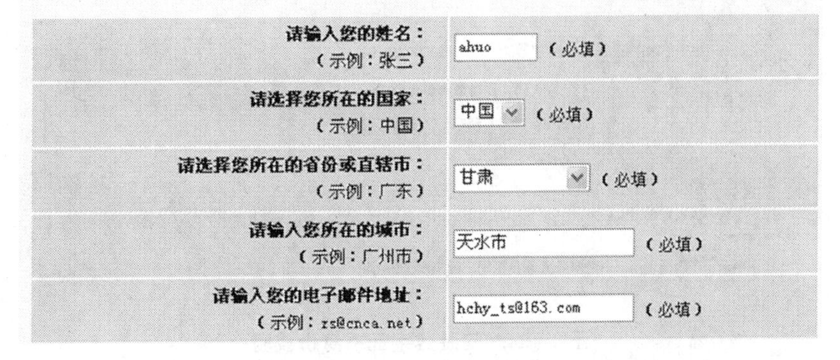

图 4－21　填写基本信息

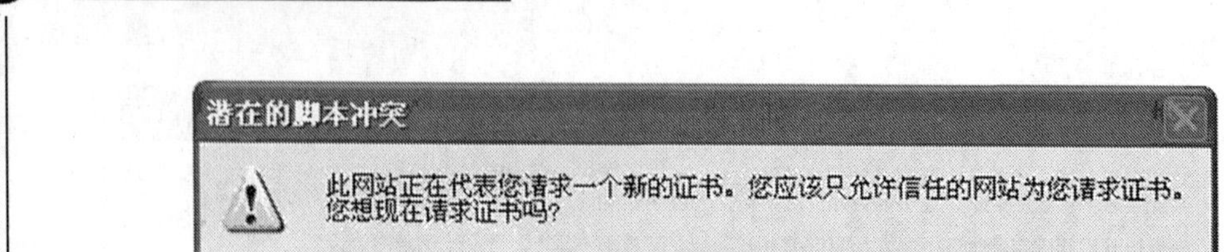

图 4－22　确认对话框

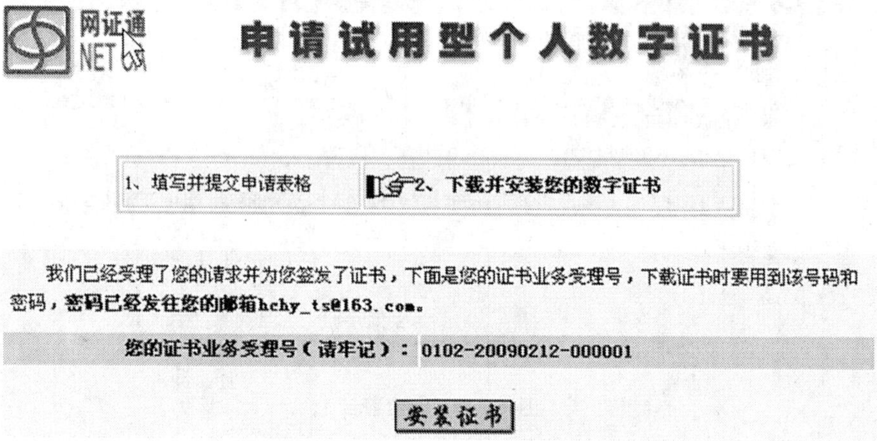

申请试用型个人数字证书

1、填写并提交申请表格	2、下载并安装您的数字证书

我们已经受理了您的请求并为您签发了证书，下面是您的证书业务受理号，下载证书时要用到该号码和密码，**密码已经发往您的邮箱hchy_ts@163.com。**

您的证书业务受理号（请牢记）：	0102-20090212-000001

安装证书

图 4－23　数字证书申请成功

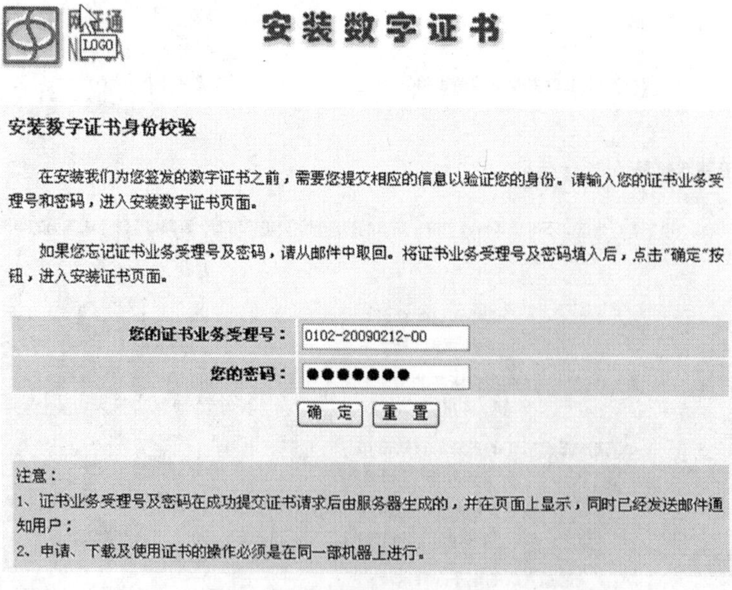

安装数字证书

安装数字证书身份校验

在安装我们为您签发的数字证书之前，需要您提交相应的信息以验证您的身份。请输入您的证书业务受理号和密码，进入安装数字证书页面。

如果您忘记证书业务受理号及密码，请从邮件中取回。将证书业务受理号及密码填入后，点击"确定"按钮，进入安装证书页面。

您的证书业务受理号：	0102-20090212-00
您的密码：	●●●●●●●

确 定　重 置

注意：
1、证书业务受理号及密码在成功提交证书请求后由服务器生成的，并在页面上显示，同时已经发送邮件通知用户；
2、申请、下载及使用证书的操作必须是在同一部机器上进行。

图 4－24　安装数字证书身份校验

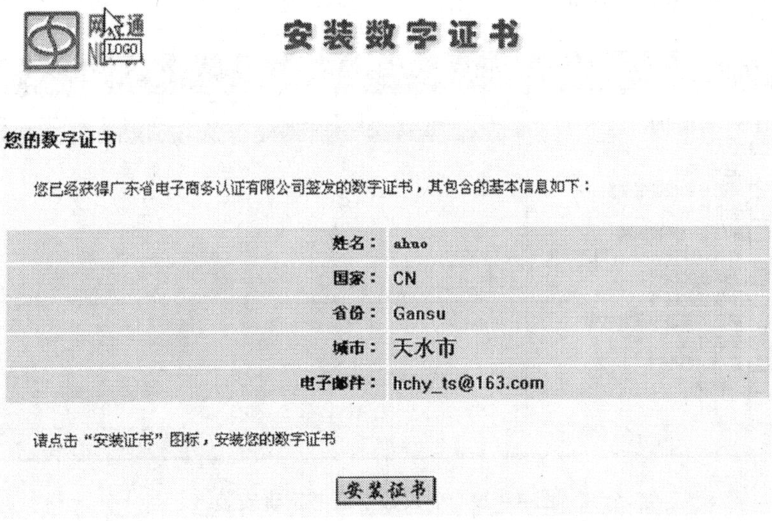

网证通 NETCA LOGO　安装数字证书

您的数字证书

您已经获得广东省电子商务认证有限公司签发的数字证书，其包含的基本信息如下：

姓名：	ahuo
国家：	CN
省份：	Gansu
城市：	天水市
电子邮件：	hchy_ts@163.com

请点击"安装证书"图标，安装您的数字证书

安装证书

图 4-25　数字证书信息

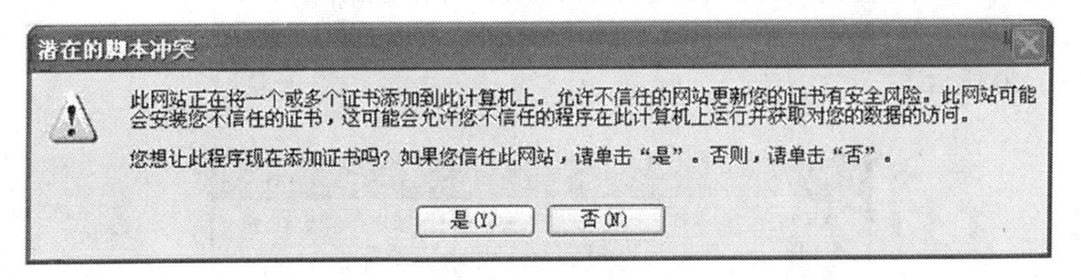

图 4-26　确认对话框

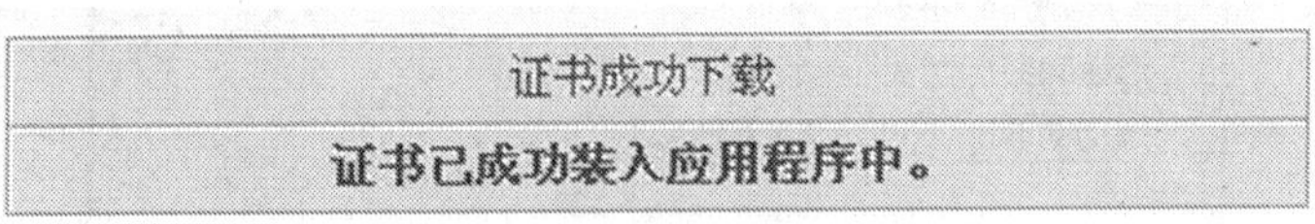

证书成功下载

证书已成功装入应用程序中。

图 4-27　证书下载成功

在控制台中，选择"添加/删除管理单元"后，添加"证书"管理单元。如果安装正确，在"个人"≫"证书"一项中就可以看到颁发者为"NETCA Test Individual CA"的个人数字证书，如图 4-29 所示。

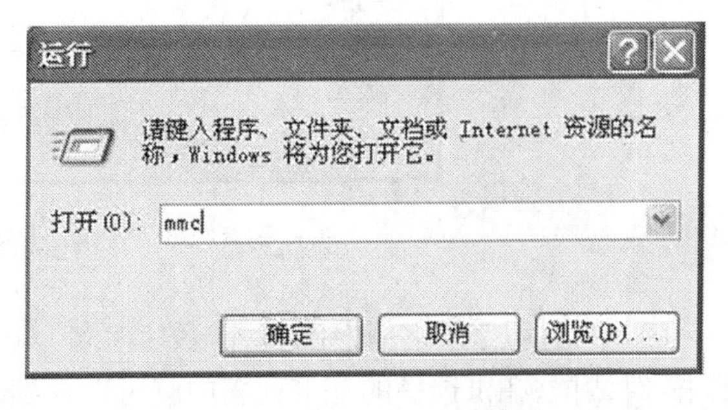

图 4-28　运行"mmc"

4.文档签名

有很多重要的数据报表，因为要交给领导看，加密码和设置权限都不太合适，但又怕被其他人改动，有没有办法能够使报表在送到领导手上的时候保证其原始性和完整性？这一小节我们利用自己申请的数

字证书来保证 word 文档的完整性。

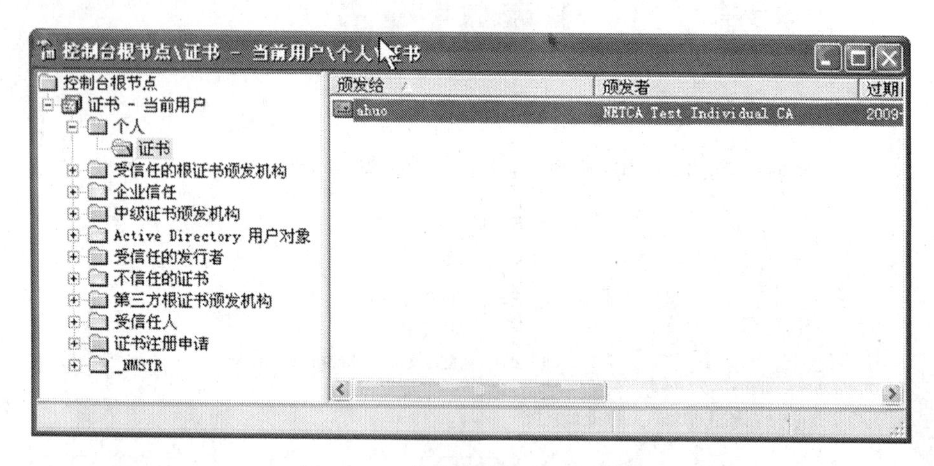

图 4－29　个人数字证书正确安装

(1)打开需要保护的用户文档,这些文档可以是 Word 文档、Excel 文档或 PPT 文档。本文以保护 Word 文档为例,其他两种类型文档的保护操作与此相同。

(2)单击"工具"菜单中的"选项"命令,在弹出的"选项"对话框中单击"安全性"选项卡,如图 4－30 所示。

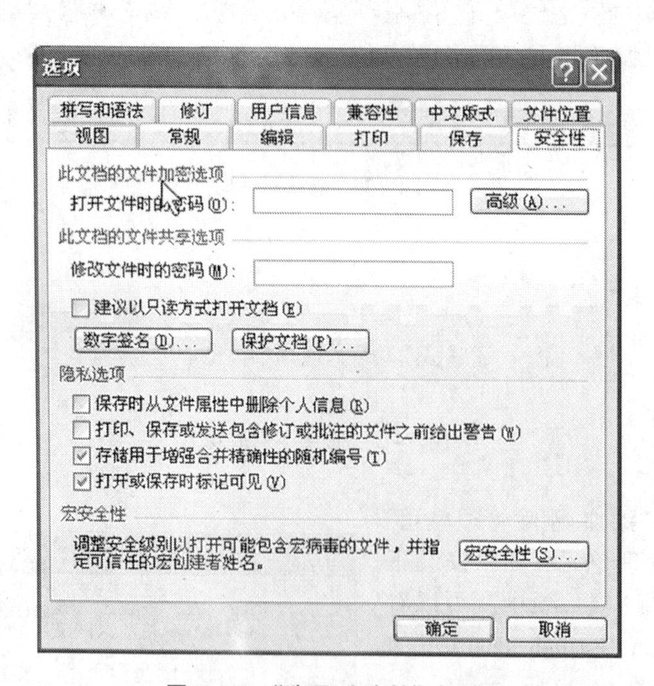

图 4－30　"选项/安全性"对话框

(3)单击[数字签名]按钮,打开"数字签名"对话框。单击[添加]按钮,此时会弹出"选择证书"对话框,在供选择的证书列表中就可以看到我们刚才创建的数字证书了。如图 4－31 所示。选好后,依次单击[确定]按钮退出"选项"对话框。

(4)添加完"数字证书"后,无需对文档进行保存操作即可将其关闭,当我们再次打开该文档时,在窗口的标题中我们就可以看到"已签名,未验证"的提示信息了如图4-32所示,这表明刚才添加的"数字证书"已经生效了。

(5)对于已添加数字证书的文档,只要打开后对其进行改动过(包括创建和添加该证书的本人),在保存该文档时,系统会弹出如图4-33所示的警告提示,如果确认了保存操作,则下次打开该文档时,标题栏中的"已签名,未验证"的提示信息就会消失了。如果选择"否",该数字证书仍然有效,但同时对文档的修改操作就无法保存到文档中去了。根据以上情形,我们就可以判断文档在传递过程中的原始性和完整性了,从而有效地保护了我们的文档,大大地提高了文档的安全性。

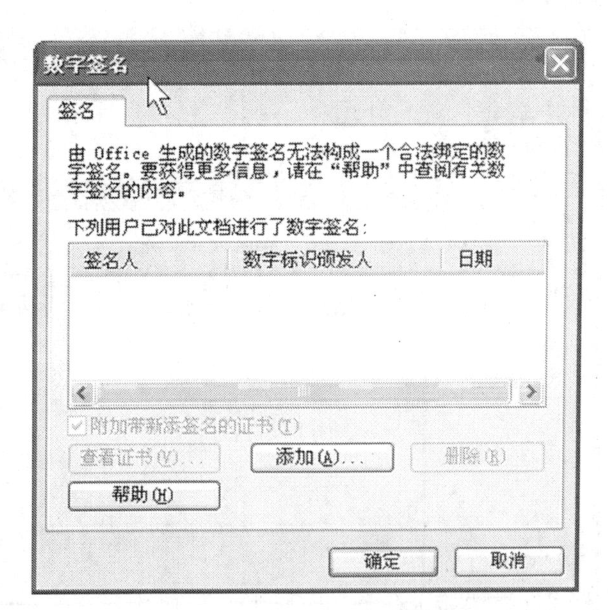

图4-31 "选择证书"对话框

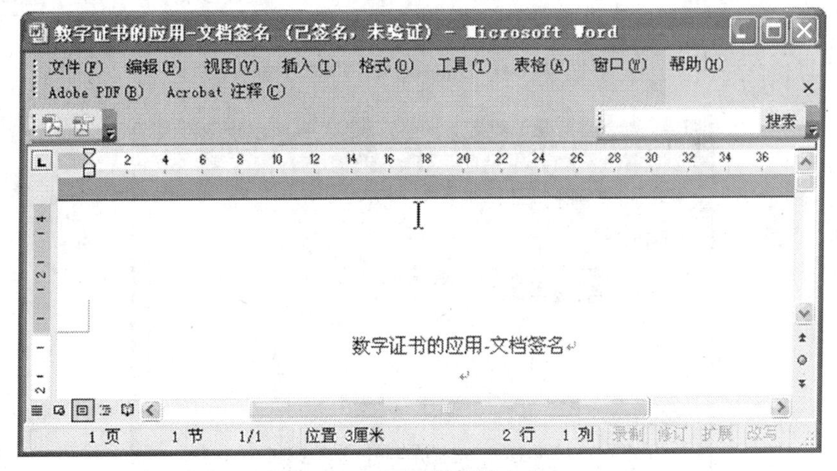

图4-32 签名后的文档

4.应用证书到邮件客户端

证书安装完成要把邮件集成到电子邮件客户端软件 Outlook Express 6中。打开 Outlook Express 6,点击菜单栏"工具"→"帐户"弹出"Internet 账户"对话框,如图4-34所示。

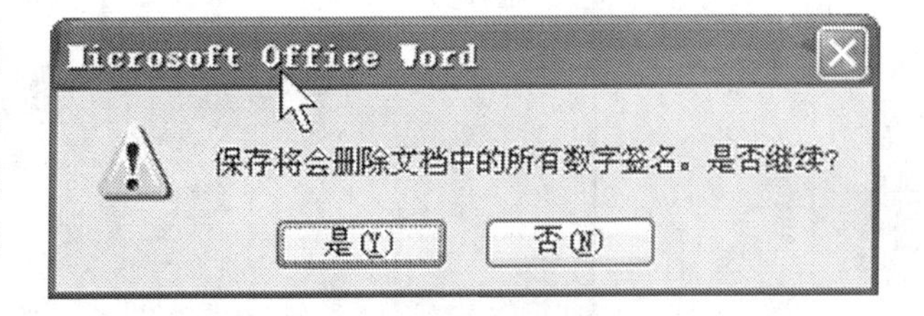

图4-33 警告对话框

选中当前的账户(上图中 Hotmail)点击属性,进入对此属性的详细配置,如图4-35所示。

面板中有"常规"、"服务器"、"连接"、"安全"四个选项,选中"安全",可以看到有"证书"

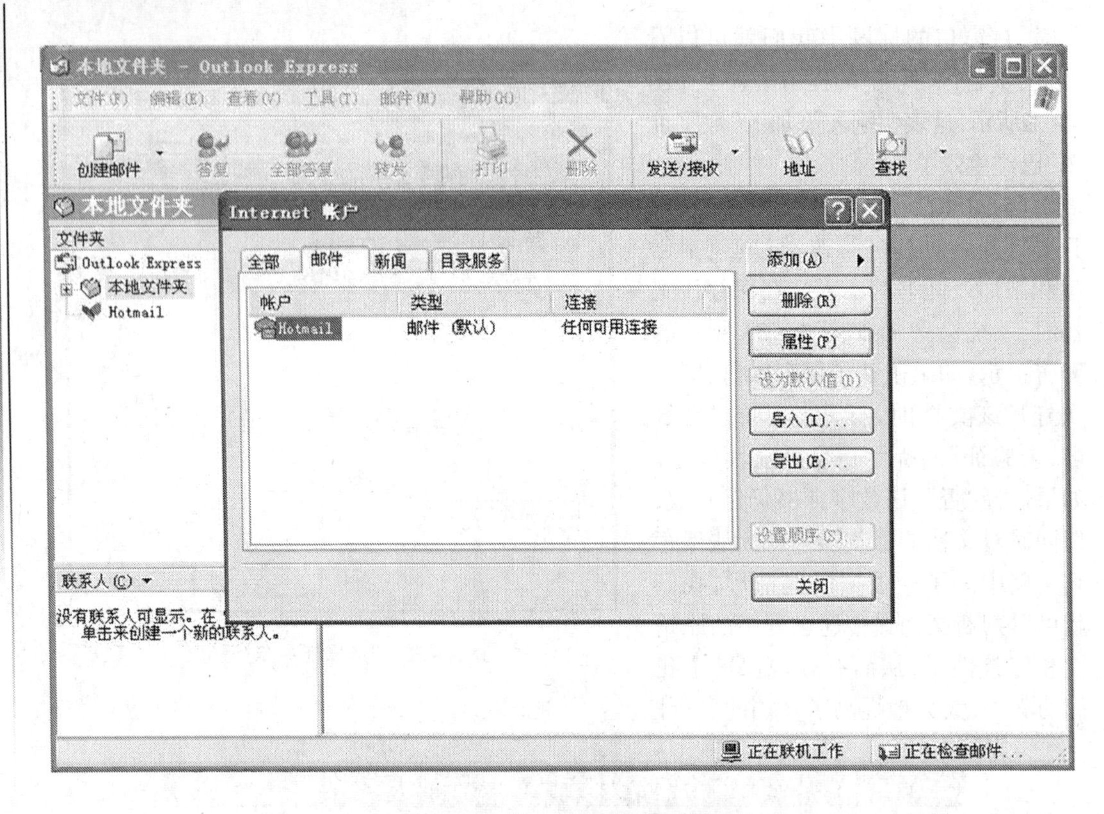

图 4-34 “Internet 账户”对话框

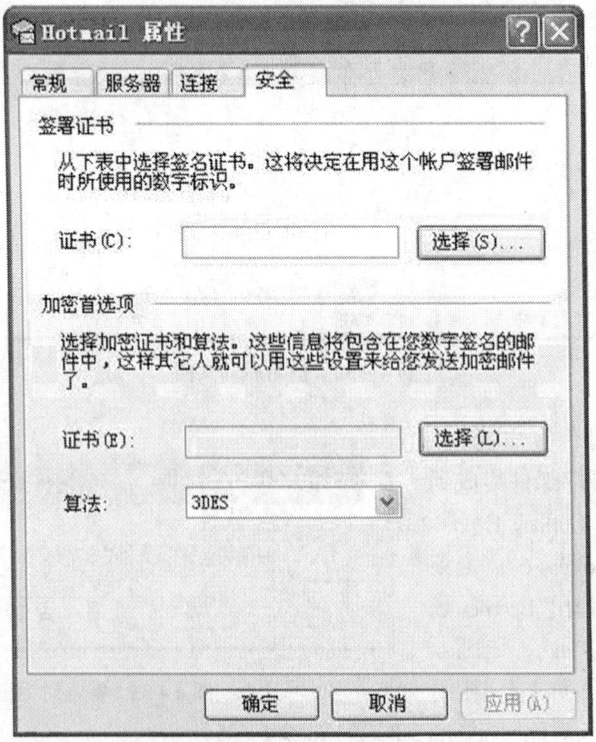

Hotmail 属性
常规 服务器 连接 安全
签署证书
从下表中选择签名证书。这将决定在用这个帐户签署邮件时所使用的数字标识。
证书(C): 选择(S)...
加密首选项
选择加密证书和算法。这些信息将包含在您数字签名的邮件中，这样其它人就可以用这些设置来给您发送加密邮件了。
证书(E): 选择(L)...
算法: 3DES
确定 取消 应用(A)

图 4-35 Hotmail 属性详细配置

一栏，点击右边的选择，如图4－36所示。

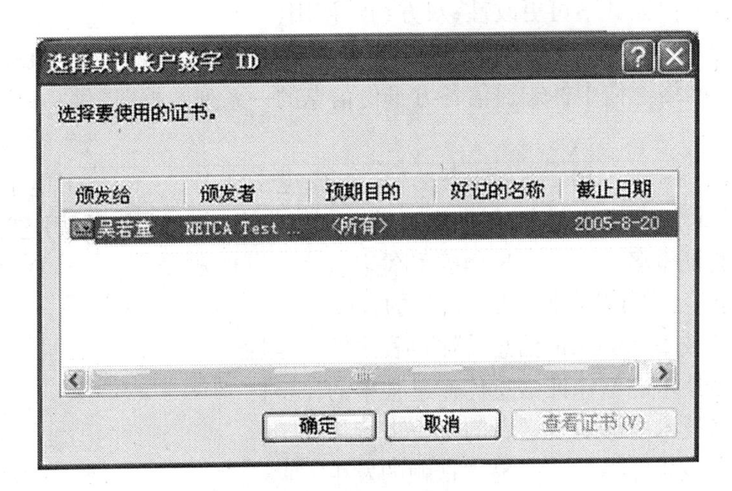

图4－36 选择使用的证书

此时可以看到刚刚安装完成的 NETCA TEST 证书，确定后证书会集成到邮件的账户中。

【本章小结】

数字签名提供了一种其他方式难以实现的安全功能，它是公开密钥体系的加密技术发展的一个重要的成果。对数字签名的鉴别技术也就是身份认证。数字签名的基本特性是能够用来证实签名的作者和时间，并能够对消息的内容进行鉴别。数字签名能防止伪造和抵赖，具有法律效力，必须能被第三方所验证。产生数字签名的算法必须相对简单且易于实现和保存，而对数字签名的识别、证实和鉴别(即身份认证)也必须相对简单，易于实现。数字签名和身份认证可以有多种实现方式，一般的方式是基于仲裁的签名和身份认证方式。

【练习题】

一、填空题

1. 网络安全涉及两个重要的问题，其一是________问题，防止攻击者破译系统中的机密信息；其二是________问题，确保数据的真实性，防止篡改、冒充等主动攻击。

2. 相互鉴别协议用于通信各方相互之间进行身份认证，同时交换会话密钥。这个鉴别过程的重点是________。

3. Kerberos 是为 TCP/IP 网络设计的可信第三方认证协议，网络上的 Kerberos 服务器起着________的作用。Kerberos 可提供安全的网络鉴别，允许个人访问网络中不同的机器。Kerberos 基于________密码学。

4. 电子商务中的数字签名通常利用公开密钥加密方法实现，其中发送者签名使用的密钥为发送者的________。

二、选择题

1. CA 属于 ISO 安全体系结构中定义的(　　)。

A. 认证交换机制　　B. 通信业务填充机制　　C. 路由控制机制　　D. 公证机制

2.数字签名为保证其不可更改性,双方约定使用(　　)。

A. HASH 算法　　B. RSA 算法　　C. CAP 算法　　D. ACR 算法

3.(　　)是网络通信中标志通信各方身份信息的一系列数据,提供一种在 Internet 上验证身份的方式。

A.数字认证　　B.数字证书　　C.电子证书　　D.电子认证

4.数字证书采用公钥体制中,每个用户设定一把公钥,由本人公开,用它进行(　　)。

A.加密和验证签名　　B.解密和签名　　C.加密　　D.解密

5.关于数字签名下面哪种说法是错误的?(　　)

A.数字签名技术能够保证信息传输过程中的安全性

B.数字签名技术能够保证信息传输过程中的完整性

C.数字签名技术能够对发送者的身份进行认证

D.数字签名技术能够防止交易中抵赖的发生

6.在以下认证方式中,最常用的认证方式是(　　)。

A.基于账户名/口令认证　　B.基于摘要算法认证

C.基于 PKI 认证　　D.基于数据库认证

三、简答题

1. Kerberos 认证过程的第一个消息如果被篡改,可能造成什么样的安全攻击?

2.试述数字签名过程。

3.在使用时间戳机制的相互认证过程中,需要各方的时钟同步,否则容易遭受重放攻击。假定采用对称密钥加密的方式,试分析在下面两种情况下容易遭受怎样的重放攻击。

(1)通信的一方 A 的时钟比 KDC 的时钟快。

(2)通信的一方 A 的时钟比另一方 B 的时钟快。

4.说明 Kerberos5 服务中一次完整认证过程。

第5章　访问控制技术

【案例导入】

除非有充分的理由,迈克永远不会在未设置许可的情况下共享文件。这都是从一个月前那个差点儿毁掉医院声誉的事故开始的。

迈克是一个大医院计算机数据中心的系统管理员,他的小组负责维护网络。这个数据中心保存着有关每个入院病人的高度机密的信息,该中心还保存着医院员工的详细资料。对这些数据的访问是被严格控制的,至少迈克是这么认为的。约翰是医院里一个年轻的实习生,他发现某个心脏病人——亚伯拉罕·利文斯敦的症状有一定的出入。他是一个富有的企业家,在医院进行心脏搭桥手术,可他看起来要比报告中描述的情况健康,但是医院仍然在给利文斯敦服用他的身体情况不能承受的药性很强的药。约翰请医院负责人注意这件事,负责人立即命令暗中进行调查。调查结果揭示了一个令人震惊的事实——数据已经被窜改。调查进一步表明,这可能是由于缺乏管理网络的正确安全策略引起的。这些数据虽然是机密的,但是所有的医生都可以访问,最糟糕的是,所有医生都对数据具有可写入权限。在这个案例中,任何可以访问这样数据的人都可能危及病人的生命。

为了防止不需要的或未授权的入侵,就需要在系统和网络中实现访问控制。几乎所有的操作系统都提供了控制访问共享资源的机制。决定了需要保护的资源以后,有许多方法可以达到访问控制的目的。

【学习目标】

1.了解访问控制的基本概念
2.理解自主访问控制模型的工作原理
3.理解强制访问控制模型的工作原理
4.掌握 RBAC 访问控制模型的工作原理
5.了解下一代访问控制模型 UCON
6.掌握访问控制的实现机制
7.掌握 Windows 系统中文件与文件夹权限设置

5.1　访问控制概述

访问控制(Access Control)就是在身份认证的基础上,依据授权对提出的资源访问请求加以控制。访问控制是网络安全防范和保护的主要策略,它可以限制对关键资源的访问,防止非法用户的侵入或合法用户的不慎操作所造成的破坏。

通常情况下,访问控制系统主要包括主体、客体、安全访问策略。

(1)客体(Object)

即被访问的对象。所有系统内的活动都可看作对客体的一系列操作。通常可将客体形象化为一个文件，其实任何存有数据的东西都是客体，包括内存、目录、队列、进程间报文、网络分组交换设备和物理介质。

(2)主体(Subject)

能访问或使用客体的活动实体称作主体。作进一步抽象的话，用户就是主体。但在系统内，主体通常被认为是代表用户进行操作的(作为用户代理)的进程、作业或任务。按观察者的不同角度，网络分组交换设备既可当作主体，也可当作客体。在安全系统中，所有主体都必须有唯一的不可伪造的ID。代理用户操作的主体继承了用户的唯一ID。与主体一样，客体也有唯一的ID。

因此我们说，访问控制是一套规则，用以确定一个主体是否对客体拥有访问能力。包括以下三个任务。

(1)授权。确定可给予哪些主体存取主体的权力。

(2)确定访问权限(一个诸如读、写、执行、删除、添加等存取方式的组合)，访问是使信息在主体和对象间流动的一种交互方式。

(3)实施存取权限

访问控制根据主体和客体之间的访问授权关系，对访问过程做出限制。从数学角度来看，访问控制本质上是一个矩阵，行表示资源，列表示用户，行和列的交叉点表示某个用户对某个资源的访问权限(读、写、执行、修改、删除等)。在计算机系统中，"访问控制"这一术语仅适用于系统内的主体和客体，而不适用于外界对系统的存取。控制外界对系统的存取的技术是用户鉴别和标识。网络系统内的存取控制不仅要考虑外界用户和远程系统，还要考虑系统内的主体，例如用户的入网访问控制。用户的入网控制可分为三个步骤，即用户名的识别与验证、用户口令的识别与验证、用户账号的缺省限制检查。用户账号应只有系统管理员才能建立。口令控制应该包括最小口令长度、强制修改口令的时间间隔、口令的唯一性、口令过期失效后允许入网的宽限次数等。网络应能控制用户登录入网的站点(地址)、限制用户入网的时间、限制用户入网的工作站数量。当用户对交费网络的访问"资费"用尽时，网络还应能对用户的账号加以限制，用户此时应无法进入网络访问网络资源。网络信息系统应对所有用户的访问进行审计。

访问控制主要有网络访问控制和系统访问控制。网络访问控制限制外部对网络服务的访问和系统内部用户对外部的访问，通常由防火墙实现。系统访问控制为不同用户赋予不同的主机资源访问权限，操作系统提供一定的功能实现系统访问控制，如Unix的文件系统。网络访问控制的属性有源IP地址、源端口、目的IP地址、目的端口等。系统访问控制(以文件系统为例)的属性有用户、组、资源(文件)、权限等。

操作系统的用户范围很广，拥有的权限也不同。一般分为如下几类。

(1)系统管理员

这类用户就是系统管理员，具有最高级别的特权，可以对系统任何资源进行访问并具有任何类型的访问操作能力。负责创建用户、创建组、管理文件系统等所有的系统日常操作，并可授权修改系统安全员的安全属性。

(2)系统安全员

管理系统的安全机制，按照给定的安全策略，设置并修改用户和访问客体的安全属性，选择与安全相关的审计规则。安全员不能修改自己的安全属性。

(3)系统审计员

负责管理与安全有关的审计任务。这类用户按照制定的安全审计策略负责整个系统范围的安全控制与资源使用情况的审计,包括记录审计日志和对违规事件的处理。

(4)一般用户

这是最大一类用户,也就是系统的一般用户。他们的访问操作要受一定的限例。系统管理员对这类用户分配不同的访问操作权力。

对访问控制一般的实现方法可以采用访问控制矩阵模型。访问控制机制可以用一个三元组(S,O,A)表示。其中,S 为主体集合,O 为客体集合,A 为属性集合。对于任意一个 $s \in S, o \in O$ 那么相应地存在一个 $a \in A$,而 a 就决定了 s 对 o 可进行什么样的访问操作。

访问控制决定了谁能够访问系统,能访问系统的何种资源以及如何使用这些资源。适当的访问控制能够阻止未经允许的用户有意或无意地获取数据。访问控制的手段包括用户识别代码、口令、登录控制、资源授权(如用户配置文件、资源配置文件和控制列表)、授权核查、日志和审计。

可信计算机系统评估准则(TCSEC)提出了访问控制在计算机安全系统中的重要作用。准则要达到的一个主要目标就是阻止非授权用户对敏感信息的访问。访问控制在准则中被分为两类,即自主访问控制(DAC,Discretionary Access Control)和强制访问控制(MAC,Mandatory Access Control)。该标准将计算机系统的安全程度从高到低划分为 A1,B3,B2,B1,C2,C1,D 七个等级,每一等级对访问控制都提出了不同的要求。如 C 级要求至少具有自主型的访问控制;B 级以上要求具有强制型的访问控制手段。我国也于 1999 年颁布了计算机信息系统安全保护等级划分准则这一国家标准。

最近几年,基于角色的访问控制(RBAC,Role - Based Access Control)正得到广泛的研究与应用,目前已提出的主要 RBAC 模型有美国国家标准与技术局 NIST 的 RBAC 模型。

5.2 访问控制模型

5.2.1 自主访问控制模型

自主访问的含义是有访问许可的主体能够直接或间接地向其他主体转让访问权。自主访问控制是在确认主体身份以及(或)它们所属的组的基础上,控制主体的活动,实施用户权限管理、访问属性(读、写、执行)管理等,是一种最为普遍的访问控制手段。自主访问控制的主体可以按自己的意愿决定哪些用户可以访问他们的资源,亦即主体有自主的决定权,一个主体可以有选择地与其他主体共享他的资源。

自主访问控制又称为任意访问控制。Linux,Unix、Windows NT 或是 SERVER 版本的操作系统都提供自主访问控制的功能。在实现上,首先要对用户的身份进行鉴别,然后就可以按照访问控制列表所赋予用户的权限,允许和限制用户使用客体的资源。主体控制权限的修改通常由特权用户(管理员)或是特权用户组实现。

任意访问控制对用户提供的这种灵活的数据访问方式,使得 DAC 广泛应用在商业和工业环境中。由于用户可以任意传递权限,那么,没有访问文件(File1)权限的用户 A 就能够从有访问权限的用户 B 那里得到访问权限或是直接获得文件。可见,DAC 模型提供的安全防护还是相对比较低的,不能给系统提供充分的数据保护。

自主访问控制模型的特点是授权的实施主体(可以授权的主体、管理授权的客体、授权组)自主负责赋予和回收其他主体对客体资源的访问权限。DAC 模型一般采用访问控制矩阵和访问控制列表来存放不同主体的访问控制信息,从而达到对主体访问权限的限制目的。

5.2.2 强制访问控制

强制访问控制模型(Mandatory Access Control Model,MAC Model)最初是为了实现比 DAC 更为严格的访问控制策略,美国政府和军方开发了各种各样的控制模型,这些方案或模型都有比较完善的和详尽的定义。随后,逐渐形成强制访问的模型,并得到广泛的商业关注和应用。在 DAC 访问控制中,用户和客体资源都被赋予一定的安全级别,用户不能改变自身和客体的安全级别,只有管理员才能够确定用户和组的访问权限。和 DAC 模型不同的是,MAC 是一种多级访问控制策略,它的主要特点是系统对访问主体和受控对象实行强制访问控制,系统事先给访问主体和受控对象分配不同的安全级别属性,在实施访问控制时,系统先对访问主体和受控对象的安全级别属性进行比较,再决定访问主体能否访问该受控对象。

可见,强制访问控制(MAC)是"强加"给访问主体的,即系统强制主体服从访问控制政策。强制访问控制的主要特征是对所有主体及其所控制的客体(如进程、文件、段、设备)实施强制访问控制。为这些主体及客体指定敏感标记,这些标记是等级分类和非等级类别的组合,它们是实施强制访问控制的依据。系统通过比较主体和客体的敏感标记来决定一个主体是否能够访问某个客体。用户的程序不能改变他自己及任何其他客体的敏感标记,从而系统可以防止特洛伊木马的攻击。

强制访问控制一般与自主访问控制结合使用,并且实施一些附加的、更强的访问限制。一个主体只有通过了自主与强制性访问限制检查后,才能访问某个客体。用户可以利用自主访问控制来防范其他用户对自己客体的攻击,由于用户不能直接改变强制访问控制属性,所以强制访问控制提供了一个不可逾越的、更强的安全保护层,以防止其他用户偶然或故意地滥用自主访问控制。

强制访问策略将每个用户及文件赋予一个访问级别,如最高秘密级(Top Secret)、秘密级(Secret)、机密级(Confidential)及无级别级(Unclassified),其级别为 T > S > C > U,系统根据主体和客体的敏感标记来决定访问模式。主体对客体的访问模式包括如下几种。

(1)向下度(Read Down,RD)。主体安全级别高于客体信息资源的安全级别时允许查阅的读操作。

(2)向上读(Read Up,RU)。主体安全级别低于客体信息资源的安全级别时允许的读操作。

(3)向下写(Write Down,WD)。主体安全级别高于客体信息资源的安全级别时允许执行的动作或是写操作。

(4)向上写(Write Up,WU)。主体安全级别低于客体信息资源的安全级别时允许执行的动作或是写操作。

由于 MAC 通过分级的安全标签实现了信息的单向流通,因此它一直被军方采用,其中最著名的是 Bell-LaPadula 模型和 Biba 模型。Bell－LaPadula 模型具有只允许向下读、向上写的特点,可以有效地防止机密信息向下级泄露;Biba 模型则具有不允许向下读、向上写的特点,可以有效地保护数据的完整性。

依据 Bell－LaPdula 安全模型所制定的原则是利用不上读/不下写来保证数据的保密性。如图 5－1 所示。既不允许低信任级别的用户读高敏感度的信息,也不允许高敏感度的

信息写入低敏感度区域,禁止信息从高级别流向低级别。强制访问控制通过这种梯度安全标签实现信息的单向流通。

图 5-1　Bell-LaPdula 安全模型

依据 Biba 安全模型所制定的原则是利用不下读/不上写来保证数据的完整性。如图 5-2所示。在实际应用中,完整性保护主要是为了避免应用程序修改某些重要的系统程序或系统数据库。

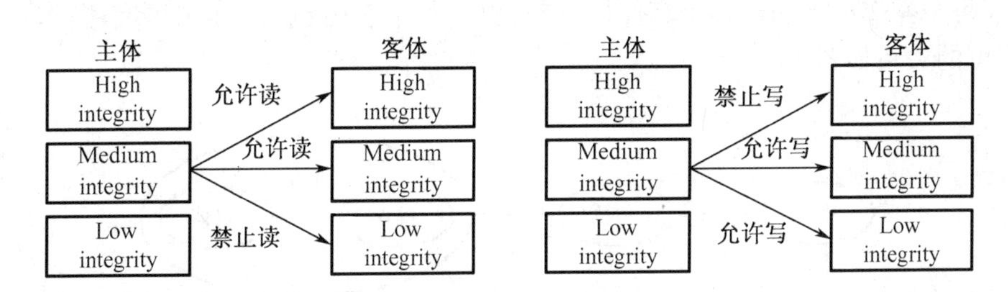

图 5-2　Biba 安全模型

强制访问控制对专用的或简单的系统是有效的,但对通用、大型系统并不那么有效。一般强制访问控制采用以下几种方法。

(1)限制访问控制

一个特洛伊木马的攻击者可以攻破任何形式的自主访问控制,由于自主控制方式允许用户程序来修改他拥有文件的存取控制表,因而为非法者带来可乘之机。MAC 可以不提供这一方便,在这类系统中,用户要修改存取控制表的唯一途径是请求一个特权系统调用。该调用的功能是依据用户终端输入的信息,而不是靠另一个程序提供的信息来修改存取控制信息。

(2)过程控制

在通常的计算机系统中,只要系统允许用户自己编程,就没办法杜绝特洛伊木马。但可以对其过程采取某些措施,这种方法称为过程控制。如警告用户不要运行系统目录以外的任何程序,提醒用户注意如果偶然调用一个其他目录的文件时,不要做任何动作等。需要说明的一点是,这些限制取决于用户本身执行与否。

(3)系统限制

要对系统的功能实施一些限制。如限制共享文件,但共享文件是计算机系统的优点,所以是不可能加以完全限制的。再者就是限制用户编程,不过这种做法只适用于某些专用系统。在大型的通用系统中,编程能力是不可能去除的。

5.2.3　基于角色的访问控制

MAC 访问控制模型和 DAC 访问控制模型属于传统的访问控制模型,对这两种模型研究的也比较充分。在实现上,MAC 和 DAC 通常为每个用户赋予对客体的访问权限规则集,考虑到管理的方便,在这一过程中还经常将具有相同职能的用户聚为组,然后再为每个组分配许可权。用户自主地能把自己所拥有的客体的访问权限授予其他用户的这种做法,其优点是显而易见的,但是如果企业的组织结构或是系统的安全需求出于变化的过程时,那么就需要进行大量繁琐的授权变动,系统管理员的工作将变得非常繁重,更主要的是容易发生错误造成一些意想不到的安全漏洞。考虑到上述因素,引入新的机制加以解决,即基于角色的访问控制。

1.RBAC 的基本思想

基于角色访问控制的要素包括用户、角色、许可等基本定义。

在 RBAC 中,用户就是一个可以独立访问计算机系统中的数据或者用数据表示的其他资源的主体。角色是指一个组织或任务中的工作或者位置,它代表了一种权利、资格和责任。许可(特权)就是允许对一个或多个客体执行的操作。一个用户可经授权而拥有多个角色,一个角色可由多个用户构成,每个角色可拥有多种许可,每个许可也可授权给多个不同的角色。每个操作可施加于多个客体(受控对象),每个客体也可以接受多个操作。用户的角色、许可的关系如图 5-3 所示。

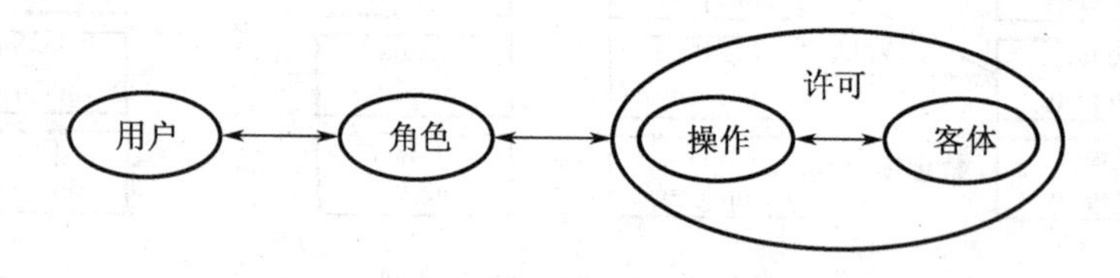

图 5-3　用户、角色和许可的关系

用户表(USERS)包括用户标识、用户姓名、用户登录密码。用户表是系统中的个体用户集,随用户的添加与删除动态变化。

角色表(ROLES)包括角色标识、角色名称、角色基数、角色可用标识。角色表是系统角色集,由系统管理员定义角色。

客体表(OBJECTS)包括对象标识、对象名称。客体表是系统中所有受控对象的集合。

操作算子表(OPERATIONS)包括操作标识、操作算子名称。系统中所有受控对象的操作算子构成操作算子表。

许可表(PERMISSIONS)包括许可标识、许可名称、受控对象、操作标识。许可表给出了受控对象与操作算子的对应关系。

角色/许可授权表包括角色标识、许可标识。系统管理员通过为角色分配或取消许可管理角色/许可授权表。

RBAC 的基本思想:授权给用户的访问权限,通常由用户在一个组织中担当的角色来确定。RBAC 中许可被授权给角色,角色被授权给用户,用户不直接与许可关联。RBAC 对访问权限的授权由管理员统一管理,RBAC 根据用户在组织内所处的角色作出访问授权与控制,授权规定是强加给用户的,用户不能自主地将访问权限传给他人,这是一种非自主型集中式访问控制方式。如在医院里,医生这个角色可以开处方,但他无权将开处方的权力传给护士。

在 RBAC 中,用户标识对于身份认证以及审计记录是十分有用的,但真正决定访问权限的是用户对应的角色标识。用户能够对一客体执行访问操作的必要条件是，该用户被授权了一定的角色，其中有一个在当前时刻处于活跃状态，而且这个角色对客体拥有相应的访问权限，即 RBAC 以角色作为访问控制的主体，用户以什么样的角色对资源进行访问，决定了用户可执行何种操作。

2.角色继承

为了提高效率，避免相同权限的重复设置，RBAC 采用了“角色继承”的概念。定义了这样的一些角色，它们有自己的属性，但可能还继承其他角色的许可。角色继承把角色组织起来，能够很自然地反映组织内部人员之间的职权、责任关系。角色继承可以用祖先关系来表示。如图 5－4 所示，角色 2 是角色 1 的“父亲”，它包含角色 1 的许可。在角色继承关系图中，处于最上面的角色拥有最大的访问权限，越下端的角色拥有的权限越小。

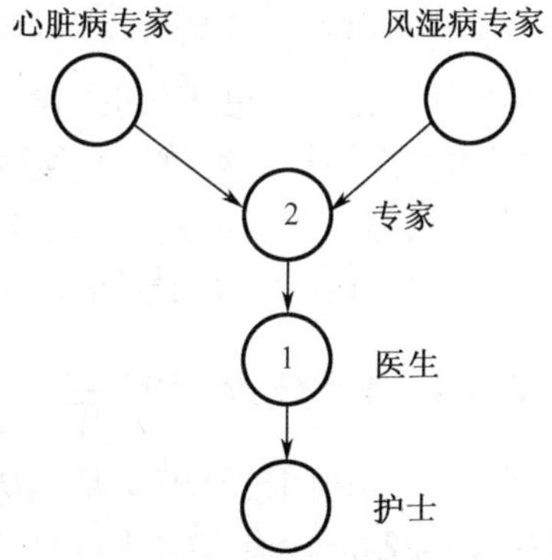

图 5－4　角色继承的实例

角色层次表包括上一级角色标识、下一级角色标识。上一级角色能够继承下一级角色的许可。

3.角色分配与授权

用户/角色分配表包括用户标识、角色标识。系统管理员通过为用户分配角色、取消用户的某个角色等操作管理用户/角色分配表。

用户/角色授权表包括用户标识、角色标识、可用性。我们称一个角色 r 授权给一个用户 u 要么是角色 r 分配给用户 u 要么是角色 r 通过一个分配给用户 u 的角色继承而来。用户 u 角色授权表记录了用户通过用户 r 角色分配表以及角色继承而取得的所有角色。可用性为真时，用户才真正可以使用该角色赋予的许可。

4.角色限制

角色限制包括角色互斥与角色基数限制。

对于某些特定的操作集，某一个用户不可能同时独立地完成所有这些操作。角色互斥可以有静态和动态两种实现方式。静态角色互斥：只有当一个角色与用户所属的其他角色彼此不互斥时，这个角色才能授权给该用户。动态角色互斥：只有当一个角色与一主体的任何一个当前活跃角色都不互斥时，该角色才能成为该主体的另一个活跃角色。

静态互斥角色表包括角色标识 1、角色标识 2。系统管理员为用户添加角色时参考。

动态互斥角色表包括角色标识 1、角色标识 2。在用户创建会话选择活跃角色集时参考。

角色基数限制是指在创建角色时，要指定角色的基数。在一个特定的时间段内，有一些角色只能由一定人数的用户占用。

5.角色激活

用户是一个静态的概念，会话则是一个动态的概念。一次会话是用户的一个活跃进程，它代表用户与系统交互。用户与会话是一对多关系，一个用户可同时打开多个会话。一个会话构成一个用户到多个角色的映射，即会话激活了用户授权角色集的某个子集，这个子集称为活跃角色集。活跃角色集决定了本次会话的许可集。

会话表包括会话标识、用户标识。

会话的活跃角色表包括会话标识、角色标识。

RBAC中引进了角色的概念，用角色表示访问主体具有的职权和责任，灵活地表达和实现了企业的安全策略，使系统权限管理可在企业的组织视图这个较高的抽象集上进行，从而简化了权限设置的管理，从这个角度看，RBAC很好地解决了企业管理信息系统中用户数量多、变动频繁的问题。

相比较而言，RBAC是实施面向企业的安全策略的一种有效的访问控制方式，它具有灵活性、方便性和安全性的特点，目前在大型数据库系统的权限管理中得到普遍应用。角色由系统管理员定义，角色成员的增减也只能由系统管理员来执行，即只有系统管理员有权定义和分配角色。用户与客体无直接联系，用户只有通过角色才享有该角色所对应的权限，从而访问相应的客体。因此用户不能自主地将访问权限授给别的用户，这是RBAC与DAC的根本区别所在。RBAC与MAC的区别在于MAC是基于多级安全需求的，而RBAC则不是。

5.2.4 基于任务的访问控制模型(TBAC Model)

上述几个访问控制模型都是从系统的角度出发去保护资源(控制环境是静态的)，在进行权限的控制时没有考虑执行时的上下文环境。数据库、网络和分布式计算的发展，组织任务进一步自动化，与服务相关的信息进一步计算机化，这促使人们将安全问题方面的注意力从独立的计算机系统中静态的主体和客体保护，转移到随着任务的执行而进行动态授权的保护上。此外，上述访问控制模型不能记录主体对客体权限的使用，权限没有时间限制，只要主体拥有对客体的访问权限，主体就可以无数次地执行该权限。考虑到上述原因，引入工作流的概念加以阐述。工作流是为完成某一目标而由多个相关的任务(活动)构成的业务流程。工作流所关注的问题是处理过程的自动化，对人和其他资源进行协调管理，从而完成某项工作。当数据在工作流中流动时，执行操作的用户在改变，用户的权限也在改变，这与数据处理的上下文环境相关。传统的DAC和MAC访问控制技术，则无法予以实现，上述的RBAC模型，也需要频繁地更换角色，且不适合工作流程的运转。这就迫使人们必须考虑新的模型机制，也就是基于任务的访问控制模型。

基于任务的访问控制模型(Task - based Access Control Model，TBAC)是从应用和企业层角度来解决安全问题，以面向任务的观点，从任务(活动)的角度来建立安全模型和实现安全机制，在任务处理的过程中提供动态和实时的安全管理。

在TBAC中，对象的访问权限控制并不是静止不变的，而是随着执行任务的上下文环境发生变化。TBAC首要考虑的是在工作流的环境中对信息的保护问题，即在工作流环境中，数据的处理与上一次的处理相关联，相应的访问控制也如此，因而TBAC是一种上下文相关的访问控制模型。其次，TBAC不仅能对不同工作流实行不同的访问控制策略，而且还能对同一工作流的不同任务实例实行不同的访问控制策略。从这个意义上说，TBAC是基于任务的，这也表明，TBAC是一种基于实例(Instance-based)的访问控制模型。

TBAC模型由工作流、授权结构体、受托人集、许可集4部分组成。

任务(Task)是工作流程中的一个逻辑单元，是一个可区分的动作，与多个用户相关，也可能包括几个子任务。授权结构体是任务在计算机中进行控制的一个实例。任务中的子任务，对应于授权结构体中的授权步。

授权结构体(Authorization Unit)是由一个或多个授权步组成的结构体，它们在逻辑上是联系在一起的。授权结构体分为一般授权结构体和原子授权结构体。一般授权结构体内的授权步依次执行，原子授权结构体内部的每个授权步紧密联系，其中任何一个授权步失败都会导致整个结构体的失败。

授权步(Authorization Step)表示一个原始授权处理步,是指在一个工作流程中对处理对象的一次处理过程。授权步是访问控制所能控制的最小单元,由受托人集(Trustee Set)和多个许可集(Permissions Set)组成。

受托人集是可被授予执行授权步的用户的集合,许可集则是受托集的成员被授予授权步时拥有的访问许可。当授权步初始化以后,一个来自受托人集中的成员将被授予授权步,称这个受托人为授权步的执行委托者,该受托人执行授权步过程中所需许可的集合称为执行者许可集。授权步之间或授权结构体之间的相互关系称为依赖(Dependency),依赖反映了基于任务的访问控制的原则。授权步的状态变化一般自我管理,依据执行的条件而自动变迁状态,但有时也可以由管理员进行调配。

一个工作流的业务流程由多个任务构成。而一个任务对应于一个授权结构体,每个授权结构体由特定的授权步组成。授权结构体之间以及授权步之间通过依赖关系联系在一起。在 TBAC 中,一个授权步的处理可以决定后续授权步对处理对象的操作许可,上述许可集合称为激活许可集。执行者许可集和激活许可集一起称为授权步的保护态。

TBAC 模型一般用 5 元组(S,O,P,L,AS)来表示,其中 S 表示主体,O 表示客体,P 表示许可,L 表示生命期,AS 表示授权步。由于任务都是有时效性的,所以在基于任务的访问控制中,用户对于所授权限的使用也是有时效性的。因此,若 P 是授权步 AS 所激活的权限,那么 L 则是授权步 AS 的存活期限。在授权步 AS 被激活之前,它的保护态是无效的,其中包含的许可也不可使用。当授权步 AS 被触发时,它的委托执行者开始拥有执行者许可集中的权限,同时它的生命期开始倒记时。在生命期期间,5 元组有效;生命期终止时,5 元组无效,委托执行者将所拥有的权限回收。

TBAC 的访问政策及其内部组件关系一般由系统管理员直接配置。通过授权步的动态权限管理,TBAC 支持最小特权原则和最小泄漏原则,在执行任务时只给用户分配所需的权限,未执行任务或任务终止后用户不再拥有所分配的权限;而且在执行任务过程中,当某一权限不再使用时,授权步自动将该权限回收;另外,对于敏感的任务需要不同的用户执行,这可通过授权步之间的分权依赖实现。

TBAC 从工作流中的任务角度建模,可以依据任务和任务状态的不同,对权限进行动态管理。因此,TBAC 非常适合分布式计算和多点访问控制的信息处理控制以及在工作流、分布式处理和事务管理系统中的决策制定。

5.2.5 基于对象的访问控制模型

基于对象的访问控制(Object-based Access Control Model, OBAC):DAC 或 MAC 模型的主要任务都是对系统中的访问主体和受控对象进行一维的权限管理,当用户数量多、处理的信息数据量巨大时,用户权限的管理任务将变得十分繁重,并且用户权限难以维护,这就降低了系统的安全性和可靠性。对于海量的数据和差异较大的数据类型,需要用专门的系统和专门的人员加以处理,要是采用 RBAC 模型的话,安全管理员除了维护用户和角色的关联关系外,还需要将庞大的信息资源访问权限赋予有限个角色。当信息资源的种类增加或减少时,安全管理员必须更新所有角色的访问权限设置,而且,如果受控对象的属性发生变化,同时需要将受控对象不同属性的数据分配给不同的访问主体处理时,安全管理员将不得不增加新的角色,并且还必须更新原来所有角色的访问权限设置以及访问主体的角色分配设置,而且这样的访问控制需求变化往往是不可预知的，造成访问控制管理的难度和巨大的工作量。在这种情况下，有必要引入基于受控对象的访问控制模型。

控制策略和控制规则是基于对象访问控制系统的核心所在，在OBAC模型中，将访问控制列表与受控对象或受控对象的属性相关联，并将访问控制选项设计成为用户、组或角色及其对应权限的集合；同时允许对策略和规则进行重用、继承和派生操作。这样，不仅可以对受控对象本身进行访问控制，受控对象的属性也可以进行访问控制，而且派生对象可以继承父对象的访问控制设置，这对于信息量巨大、信息内容更新变化频繁的管理信息系统非常有益，可以减轻由于信息资源的派生、演化和重组等带来的分配、设定角色权限等的工作量。

OBAC从信息系统的数据差异变化和用户需求出发，有效地解决了信息数据量大、数据种类繁多、数据更新变化频繁的大型管理信息系统的安全管理。OBAC从受控对象的角度出发，将访问主体的访问权限直接与受控对象相关联，一方面定义对象的访问控制列表，使增、删、修改访问控制项易于操作，另一方面，当受控对象的属性发生改变，或者受控对象发生继承和派生行为时，无须更新访问主体的权限，只需要修改受控对象的相应访问控制项即可，从而减少了访问主体的权限管理，降低了授权数据管理的复杂性。

5.2.6 信息流模型

从安全模型所控制的对象来看，一般有两种不同的方法来建立安全模型，一种是信息流模型；另一种是访问控制模型。

信息流模型主要着眼于对客体之间的信息传输过程的控制，通过对信息流向的分析可以发现系统中存在的隐蔽通道，并设法予以堵塞。信息流是信息根据某种因果关系的流动，信息流总是从旧状态的变量流向新状态的变量。信息流模型的出发点是彻底切断系统中信息流的隐蔽通道，防止对信息的窃取。隐蔽通道就是指系统中非正常使用的、不受强制访问控制正规保护的通信方式，隐蔽通道的存在显然危及系统敏感信息的保护。信息流模型需要遵守的安全规则是在系统状态转换时，信息流只能从访问级别低的状态流向访问级别高的状态。信息流模型实现的关键在于对系统的描述，即对模型进行彻底的信息流分析，找出所有的信息流，并根据信息流安全规则判断其是否为异常流，若是就反复修改系统的描述或模型，直到所有的信息流都不是异常流为止。信息流模型是一种基于事件或踪迹的模型，其焦点是系统用户可见的行为。现有的信息流模型无法直接指出哪种内部信息流是允许的，哪种是不允许的，因此在实际系统中的实现和验证中没有太多的帮助和指导。

5.2.7 下一代访问控制模型——UCON

在研究访问控制的过程中，为适应不同的应用场合，人们提出了许多新的概念，如信任管理(Trust Management)、数字版权管理(Digital Rights Management)、义务(Obligations)、禁止(Prohibitions)等。为了统一这些概念，J.Park和R.Sandhu提出了一种新的访问控制模型，称作使用控制(Usage Control，UCON)模型，也称ABC模型。UCON模型包含三个基本元素，即主体、客体、权限以及另外三个与授权有关的元素，即授权规则、条件、义务，如图5-5所示。

UCON模型中的主要元素如下所示。

1.主体(Subjects)。它是具有某些属性和对客体(Objects)操作权限的实体。主体的属性包括身份、角色、安全级别、成员资格等。这些属性用于授权过程。

2.客体(Objects)。它是主体的操作对象，它也有属性，包括安全级别、所有者、等级等。

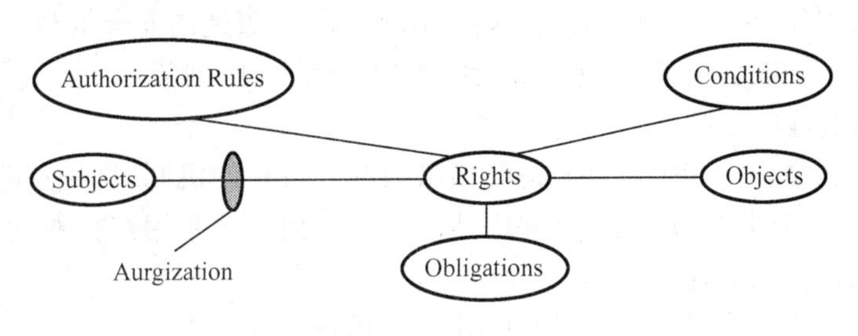

图 5－5 UCON 模型

这些属性也用于授权过程。

3.权限(Rights)。它是主体拥有的对客体操作的一些特权。权限由一个主体对客体进行访问或使用的功能集组成。UCON 中的权限可分成许多功能类,如审计类、修改类等。

4.授权规则(Authorization Rules)。它是允许主体对客体进行访问或使用前必须满足的一个需求集。授权规则是用来检查主体是否有资格访问客体的决策因素。

5.条件(Conditions)。它是在使用授权规则进行授权过程中,允许主体对客体进行访问权限前必须检验的一个决策因素集。条件是环境的或面向系统的决策因素。条件可用来检查存在的限制,使用权限是否有效,哪些限制必须更新等。

6.义务(Obligations)。它是一个主体在获得对客体的访问权限后必须履行的强制需求。分配了权限,就应有执行这些权限的义务责任。

在 UCON 模型中,授权规则、条件、义务与授权过程相关,它们是决定一个主体是否有某种权限能对客体进行访问的决策因素。基于这些元素,UCON 有四种可能的授权过程,并由此可以证明 UCON 模型不仅包含了 DAC,MAC,RBAC,而且还包含了数字版权管理(DRM)、信任管理等。UCON 模型涵盖了现代商务和信息系统需求中的安全和隐私这两个重要的问题。因此,UCON 模型为研究下一代访问控制提供了一种有希望的方法,被称作下一代访问控制模型。

5.3 安全策略

5.3.1 安全策略

1.安全策略的含义

安全策略的前提是具有一般性和普遍性,如何能使安全策略的这种普遍性和所要分析的实际问题的特殊性相结合,使安全策略与当前的具体应用紧密结合是面临的最主要的问题。控制策略的制定是一个按照安全需求、依照实例不断精确细化的求解过程。安全策略的制订者总是试图在安全设计的每个设计阶段分别设计和考虑不同的安全需求与应用细节,这样可以将一个复杂的问题简单化。但是设计者要考虑到实际应用的前瞻性,有时候并不知道这些具体的需求与细节是什么,但为了能够描述和了解这些细节,就需要在安全策略的指导下,对安全涉及到的相关领域作细致的考查和研究。借助这些手段能够迫使人们增加对于将安全策略应用到实际中、或是强加于实际应用而导致的问题的认知。总之,对上述问题认识的越充分,能够实现和解释的过程就更加精确细化,这一精确细化的过程有助于帮助建立和完善从实际应用中提炼抽象出来的、用确切语言表述的安全策略。反过来，这个重新表述的安全策略就能够更易于去完成安全框架中所设定的细节。

2. 安全策略实施的原则

访问控制机制是用来实施对资源访问加以限制的策略的机制，这种策略把对资源的访问只限于那些被授权用户。应该建立起申请、建立、发出和关闭用户授权的严格的制度，以及管理和监督用户操作责任的机制。

为了获取系统的安全，授权应该遵守访问控制的三个基本原则。

(1)最小特权原则

最小特权原则是系统安全中最基本的原则之一。所谓最小特权(Least Privilege)，指的是"在完成某种操作时所赋予网络中每个主体(用户或进程)必不可少的特权"。最小特权原则，则是指"应限定网络中每个主体所必需的最小特权，确保可能的事故、错误、网络部件的篡改等原因造成的损失最小"。

最小特权原则使得用户所拥有的权力不能超过他执行工作时所需的权限。最小特权原则一方面给予主体"必不可少"的特权，这就保证了所有的主体都能在所赋予的特权之下完成所需要完成的任务或操作；另一方面，它只给予主体"必不可少"的特权，这就限制了每个主体所能进行的操作。

(2)多人负责原则

即授权分散化，对于关键的任务必须在功能上进行划分，由多人来共同承担，保证没有任何个人具有完成任务的全部授权或信息。如将责任作分解使得没有一个人具有重要密钥的完全拷贝。

(3)职责分离原则

职责分离是保障安全的一个基本原则。职责分离是指将不同的责任分派给不同的人员以期达到互相牵制，消除一个人执行两项不相容的工作的风险。例如收款员、出纳员、审计员应由不同的人担任。计算机环境下也要有职责分离，为避免安全上的漏洞，有些许可不能同时被同一用户获得。

5.3.2 基于身份的安全策略

基于身份的访问控制策略(Identification-Based Access Control Policies)的目的是过滤对数据或资源的访问，只有通过认证的那些主体才有可能正常使用客体的资源。基于身份的安全策略的实例见图 5-6，这是以访问控制矩阵的形式实现的。基于身份的策略包括基于个人的策略和基于组的策略。

	文件 1	文件 2	…	文件 N
用户 $A(X)$	读、写	读、写		读、写
用户 $B(X)$		读		
…				
用户 $N(X)$	读、写	读、写		读、写

图 5-6 基于身份的安全策略

1.基于个人的策略

基于个人的访问控制策略(Individual-based Access Control Policies)是指以用户为中心建立的一种策略,这种策略由一些列表来组成,这些列表限定了针对特定的客体,哪些用户可以实现何种操作行为。如在图5-6中,对文件2而言,授权用户1有只读的权利,授权用户A则被允许读和写;对授权用户N而言,具有对文件1、2和文件N的读写权利。

由图5-6看出策略的实施默认使用了最小特权原则,对于授权用户B,只具有读文件2的权利。

2.基于组的策略

基于组的访问控制策略(Group-based Access Control Policies)是基于个人的策略的扩充,指一些用户被允许使用同样的访问控制规则访问同样的客体。在图5-6中,授权用户A对文件1有读和写的权利,授权用户N同样被允许读和写文件1,则对于文件1而言,A和N基于同样的授权规则;对于所有的文件而言,从文件1、2到N,授权用户A和N都基于同样的授权规则,那么A和N可以组成一个用户组G,这样图5-6的实现可以用图5-7表示,并且访问控制矩阵减少了一行。

	文件1	文件2	…	文件N
用户B		读		
…				
用户组G				
用户N(X)				
用户A(X)	读、写	读、写		读、写

图5-7 基于身份的组策略

基于身份的安全策略有两种基本的实现方法,即能力表及访问控制列表。这两种实现机制将在下一节阐述,这是按照被授权访问的信息为访问者所拥有,还是被访问数据的一部分而区分的。

5.3.2 基于规则的安全策略

基于规则的安全策略中,授权通常依赖于敏感性。在一个安全系统中,数据或资源应该标注安全标记,代表用户进行活动的进程可以得到与其原发者相应的安全标记。

基于规则的安全策略在实现上,由系统通过比较用户的安全级别和客体资源的安全级别来判断是否允许用户可以进行访问。

5.4 访问控制的实现

5.4.1 访问控制的实现机制

建立访问控制模型和实现访问控制都是抽象和复杂的行为,实现访问的控制不仅要保证授权用户使用的权限与其所拥有的权限对应,制止非授权用户的非授权行为,还要保证敏感信息的交叉感染。为了便于讨论这一问题，现以文件的访问控制为例对访问控制的实现做具体说明。通常用户访问信息资源（文件或是数据库）可能的行为有读、写和管理。为方便起见，这里用 Read 或是 R 表示读操作，用 Write 或是 W 表示写操作，用 OWn 或是 O 表示管理操作。之所以将管理操作从读写中分离出来，是因为管理员也许会对控制规则本身或是文件的属性等做修改，也就是修改下面提到的访问控制表。

5.4.2 访问控制表

访问控制表（Access Control Lists，ACLs）是以文件为中心建立的访问权限表，简记为 ACLs。图 5－8 清晰地表明了这种关系。目前，大多数 PC、服务器和主机都使用 ACLs 作为访问控制的实现机制。访问控制表的优点在于实现简单，任何得到授权的主体都可以有一个访问表，如授权用户 A1 的访问控制规则存储在文件 Filel 中，A1 的访问规则可以由图5－8 权限表 ACLsA1 来确定，权限表限定了用户 UserAl 的访问权限。

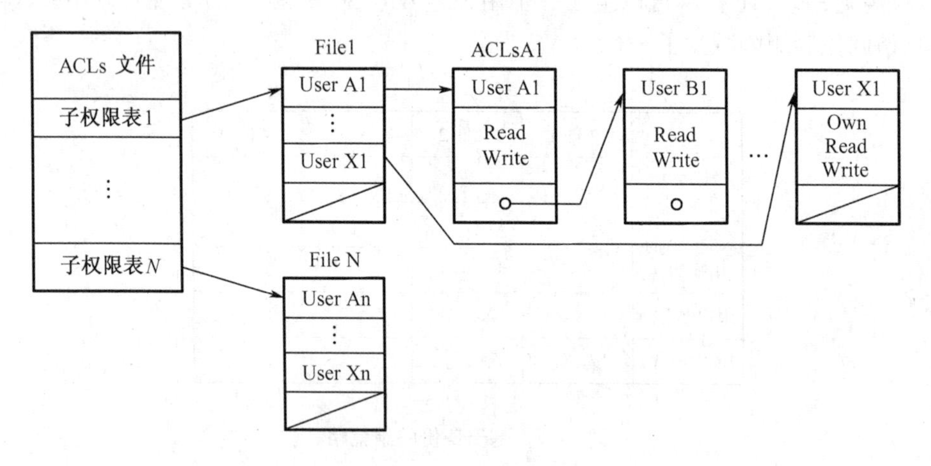

图 5－8 访问控制表

5.4.3 访问控制矩阵

访问控制矩阵（Access Control Matrix，ACM）是通过矩阵形式表示访问控制规则和授权用户权限的方法，也就是说，对每个主体而言，都拥有对哪些客体有哪些访问的权限；而对客体而言，又有哪些主体对他可以实施访问。将这种关联关系加以阐述，就形成了控制矩阵。其中，特权用户或特权用户组可以修改主体的访问控制权限。访问控制矩阵的实现很易于理解，但是查找和实现起来有一定的难度，而且，如果用户和文件系统要管理的文件很多，那么控制矩阵将会成几何级数增长，这样对于增长的矩阵而言，会有大量的空余空间。

5.4.4 访问控制能力表

能力是访问控制中的一个重要概念，它是指请求访问的发起者所拥有的一个有效标签（Ticket），授权标签表明的持有者可以按照何种访问方式访问特定的客体。访问控制能力表（Access Control Capabilities Lists，ACCLs）是以用户为中心建立的访问权限表，ACCLs 的具体实现见图 5－9。如访问控制权限表 ACCLsF1 表明了授权用户 UserA 对文件 Filel 的访问权限，UserAF 表明了 User A 对文件系统的访问控制规则集。因此，ACCLs 的实现与 ACLs 正好相反。定义能力的重要作用在于能力的特殊性,如果赋予哪个主体具有一种能力,事实上是说明了这个主体具有了一定对应的权限。能力的实现有两种方式,传递的和不可传递的。一些能力可以由主体传递给其他主体使用,另一些则不能。能力的传递牵扯到了授权的实现,以后会具体阐述访问控制的授权管理。

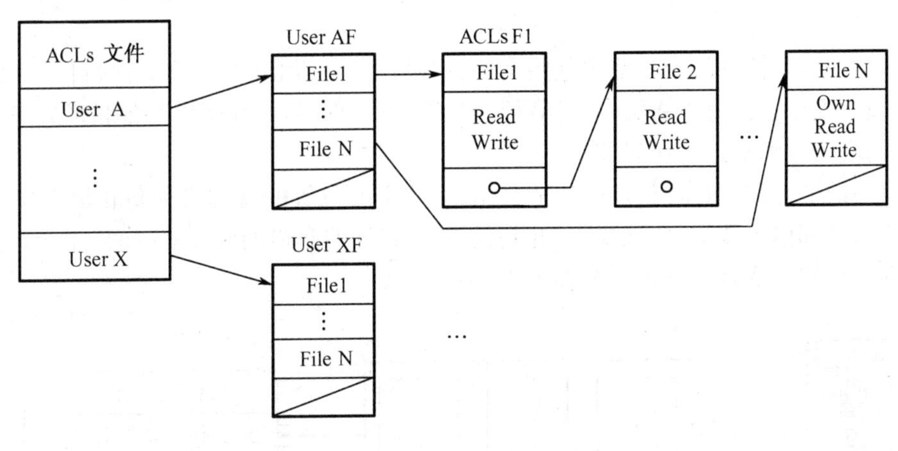

图 5-9　访问控制能力表

5.4.5　访问控制安全标签列表

安全标签是限制和附属在主体或客体上的一组安全属性信息。安全标签的含义比能力更为广泛和严格,因为它实际上还建立了一个严格的安全等级集合。访问控制安全标签列表(Access Contol Security Labels Lists,ACSLLs)是限定一个用户对一个客体目标访问的安全属性集合。

安全标签能对敏感信息加以区分,这样就可以对用户和客体资源强制执行安全策略,因此,强制访问控制经常会用到这种实现机制。

5.4.6　访问控制实现的具体类别

访问控制是网络安全防范和保护的重要手段,它的主要任务是维护网络系统安全、保证网络资源不被非法使用和非法访问。通常在技术实现上包括以下几部分。

(1)接入访问控制

接入访问控制为网络访问提供了第一层访问控制,是网络访问的最先屏障,它控制哪些用户能够登录到服务器并获取网络资源,并控制准许用户入网的时间和准许他们在哪台工作站入网。如 ISP 服务商实现的就是接入服务。用户的接入访问控制是对合法用户的验证,通常使用用户名和口令的认证方式。一般可分为 3 个步骤,即用户名的识别与验证、用户口令的识别与验证和用户账号的缺省限制检查。

(2)资源访问控制

是指对客体整体资源信息的访问控制管理。其中包括文件系统的访问控制(文件目录访问控制和系统访问控制)、文件属性访问控制、信息内容访问控制。

文件目录访问控制是指用户和用户组被赋予一定的权限,在该权限的规则控制许可下,哪些用户和用户组可以访问哪些目录、子目录、文件和其他资源,哪些用户可以对其中的哪些文件、目录、子目录、设备等能够执行何种操作。

系统访问控制是指一个网络系统管理员应当为用户指定适当的访问权限,这些访问权限控制着用户对服务器的访问;应设置口令,锁定服务器控制台,以防止非法用户修改、删除重要信息或破坏数据;应设定服务器登录时间限制、非法访问者检测和关闭的时间间隔;应对网络实施监控,记录用户对网络资源的访问,对非法的网络访问,能够用图形或文字或声音等形式报警等。

文件属性访问控制是指当使用这些文件、目录和网络设备时,应给文件、目录等指定访问属性,属性安全控制可以将给定的属性与要访问的文件、目录和网络设备联系起来。

(3)网络端口和节点的访问控制

网络中的节点和端口往往加密传输数据,这些重要位置的管理必须防止黑客发动的攻击。对于管理和修改数据,应该要求访问者提供足以证明身份的验证器(如智能卡)。

访问控制实现的具体管理位置如图 5-10 所示。

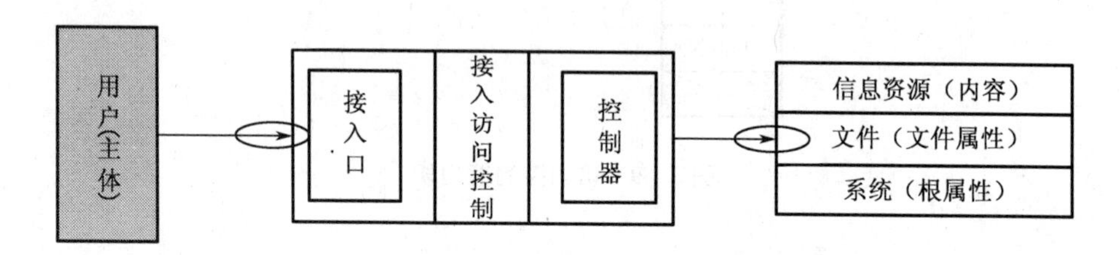

图 5-10 访问控制实现的具体管理位置

5.5 访问控制与授权

5.5.1 授权行为

授权是资源的所有者或者控制者准许他人访问这种资源,这是实现访问控制的前提。对于简单的个体和不太复杂的群体,可以考虑基于个人和组的授权,即便是这种实现,管理起来也有可能是困难的。当面临的对象是一个大型跨国集团时,如何通过正常的授权以便保证合法的用户使用公司公布的资源,而不合法的用户不能得到访问控制的权限,这是一个复杂的问题。

授权是指客体授予主体一定的权力,通过这种权力,主体可以对客体执行某种行为,如登陆、查看文件、修改数据、管理账户等。授权行为是指主体履行被客体授予权力的那些活动,因此,访问控制与授权密不可分。授权表示的是一种信任关系,需要建立一种模型对这种关系进行描述。本节将阐述信任模型的建立与信任管理。

5.5.2 信任模型

1.概念和定义

信任模型(Trust Model)是指建立和管理信任关系的框架。信任关系是指如果主体能够符合客体所假定的期望值,那么称客体对主体是信任的。信任关系可以使用期望值来衡量,并用信任度表示。主客体间建立信任关系的范畴称为信任域,也就是主客体和信任关系的

范畴集合，信任域是服从于一组公共策略的系统集。

2.信任模型

信任模型有3种基本类型，即层次信任模型、网状信任模型和对等信任模型。

(1)层次信任模型

层次信任模型是实现时最简单的模型，使用也最为广泛。建立层次信任模型的基础是所有的信任用户都有一个可信任根。例如通常所说的根管理员，事实上就是处于根的位置，所有的信任关系都基于根来产生。层次信任模型的示意图见图5－11，这是一个简单的3层信任结构。层次信任关系是一种链式的信任关系，例如可信任实体 A_1 可以表示为这样一个信任链 (R,C_1,A_1)，说明可以由 A_1 向上回溯到产生他的信任根 R。这种链式的信任关系称为信任链。层次信任模型是一种双向信任的模型，假设 A_i 和 B_j 是要建立信任关系的双方，A_i 和 B_j 间的信任关系很容易建立，因为它们都基于可信任根 R。层次信任模型对应于层状结构，有一个根节点 R 作为信任的起点，也就是信任源。这种建立信任关系的起点或是依赖点称为信任锚。信任源负责下属的信任管理，下属再负责下面一层的信任管理，这种管理方向是不可逆的。这个模型的信任路径是简单的，从根节点到叶子节点的通路构成了简单唯一的信任路径。

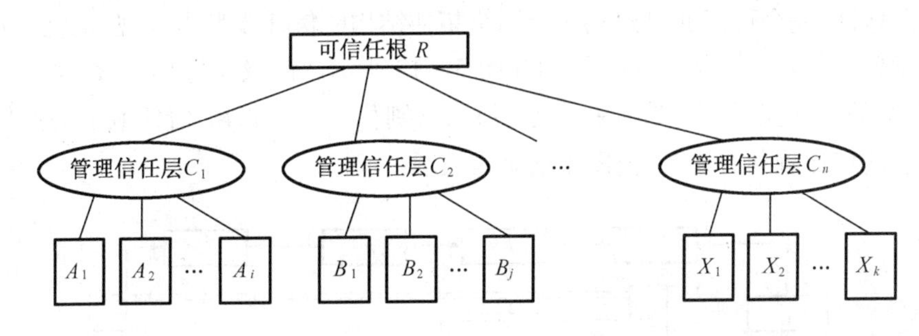

图5－11　层次信任模型

层次信任模型的优点在于结构简单，在管理方面也易于实现。它的缺点是 A_i 和 X_k 的信任关系必须通过根来实现，而可信任根 R 是默认的，无法通过相互关系来验证信任。一旦信任根出现问题，那么信任的整个链路就被破坏了。现实世界中，往往建立一个统一信任的根是困难的。对于不在一个信任域中的两个实体如何来建立信任关系呢？这就需用一个统一的层次信任模型来实现时，需要在建立信任的框架中预留有未来的发展余量，而且必须强迫信任域中的各方都统一信任于可信任根 R。

层次信任模型适用于孤立的、层状的企业，对于有组织边界交叉的企业，要应用这种模型是很困难的。另外，在层次信任模型的内部必须保持相同的管理策略。层次信任模型主要使用在以下3种环境。

①严格的层次结构。

②分层管理的PKI商务环境。

⑦PEM(Privacy-enhanced Mail，保密性增强邮件)环境。

(2)对等信任模型

对等信任模型是指两个或两个以上对等的信任域间建立的信任关系，如图5－12所示。相对而言，对等信任关系更为灵活一些，它可以解决任意已经建立信任关系的两个信任模型之间的交互信任。不同信任域的 A_1 和 X_1 之间的信任关系要通过对等信任域 R_1 和 R_2 的相互认证才能实现，因此这种信任关系在 PKI 领域中又叫做交叉认证。建立交叉认证的两个实体间是对等的关系，因为它既是被验证的主体，又是进行验证的客体。对等信任模型不会建立在信任域以外，这是因为如果任意两个主客体都建立对等信任的话，那么对于 N 个主客体而言，需要建立 $N\times(N-1)/2$ 个信任链。

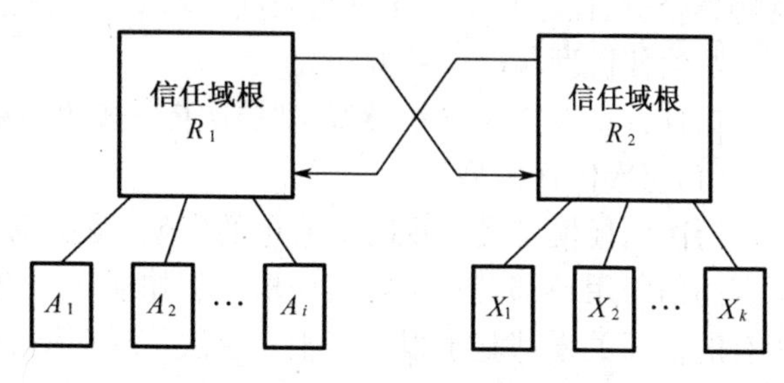

图 5－12 信任关系对等信任模型

对等信任模型这种结构非常适合表示动态变化的信任组织结构，这样，引入一个可信任域是易于实现的。但是在构建有效的认证路径时，也就是说，假定 A_1 和 X_k 是建立信任的双方，那么，很难在整个信任域中确定 R_2 是否是 X_k 的最适当的信仟源。

(3)网状信任模型

网状信任模型可以看成是对等信任模型的扩充。因为没有必要在任意两个对等的信任域建立交叉认证，完全可以通过建立一个网络拓扑结构的信任模型来实现，也就是建立信任域间的间接信任关系。网状信任模型的如图 5－13 所示。假设 R_1，$R_2\sim R_{11}$是不同的信任域，它们之间的信任关系用实线箭头表示，那么分别位于 R_1 和 R_5 信任域下的主体 A 和 B 间可以建立的信任链共有 3 条，由图中的虚线表示。

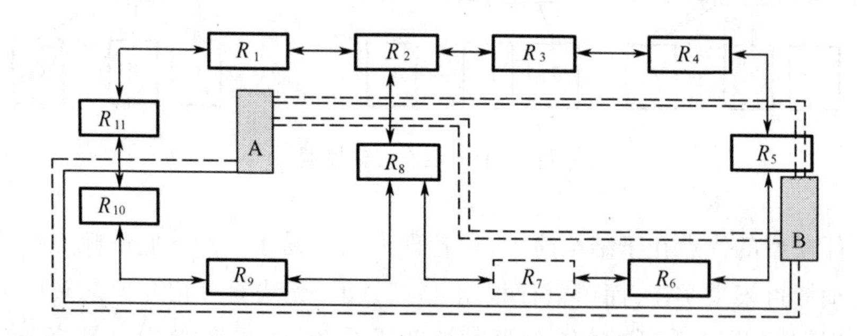

图 5－13 网状信任模型

建立一个恰当合理的信任网络模型比想像的要复杂的多。在建立的对等或是非对等的信任集合中，很难想象一个安全级别低(如 C 级别)的信任域和一个安全级别高(如 S 级别)的信任域，在他们中间建立的信任模型是什么样子的。因为对整个信任域的信任链的可信程度很难不令人质疑，如 S 级别可能需要通过使用智能卡才能通过访问控制最初的验证，而 C 级别也许只是进行简单的 U 地址检验就可以任意访问客体的信息资源。在建立信任模型，实现访问控制的过程中，不但要选择合适的信任模型，保护客体的资源，也应避免主体的信息资源暴露在攻击和危险的环境中，这种情况下，主客体信息的交换有时候更多的依赖于可信第三方。

另外，网络资源和时限也是一个问题，尽管 A 和 B 间有 3 条信任链可以实现，但总是希望耗用最少的时间，也就是走最短的路径，那么，如何来计算这条路径也是一个困难的问题。其次，跨越多个可信域根建立的漫长的、非层状的信任路径被认为是不可信的，显然在这样

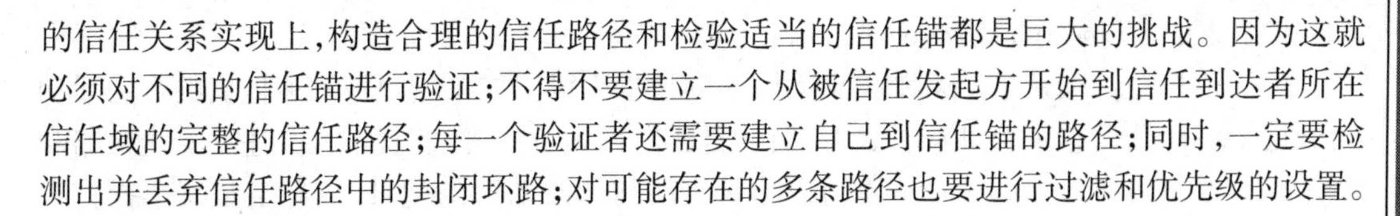

的信任关系实现上，构造合理的信任路径和检验适当的信任锚都是巨大的挑战。因为这就必须对不同的信任锚进行验证；不得不要建立一个从被信任发起方开始到信任到达者所在信任域的完整的信任路径；每一个验证者还需要建立自己到信任锚的路径；同时，一定要检测出并丢弃信任路径中的封闭环路；对可能存在的多条路径也要进行过滤和优先级的设置。

5.5.3 信任管理系统

阐述信任模型很容易产生一个问题，这就是在实际中是由谁在管理信任？如果我们就是信任中的主体，我们凭什么信任他们？这就是信任管理需要解决的问题。

信任管理包含了两个方面，一是对于信任链的维护与管理，二是对信任域间信任关系的管理与维护。用户是信任的主要参与者，因此用户有必要参与对信任链的管理，也就是说应该由他自己来判断是否该相信谁和该相信什么。信任域的管理通常由认证机构来负责。

信任管理的产生是一个漫长而复杂的过程，这和企业的发展与市场的制约有很大关系。现代企业有向大型化、集团化发展的趋势，一个企业往往包括多个职能部门，分别完成生产、管理、结算等功能，而这些职能部门又可划分为多个各司其职的更小的部门，与此同时随着企业内部的职能划分越来越细，独立运作能力也越来越强，可以独立地和别的企业的相应或相关职能部门进行交易，所以在现实的商业运作中，企业内部的多级管理和企业间的无级别贸易是并存的。这种关系必然反映在信任管理中，所以如何实现和约束正确的信任关系来访问资源和进行交易，建立相应的信任关系是重要的。目前，层次信任模型的建立和管理在一定的信任域内建立是正常的，但在信任域间的交叉认证和混合多级信任模型方面，还没有就信任管理达成一致。

5.6 审计与访问控制

5.6.1 审计跟踪概述

审计是对访问控制的必要补充，是访问控制的一个重要内容。审计会对用户使用何种信息资源、使用的时间以及执行何种操作进行记录与监控。审计和监控是实现系统安全的最后一道防线，处于系统的最高层。审计与监控能够再现原有的进程和问题，这对于责任追查和数据恢复非常有必要。

审计跟踪是系统活动的流水记录。该记录按事件自始至终的途径，顺序检查、审查和检验每个事件的环境及活动。审计跟踪通过书面方式提供应负责任人员的活动证据以支持访问控制职能的实现（职能是指记录系统活动并可以跟踪到对这些活动应负责任人员的能力）。

审计跟踪记录系统活动和用户活动。系统活动包括操作系统和应用程序进程的活动；用户活动包括用户在操作系统中和应用程序中的活动。通过借助适当的工具和规程，审计跟踪可以发现违反安全策略的活动、影响运行效率的问题以及程序中的错误。

审计跟踪不但有助于帮助系统管理员确保系统及其资源免遭非法授权用户的侵害，同时还能提供对数据恢复的帮助。

5.6.2 审计内容

审计跟踪可以实现多种安全相关目标，包括个人职能、事件重建、入侵检测和故障分析等。

1.个人职能(Individual Accountability)

审计跟踪是管理人员用来维护个人职能的技术手段。如果用户被知道他们的行为活动会被记录在审计日志中,相应的人员需要为自己的行为负责,他们就不太会违反安全策略和绕过安全控制措施。作如审计跟踪可以记录改动前和改动后的记录,以确定是哪个操作者在什么时候作了哪些实际的改动,这可以帮助管理层确定错误到底是由用户、操作系统、应用软件还是由其他因素造成的。允许用户访问特定资源意味着用户要通过访问控制和授权实现他们的访问,被授权的访问有可能会被滥用,导致敏感信息的扩散,当无法阻止用户通过其合法身份访问资源时,审计跟踪就能发挥其作用,即审计跟踪可以用于检查和检测他们的活动。

2.事件重建(Reconstruction of Events)

在发生故障后,审计跟踪可以用于重建事件和数据恢复。通过审查系统活动的审计跟踪可以比较容易地评估故障损失,确定故障发生的时间、原因和过程。通过对审计跟踪的分析就可以重建系统和协助恢复数据文件。同时,还有可能避免下次发生此类故障的情况。

3.入侵检测(Intrusion Detection)

审计跟踪记录可以用来协助入侵检测工作。如果将审计的每一笔记录都进行上下文分析,就可以实时发现或是过后预防入侵检测活动。实时入侵检测可以及时发现非法授权者对系统的非法访问,也可以探测到病毒扩散和网络攻击。

4.故障分析(Problem Analysis)

审计跟踪可以用于实时审计或监控。

5.7 实例——文件与文件夹权限设置

文件与文件夹依据是否被共享到网络上,其权限可以分为 NTFS 权限与共享权限两种,这两种权限既可以单独使用,也可以相辅使用。两者之间既能够相互制约,也可以相互补充。

在 NTFS 分区上的文件夹或文件,无论是否被共享,都具有此权限。此权限对于使用 FAT16/FAT32 分区上的文件与文件夹无效。

NTFS 权限有两大要素,一是标准访问权限;二是特别访问权限。

标准访问权限将一些常用的系统权限选项比较笼统地组成 7 组权限,即完全控制、修改、读取和运行、列出文件夹目录、读取、写入、特别的权限。

在大多数情况下,标准访问权限是可以满足管理需要的,但对于权限管理要求比较严格的环境,往往就不能满足要求了。如只想赋予某用户有建立文件夹的权限,而不赋予该用户建立文件的权限;又如只想赋予某用户只能删除当前目录中的文件,却不能删除当前目录中的子目录的权限等,此时,就可以使用特别访问权限了,特别访问权限不再使用简单的权限分组,可以实现更具体、全面、精确的权限设置。

1. 设置标准访问权限

(1)右单击 www 文件夹,在弹出的快捷菜单上选择“共享与安全”,显示“www 文件夹”属性对话框,如图 5-14 所示。

(2)单击“安全”选项卡,在“组或用户名称”列表中选择需要赋予权限用户名或组,然后在下方的“权限”列表中设置该用户的可以拥有的权限。

2.设置特别访问权限

(1)在图 5-14 中,单击"添加"按钮,弹出"选择用户或组"对话框,如图 5-15 所示,单击"高级"按钮,选择用户 wang,单击"确定"按钮后再单击"确定"按钮,返回 www 文件夹属性对话框。如图 5-16所示。

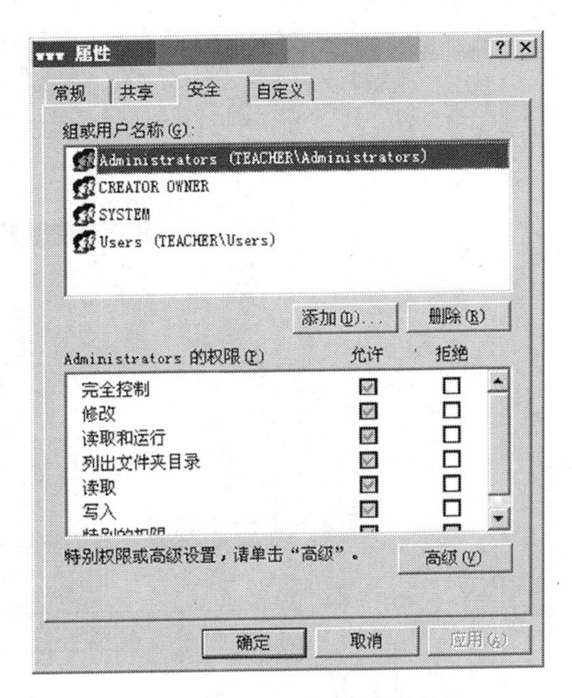

图 5-14 www 文件夹属性对话框

【本章小结】

访问控制是客体对主体提出的访问请求后,对这一申请、批准、允许、撤销的全过程进行的有效控制,从而确保只有符合控制策略的主体才能合法访问。访问控制涉及到主体、客体和访问策略,三者之间关系的实现构成了不同的访问模型,访问控制模型是探讨访问控制实现的基础。针对不同的访问控制模型会有不同的访问控制策略,访问控制的策略

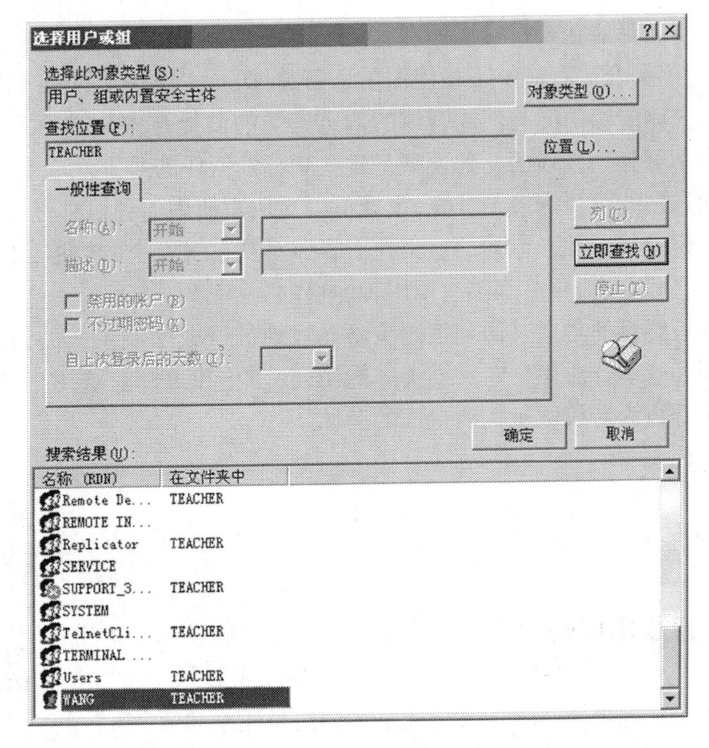

图 5-15 "选择用户或组"对话框

的制定应该符合安全原则。本章具体介绍了两种访问控制策略,这就是基于身份的安全策略和基于规则的安全策略,它们可以用4种不同的机制加以实现。

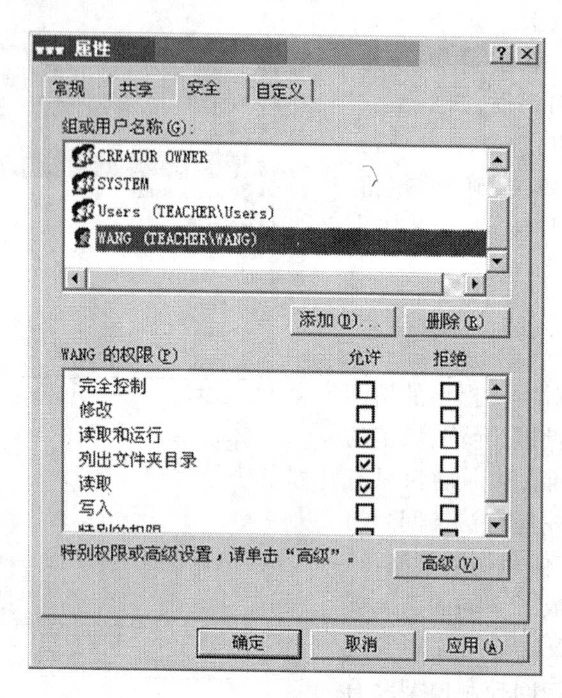

图 5－16 www 文件夹属性对话框

实现访问控制的目的在于提供主体和客体一定的安全防护，确保不会有非法者使用合法或敏感信息，也确保合法者能够正确使用信息资源，从而实现安全的分级管理。

访问控制的主体能够访问与使用客体的信息资源的前提是主体必须获得授权，所以授权与访问控制密不可分。授权的几种模型是建立和分发信任的基础。

审计是访问控制的重要内容与补充，审计可以对用户使用何种信息资源、使用的时间以及如何使用进行记录与监控。审计的意义在于客体对其自身安全的监控，便于查漏补缺，追踪异常事件，从而达到威慑和追踪不法使用者的目的。

访问控制的最终目的是通过访问控制策略显式地准许或限制主体的访问能力及范围，从而有效的限制和管理合法用户对关键资源的访问，防止和追踪非法用户的入侵以及合法用户的不慎操作等行为对权威机构所造成的破坏。

【练习题】

一、选择题

1.(　　)是通过对访问者的有关信息进行检查来限制或禁止访问者使用资源的技术。

A.数据加密　　B.物理防护　　C.防病毒技术　　D.访问控制

2.计算机系统中既可能是主体又可能是客体的是(　　)。

A.用户组　　B.数据　　C.程序　　D.用户

3. 在计算机系统中最常使用的鉴别依据是(　　)。

A.用户已知的事　　B.用户持有的物　　C.用户特征　　D.用户 ID 和 PW

4. 在进行用户鉴别时，如果用户数据库中没有用户信息则用户被(　　)。

A.允许　　B.拒绝
C.注册　　D.允许注册和拒绝访问

二、填空题

1.访问控制机制是建立在________、________、________三类信息上的。

2.访问控制就是在________的基础上,依据授权对提出的资源访问请求加以控制。

3.Mary 有本日记,她允许妈妈读,但其他人不行,这属于________访问控制。

4.强制访问控制有时也叫________的访问控制。

5.________是资源的所有者或者控制者准许他人访问这种资源,这是实现访问控制的前提。

6.信任模型有 3 种基本类型,即________、________和________模型。

7.________是对访问控制的必要补充,是访问控制的一个重要内容。

8.访问控制表是以________为中心建立的访问权限表,简记为 ACLs。

三、简答题

1.以一具体管理信息系统为例,给出该系统的角色表、角色继承表、角色互斥表,说明如何实现基于角色访问控制。

2.以你使用的操作系统为例,分析该操作系统具有哪些访问控制功能。

3.什么是访问控制?访问控制包括哪几个要素?

4.什么是自主访问控制?什么是强制访问控制?这两种访问控制有什么区别?试说明你会在什么情况下选择强制访问控制。

5.审计的重要意义在于什么?你将通过什么方式来达到审计的目的?除了书中所讲的内容外,你还能想到其他的审计方式吗?

第 6 章　Windows Server 2003 安全

【案例导入】

据海外媒体最新报道，利用 Windows 危急漏洞的计算机代码已经被公布在互联网上，从而大大增加了大规模病毒攻击的可能性。

据了解，攻击代码利用了 Windows 文件与打印机共享软件漏洞，微软本周二发布升级补丁 MS06－040 进行封堵。该公司安全应急小组本周早些时候表示，成百上千万用户已经下载了相关升级补丁。

微软本周五发布安全公告称，尽管漏洞影响 Windows 操作系统的所有版本，攻击代码只针对 Windows 2000 和 Windows XP SP1 两种版本有效。微软表示，“攻击代码不会影响到 Windows XP SP2、Windows Server 2003 以及 Windows Server 2003 SP1。”

到目前为止，微软发现利用漏洞进行网络攻击的事件十分有限。安全专家表示该漏洞可能会被互联网病毒利用，规模类似三年前发作的“冲击波”病毒。微软表示，该公司安全应急小组正在严密监控可能爆发的病毒。微软安全项目经理克里斯托弗在该公司博客中表示，“到目前为止，我们尚未发现任何大规模攻击行动的迹象，为了确保这一点，我们安全应急小组仍与往常一样，严密监控任何可能出现的攻击行动。”

尽管如此，部分安全专家宣称不会发生大规模攻击事件。安全厂商 Defense 快速应急小组主管杜汉姆表示，发生大规模完全自动病毒攻击事件的可能性越来越小，因为互联网目前处于严密监控之下。相反，杜汉姆预测利用 Windows 漏洞的特洛伊木马和半自动恶意代码攻击将有可能出现。

【学习目标】

1. 了解 Windows Server 2003 系统新增加的安全功能
2. 掌握 Windows Server 2003 的用户权限设置
3. 掌握在 Windows Server 2003 中使用远程连接的安全设置

6.1　Windows Server 2003 网络安全特性

随着 Microsoft 公司 .NET 战略的不断推进，越来越多的服务器开始采用 Microsoft Windows Server 2003 作为其操作系统，来提供 WEB 服务、数据库服务和电子商务平台及其他各种程序应用等。为了保证 WEB 服务、数据库服务和电子商务平台等各种应用、服务的安全，操作系统自然要提供很高的稳定性和安全性。Microsoft Windows Server 2003 是在 Windows Server 2000 的基础上，依据 .NET 架构进行构建，提供了更高更好的安全性、稳定性和可伸缩性，为服务器提供了一个高效的结构平台。

6.1.1 Windows Server 2003 简介

随着 Internet 的发展应用，企业已经越来越依赖 Internet 来发展自己。企业内部的 Intranet 已经与 Internet 互联，同时，Intranet 规模也越来越大，繁重的商务活动要求企业的 Intranet 必须可靠、高效和更加安全。Windows Server 2003 系统提供的服务能够创建更安全可靠的环境。

Windows Server 2003 依据 .NET 架构，包含了基于 Windows Server 2000 构建的核心技术，从而提供了经济划算的优质服务器操作系统。Windows Server 2003 的核心技术使机构和员工工作效率更高，并且能更好地沟通。其核心技术包括下列内容。

1.可靠性。Windows Server 2003 具有可靠性、可用性、可伸缩性和安全性，这使其成为高度可靠的平台。

(1)可用性。Windows Server 2003 系统增强了集群支持，从而提高了其可用性。对于部署业务关键的应用程序、电子商务应用程序和各种业务应用程序的单位而言，集群服务是必不可少的，因为这些服务大大改进了单位的可用性、可伸缩性和易管理性。在 Windows Server 2003 中，集群安装和设置更容易也更可靠，而该产品增强的网络功能，提供了更强的故障转移能力和更长的系统运行时间。Windows Server 2003 系列支持多达 8 个节点的服务器集群。如果集群中某个节点由于故障或维护而不能使用，另一节点会立即提供服务，这一过程即为故障转移。Windows Server 2003 还支持网络负载平衡(NLB)，它在集群中各个节点之间平衡传入 Internet 协议(IP)通信。

(2)可伸缩性。windows Server 2003 系列通过由对称多处理技术(SMP)支持的向上扩展和由集群支持的向外扩展来提供可伸缩性。内部测试表明，与 Windows Server 2000 相比，Windows Server 2003 在文件系统方面提高了性能(提高了 140%)，其他功能(包括 Microsoft Active Directory 服务、Web 服务器和终端服务器组件以及网络服务)的性能也显著提高。Windows Server 2003 从单处理器解决方案扩展到 32 路系统，同时支持 32 位和 64 位处理器。

(3)安全性。通过将 Intranet、Extranet 和 Internet 站点结合起来，各公司超越了传统的局域网(LAN)。因此，系统安全问题比以往任何时候都更为严峻。通过用户使用反馈及技术支持，Microsoft 公司修正了大量安全缺陷和错误。Windows Server 2003 在安全性方面提供了许多重要的新功能和改进，首先是包括一个公共语言运行库，这个软件引擎是 Windows Server 2003 的关键部分，它提高了可靠性，并有助于保证计算环境的安全。它降低了错误数量，并减少了由常见的编程错误引起的安全漏洞，因此，攻击者能够利用的弱点就更少了。公共语言运行库还验证应用程序是否可以无错误运行，并检查适当的安全性权限，以确保代码只执行适当的操作。同时，Microsoft 公司在新版操作系统中也升级了信息服务器(IIS 目前是 6.0 版本)，极大地增强了 Web 服务器的安全性，IIS 6.0 在交付时的配置可获得最大安全性。IIS 6.0 和 Windows Server 2003 提供了最可靠、最高效、连接最通畅以及集成度最高的 Web 服务器解决方案，该方案具有容错性、请求队列、应用程序状态监控、自动应用程序循环、高速缓存以及其他更多功能。这些功能是 IIS 6.0 中许多新功能的一部分，它们使用户得以在 Web 上安全地执行业务。

2.高效率。Windows Server 2003 在许多方面都具有使机构和雇员提高工作效率的能力，主要包括如下几个方面。

(1)文件和打印服务器。任何 IT 机构的核心都要求对文件和打印资源进行有效的管理,同时又允许用户安全地使用。随着网络的扩展,位于站点上或远程位置甚至合伙公司中的用户增加了,管理员面临着不断增长的沉重负担。Windows Server 2003 系列提供了智能的文件和打印服务,其性能和功能都得到提高,从而使用户得以降低总拥有成本。

(2)Active Directory。Active Directory 是 Windows Server 2003 系列的目录服务。它存储了有关网络上对象的信息,并且通过提供目录信息的逻辑分层组织,使管理员和用户易于找到该信息。Windows Server 2003 对 Active Directory 做了不少改进,使其使用起来更通用、更可靠,也更经济。在 Windows Server 2003 中,Active Directory 提供了增强的性能和可伸缩性。它允许更加灵活地设计、部署和管理单位的目录。

(3)管理服务。随着桌面计算机、便携式计算机和便携式设备上计算量的激增,维护分布式个人计算机网络的实际成本也显著增加了。通过自动化来减少日常维护是降低操作成本的关键。Windows Server 2003 新增了几套重要的自动管理工具来帮助实现自动部署,包括 Microsoft 软件更新服务(SUS)和服务器配置向导。新的组策略管理控制台(GPMC)使管理组策略更加容易,从而使更多的机构能够更好地利用 Active Directory 服务及其强大的管理功能。此外,命令行工具使管理员可以从命令控制台执行大多数任务。GPMC 并不包括在 Windows Server 2003 中,而是作为一个独立的组件出售。

(4)存储服务。Windows Server 2003 在存储管理方面引入了新的增强功能,这使管理及维护磁盘和卷、备份和恢复数据以及连接存储区域网络(SAN)更为简易和可靠。

Microsoft Windows Server 2003 的终端服务组件构建在 Windows 2000 终端组件中可靠的应用服务器模式之上。终端服务可以将基于 Windows 的应用程序或 Windows 桌面本身传送到几乎任何类型的计算设备上,包括那些不能运行 Windows 的设备。

3.联网能力。Windows Server 2003 包含许多新功能,以确保用户所在的组织和用户本身保持连接状态,主要有以下几点。

(1)XML Web 服务。IIS 6.0 是 Windows Server 2003 系列的重要组件。管理员和 Web 应用程序开发人员需要一个快速、可靠的 Web 平台,并且它是可扩展的和安全的。IIS 中的重大结构改进包括一个新的进程模型,它极大地提高了可靠性、可伸缩性和性能。默认情况下,IIS 以锁定状态安装,安全性得到了提高,因此系统管理员要根据应用程序要求来启用或禁用系统功能。此外,对直接编辑 XML 源数据库的支持改善了管理能力。

(2)联网和通信。对于面临全球市场竞争挑战的单位来说,联网和通信是当务之急。员工需要在任何地点、将使用任何设备接入网络。合作伙伴、供应商和网络外的其他机构需要与关键资源高效地交互,而且安全性比以往任何时候都重要。Windows Server 2003 系列的联网改进和新增功能扩展了网络结构的多功能性、可管理性和可靠性。

(3)Enterprise UDDT 服务。Windows Server 2003 包括 Enterprise UDDI 服务,它是 XML Web 服务的动态而灵活的结构。这种基于标准的解决方案使公司能够运行他们自己的内部 UDDI 服务,以供 Intranet 和 Extranet 使用。开发人员能够轻松而快速地找到并重用单位内可用的 web 服务。IT 管理员能够编录并管理他们网络中的可编程资源。利用 Enterprise UDDT 服务,公司能够生成和部署更智能、更可靠的应用程序。

(4)Windows 媒体服务。Windows Server 2003 包括业内最强大的数字流媒体服务。这些服务是 Microsoft Windows Media 技术平台下一个版本的一部分,该平台还包括新版的 Windows 媒体播放器、Windows 媒体编辑器、音频视频编码解码器以及 Windows 媒体软件开发工具包。

4.可拥有成本低。由于 PC 技术提供了最经济的芯片平台,仅依靠 PC 就可完成任务已成为采用 Windows Server 2003 的重要经济动机。使用 Windows Server 2003 中自带的许多重要服务和组件,各机构可以迅速利用这个易于部署、管理和使用的集成平台。

5.XML Web 服务和 .NET。Microsoft.NET 已与 Windows Server 2003 系列紧密集成。它使用 XML Web 服务使软件集成程度达到了前所未有的水平:分散、模块化的应用程序通过 Internet 互相连接,并与其他大型应用程序相连接。通过集成到构成 Microsoft 平台的产品中,.NET 提供了通过 XML 服务迅速可靠地构建、托管、部署和使用安全的联网解决方案的能力。Microsoft 平台提供了一套联网所需的开发人员工具、用户端应用程序、XML Web 服务和服务器。这些 XML Web 服务提供了基于行业标准构建的可再次使用的组件,这些组件调用其他应用程序的功能。调用的方法独立于创建应用程序、操作系统、平台或设备用于访问它们的方法。利用 XML Web 服务,开发人员可以在企业内部集成应用程序,并跨网络连接合作伙伴和用户。这种先进的软件技术使合作成为可能,并且所带来的更有效的商业到商业和商业到用户的服务,可以对企业收入产生潜在的重要影响。数百万其他用户可以以各种组合使用这些组件。

基于上述的各项核心技术,Windows Server 2003 系统新增了以下多项安全功能。

1.授权管理器。授权管理器为应用程序开发人员提供了一个灵活框架,可将基于角色的访问控制集成到应用程序中,而且它为那些使用这些应用程序的管理员提供一种自然、直观的访问方式。授权管理器提供了可将基于角色的访问控制集成到应用程序的灵活的框架。它让使用这些应用程序的管理员,可提供对那些与作业功能相关的已分配用户角色进行访问的权限。授权管理器应用程序可以将授权策略存储为授权存储(存储在 Active Directory 或 XML 文件中)的形式,而且可在运行时应用授权策略。

2.存储用户名和密码。它是 Windows Server 2003 系统的一项功能,用于存储服务器的用户名和密码。该功能允许用户连接服务器时使用的用户名和密码与登录网络时使用的用户名和密码不同。用户可以存储这些用户名和密码以备将来再使用。

3.软件限制策略。它使管理员可防止软件应用程序基于软件的哈希算法、软件的相关文件路径、软件发行者的证书或寄宿该软件的 Internet 区域来运行。使用软件限制策略,可以标识软件并控制它在本地计算机、组织单位、域或站点中的运行能力。

4.证书颁发机构。证书颁发机构中含有大量的改进和新增的功能。

5.受限委派。"委派"是允许服务模拟用户账户或计算机账户以便访问网络中的资源的操作。如果服务是"受信任委派",则该服务可以模拟用户使用其他网络服务。通过这一新的安全功能,可指定要信任的服务用以委派服务器。

6.有效权限工具。它计算指定用户或组授予的权限。该计算考虑组成员身份生效的权限,以及从父对象继承的任何权限。它将查找用户或组作为其成员的所有域和本地组。

7.加密文件系统(EFS)。使用它可以加密保存在磁盘上的文件和目录。

8.Anonymous 成员身份。内置 Everyone 组包括 Authenticated Users 和 Guests,但不再包括 Anonymous 组的成员。

9.基于操作的审核。它提供了更多描述性的审核事件,而且提供机会让使用者可以选择在审核对象访问时要审核的操作。

6.1.2 Windows Server 2003 安全概述

Windows Server 2003 系统的安全模型的主要功能是，用户身份验证和访问控制及 Active Directory 目录服务。

1.身份验证

身份验证指的是用于验证实体或对象是否与自己所声明的实体或对象相同的过程，包括确认信息的来源和完整性。身份验证是系统安全的一个基础方面，它将对尝试登录到域或访问网络资源的任何用户进行身份确认。身份验证包括下列两种方式。

(1)交互式登录。向用户的本地计算机或 Active Directory 账户确认用户的身份。

(2)网络身份验证。向用户尝试访问的任何网络服务确认用户的身份。要提供这种类型的身份验证，安全系统身份验证机制包括 Kerberos V5、公钥证书、安全套接子层/传输层安全性(SSL/TLS)、摘要和 NTLM(与 Windows NT 4.0 系统兼容)。

Windows Server 2003 系统的身份验证使用对所有网络资源的单一登录。单一登录允许用户使用一个密码或智能卡一次登录到域，然后向域中的任何计算机验证身份。尝试对用户进行身份验证时，可使用多种工业标准类型的身份验证，这将由多种因素来决定。表 6-1列出了 Windows Server 2003 系统支持的身份验证类型。

单一登录使用户在访问网络上的资源时不必重复提供凭据。对于 Windows Server 2003 系统，用户访问网络资源时只需要验证一次，随后的身份验证对该用户而言是透明的。除此之外，Windows Server 2003 系统的身份验证还包括双因素的身份验证，例如智能卡。

表 6-1 Windows Server 2003 系统支持的身份验证类型

身份验证类型	描　述
Kerberos VS 身份验证	与密码或智能卡一起使用以进行交互登录的协议，它也是对服务进行网络身份验证的默认方法
安全套接子层/传输层安全性(SSL/TLS)身份验证	用户尝试访问安全的 Web 服务器时将使用的协议
NTLM 身份验证	当客户端或服务器使用早期版本的 Windows 时将使用的协议
摘要式验证	摘要式验证将凭据作为 MDS 哈希或消息摘要在网络上传递
Passport 身份验证	Passport 身份验证是可提供单一登录服务的用户身份验证服务

2.基于对象的访问控制

访问控制是批准用户、组和计算机访问网络上的对象的过程。访问控制主要内容是权限、用户权利和对象审核。

(1)权限。权限定义了授予用户或组对某个对象或对象属性的访问类型。权限被应用到任何受保护的对象，如文件、Active Directory 对象或注册表对象。权限可以授予任何用户、组或计算机。设置权限，就是为组和用户指定访问级别。如可以在打印机上设置类似的权限，使某些用户可以配置打印机，而其他用户只能用其打印。

(2)用户权利。用户权利授予计算环境中的用户和组特定的特权和登录权利。

(3)对象审核。可以审核用户对对象的访问情况。可以使用事件查看器在安全日志中查看这些与安全相关的事件。

在 Windows Server 2003 系统中，通过用户身份验证，系统允许管理员控制对网上资源或对象的访问。管理员通过将安全描述符分配给存储在 Active Directory 中的对象来实现访问控制。安全描述符列出了允许访问对象的用户和组，以及分配给这些用户和组的特定权限。安全描述符还指定了为对象审核的不同访问事件。文件、打印机和服务都是对象的示例。通过管理对象的属性，管理员可以设置权限、分配所有权以及监视用户访问。管理员不仅可以控制对特殊对象的访问，也可以控制对该对象特定属性的访问。如通过适当配置对象的安全描述符，用户可以被允许访问一部分信息（如只访问员工姓名和电话号码，而不能访问他们的家庭住址）。

提示：安全描述符是一种数据结构，包含与受保护的对象相关联的安全信息。安全描述符包括有关对象所有者、能访问对象的人员及其访问方式以及受审核的访问类型等方面的信息。

3.Active Directory 目录服务

Active Directory 是基于 Windows 的目录服务。Active Directory 存储有关网络上对象的信息，并让用户和网络管理员可以使用这些信息。Active Directory 允许网络用户使用单个登录进程来访问网络中任意位置的许可资源。它为网络管理员提供了直观的网络层次视图和对所有网络对象的单点管理。这些对象通常包括共享资源，如服务器、卷、打印机、网络用户和计算机账户。

Active Directory 通过使用对象和用户凭据的访问控制，提供了对用户账户和组信息的保护存储。由于 Active Directory 不仅存储用户凭据，还存储访问控制信息，因此，登录到网络的用户将同时获得访问系统资源的身份验证和授权。如用户登录到网络时，安全系统通过存储在 Active Directory 上的信息来验证用户。然后，当用户试图访问网络上的服务时，系统检查由随机访问控制列表为这一服务定义的属性。

由于 Active Directory 允许管理员创建组账户，因此管理员可以更有效地管理系统的安全性。如通过调整文件属性，管理员可以允许组中的所有用户读取文件。Windows Server 2003 系统通过登录验证以及目录中对象的访问控制，将安全性集成到 Active Directory 中。通过一次网络登录，管理员可管理整个网络中的目录数据和单位，而且获得授权的网络用户可访问网络上任何地方的资源。这种基于策略的管理减轻了即使是最复杂的网络管理。

6.2 Windows Server 2003 用户安全策略

Windows Server 2003 作为一款网络操作系统产品，其上有许多网络应用程序和服务在运行，Windows Server 2003 的安全与否直接决定了这些应用程序和服务的安全，特别是在 Windows Server 2003 作为网络中的域控制器时，一旦发生安全事故，将使得整个域中的用户无法正常地进行用户身份验证，从而影响应用程序和服务的使用。怎样设置安全的域用户策略，使得域中用户正常访问网络，是本节将要探讨的内容。

6.2.1 Windows Server 2003 账户策略和本地策略

在设置安全的用户策略前，首先来了解一下什么是安全设置和安全策略。在 Windows Server 2003 中，安全设置和安全策略是配置在一台或多台计算机上的规则，用于保护计算机或网络上的资源。安全设置可以控制下列几项内容。

(1)用户访问网络或计算机的身份认证方式。

(2)授权给用户的可以使用的资源。

(3)无论用户的或者组的操作都被记录在事件日志中。

(4)组成员。

在 Windows Server 2003 中,用户账户有两种,分别是本地用户和组,域用户和组。对于本地用户和组,将在 6.3 节中进行讨论,本节将详细介绍域用户、组和组安全策略的设置。

在 Active Directory 中,用户账户和计算机账户代表物理实体,如计算机或人。用户账户也可用作某些应用程序的专用服务账户。用户账户和计算机账户(以及组)也称为安全主体,是被自动指派了安全标识符(SID,可用于访问域资源)的目录对象。用户或计算机账户用于下列几个方面。

(1)验证用户或计算机的身份。用户账户使用户能够利用经过域验证后的标识登录到计算机和域。登录到网络的每个用户应有自己的唯一账户和密码。

(2)授权或拒绝访问域资源。一旦用户已经过身份验证,那么就可以根据指派给该用户的关于资源的显式权限,授予或拒绝该用户访问域资源。

(3)管理其他安全主体。Active Directory 在本地域中创建外部安全主体对象,用以表示信任的外部域中的每个安全主体。

(4)审核使用用户或计算机账户执行的操作。审核有助于监视账户的安全性。

(5)密码策略。用于域或本地用户账户。确定密码设置,如强制执行和有效期限。

(6)账户锁定策略。用于域或本地用户账户。确定某个账户被系统锁定的情况和时间长短。

(7)Kerberos 策略。用于域用户账户。确定与 Kerberos 相关的设置,如票证的有效期限和强制执行。

对于域账户,只有一种账户策略。账户策略必须在"默认域策略"中定义,并且由组成该域的域控制器实施。域控制器始终从"默认域策略组策略对象"中获得账户策略,即使已经存在了一个应用到包括该域控制器在内的组织单位的不同账户策略。默认情况下,加入到域(如成员计算机)中的工作站和服务器会接收到相同的账户策略,用于本地账户。

在 Active Directory 中,每个域用户账户在建立时,都有许多账户选项可以选择,这些选项能够确定,如何在网上对持有特殊用户账户进行登录的人员实施身份验证。

对于本地策略,这些策略主要应用于本地计算机,同样包含有三个子集。

(1)审核策略。确定是否将安全事件记录到计算机上的安全日志中。同时也确定是否记录登录成功或登录失败,或二者都记录。

(2)用户权限分配。确定具有登录本地计算机的权利或特权的用户或组。

(3)安全选项。启用或禁用计算机的安全设置。

对于本地策略,管理员应该要十分重视,因为它直接决定了服务器的安全。不安全的本地策略将导致未经授权的使用者从本地非法登录,可以对域账户及策略做出修改,从而导致整个网络出现账户策略安全故障。执行"开始|运行"命令,在文本框中输入"gpedit.msc"以于打开"组策略"窗口,在其中依次展开"计算机配置|Windows 设置|安全设置|本地策略|安全选项"文件夹,在其中进行本地策略的各种安全设置,如图 6-1 所示。双击其中的任何一个策略设置选项,将出现一个相应内容的对话框,要求操作者进行参数的输入或选择,管理

员只需根据当前的安全策略来进行操作即可,如图 6-2 所示。

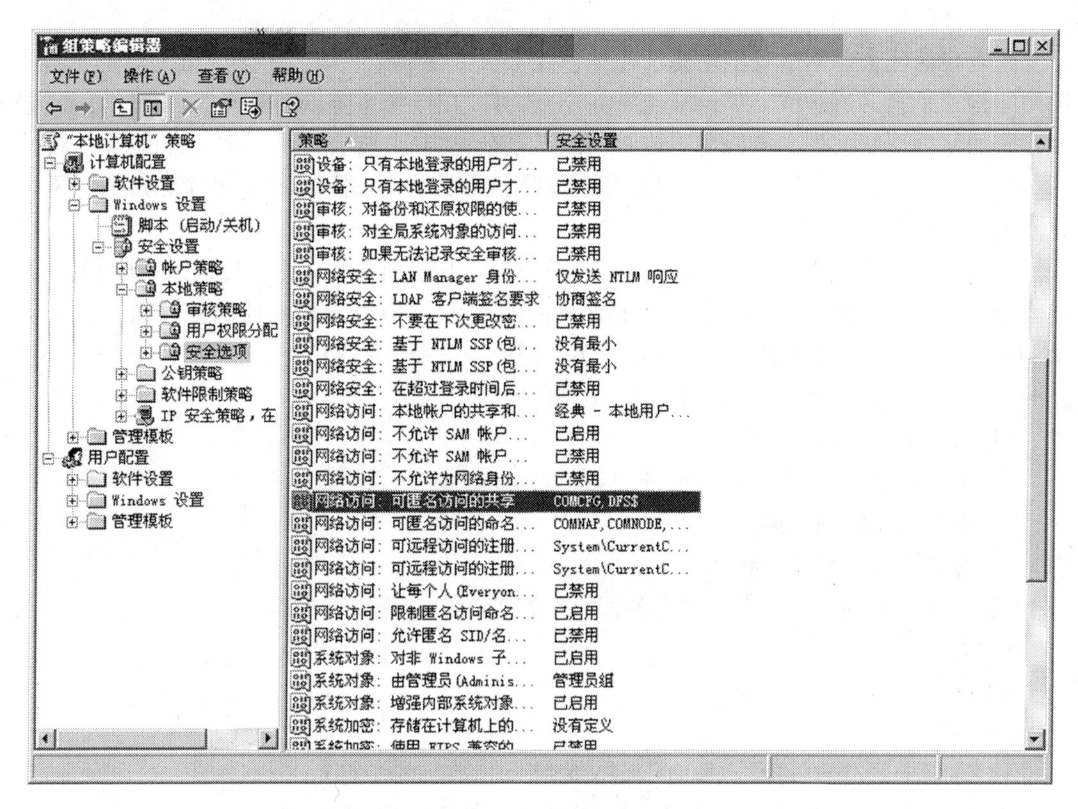

图 6-1 组策略窗口

提示:由于一台计算机上可以应用多个策略,所以安全策略设置可能会存在冲突。安全策略应用从高到低的优先顺序依次为组织单位、域和本地计算机。

6.2.2 Windows Server 2003 账号密码策略

当管理员在域中为每位网络用户设置账户时,管理员通常会使用一个默认值来为这些域账户设置密码。当账户交付给用户后,用户能够自己来重新设置密码。但因为种种原因,用户自己设置的密码往往不符合密码安全规定,如密码过于简单、不够复杂等,这些都为网络安全带来隐患。在网络的使用过程中,用户可能会忘记自己的密码,这时需要管理员来进行用户密码的恢复,但不应对用户在域中的其他密码信息造成丢失。因此作为管理员,必须要了解在

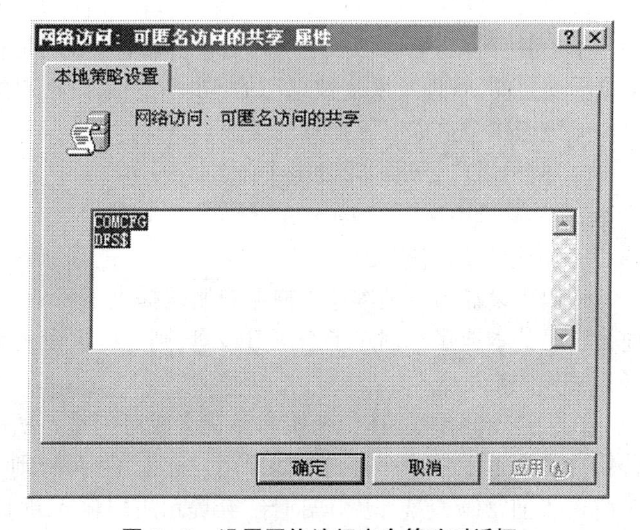

图 6-2 设置网络访问安全策略对话框

Windows Server 2003 中有关密码的相关知识及其策略设置。

1.强密码

密码在保证企业网络安全中扮演的角色经常被低估甚至忽略。密码为抵御对企业的非法访问构筑了第一道防线。Windows Server 2003 可以在操作系统启动时检查 Administrator 账户密码的复杂程度。如果密码为空或者不满足复杂性要求,将会显示一个警告框,警告操作者 Administrator 账户不使用强密码可能存在危险,如果继续使用空密码,可能无法通过网络访问该账户。

弱密码会使得攻击者易于访问用户的计算机和网络,而强密码则难以破解,即便是现在的密码破解软件越来越强大。当然,只要有足够时间,任何密码仍然能够被破解。即便如此,破解强密码也远比破解弱密码困难得多。因此安全的计算机需要对所有用户账户都使用强密码。对于强密码,一般都具有以下的特性。

(1)长度至少有七个字符。

(2)不包含用户名、真实姓名或公司名称。

(3)不包含完整的字典词汇。

(4)与先前的密码大不相同。

同时,强密码的组成全部包含下列四组字符类型。

(1)大写字母。

(2)小写字母。

(3)数字。

(4)键盘上的符号(键盘上所有未定义为字母和数字的字符)。

这四组字符毫无规律地排列在一起构成密码,如 J * pYlaeO4 > F。

需要注意的是,有的密码虽然可以满足大多数强密码的条件,但仍然较弱。如 Hello2X!就是一个相对而言的弱密码,虽然它能够满足成为强密码的多数条件,也能够满足密码策略的复杂性要求,但因为这个密码的部分组成仍然是有规律的,仍然容易被破解。

提示:Windows 密码长度最多为 127 个字符。但 Windows 98 支持的最大密码长度为 14 个字符。

2.密码重设盘

用户时常会忘记自己本地用户账户的密码,特别是在使用强密码的情况下。在密码重设盘出现之前,管理员恢复被忘记的本地用户账户密码的唯一方法只有手动重设用户的密码。但该操作会造成以下信息的丢失。

(1)使用用户公钥加密的电子邮件。

(2)计算机中保存的 Internet 密码。

(3)由用户加密的文件。

密码重设盘为忘记本地用户账户密码提供了另一种解决方案。如果用户在忘记密码之前为自己的本地账户创建了密码重设盘,则可以重设密码,而不会丢失先前因管理员重设密码而丢失的宝贵数据。

在创建密码重设盘时,公钥和私钥会成对创建。私钥存储在磁盘,即密码重设盘中。由公钥加密本地用户账户密码。如果用户忘记了密码,则可以插入包含有私钥的密码重设盘来解密当前密码。“忘记密码向导”会提示用户输入新的密码,然后用公钥进行加密。这时数据将不会丢失,因为用户只是更改了密码而已。

用户如何为自己的密码创建密码重设盘呢？很简单，下面的步骤将帮助用户创建密码重设盘(以用户使用 Windows XP 为例，Windows 2000/2003 系统是相同操作)。

(1)单击 Ctrl + Alt + Del 键，然后单击“更改密码”更改密码按钮。

(2)在“用户名”文本框中，输入要创建密码重设盘的账户的用户名。

(3)在“登录到”下拉列表框中选择输入的账户需要登录的计算机名称，然后单击“备份”按钮。

(4)按照“忘记密码向导”窗口中的步骤进行操作，直至完成操作。最后将密码重设盘保存在安全的地方。

提示：密码重设盘的创建，需要本地计算机具有移动存储设备的支持。

3.设置账户密码策略

密码策略作用于域账户或本地账户，包含以下几个方面。

(1)强制密码历史。

(2)密码最长使用期限。

(3)密码最短使用期限。

(4)密码长度最小值。

(5)密码必须符合复杂性要求。

(6)用可还原的加密来存储密码。

这些选项的配置方法均需根据当前用户账户类型来选择。默认情况下，成员计算机的配置与其域控制器的配置相同。为了保证所有用户创建的密码都符合管理员所设置的规则，管理员需要进行密码策略设置，它包括在域控制器上进行密码策略设置，在已加入域的成员服务器上进行密码策略设置，及在本地计算机上进行密码策略设置。

(1)设置域控制器的密码策略

设置域控制器的密码策略的步骤如下。

①执行“开始|管理工具|Active Directory 用户和计算机”命令，打开“Active Directory 用户和计算机”窗口。

②在控制台树中要设置组策略的域或组织单位上右击，然后选择“属性”命令，在弹出的对话框中选择“组策略”选项卡，选择列表框“组策略对象链接”列表中的项目以选择现有的组策略对象，然后单击“编辑”按钮。也可单击“新建”按钮来创建新的组策略对象，然后再单击“编辑”按钮，都可打开“组策略编辑器”窗口，如图 6-3 所示。

③在控制台树中，执行“计算机配置|Windows 设置|安全设置|账户策略|密码策略”命令。在其中进行密码策略的各种安全设置，如图 6-4 所示。双击其中的任何一个密码策略设置选项，将出现一个相应内容的对话框，要求操作者进行参数的输入或选择，管理员只需根据当前的密码策略来进行操作即可，如图 6-5 所示。

(2)设置域成员服务器或工作站的密码策略

对于这种情形，用户的本地密码策略配置方法如下。

①执行“开始|运行”命令，在“打开”文本框中输入“mmc”命令，打开“Microsoft 管理控制台(MMC)”窗口，如图 6-6 所示。

②在 MMC 中执行“文件|添加/删除管理单元”命令，弹出如图 6-7 所示对话框。在这个对话框中可以添加在控制台管理的管理单元。

③单击“添加”按钮，弹出“添加独立管理单元”对话框，如图 6-8 所示。在这个对话框

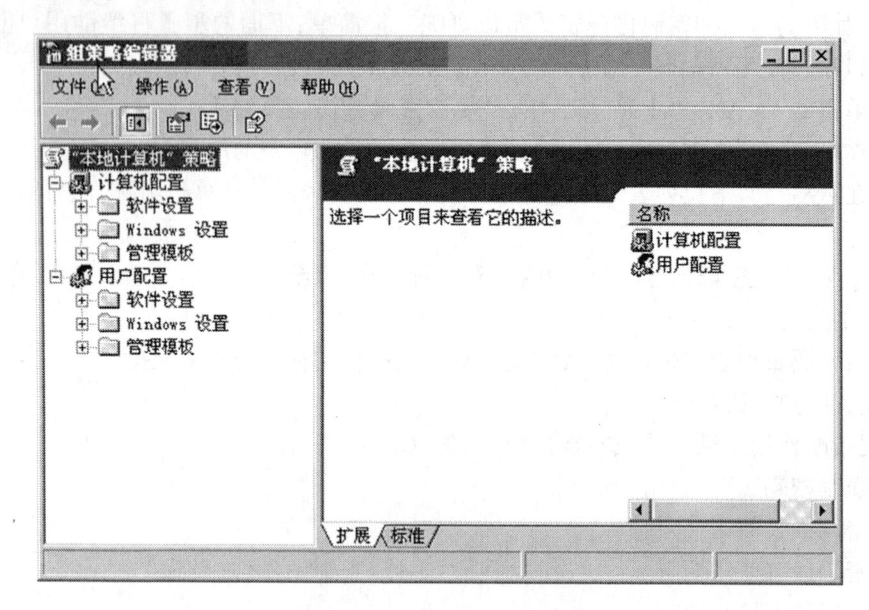

图 6－3　组策略编辑器窗口

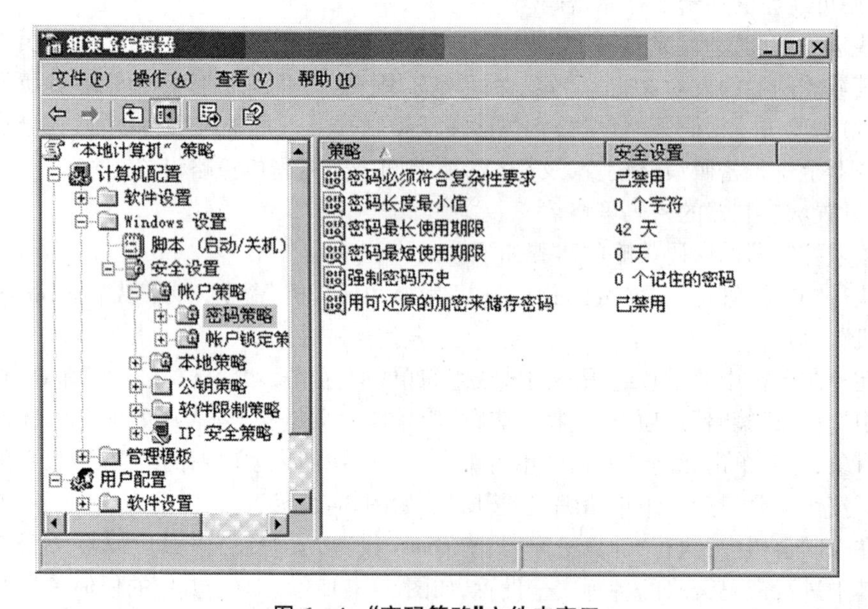

图 6－4　"密码策略"文件夹窗口

中找到"组策略对象编辑器"选项，然后双击，或单击选择它后再单击"添加"按钮，弹出"选择组策略对象"对话框，如图6－9所示。在这个对话框中要求选择所添加的"组策略对象编辑器"所作用的对象。

因为是设置成员服务器或工作站(非本地计算机)的密码策略，所以单击"浏览"按钮，打开"浏览组策略对象"对话框，如图 6－10 所示。在该对话框中选择"计算机"选项卡，然后选中"另一台计算机"单选按钮，然后直接在下面的文本框中输入计算机名称或再次通过单击"浏览"按钮，打开对话框查找。

④输入或者选择好计算机名后，单击“确定”按钮返回到“选择组策略对象”对话框。单击“完成”按钮返回“添加独立管理单元”对话框，如果所选择的成员服务器或工作站与当前服务器的网络连接正常的话，即可把它们指派到组策略对象编辑器中。

⑤单击“添加独立管理单元”对话框中的“关闭”按钮，返回到“添加/删除管理单元”对话框，单击“确定”按钮返回到控制台窗口，这时可以看到刚刚添加的组策略已经显示出来了，如图6－11所示。

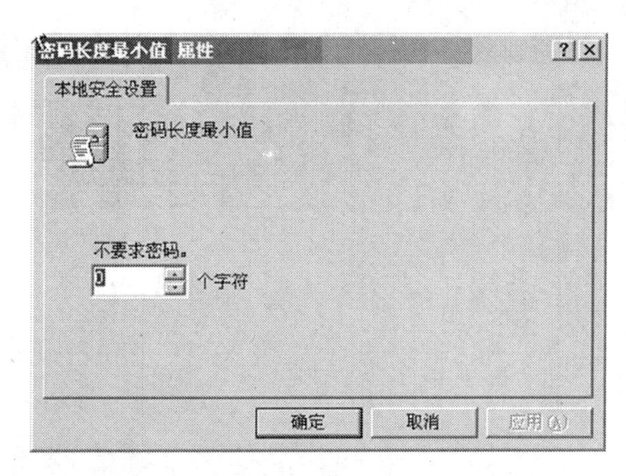

图 6－5 “密码长度最小值属性”对话框

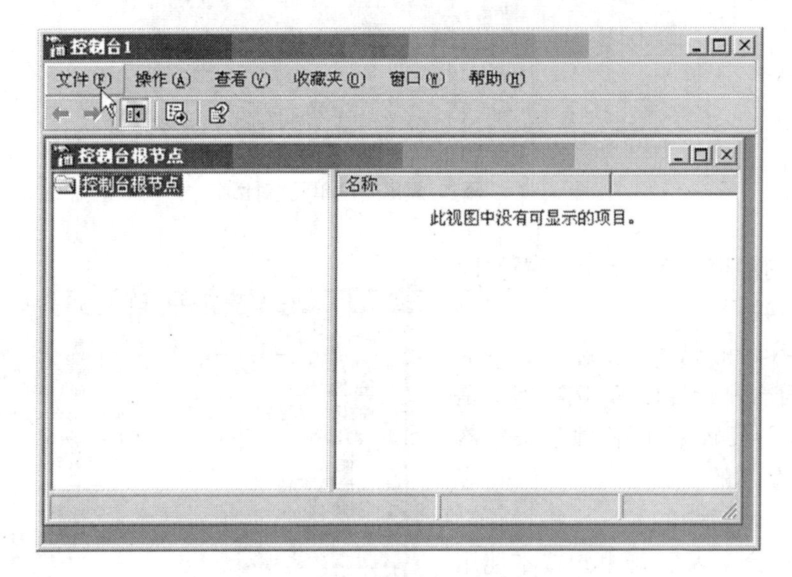

图 6－6 “Microsoft 管理控制台(MMC)”窗口

⑥依次单击展开“计算机配置|Windows 设置|安全设置”文件夹，然后在右边详细信息窗口中选择相应的密码策略选项配置即可。配置方法也是在相应选项上右击，然后再选择“属性”命令，操作方法同前节操作一样，参照即可。

(3)设置本地的密码策略

对于本地计算机的用户账户，其密码策略设置是在“本地安全设置”管理工具中进行的。其操作步骤如下。

①执行“开始|运行”命令，在“打开”文本框中输入“gpedit.msc”，单击“确定”按钮，打开“组策略”窗口，如图 6－12 所示。

②在其中依次展开“计算机配置|Windows 设置|安全设置|账户策略|密码策略”文件夹，在其中进行本地密码策略的各种安全设置，如图 6－13 所示。双击其中的任何一个密码策略设置选项，将出现一个相应内容的对话框，要求操作者进行参数的输入或选择，管理员

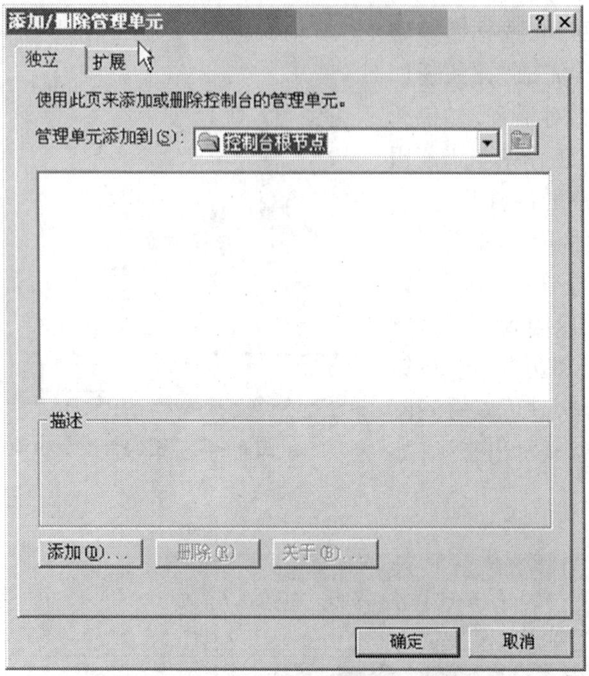

图 6-7 “添加/删除管理单元”对话框

只需根据当前的密码策略来进行操作即可,如图6-14所示。

提示:默认情况下,在域控制器上“密码必须符合复杂性要求”选项默认是已启用了这一策略的,而在独立服务器上则默认是禁用的。

(3)账户锁定策略

账户锁定策略用于域账户或本地用户账户,它们确定某个账户被系统锁定的情况和时间长短。主要包含以下三个方面。

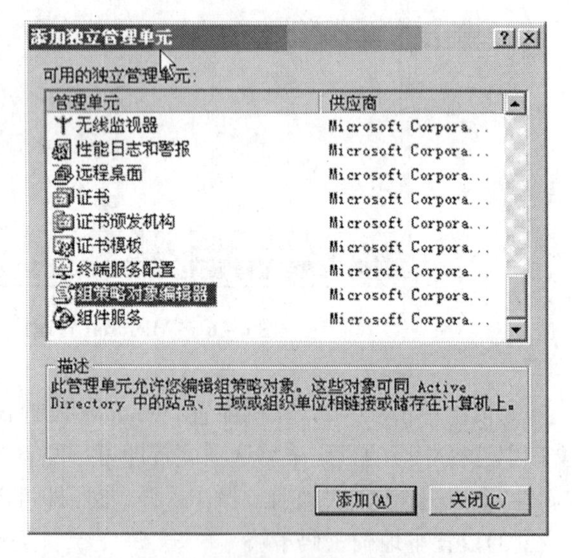

图 6-8 “添加独立管理单元”对话框

①账户锁定时间。该安全设置确定锁定的账户在自动解锁前保持锁定状态的分钟数。有效范围从0~99999分钟。如果将账户锁定时间设置为0,那么在管理员明确将其解锁前,该账户将被锁定。如果定义了账户锁定阈值,则账户锁定时间必须大于或等于重置时间。默认值:无。因为只有当指定了账户锁定阈值时,该策略设置才有意义。

②账户锁定阈值。该安全设置确定造成用户账户被锁定的登录失败尝试的次数。账号被锁定后将无法使用,除非管理员进行了重新设置或该账户的锁定时间已过期。登录尝试失败的范围可设置为 0~999 之间。如果将此值设为 0,则将无法锁定账户。对于使用

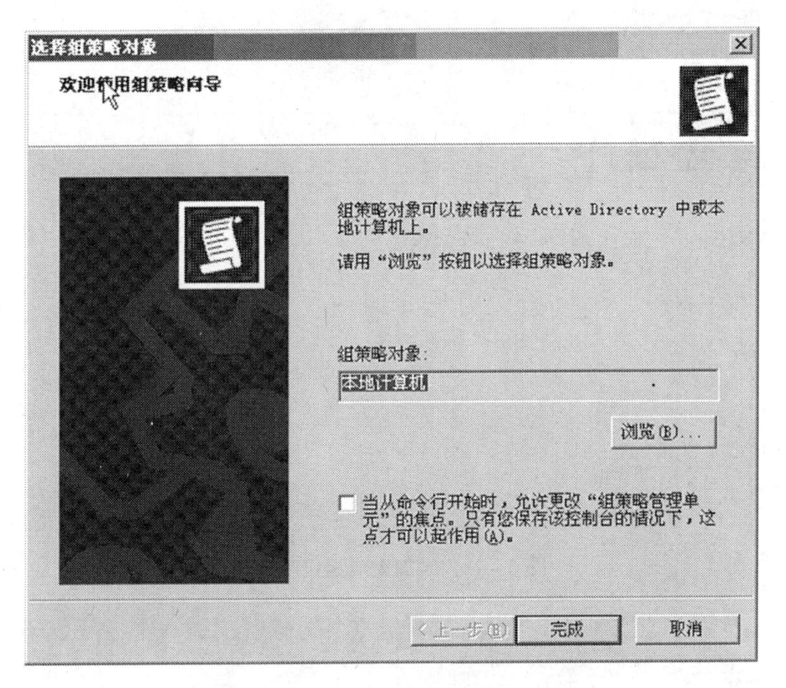

图 6－9 "选择组策略对象"对话框

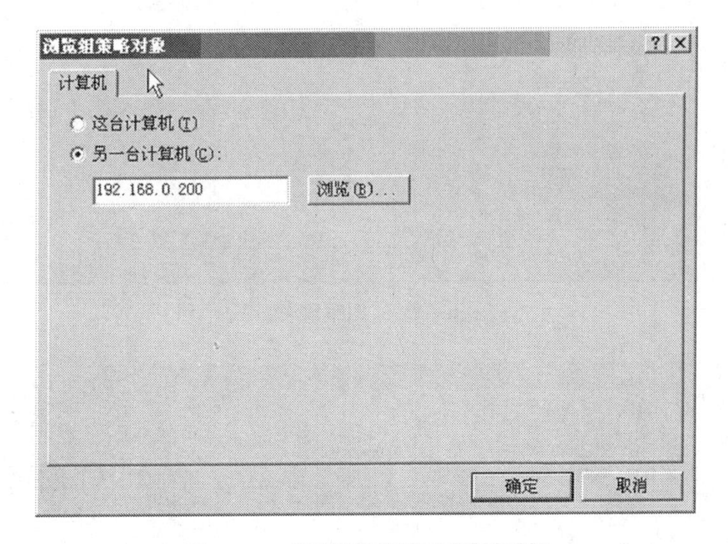

图 6－10 "浏览组策略对象"对话框

Ctrl + Alt + Del键或带有密码保护的屏幕保护程序锁定的工作站或成员服务器计算机，失败的密码尝试计入失败的登录尝试次数中。默认值:0。

③复位账户锁定计数器。该安全设置确定在登录尝试失败计数器被复位为0(即0次失败登录尝试)之前，尝试登录失败之后所需的分钟数。有效范围为1～99999分钟。如果定义了账户锁定阈值，则该复位时间必须小于或等于账户锁定时间。默认值:无。因为只有当指定了"账户锁定阈值"时，该策略设置才有意义。

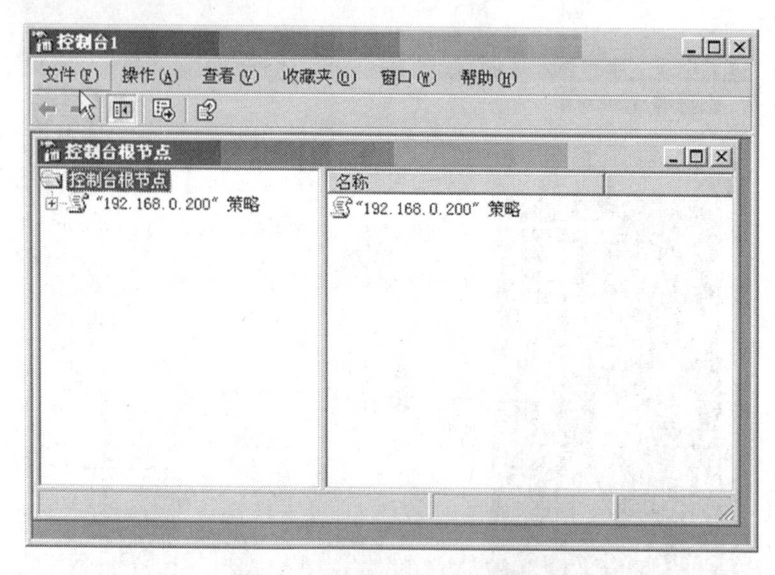

图 6-11　添加完成组策略窗口

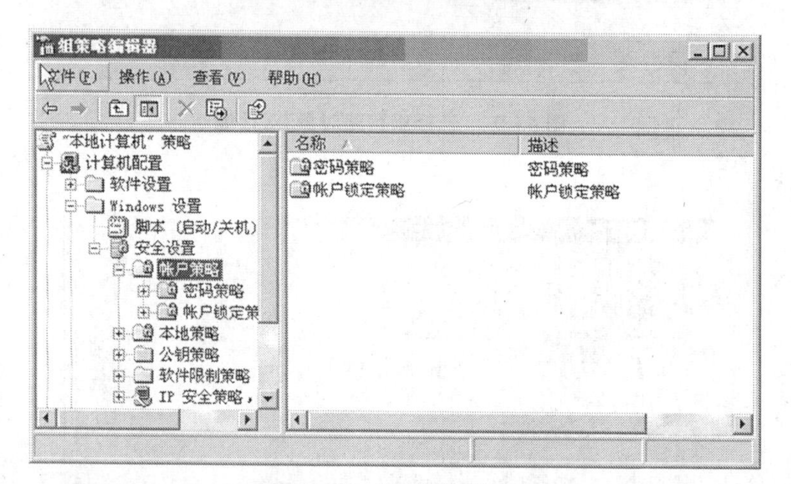

图 6-12　"组策略"窗口

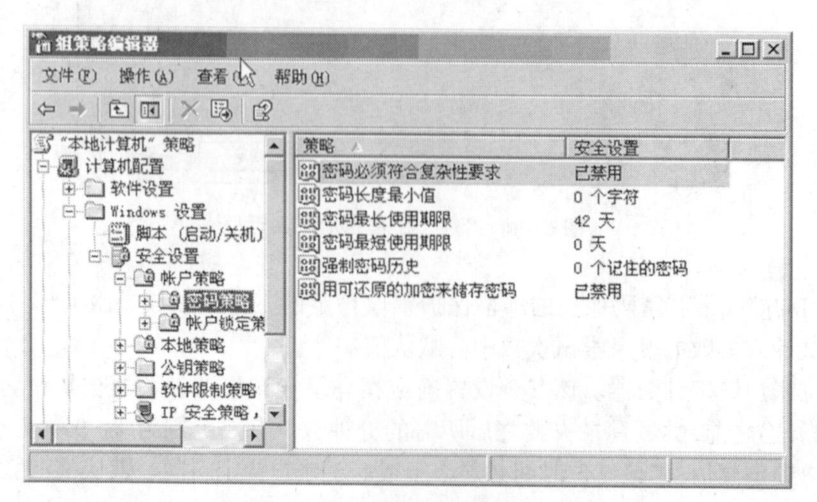

图 6-13　"组策略编辑器"窗口

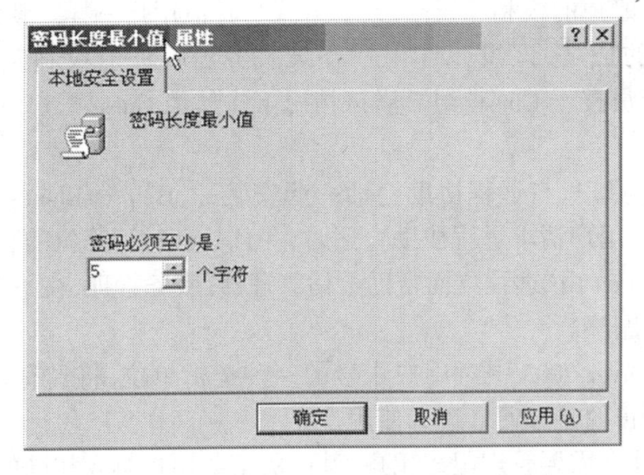

图 6-14 “密码长度最小值属性”对话框

6.3 用户权限设置

这里所介绍的用户及权限,主要针对的是本地用户及其权限。

本地用户位于独立服务器的计算机管理中,用户可以利用这一组管理工具来管理本地或远程计算机;可以使用本地用户保护并管理存储在本地计算机上的用户账户;可以在特定计算机和仅这台计算机上指派本地用户账户的权限和权利。

通过本地用户,可以为用户和组指派权利和权限,从而限制了用户和组执行某些操作的能力。权利可授权用户在计算机上执行某些操作,如备份文件和文件夹或者关机。权限是与对象(通常是文件、文件夹或打印机)相关联的一种规则,它规定哪些用户可以访问该对象以及以何种方式访问。

6.3.1 Windows Server 2003 内置账户及组

在安装运行 Windows Server 2003 的独立服务器或成员服务器时,系统会自动创建一些默认用户账户,如下所述。

(1)Administrator 账户。Administrator 账户具有对服务器的完全控制权限,并可以根据需要向用户指派用户权利和访问控制权限。该账户必须仅用于需要管理凭据的任务。强烈建议将此账户设置为使用强密码。

Administrator 账户是服务器上 Administrator 组的成员,且永远也不能从 Administrator 组中删除 Administrator 账户,但可以重命名或禁用该账户。由于大家都知道“管理员”存在于许多版本的 windows 上,所以重命名或禁用此账户,将使恶意用户尝试并访问该账户变得更为困难。Administrator 账户是首次设置服务器时使用的账户。在系统使用者为自己创建账户之前,应使用该账户进行工作。需要指出,即使已经禁用了 Administrator 账户,仍然可以在安全模式下使用该账户访问计算机。

(2)Guest 账户。Guest 账户由在这台计算机上没有实际账户的用户使用。如果某个用户的账户已被禁用,但还未删除,那么该用户也可以使用 Guest 账户。Guest 账户不需要密码。默认情况下,Guest 账户是禁用的,但也可以启用它。

可以设置 Guest 账户的权利和权限,设置方式与其他用户一样。默认情况下,Guest 账户是默认的 Guests 组的成员,该组允许用户登录服务器。其他权利及任何权限都必须由 Administrators 组的成员授予 Guests 组。默认情况下将禁用 Guest 账户,并且建议将其保持禁用状态。

(3)HelpAssistant 账户(与远程协助会话一起安装)。HelpAssistant 账户用于建立远程协助会话的主账户。当用户请求远程协助会话时,并且具有对计算机的有限访问权,将自动创建该账户。HelpAssistant 由"远程桌面帮助会话管理器"服务管理,在不存在挂起的远程协助请求时,它会被自动删除。

组是 Windows Server 2003 中对用户账号的一种逻辑单位,将具有相同特点和属性的用户组合成一个组,其目的是方便管理和使用。

如果一个服务器上需要管理很多用户,其中的某些用户具有相同的权限(如人事部的工作人员账号权限几乎一致),如果单独对每个用户赋予权限,管理维护很不方便,而且十分烦琐。建立组后,对组赋予服务器的权限,只需要将用户加入到该组中,用户将自动具备组的权限。这样管理和维护就十分方便了。

独立服务器上的组又称为本地组。Windows Server 2003 内置本地组主要包括 Administrators、Backup Operators、Guests、Power Users、Remote Desktop Users、Users 等。

(4)Administrators 组。该组的成员具有对服务器的完全控制权限,并且可以根据需要向用户指派用户权利和访问控制权限。管理员账户也是默认成员。当该服务器加入域中时,Domain Admins 组会自动添加到该组中。由于该组可以完全控制服务器,所以向该组添加用户时应谨慎。

(5)Backup Operators 组。该组的成员可以备份和还原服务器上的文件,而不管保护这些文件的权限如何。这是因为执行备份任务的权利要高于所有文件权限,它们不能更改安全设置。

(6)Guests 组。该组的成员拥有一个在登录时创建的临时配置文件,在注销时,该配置文件将被删除。来宾账户(默认情况下已禁用)也是该组的默认成员。

(7)Power Users 组。该组的成员可以创建用户账户,然后修改并删除所创建的账户。他们可以创建本地组,然后在他们已创建的本地组中添加或删除用户。还可以在 Power Users 组、Users 组和 Guests 组中添加或删除用户。成员可以创建共享资源并管理所创建的共享资源。他们不能取得文件的所有权、备份或还原目录、加载或卸载设备驱动程序,或者管理安全性以及审核日志。

(8)Remote Desktop users 组。该组的成员可以远程登录服务器,允许通过终端服务登录。

(9)Users 组。该组的成员可以执行一些常见任务,如运行应用程序、使用本地和网络打印机以及锁定服务器。用户不能共享目录或创建本地打印机。默认情况下,Domain users、Authenticated Users 及 Interactive 组是该组的成员。因此,在域中创建的任何用户账户都将成为该组的成员。

6.3.2 用户权限设置

用户权限是允许用户在计算机系统或网络中执行任务,用户权限分配则是确定哪些用户或组具有这些权限。

一般情况下,用户权限都是由管理员作为计算机系统或网络的安全设置的一部分,分配

给这些计算机或网络的使用者，用户权限可以是针对单个用户进行设置，也可以作为一个组来进行分配。

在 Windows Server 2003 的“组策略编辑器”窗口中，有一个文件夹专门用来对本地用户账号或组进行权限设置，管理员可以在其中根据具体情况进行安全设置。执行“开始|运行”命令，在“打开”文本框中输入“gpedit.msc”，单击“确定”按钮打开如图 6-15 所示的“组策略编辑器”窗口。在其中依次展开“计算机配置|windows 设置|安全设置|本地策略|用户权限分配”文件夹，在其中进行木地用户权限的各种安全设置，如图 6-15 所示。

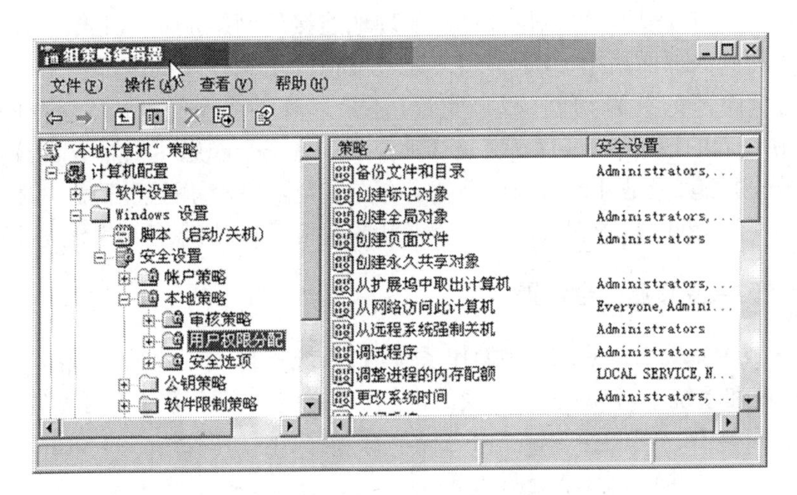

图 6-15 “组策略编辑器”中选择“用户权限分配”文件夹

双击其中的任何一个用户权限设置选项，将出现一个相应内容的对话框，要求操作者选择该权限的拥有者—用户或组，单击“添加用户或组”按钮即可对用户或组进行增加，而选择已有的任何一个用户或组，则可以通过单击“删除”按钮来删除该用户或组。管理员只需根据当前的用户权限安全策略来进行操作即可，如图 6-16 所示。

提示：在对话框的【添加用户或组】按钮中，设置用户权限即可。

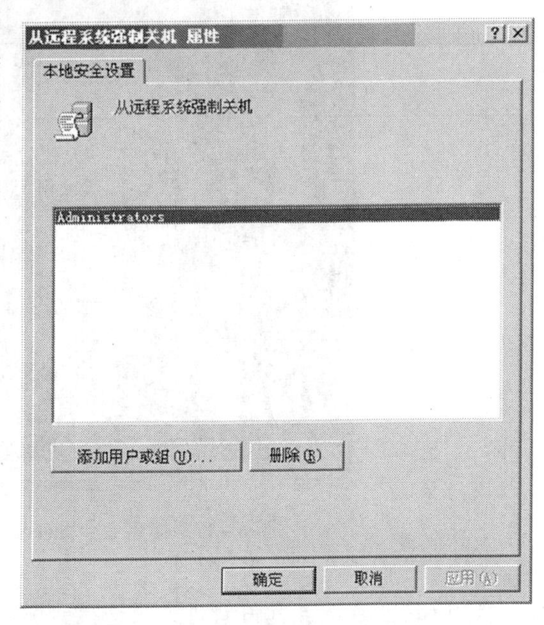

图 6-16 “从远程系统强制关机属性”对话框

6.4 Windows Server 2003 远程连接安全设置

在 Intranet 内部,安装了 Windows Server 2003 网络操作系统的计算机,可以作为一台域服务器来承担域中用户账户的验证工作,以实现认证访问域;也可以作为一台资源服务器来提供诸如文件共享、打印共享等功能;也可以通过 IIS 来提供 Web 服务。对外部,Intranet 通过与 Internet 互联,利用 Windows Server 2003 来提供远程访问,使远程或移动工作人员能够连接到企业内部网络上,远程用户可以像计算机物理地连接到网络上一样工作。如远程用户通过拨号网络连接到内部网络中,或远程用户通过虚拟专用网连接到内部网络中。所有的这些访问,不论是内部的共享访问、账户验证,还是远程的各种连接,在现今的 Intranet 与 Internet 互联在一起的情况下,都存在着这样那样的一些安全隐患。虽然 Windows Server 2003 提供有许多安全措施,但是开放远程访问就会存在安全隐患,了解这些隐患并掌握清除这些隐患的方法,对于帮助网络管理员建立一个强壮的网络、强壮的服务器系统是十分有用的。

6.4.1 特殊共享资源安全设置

在安装完成 Windows Server 2003 操作系统后,系统将自动创建部分或所有特殊共享资源,以便于管理和系统本身使用。在"我的电脑"里这些共享资源是不可见的,但通过使用"共享文件夹"可查看它们,也可以在"命令提示符"窗口中使用命令"net Share"来查看它们,如图 6-17 所示。这些特殊共享资源如下所述。

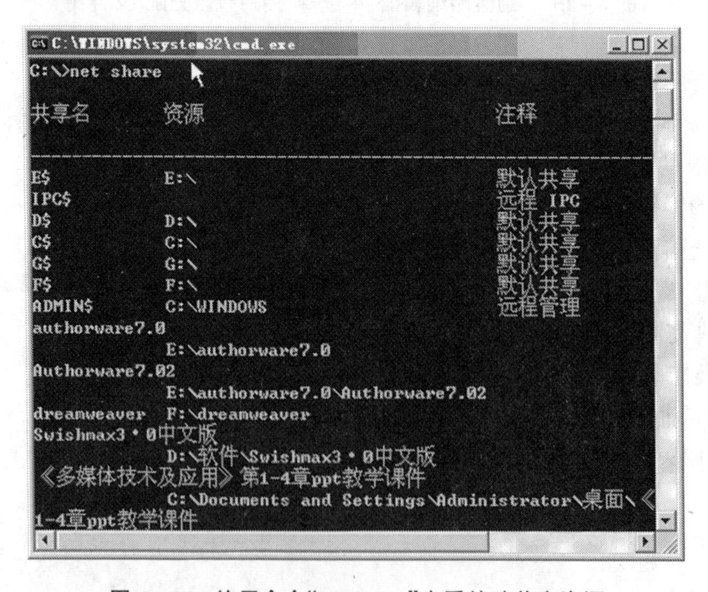

图 6-17 使用命令"net Share"查看特殊共享资源

(1)drive letter $。允许管理人员连接到驱动器根目录下的共享资源。

(2)ADMIN。计算机远程管理期间使用的资源。该资源的路径总是系统根目录路径。

(3)IPC $。共享命名管道的资源,在程序之间的通信过程中,该命名管道起着至关重要的作用。在计算机的远程管理期间,以及在查看计算机的共享资源时使用 IPC $。不能删除该资源。

(4)NETLOGON。域控制器上使用的所需资源。删除该共享资源会导致域控制器所服务的所有客户端计算机的功能丢失。

(5)SYSVOL。域控制器上使用的所需资源。删除该共享资源会导致域控制器所服务的所有客户端计算机的功能丢失。

(6)PRINT $。远程管理打印机过程中使用的资源。

(7)FAX $。传真客户端在发送传真的过程中,所使用的服务器上的共享文件夹。该共享文件夹用于临时缓存文件及访问存储在服务器上的封面页。

这些共享资源一般情况下,网络使用者不会去使用它,但是网络攻击者却会利用这些特殊共享资源来对系统进行攻击,以获取系统的控制权,最典型的就是 IPC $ 入侵。因此,网络管理员在确认不会使用这些特殊共享资源的情况下,应删除这些特殊共享资源。实现方法很简单,在"命令提示符"窗口中输入命令"net share sharename/delete"即可,如图 6-18 所示。

```
C:\>net share d:\kcksdl/delete
此命令的语法是:


NET SHARE
sharename
          sharename=drive:path [/GRANT:user,[READ | CHANGE | FULL]]
                               [/USERS:number | /UNLIMITED]
                               [/CACHE:Manual | Documents| Programs | None ]
          sharename [/USERS:number | /UNLIMITED]
                    [/REMARK:"text"]
                    [/CACHE:Manual | Documents | Programs | None]
          {sharename | devicename | drive:path} /DELETE
```

图 6-18 删除特殊共享资源

共享资源 IPC $ 不能被"net share"命令删除掉,需利用 Windows Server 2003 的注册表编辑器来对它进行禁用。

执行"开始|运行"命令,弹出"运行"对话框,在对话框中的"打开"文本框中输入"regdit",然后单击"确定"按钮,打开注册表编辑器。找到组键"HKEY _ LOCAL _ MACHINE \ SYSTEM \ CurrentControlset \ Control \ Lsa"中的"restrictanonymous"子键,将其值改为 1 即可禁用 IPC $ 连接,如图 6-19 所示。如没有这个组键,则需新建它。

提示:

(1)在 Windows Server 2003 操作系统重新启动后,被删除的特殊共享资源将会重新建立。因此,为保证不会出现特殊共享资源攻击,应使用批处理的方式在系统重启时自动进行删除工作。

(2)全部删除系统中的特殊共享资源,将影响系统提供文件共享服务,打印共享服务等网络服务,删除前应仔细确认 Windows Server 2003 操作系统的所扮演的角色,是作为单独的桌面操作系统使用,还是作为网络操作系统提供各种网络服务使用。

6.4.2 账户安全设置

Windows Server 2003 提供的远程访问服务,往往都是通过用户账户来进行身份验证。只要通过账户认证,远程连接者就可以接入到本地网络中。Windows Server 2003 系统提供有两个内置账户,它们是随着系统的安装而自动被建立的,而且不能够被删除。许多的攻击者都

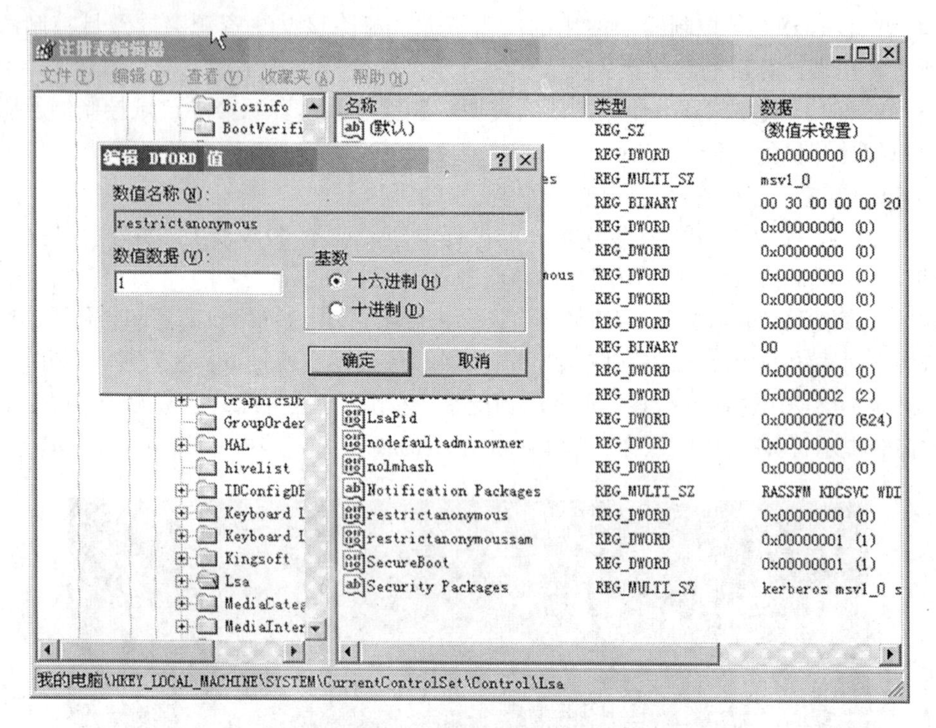

图 6-19 使用注册表编辑器禁用 IPC $

喜欢利用这两个内置账户来尝试发起远程连接，以进入到内部网络中。网络管理员应该了解这两个内置账户的作用，以及掌握如何避免攻击者利用它们来进行远程连接。

1. Administrator 账户

由于“Administrator”账户具有对 Windows Server 2003 系统的完全控制权限，并可以根据需要向其他用户指派用户权利和访问控制权限。因此，对系统进行攻击并最终获得该账户的控制权是攻击者的最终目的。虽然管理员可以为“Administrator”账户设置复杂的密码来阻止攻击者，但是矛和盾始终是相互的，密码总有被成功破解的时候。为“Administrator”账户重新命名，可以有效地阻止攻击者入侵，因为账户名不正确了。下面是对“Administrator”账户进行改名的操作步骤。

(1)右击“我的电脑”，在弹出的菜单中选择“管理”命令，打开“计算机管理”窗口，如图 6-20所示。

(2)在“计算机管理”左侧窗口中展开“系统工具|本地用户和组”文件夹，选择“用户”文件夹。这时在“计算机管理”右侧窗口中将显示出本地的所有账户，如图 6-21 所示。

(3)单击“Administrator”账户，在弹出的菜单中选择“重命名”命令，重新输入账户“Administrator”的名字即可。

2. Guest 账户

“Guest”账户是由在这台计算机上没有实际账户的用户所使用，该账户不具有密码，是一种匿名访问账户。利用这个账户，远程连接者可以对 Windows Server 2003 系统发起远程连接。“Guest”账户是一个十分危险的漏洞，在任何情况下，管理员都应该将它设置为禁用状态，所有对 Windows Server 2003 系统发起的远程访问，都应该提供正确的账户名和密码。下面是将“Guest”账户设置为禁用状态的操作步骤。

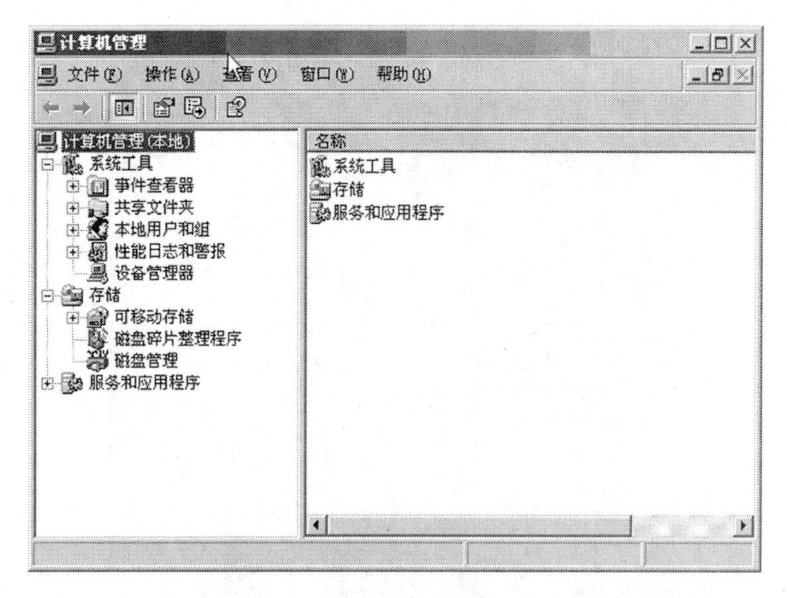

图 6－20 “计算机管理”窗口

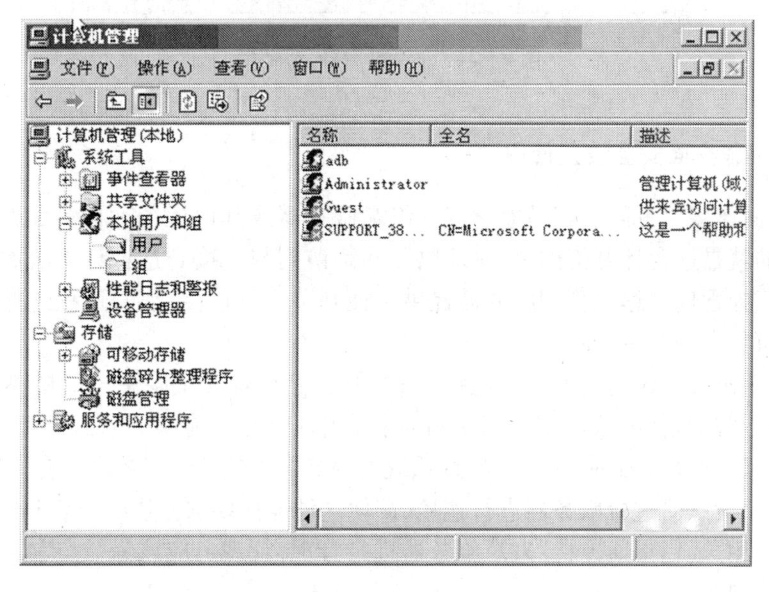

图 6－21 在“计算机管理”窗口中显示所有账户

(1)右击“我的电脑”,在弹出的菜单中选择“管理”命令,打开“计算机管理”窗口,如图 6－20所示。

(2)在“计算机管理”左侧窗口中展开“系统工具|本地用户和组”文件夹,选择“用户”文件夹。这时在“计算机管理”右侧窗口中将显示出本地的所有账户,如图 6－21 所示。

(3)双击“Guest”账户,弹出“Guest 属性”对话框,在其中选中“账户已禁用”复选框,这样就使得“Guest”账户被停用了,如图 6－22 所示。

提示:在 Windows Server 2003 中,“Guest”账户默认被停用。

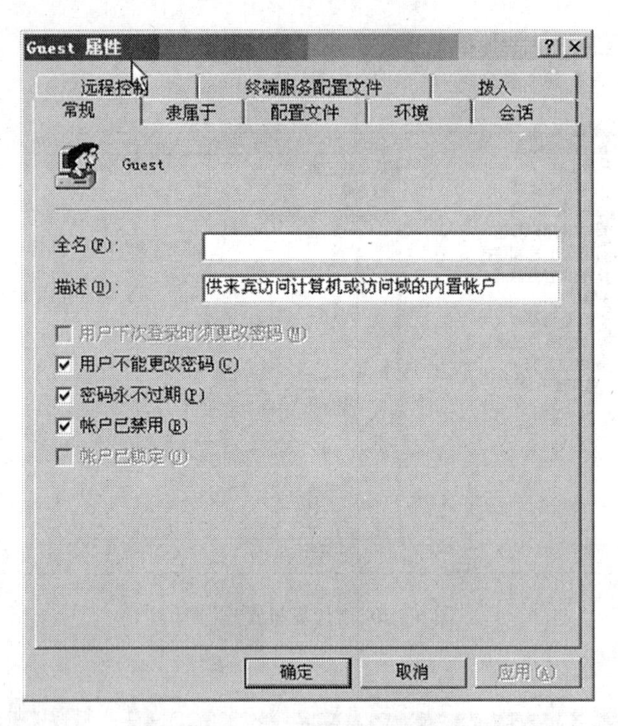

图 6-22 “Guest 属性”对话框

6.4.3 远程桌面安全设置使用

“远程桌面连接”,可以很容易地连接到终端服务器或其他运行远程桌面的计算机。操作者所需要的就是这台计算机的 IP 地址以及网络访问与连接到这台计算机的权限。这种远程连接方式为管理员远程管理服务器提供了便利。一旦连接成功,远程连接发起者将获得连接账户所具有的所有权限。

Windows Server 2003 提供了这种连接方式,但它存在着安全隐患。如果 Windows Server 2003 系统提供了远程拨号或虚拟网络远程连接,或者攻击者能够进入到企业内部网络中,并获取了这台运行着 Windows Server 2003 系统的服务器 IP 地址,那么攻击者就能够利用“远程桌面连接”来尝试对这台服务器进行连接,即使这种连接要求提供账户名和密码。为保证管理员能够利用“远程桌面连接”来对服务器进行管理,管理员应该为“远程桌面连接”设置能够访问的账户名。

提示:“远程桌面连接”要使用被进行远程连接的计算机的账户,因此,该计算机上的账户安全十分重要,对于“Administrator”账户一定要具有强壮的密码。右击“我的电脑”,在弹出的菜单中选择“属性”命令,弹出“系统属性”对话框,如图 6-23 所示。

选择“远程”选项卡,在其中单击“选择远程用户”按钮,如图 6-24 所示。弹出“远程桌面用户”对话框,在其中单击“添加”按钮,可以添加能够使用“远程桌面连接”的账户,单击“删除”按钮则可以删除已有的账户,如图 6-25 所示。

6.4.4 关闭远程访问注册表服务

为了系统管理员的管理方便,Windows Server 2003 提供有远程访问注册表服务,这为攻

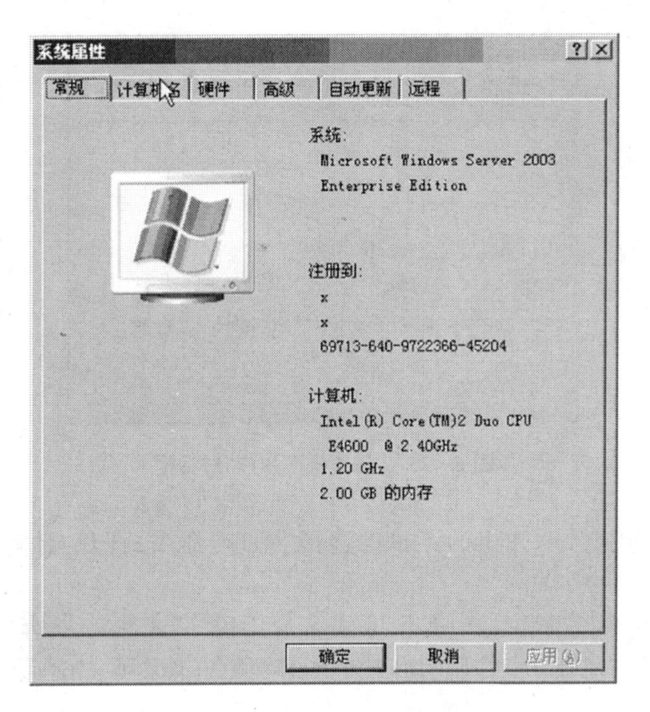

图 6-23 “系统属性”对话框

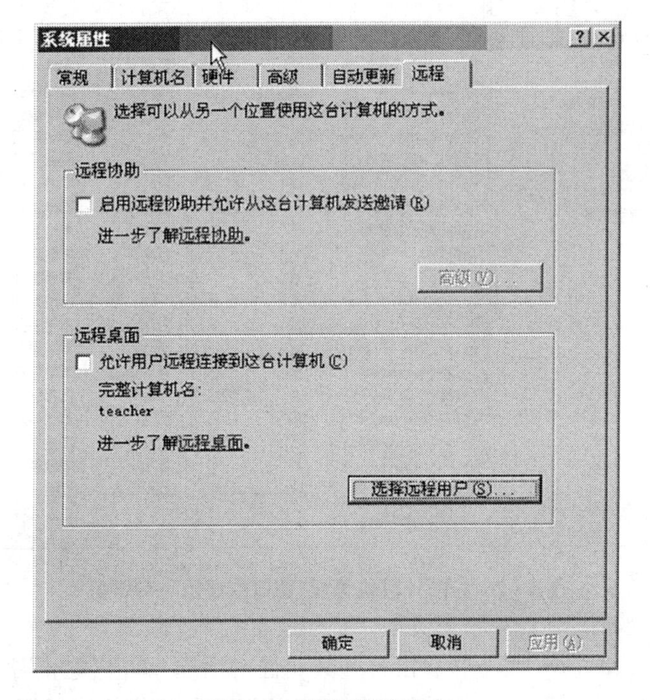

图 6-24 “远程”选项卡

击者利用扫描器通过远程注册表读取计算机的系统信息及其他信息提供了便利,这个服务必须被关闭。操作步骤如下所示。

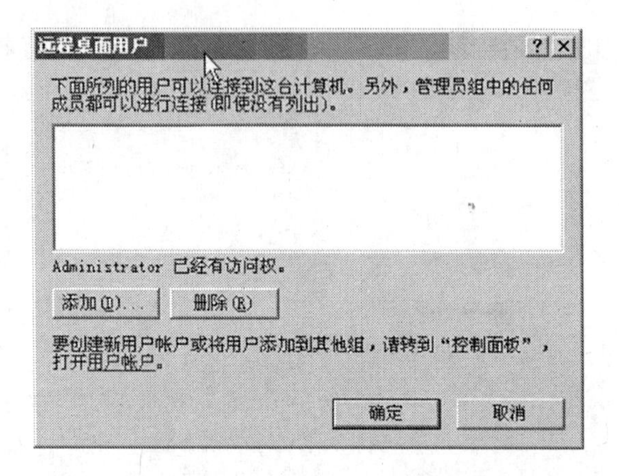

图 6-25 “远程桌面用户”对话框

1.右击“我的电脑”，在弹出的菜单中选择“管理”命令，打开“计算机管理”窗口，如图 6-20所示。

2.在“计算机管理”左侧窗口中展开“服务和应用程序”文件夹，选择“服务”文件夹。这时在“计算机管理”右侧窗口中将显示出本地的所有服务，如图 6-26 所示。

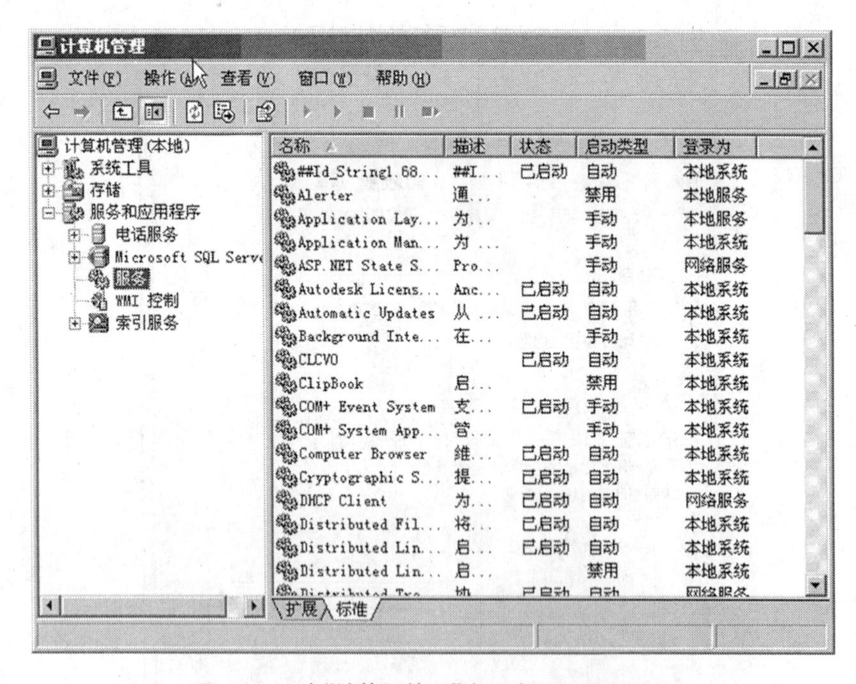

图 6-26 在“计算机管理”窗口中显示所有服务

3.找到“Remote Registry”服务并双击打开其属性对话框，单击“停止”按钮将停止运行这个服务，然后在“启动类型”下拉列表框中选择“禁用”选项，这样就将远程访问注册表服务关闭了，如图 6-27 所示。

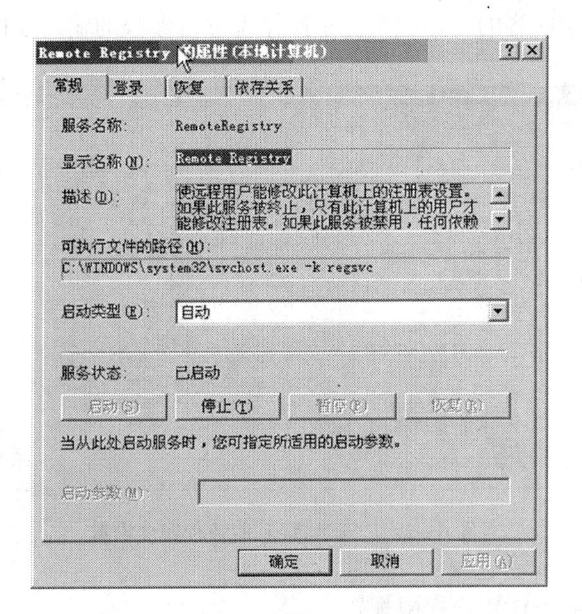

图 6-27 关闭远程访问注册表服务

6.5 实例——Windows Server 2003 的安全配置

前面我们介绍了 Windows Server 2003 的策略配置和用户权限配置，下面我们以两个实例来详细操作具体的配置过程。

1. Windows Server 2003 策略配置

(1)执行“开始|运行”命令，在“打开”文本框中输入“gpedit.msc”命令，以打开“组策略”窗口，如图 6-28 所示。

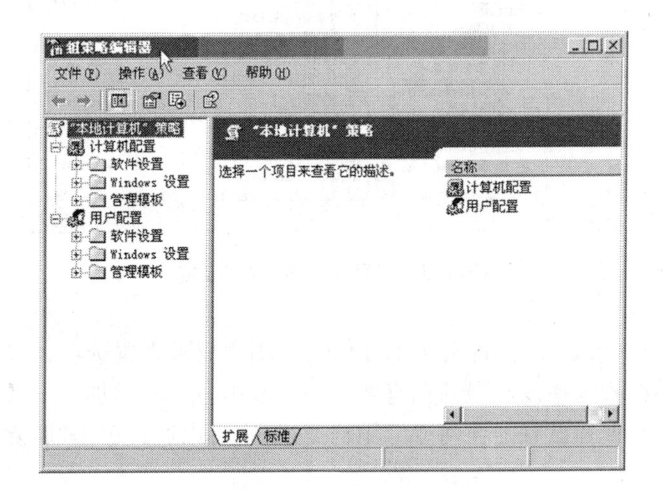

图 6-28 “组策略”窗口

(2)在其中依次展开“计算机配置|windows 设置|安全设置|本地策略|安全选项”文件夹，在其中完成本地策略的各种安全设置，如图 6-29 所示。双击其中的任何一个策略设置

选项,将出现一个相应内容的对话框来提示操作者进行参数的输入或选择。

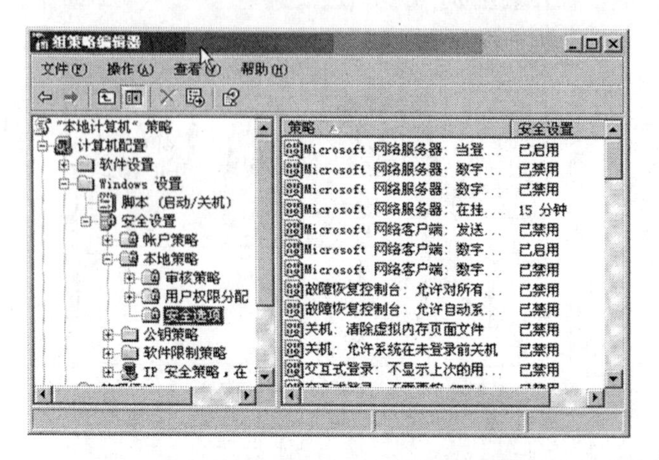

图 6-29 “安全选项”的各种安全设置

2. Windows Server 2003 用户权限配置

(1)执行“开始|运行”命令,在“打开”文本框中输入“gpedit.msc”命令,单击“确定”按钮打开“组策略编辑器”窗口。

(2)在“组策略编辑器”窗口中依次展开“计算机配置|Windows 设置|安全设置|本地策略|用户权限分配”文件夹,在其中进行本地用户权限的各种安全设置,如图 6-30 所示。

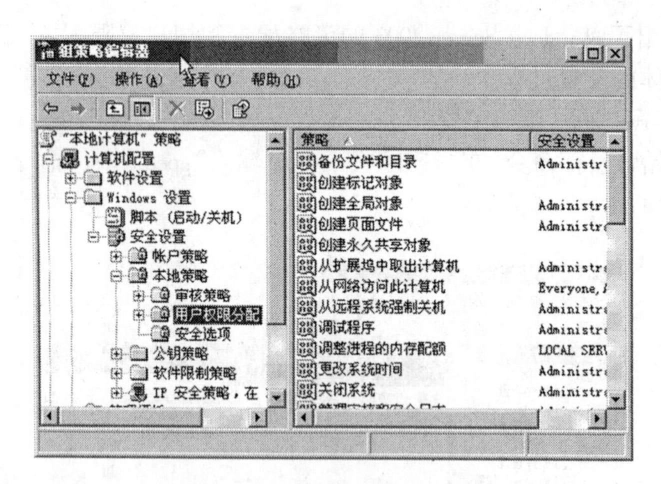

图 6.30 “用户权限分配”设置

(3)双击“用户权限分配”文件夹中的任何一个用户权限设置选项,将出现一个相应内容的对话框,要求操作者选择该权限的拥有者—用户或组,单击“添加用户或组”按钮即可对用户或组进行添加,而选择已有的任何一个用户或组,则可以通过单击“删除”按钮来删除该用户或组。

【本章小结】

本章主要介绍了 Windows Server 2003 操作系统关于安全方面的一些相关内容,包括 Windows Server 2003 系统新增加的安全功能、Windows Server 2003 的用户权限设置、在

Windows Server 2003 中使用远程连接的安全设置。掌握这些内容及其设置方法,对于网络管理员解决网络故障,保障网络安全有着不可忽视的作用。

【练习题】

一、选择题

1. Windows Server2003 系统的安全日志如何设置?(　　)

A. 事件查看器　　B. 服务管理器　　C. 本地安全策略　　D. 网络适配器里

2. 用户匿名登录主机时,用户名为(　　)。

A. guest　　B. OK　　C. admin　　D. anonymous

3. 为保证计算机信息安全,通常使用(　　),以使计算机只允许用户在输入正确的保密信息时进入系统。

A. 口令　　B. 命令　　C. 密码　　D. 密钥

二、填空题

1. Active Directory 存储有关网络上________的信息,并让用户和网络管理员可以使用这些信息。

2. Windows Server 2003 系统的身份验证使用对所有网络资源的________登录。

3. 在 Windows Server 2003 系统中,有一些系统自动创建的默认用户账户,它们是________和________、________。

4. 访问控制是批准________、组和________访问网络上的对象的过程。

三、简答题

1. 简述 Windows Server 2003 的身份验证方式。

2. 什么是权限、用户权利和对象审核?

3. 强密码的特性是什么?

4. 密码策略作用于域账户或本地账户,它主要包括哪些内容?

5. 在 Windows Server 2003 中,特殊共享资源包括哪些内容?

第7章 防火墙技术与计算机病毒

【案例导入】

由公安部公布的2004年全国信息网络安全状况调查结果显示，在被调查的7 072家政府、金融证券、教育科研、电信、广电、能源交通、国防和商贸企业等部门和行业的重要信息网络、信息系统使用单位中，发生网络安全事件的比例为58%。其中，发生1次的占总数的22%；2次的占13%；3次以上的占23%。发生网络安全事件中，计算机病毒、蠕虫和木马程序造成的安全事件占所发生安全事件单位总数的79%；拒绝服务、端口扫描和篡改网页等网络攻击事件占43%；大规模垃圾邮件传播造成的安全事件占36%。54%的被调查单位网络安全事件造成的损失比较轻微；损失严重和非常严重的占发生安全事件单位总数的10%。此外，公安部公共信息网络安全监察局和中国计算机学会计算机安全专业委员会还对8 400余家计算机用户计算机病毒感染情况进行了调查，调查表明，今年我国计算机用户计算机病毒的感染率为87.9%，比去年增加了2%。

【学习目标】

1.理解防火墙的基本概念

2.掌握防火墙的工作原理、体系结构和应用实例

3.了解计算机病毒的定义、计算机病毒的生命周期

4.计算机病毒的特性及分类等相关知识

5.熟练掌握计算机病毒的常用测试和防范技术

7.1 防火墙概述

本小节将主要介绍防火墙的基本概念，以及防火墙的功能和优缺点。

1.防火墙的概念

防火墙是一个或一组实施访问控制策略的系统，是一种高级访问控制设备。作为维护网络安全的关键设备，防火墙的目的就是在信任网络(区域)和非信任网络(区域之间建立一道屏障，是不同网络(区域)间的唯一通道，并实施相应的访问控制策略控制(允许、拒绝、监视、记录)进出网络的访问行为。应该说，在网络中应用防火墙是一种非常有效的网络安全手段。

访问控制策略规定了网络不同部分允许的数据流向，同时还规定了哪些类型的传输是允许的，哪些类型的传输将被阻塞。内容清楚的访问控制策略有助于保证对防火墙产品选择的正确性。

访问控制策略设计原则有封闭原则和开放原则。

基于封闭原则，防火墙应封锁所有信息，然后对希望提供的安全服务逐项开放，对不安全的服务或可能有安全隐患的服务一律扼杀在萌芽中。

基于开放原则,防火墙应先允许所有的用户和站点对内部网络的访问,然后网络管理员对未授权的用户、不信任的站点或不安全的服务进行逐项屏蔽。

典型的防火墙具有以下三个方面的基本特性。

(1)内部网络和外部网络之间的所有网络数据流都必须经过防火墙。

这是防火墙所处网络位置特性,同时也是一个前提。因为只有当防火墙是内、外部网络之间通信的唯一通道时,才可以全面、有效地保护企业内部网络不受侵害。根据美国国家安全局制定的《信息保障技术框架》,防火墙适用于用户网络系统的边界,属于用户网络边界的安全保护设备。所谓网络边界即是采用不同安全策略的两个网络连接处,比如用户网络和互联网之间连接、和其他业务往来单位的网络连接、用户内部网络不同部门之间的连接等。防火墙的目的就是在网络连接之间建立一个安全控制点,通过允许、拒绝或重新定向经过防火墙的数据流,实现对进、出内部网络的服务和访问的审计和控制。

(2)只有符合安全策略的数据流才能通过防火墙。

防火墙最基本的功能是确保网络流量的合法性,并在此前提下将网络的流量快速地从一条链路转发到另外的链路上去。从最早的防火墙模型开始谈起,原始的防火墙是一台"双穴主机",即具备两个网络接口,同时拥有两个网络层地址。防火墙将网络上的流量通过相应的网络接口接收上来,按照OSI协议栈的7层结构顺序上传,在适当的协议层进行访问规则和安全审查,然后将符合通过条件的报文从相应的网络接口送出,而对于那些不符合通过条件的报文则予以阻断。因此,从这个角度上来说,防火墙是一个类似于桥接或路由器的、多端门的(网络接口$\geqslant$2)转发设备,它跨接于多个分离的物理网段之间,并在报文转发过程之中完成对报文的审查工作。

(3)防火墙自身应具有非常强的抗攻击免疫力。

这是防火墙之所以能担当企业内部网络安全防护重任的先决条件。防火墙处于网络边缘,它就像一个边界卫士一样,每时每刻都要面对黑客的入侵,这样就要求防火墙自身要具有非常强的抗击入侵本领。它之所以具有这么强的本领,防火墙操作系统本身是关键,只有自身具有完整信任关系的操作系统才可以谈论系统的安全性。其次就是防火墙自身具有非常低的服务功能,除了专门的防火墙嵌入系统外,再没有其他应用程序在防火墙上运行。当然这些安全性也只能说是相对的。

2.防火墙的功能

(1)过滤和管理

防火墙能对进出网络的数据包进行过滤,并对进出网络的访问行为进行管理。防火墙可看作是检查点,所有进出的信息都必须穿过它,为网络安全起把关作用,有效地挡住外来的攻击;对进出的数据进行监视,只允许授权的通信通过。

(2)保护和隔离

通过利用防火墙对内部网络的划分,可实现内部网重点网段的隔离,从而限制了局部重点或敏感网络安全问题对全局网络造成的影响。

(3)日志和告警

防火墙能有效地记录通过防火墙的信息内容和活动,由于所有传输的信息都必须穿过防火墙,因此,防火墙就能记录下这些访问并做出日志记录,同时也能提供网络使用情况的统计数据。当发生可疑动作时,防火墙能进行适当的报警,并提供网络是否受到监测和攻击的详细信息。另外,收集一个网络的使用情况也是非常重要的。首先的理由是可以清楚防火墙是否能够抵挡攻击者的探测和攻击,并且清楚防火墙的控制是否充足。而网络使用统计对网络需求分析和威胁分析等而言也是非常重要的。

此外,防火墙还具有其他功能,如提供加密和解密以及 VPN 能力。防火墙能在公共网络中建立专用的加密虚拟通道,以确保通信安全。

3. 防火墙的缺陷

利用防火墙可以保护安全网免受外部黑客的攻击,但其目的只是能够提高网络的安全性,不可能保证网络绝对安全。虽然网络防火墙在网络安全中起着不可替代的作用,但它不是万能的,有其自身的弱点,事实上仍然存在着一些防火墙不能防范的安全威胁,主要表现在下列六个方面。

(1)防火墙不能防范病毒

虽然防火墙扫描所有通过的信息,但扫描多半是针对源地址与目标地址以及断口号,而并非数据细节,有太多类型的病毒和太多种方法可使病毒在数据中隐藏,防火墙在病毒的防范上是不适用的。

(2)防火墙不能防范不经过防火墙的攻击

防火墙对网络拓扑结构依赖性大,防火墙必须设置在内部网络外出的唯一出口处,它无法防范通过防火墙以外的其他途径的攻击。虽然防火墙能有效地控制所有通过它的信息,但对不通过它的连接无能为力。例如,如果允许从受保护的网络内部向外拨号,一些用户就可能形成与 Internet 的直接连接。

(3)防火墙限制有用的网络服务

防火墙为了提高被保护网络的安全性,限制或关闭了很多有用但存在安全缺陷的网络服务。这样有可能会抑制一些正常的信息通过,限制了有用的网络服务。由于多数网络服务在设计之初根本没有考虑安全性,所以都存在安全问题。防火墙限制这些网络服务等于从一个极端走向了另一个极端。

(4)防火墙不能防范新的网络安全问题

防火墙是一种被动式的防护手段,只能对现在已知的网络威胁起作用。随着网络攻击手段的不断更新和新的网络应用的出现,不可能靠一次性的防火墙设置来解决永远的网络安全问题。

(5)防火墙不能防范内部攻击

防火墙一般部署在网关处,把外部网络当成不可信网络,而把内部网络当成可信任的网络,主要预防来自外部网络的攻击。然而事实证明,大部分入侵都来自内部网络,但是防火墙对此却无能为力。为此可以把内部网分成多个子网,采用内部安装防火墙的方法保护一些内部关键区域。采用这种方法,维护成本和设备成本都会很高。

(6)防火墙不能解决进入防火墙的数据带来的所有安全问题

如果用户下载一个程序在本地运行,这个程序很可能就包含一段恶意代码,如病毒、木马等,或泄露敏感信息,或对系统进行破坏。

防火墙不能代替内部谨慎的安全措施,它不是解决所有问题的万能药方,而只是网络安全策略的一个重要组成部分。

7.2 防火墙技术分类

7.2.1 防火墙实现技术

防火墙诞生以来,技术发展总共经历了三个主要的发展阶段,即包过滤技术、应用代理技术、状态检测技术。目前,获得普遍认同的是状态检测技术,因为该技术的安全性、性能都比较优良,所以得到了广泛的应用。

1.包过滤技术

包过滤技术是在网络层对数据包进行选择,选择的依据是系统内设置的过滤逻辑,即访问控制表。借助报文中优先级、TOS、UDP或TCP端口等信息,或它们的组合作为过滤参考,通过在接口输入或输出方向上使用基本或高级访问控制规则,可以实现对数据包的过滤。同时,还可以按照时间段进行过滤,不仅保护内部网络免遭外来攻击,还可以有效控制内部主机对外部资源的访问,形成内外网络之间的安全保护屏障。

目前的包过滤还提供了对分片报文检测过滤的支持,检测的内容有下列三项。

(1)报文类型(非分片报文、首片分片报文和非首片分片报文)。

(2)获得报文的三层信息(基本ACL规则和不含三层以上信息的高级ACL规则)。

(3)三层以上的信息(包含三层以上信息的高级ACL规则)。

对于配置了精确匹配过滤方式的高级ACL规则,包过滤防火墙需要记录每一个首片分片的三层以上的信息,当后续分片到达时,使用这些保存的信息对ACL规则的每一个匹配条件进行精确匹配。应用精确匹配过滤后,包过滤防火墙的执行效率会略微降低,配置的匹配项目越多,效率降低越多。

包过滤防火墙逻辑简单,价格便宜,网络性能和透明性好。包过滤防火墙不用改动客户机和主机上的应用程序,因为它工作在网络层和传输层,与应用层无关。但包过滤防火墙的弱点也是明显的:包过滤防火墙只检查数据包中网络层的少量信息,不能完全检查基于高层协议的IP报文中的所有片段,因而各种安全要求不可能充分满足,对高级攻击提供的保护很少。而且数据包的源地址、目的地址以及IP的端口号等信息都在数据包的头部,很有可能被窃听和假冒。

在许多包过滤防火墙中,过滤规则的数目是有限制的,且随着规则数目的增加,性能会受到很大的影响;包过滤器设置的规则越多,连接的速度也就越慢。过滤器必须将每个数据包与每个规则进行比较,直到找到匹配为止。

大多数包过滤防火墙缺少审计和报警机制,且管理方式和用户界面较差,对安全管理人员要求高,建立安全规则时必须对协议本身及其在不同应用程序中的作用有较深入的理解。包过滤防火墙仅仅依靠特定的逻辑来确定是否允许数据包通过。一旦满足逻辑,则防火墙内外的计算机系统建立直接联系,因此黑客有可能直接了解防火墙内部的网络结构和运行状态,从而实施非法访问和攻击。非法访问一旦突破防火墙,即可对主机上的软件和配置漏洞进行攻击。

2.网络地址转换技术(NAT)

网络地址转换技术(NAT)将专用网络中的专用IP地址转换成Internet上使用的全球唯一的公共IP地址。防火墙利用NAT技术能透明地对所有内部地址作转换,使外部网络无法了解内部网络的内部结构，同时允许内部网络使用自己定制的 IP 地址和专用网络，使用 NAT 的网络，与外部网络的连接只能由内部网络发起，极大地提高了内部网络的安全性。NAT 的另一个显而易见的用途是解决 IP 地址匮乏问题。如图 7－1 所示描述了一个基本的 NAT 应用。

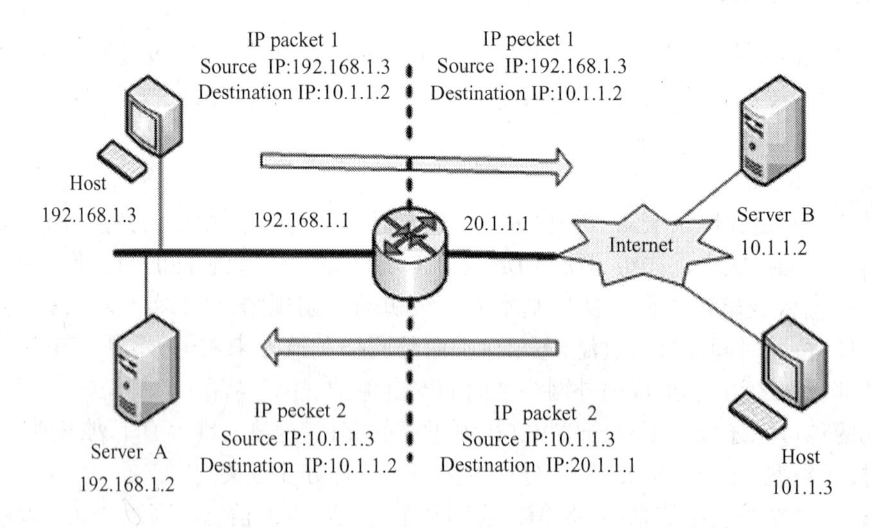

图 7－1 网络地址转换的基本过程

NAT 服务器处于私有网络和公有网络的连接处。当内部 PC(192.168.1.3)向外部服务器(10.1.1.2)发送一个数据报 1 时，数据报将通过 NAT 服务器。NAT 进程查看报头内容，发现该数据报是发往外网的，那么它将数据报 1 的源地址字段的私有地址 192.168.1.3，换成一个在 Internet 上可路由的公有地址 20.1.1.1，并将该数据报发送到外部服务器，同时在网络地址转换表中记录这一映射；外部服务器给内部 PC 发送应答报文 2(其初始目的地址为 20.1.1.1)，到达 NAT 服务器后，NAT 进程再次查看报头内容，然后查找当前网络地址转换表的记录，用原来的内部 PC 的私有地址 192.168.1.3 替换目的地址。

上述的 NAT 过程对终端(如图 7－1 中的 PC 和服务器)来说是透明的。对外部服务器而言，它认为内部 PC 的 IP 地址就是 20.1.1.1，并不知道有 192.168.1.3 这个地址。因此 NAT“隐藏”了用户的私有网络。

地址转换的优点在于，为内部主机提供了“隐私”(Privacy)保护的前提下，实现了内部网络的主机通过该功能访问外部网络资源。但它也有一些缺点，如下所示。

(1)由于需要对数据报文进行 IP 地址的转换，涉及 IP 地址的数据报的报头不能被加密。在应用协议中，如果报文中有地址或端口需要转换，则报文不能被加密。如不能使用加密的 FTP 连接，否则 FTP 的 port 命令不能被正确转换。

(2)网络调试变得更加困难。如某一台内部网络的主机试图攻击其他网络，则很难指出究竟是哪一台主机是恶意的，因为主机的 IP 地址被屏蔽了。

(3)在链路的带宽速率低于 10 MB/S 时，地址转换对网络性能基本不构成影响，此时，网络传输的瓶颈在传输线路上；当速率高于 10 MB/S 时，地址转换将对防火墙性能产生一些影响。

3.应用代理技术

应用代理技术是针对包过滤技术存在的缺点而引入的防火墙技术，其特点是将所有跨

越防火墙的网络通信链路分为两段，是内部网和外部网的隔离点，起看监视和隔绝应用层通信流的作用，防止网络之间的直接传输。防火墙内外计算机系统间应用层的"链接"，由两个终止代理服务器上的"链接"来实现，外部计算机的网络链路只能到达代理服务器，从而起到了隔离防火墙内外计算机系统的作用。

与包过滤防火墙不同，应用代理防火墙一作在 OSI 模型的最高层(应用层)，应用代理防火墙的实现主要是基于软件的。在某种意义上，可以把这种防火墙看作一个翻译器，由它负责外部网络和内部网络之间的通信，当防火墙两端的用户打算进行网络通信时，两端的通信终端不会直接联系，而是由应用层的代理来负责转发。

代理会截获所有的通信内容，如果代理收到个连接请求，并且该请求符合预定的访问控制规则，则代理将会生成一个新请求发送给目标系统，就好像代理是原始的客户机一样，也就是说代理不是简单地让请求通过，而是生成一个新的请求；这个新请求被传送到目标系统，当目标系统回应时，也是向代理发出回应，代理接收到传回的数据，将会根据规则检查数据，如果允许，代理将生成新的数据，并送回客户机，就好像它就是目标系统一样。由于网络连接都是通过中介来实现的，所以恶意的侵害几乎无法伤害到被保护的真实的网络设备。

代理防火墙在所有的连接中扮演中间人的角色，有了代理防火培作数据包的存储转发，源系统和目标系统就永远不会直接连接起来，代理防火墙不允许任何信息穿过它，所有的内外连接均通过代理来实现，安全性较高。

请求重新生成的过程和工作在高层，理解应用层的协议的事实，代理防火墙提供了许多安全功能，能进行一些复杂的访问控制，主要包括下列几项内容。

(1)隐藏内部网络。代理防火墙的主要安全功能就是隐藏内部网络，从外部网络上看，代理防火墙可以使整个内部网络看上去像一台主机，因为只有一台主机向外部网络发送请求；同时代理防火墙能防止外部主机对内部主机上服务的连接。在使用代理防火墙的情况下，不存在到内部网络的路由途径，因为在两个网络之间不存在传输层的路由功能。

(2)内容过滤。如 Unicode 攻击，代理(网关)防火墙能发现这种攻击，并对攻击进行阻断。此外，还有常见的过滤 80 端口的 Java Applet、Javascript、ActiveX、电子邮件的 MIME 类型，还有 subject、To、From 等。

(3)消除内外网络之间的传输层路由的必要。传输层不需要路由，因为请求完全是被重新产生的。这就消除了传输层的弱点，如，源路由、分段等。阻断路由功能可能是代理防火墙最重要的优点，因为没有 TCP/IP 包可以真正在内外网络之间传输，并且可以防止大多数的服务拒绝和利用软件弱点的攻击。

(4)日志记录和告警。代理防火墙具有非常成熟的日志功能，由于突破了 OSI 四层的限制，代理防火墙可以记录非常详尽的日志记录，如记录进入防火墙的数据包中有关应用层的命令，如 Unicode 攻击的执行命令。此外，代理防火墙也对过往的数据包进行分析、注册登记，形成报告，同时当发现被攻击迹象时会向网络管理员发出警报，并保留攻击痕迹。

包过滤防火墙属于静态防火墙，目前存在的问题如下所述。

(1)对于多通道的应用层协议(如 FTP、H.323 等)，部分安全策略配置无法预知。

(2)无法检测某些来自于传输层和应用层的攻击行为(如 TCP SYN、Java Applets 等)。因此，产生了应用层报文过滤 ASPF(Application Specific Packet Filter)的概念。这是一种高级通信过滤，采取抽取相关数据的方法，检查基于 TCP/UDP 协议的应用层协议信息，并且监控基于连接的应用层协议状态，维护每一个连接的状态信息，动态地决定数据包是否允许通过防火墙。ASPF能够实现的检测包括下列两项。

(1)应用层协议检测,包括FTP、HTTP、SMTP、RTSP、H.323(Q.93、H.245、RTP/RTCP)检测。

(2)传输层协议检测,包括TCP和UDP检测,即通用TCP/UDP检测。状态检测防火墙支持应用层报文过滤ASPF。

应用层协议检测基本原理:如图7-2所示,为了保护内部网络,一般情况下需要在路由器上配置访问控制列表,以允许内部网的主机访问外部网络,同时拒绝外部网络的主机访问内部网络。但访问控制列表会将用户发起连接后返回的报文过滤掉,导致连接无法正常建立。当在设备上配置了应用层协议检测后,ASPF可以检测每一个应用层的会话,并创建一个状态表和一个临时访问控制列表(Temporary Access Control List,TACL)。

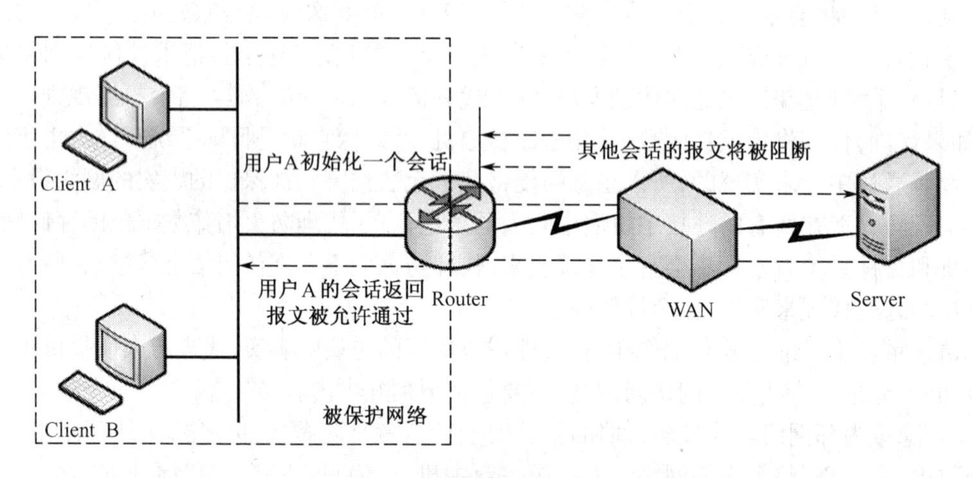

图7-2 应用层协议检测基本原理

(1)状态表在ASPF检测到第一个向外发送的报文时创建,用于维护一次会话中某一时刻会话所处的状态,并检测会话状态的转换是否正确。

(2)临时访问控制列表的表项在创建状态表项的同时创建,会话结束后删除,它相当于一个扩展ACL的permit项。TACL主要用于匹配一个会话中的所有返回的报文,可以为某一应用返回的报文在防火墙的外部接口上建立一个临时的返回通道。

以FTP检测为例说明多通道应用层协议检测的过程,如图7-3所示,FTP连接的建立过程:假设FTP client以1333端口向FTP Server的21端口发起FTP控制通道的连接,通过协商决定由FTP server端的20端口向FTP Client端的1600端口发起数据通道的连接,数据传输超时或结束后连接删除。

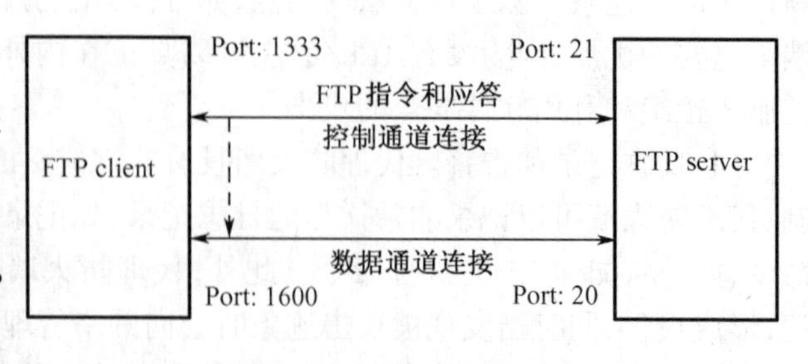

图7-3 FTP检测过程

FTP检测在FTP连接建立到拆除过程中的处理如下所述。

(1)检查从出接口上向外发送的IP报文,确认为基于TCP的FTP报文。

(2)检查端口号确认连接为控制连接,建立返回报文的TACL和状态表。

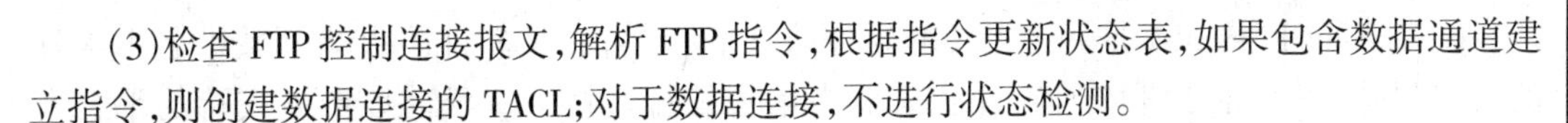

(3)检查 FTP 控制连接报文,解析 FTP 指令,根据指令更新状态表,如果包含数据通道建立指令,则创建数据连接的 TACL;对于数据连接,不进行状态检测。

(4)对于返回报文,根据协议类型做相应匹配检查,检查将根据相应协议的状态表和 TACL 决定报文是否允许通过。

(5)FTP 连接删除时,状态表及 TACL 随之删除。

单通道应用层协议(如 SMIP、HTTP)的检测过程比较简单,当发起连接时建立 TACL,连接删除时随之删除 TACL 即可。

传输层协议检测基本原理:这里的传输层协议检测是指通用 TCP/UDP 检测。通用 TCP/UDP 检测与应用层协议检测不同,是对报文的传输层信息进行的检测,如源地址、目的地址及端口号等。通用 TCP/UDP 检测要求返回到 ASPF 外部接口的报文要与前面从 ASPF 外部接口发出去的报文完全匹配,即源地址、目的地址及端口号恰好对应,否则返回的报文将被阻塞。因此,对于 FTP、H.323 这样的多通道应用层协议,在不配置应用层检测而直接配置 TCP 检测的情况下,会导致数据连接无法建立。

状态检测防火墙摒弃了包过滤防火墙仅考查数据包的 IP 地址等几个参数而不关心数据包连接状态变化的缺点,在防火墙的核心部分建立状态连接表,并将进出网络的数据当成一个个的会话,利用状态表跟踪每一个会话状态。状态监测对每一个包的检查不仅根据规则表,更考虑了数据包是否符合会话所处的状态,因此提供了完整的对传输层的控制能力。对新建的应用连接,状态检测防火墙检查预先设置的安全规则,允许符合规则的连接通过,并在内存中记录下该连接的相关信息,生成状态表,对该连接的后续数据包,只要符合状态表,就可以通过。状态检测防火墙还能监测无连接状态的远程过程调用(RPC)和用户数据报(UDP)之类的端口信息。

状态检测防火墙的主要特点包括下列几项。

(1)高安全性。工作在数据链路层和网络层之间,确保截取和检测所有通过网络的原始数据包。虽然工作在协议栈的较低层,但可以监视所有应用层的数据包,从中提取有用信息,安全性得到很大提高。

(2)高效性。一方面,通过防火墙的数据包都在协议栈的较低层处理,减少了高层协议栈的开销;另一方面,由于不需要对每个数据包进行规则检查,从而使性能得到了较大提高。

(3)可伸缩和易扩展。由于状态表是动态的,当有一个新的应用时,它能动态地产生新的应用规则,无需另外写代码,因而具有很好的可伸缩和易扩展性。

(4)应用范围广。不仅支持基于 TCP 的应用,而且支持基于无连接协议的应用。

7.2.2 防火墙分类

1.软件防火墙、硬件防火墙和芯片级防火墙

如果从防火墙的软、硬件形式来分的话,防火墙可以分为软件防火墙和硬件防火墙以及芯片级防火墙。

(1)软件防火墙

软件防火墙运行于特定的计算机上,它需要客户预先安装好的计算机操作系统的支持。软件防火墙采用纯软件的方式,就像其他软件产品一样需要先在计算机上安装并做好配置才可以使用。主要的软件防火墙产品有 Checkpoint 公司的 Firewall-1、Microsoft 公司的 ISA Server 以及用于个人用户的天网防火墙、金山网镖、Norton 防火墙等。

Checkpoint Firewall-1 是一个老牌的软件防火墙产品,它是软件防火墙领域中名声很好的一款产品,在世界范围内的软件防火墙中销售量排名第一。目前该产品支持的平台有 Windows NT/2000、Sun Solaris、IBM AIX 等。

使用这类防火墙,需要网管对所操作的系统平台比较熟悉。

(2)硬件防火墙

通常意义上讲的硬件防火墙是硬件和软件的结合,目前的硬件防火墙主要有基于网络处理器的防火墙和基于 X86 架构的防火墙。它们与芯片级防火墙最大的差别在于是否基于专用的硬件平台。

基于 Intel X86 系列架构的防火墙,实际上都是基于 X86 架构的服务器或工控机,因此又被称为工控机防火墙。基于 X86 架构防火墙上通常运行一些经过裁剪和简化的操作系统(最常用的有 UNIX、Linux 和 FreeBSD 系统)和防火墙软件,所有的数据包解析和审查工作都由软件来完成。其具有开发、设计门槛低,技术成熟等优点。但是,缺陷也是显而易见的,由于 X86 架构的硬件并非为了网络数据传输而设计,由于受 CPU 处理能力和 PCI 总线速度的制约,它对数据包的转发性能相对较弱。由于此类防火墙采用的依然是通用 OS(操作系统)内核,因此,依然会受到 OS(操作系统)本身的安全性影响。同时,由于安全厂商并不掌握 X86 架构的核心技术,有可能存在着隐藏的漏洞,从而影响防火墙的安全可靠性。NP(网络处理器)是专门为处理数据包而设计的可编程处理器,它的特点是内含了多个数据处理引擎,这些引擎可以并发进行数据处理工作,在处理 2~4 层的分组数据上比通用处理器具有明显的优势,能够直接完成网络数据处理的一般性任务。硬件体系结构大多采用高速的接口技术和总线规范,具有较高的 I/O 能力,包处理能力得到了很大提升。它具有完全的可编程性、简单的编程模式、最大化系统灵活性、高处理能力、高度功能集成、开放的编程接口以及第三方支持能力。基于网络处理器的防火墙也是基于软件的解决方案,它需要在很大程度上依赖于软件的性能,但是由于这类防火墙中有一些专门用于处理数据层面任务的引擎,从而减轻了 CPU 的负担,该类防火墙的性能要比传统防火墙的性能好许多。基于 NP 架构的防火墙与 X86 构架防火墙相比,在性能上得到了很大的提高,同时又具有极佳的灵活扩展性。

(3)芯片级防火墙

基于 ASIC 的防火墙使用专门的硬件处理网络数据流,采用 ASIC 技术可以为防火墙应用设计专门的数据包处理流水线,优化存储器等资源的利用,是公认的使防火墙达到线速千兆,满足千兆环境骨干级应用的技术方案。芯片级防火墙比其他种类的防火墙工作更稳定、速度更快、处理能力更强、性能更高,但价格相对比较昂贵。纯硬件的 ASIC 防火墙缺乏可编程性,这就使得它缺乏灵活性,跟不上防火墙功能的快速发展。理想的解决方案是增加 ASIC 芯片的可编程性,使其与软件更好地配合。这样的防火墙就可以同时满足来自灵活性和运行性能的要求。这类防火墙最出名的产品有 Netsereen 防火墙、FortiNet 防火墙、思科 PIX 防火墙等。这类防火墙由于是专用 OS(操作系统),因此,防火墙本身的漏洞比较少。

从目前的情况来看,国外的高端防火墙大部分采用的是 ASIC 技术,国内厂商则是选用网络处理器的居多。今后高端防火墙的技术将是 ASIC 和网络处理器这两种主流技术并存,它们各自都会继续向前发展,在速度、功能方面都还有很大的发展空间。

2. 边界防火墙、个人防火墙和分布式防火墙

如果按防火墙的应用部署位置分类,防火墙可以分为边界防火墙、个人防火墙和分布式

防火墙三大类。

(1)边界防火墙

边界防火墙是最传统的防火墙,它处于内、外网络的边界,内、外网络之间的所有数据流都经过防火墙,所起的作用是对内、外网络实施隔离,执行安全控制策略,保护内部网络。这类防火墙一般都是硬件类型的,性能较好,但价格较贵。

(2)个人防火墙

个人防火墙安装于单台主机中,用于对网络中的主机进行防护。这是传统边界式防火墙所不具有的,也算是对传统边界式防火墙在安全体系方面的一个完善。它是作用在同一内部子网之间的主机与主机之间,以确保内部网络主机的安全。这类防火墙通常为软件防火墙。

(3)分布式防火墙

随着人们对网络安全防护要求的提高,边界防火墙明显感觉到力不从心,因为给网络带来安全威胁的不仅是外部网络,更多的是来自内部网络。但边界防火墙无法对内部网络实现有效的保护。基于此,一种新型的防火墙技术,分布式防火墙(Distributed Firewalls)技术产生了。它可以很好地解决边界防火墙上的不足,给网络所带来的安全防护是非常全面的大家都知道,传统边界防火墙所处的位置在内部网络与外部网络之间。实际上,传统边界防火墙都是基于一个假设,那就是防火墙把内部网络一侧的用户看成是可信任的,而外部网络一侧的用户则都被作为潜在的攻击者来对待。而分布式防火墙是一种主机驻留式的安全系统,它是以主机为保护对象,它的设计理念是主机以外的任何用户访问都是不可信任的,都需要进行过滤。当然在实际应用中,也不是要求对网络中每台主机都安装这样的系统,这样会严重影响网络的通信性能。它通常用于保护企业网络中的关键节点服务器、数据及工作站免受非法入侵的破坏。

分布式防火墙负责对网络边界、各子网和网络内部各主机之间的安全防护,所以分布式防火墙是一个完整的系统,而不是单一的产品,是由若干个软、硬件组件组成,分布于内、外部网络边界和内部各主机之间,既对内、外部网络之间通信进行过滤,又对网络内部各主机间的通信进行过滤。它属于最新的防火墙技术之一,性能最好,价格也最贵。

7.3 防火墙体系结构

防火墙可以设置成许多不同的结构,并提供不同级别的安全保护,而维护和运行的费用也不同。本节将介绍防火墙常用的体系结构。

1.单防火墙方案

最简单的完全边界安全解决方案就是单防火墙。因为只有一个防火墙和一个到 Internet 的连接,只要管理和控制一个点就可以了。如图 7-4 所示表示了单防火墙边界安全解决方案。

如果用户要提供如 Web、电子邮件或 FTP 这样的公共服务,那么就会遇到一个问题,用户必须打开通过防火墙到主机的连接,或者必须把公共服务器置于防火墙外,在没有保护的情况下将公共服务器暴露给 Internet。这两种方式都是要冒风险的。

为外部请求在防火墙上打开连接存在一个问题,那就是如果某些非法数据包看上去符合安全控制策略,那么这些数据包很可能可以进入内部网络。这就意味着一个试图利用高层服

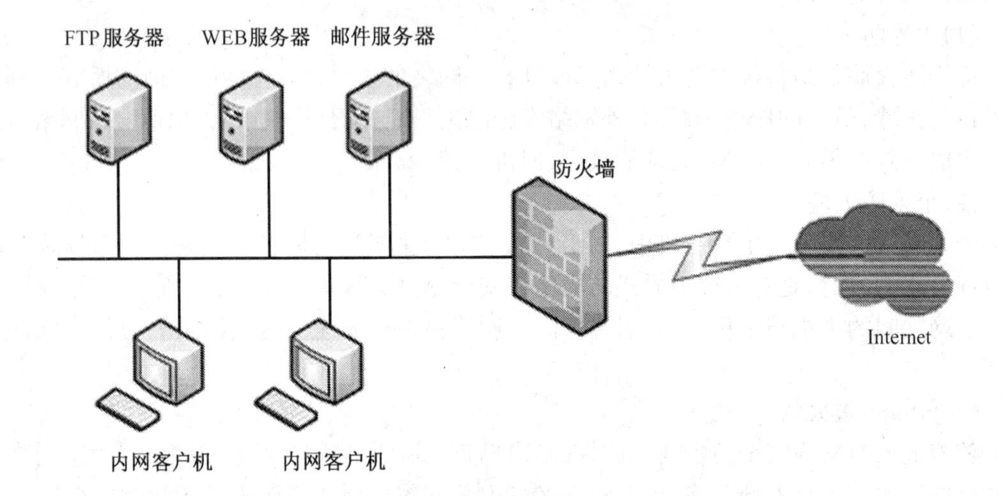

图 7－4　单防火墙方案

务软件程序错误的黑客可能会得到内部网络计算机的控制权,这是非常危险的。正是由于这个原因,大多数用户将公共服务器置于防火墙外;同时,不允许任何外部连接通过防火墙。

将公共服务器置于防火墙外,这些服务器要承担不受任何约束的攻击的风险。用户可以设置服务器使它们不包含任何需要保护的信息,但如果服务器被攻陷,就很容易引起服务瘫痪,或者改动了用户的网页也会给用户造成一定的麻烦。

2.双防火墙和 DMZ 防火墙

为了降低暴露公共服务器的风险,用户可以使用两个防火墙并采用两个不同级别的安全防护。一般来讲,将第一个防火墙置于 Internet 连接处保护其后的公共服务器的安全,提供强有力的安全性,并允许 Internet 上的连接请求得到公共服务器提供的服务。在上述区域和内部网络之间,放置第二个有更高安全防护的防火墙,这个防火墙不允许任何外部连接请求通过并隐藏内部网络。如图 7－5 所示表示了双防火墙安全解决方案。

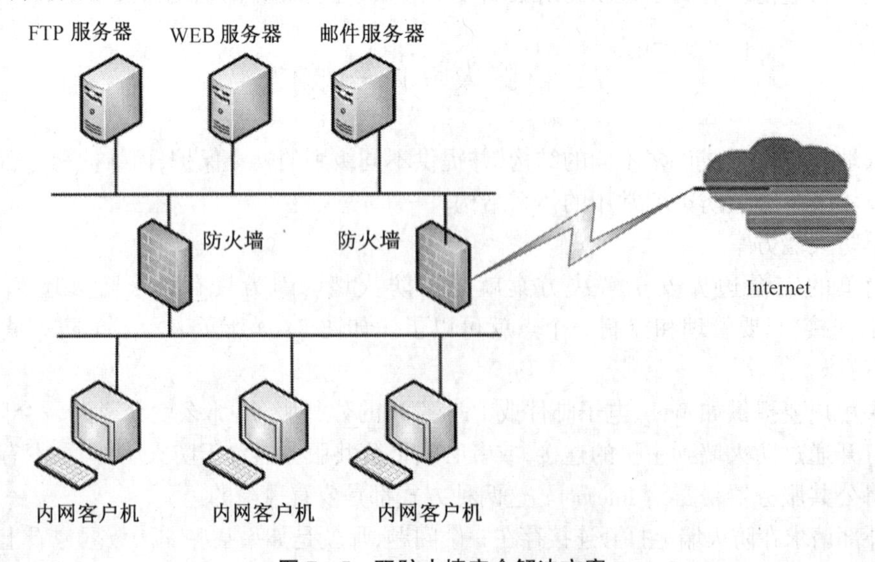

图 7－5　双防火墙安全解决方案

现代防火墙一般都有 WAN、LAN 和 DMZ 三个接口。这三个接口分别用来连接外部网络、内部网络和公共服务器区域,通过为防火墙每个不同接口提供不同的安全策略,用户以自定义安全策略来阻止内部网络的连接,但允许某种协议连接到公共服务器。这样就可以使用一个产品得到两个防火墙的功能,这种防火墙有时也称为二域防火墙。如图 7－6 所示表示了 DMZ 防火墙安全解决方案。

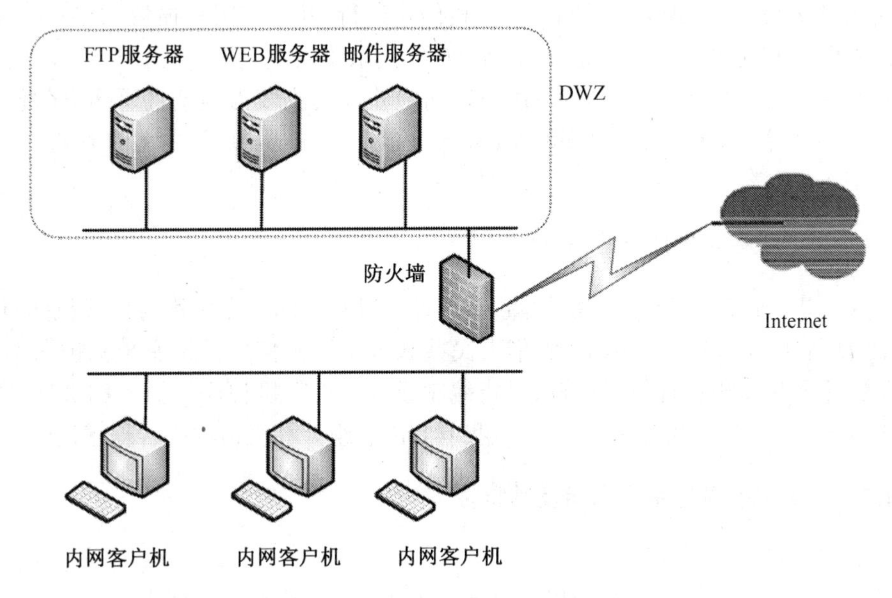

图 7－6　DMZ 防火墙安全解决方案

DMZ 全称 Domilitarized Zone(隔离区或非军事化区),DMZ 区域是一个既不属于内部网络,也不属于外部网络的一个相对独立的区域,它处于内部网络与外部网络之间。如在一个提供电子商务服务的网络中,某些主机需要对外提供服务,如 Web 服务器、FTP 服务器和邮件服务器等,为了更好地提供优质的服务,同时又要有效保护内部网络的安全,就需要将这些对外提供服务的主机与内部网络进行隔离,即放入 DMZ 区域中。这样可以有针对性地对内部网络中的设备和这些提供对外服务的主机应用不同的防火墙策略,可以在提供友好的对外服务的同时,最大限度地保护了内部网络。

在这种方案中,所有的内部网络系统都受到防火墙的保护,不受基于 Internet 的攻击。从 Internet 中可以访问到的所有系统(如 Web 服务器等)被分隔在独自 DMZ 区域,虽然 DMZ 区域有很强的安全性,也可能不会受到攻击,但只要允许 Internet 访问,谁也不能百分之百保证它的安全性。不过,即使 DMZ 受到破坏,其他内部系统也不会受到威胁,因为 DMZ 和网络的其他部分是隔离的。

构建防火墙时,一般很少采用单一的技术,通常是多种解决不同问题的技术的组合。在上述基本设计上还叫以有许多种变化。如可在图 7－6 所示的配置中再加入一种防火墙,以进一步提高安全水平,如果图 7－6 中所示的防火墙是包过滤,那么可以在它后面放置一台代理服务器,以更好地保护用户的 Internet 连接。

7.4 计算机病毒概述

1988 年发生在美国的“蠕虫病毒”事件,给计算机技术的发展罩上了一层阴影。蠕虫病毒是由美国 CORNELL 大学研究生莫里斯编写的。虽然并无恶意,但在当时,“蠕虫”在 Internet 上大肆传染,使得数千台联网的计算机停止运行,并造成巨额损失,成为一时的舆论焦点。最初引起人们注意的病毒是 20 世纪 80 年代末出现的“黑色星期五”、“米氏病毒”、“小球病毒”等。因当时软件种类不多,用户之间的软件交流较为频繁且反病毒软件并不普及,造成病毒的广泛流行。后来出现的 Word 宏病毒及 Windows 95 下的 CIH 病毒,使人们对病毒的认识更为深刻。

7.4.1 计算机病毒的定义

从广义上讲,凡能够引起计算机故障,破坏计算机数据的程序统称为计算机病毒。1994 年 2 月 18 日,我国正式颁布实施了《中华人民共和国计算机信息系统安全保护条例》,其中第二十八条中明确指出:“计算机病毒,是指编制或者在计算机程序中插入的破坏计算机功能或者毁坏数据,影响计算机使用,并能自我复制的一组计算机指令或者程序代码。”

7.4.2 计算机病毒的生命周期及其特性

1.计算机病毒的生命周期

计算机病毒的产生过程可分为程序设计——传播——潜伏——触发——运行——实行攻击。计算机病毒拥有一个生命周期,从生成开始到完全根除结束。下面对病毒生命周期的各个时期进行介绍。

(1)开发期。病毒制造者应用自己具备的计算机专业技术和编程能力编写病毒程序的阶段。在几年前,制造一个病毒需要计算机编程语言的知识。但是今天有一点计算机编程知识的人都可以制造一个病毒。通常计算机病毒是由一些误入歧途的、试图传播计算机病毒和破坏计算机的个人或组织制造的。

(2)传染期。在一个病毒制造出来后,病毒的编写者将其复制并确认其已被传播出去。通常的办法是感染一个流行的程序,再将其放入 BBS 站点上、校园和其他大型组织当中分发其复制物。

(3)潜伏期。病毒是自然地复制的。一个设计良好的病毒可以在它活化前长时期地被复制。这就给了它充裕的传播时间。这时病毒的危害在于暗中占据存储空间。

(4)发作期。带有破坏机制的病毒会在遇到某一特定条件时发作,一旦遇上某种条件,比如某个日期或出现了用户采取的某特定行为,病毒就被激活了,不同程度地影响了计算机系统的正常运行。

(5)发现期。当一个病毒被检测到并被隔离出来后,它被送到计算机安全协会或反病毒厂家,在那里病毒被通报和描述给反病毒研究工作者。通常发现病毒是在病毒成为计算机社会的灾难之前完成的。

(6)消化期。在这一阶段,反病毒开发人员修改他们的软件以使其可以检测到新发现的病毒。这段时间的长短取决于开发人员的素质和病毒的类型。

(7)消亡期。若是所有用户安装了最新版的杀毒软件,那么任何病毒都将被扫除。这样

没有什么病毒可以广泛地传播,但有一些病毒在消失之前有一个很长的消亡期。至今,还没有哪种病毒已经完全消失,但是某些病毒已经在很长时间里不再构成对计算机的重要威胁了。

2.计算机病毒的特性

计算机病毒一般具有以下特性。

(1)计算机病毒的程序性(可执行性)。计算机病毒与其他合法程序一样,是一段可执行程序,但它不是一个完整的程序,而是寄生在其他可执行程序上,因此它享有一切程序所能得到的权力。在病毒运行时,与合法程序争夺系统的控制权。计算机病毒只有当它在计算机内得以运行时,才具有传染性和破坏性等活性。也就是说,计算机 CPU 的控制权是关键问题。若计算机在正常程序控制下运行,而不运行带病毒的程序,则这台计算机总是可靠的。相反,计算机病毒一经在计算机上运行,在同一台计算机内病毒程序与正常系统程序,或某种病毒与其他病毒程序争夺系统控制权时往往会造成系统崩溃,导致计算机瘫痪。

(2)计算机病毒的传染性。计算机病毒能通过各种渠道从已被感染的计算机或文件扩散到未被感染的计算机或文件中,在某些情况下造成被感染的计算机工作失常甚至瘫痪。与生物病毒不同的是,计算机病毒是一段人为编制的计算机程序代码,这段程序代码一旦进入计算机并得以执行,它就会搜寻其他符合传染条件的程序或存储介质,确定目标后再将自身代码插入其中,达到自我繁殖的目的。只要一台计算机感染病毒,如不及时处理,那么病毒会在这台计算机上迅速扩散,其中的大量文件(一般是可执行文件)就会被感染。而被感染的文件又成了新的传染源,再与其他计算机进行数据交换或通过网络接触,病毒会继续进行传染。计算机病毒可通过各种可能的渠道,如软盘、计算机网络传染其他的计算机。是否具有传染性,是判别一个程序是否为计算机病毒的最重要条件,所以传染性是病毒的基本特征。

(3)计算机病毒的潜伏性。一个编制精巧的计算机病毒程序,进入系统之后一般不会马上发作,可以在一段时间内隐藏在合法文件中,对其他文件或计算机进行传染,而不被人发现。潜伏性越好,其在系统中的存在时间就越长,病毒的传染范围就会越大。潜伏性的第一种表现是指病毒程序没有被检查出来,因此病毒可以静静地躲在磁盘或磁带里呆上几天,甚至几年,一旦时机成熟,得到运行机会,就又要四处繁殖、扩散,继续为害。潜伏性的第二种表现是指,计算机病毒的内部往往有一种触发机制,不满足触发条件时,计算机病毒除了传染外不进行其他破坏。触发条件一旦得到满足,有的在屏幕上显示信息、图形或特殊标识,有的则执行破坏系统的操作,如格式化磁盘、删除磁盘文件、对数据文件加密、封锁键盘以及使系统死锁等。

(4)计算机病毒的可触发性。病毒因某个事件或数值的出现,诱使病毒实施感染或进行攻击的特性称为可触发性。为了隐蔽自己,病毒必须潜伏,少做动作。如果完全不动,一直潜伏的话,病毒既不能感染也不能进行破坏,便失去了杀伤力。病毒既要隐蔽又要维持杀伤力,它必须具有可触发性。病毒的触发机制就是用来控制感染和破坏动作的频率的。病毒具有预定的触发条件,这些条件可能是时间、日期、文件型或某些特定数据等。病毒运行时,触发机制检查预定条件是否满足。如果满足,启动感染或破坏动作,使病毒进行感染或攻击;如果不满足,使病毒继续潜伏。

(5)计算机病毒的破坏性。所有的计算机病毒都是一种可执行程序,而这一可执行程序又必然要运行,所以对系统来讲,所有的计算机病毒都存在一个共同的危害,即降低计算机系统的工作效率，占用系统资源，其具体情况取决于入侵系统的病毒程序。同时计算机病毒的破坏性主要取决于计算机病毒设计者的目的。如果病毒设计者的目的在于彻底破坏系统的正常运行的话，那么这种病毒对于计算机系统进行攻击造成的后果是难以设想的，它可以毁掉系统的部分数据，也可以破坏全部数据并使之无法恢复。但并非所有的病毒都对系统产生极其恶劣的破坏作用。有时几种本没有多大破坏作用的病毒交叉感染，也会导致系统崩溃等重大恶果。

(6)病毒的针对性。计算机病毒是针对特定的计算机和特定的操作系统的。例如，有针对 IBM 及其兼容机的，有针对 Apple 公司的 Macintosh 的，还有针对 UNIX 操作系统的。例如小球病毒是针对 IBM PC 及其兼容机上的 DOS 操作系统的。

(7)计算机病毒的持久性。即使在病毒程序被发现以后，数据和程序以至操作系统的恢复都非常困难。特别是在网络操作情况下，由于病毒程序由一个受感染的复件通过网络系统反复传播，使得病毒程序的清除非常复杂。

(8)病毒的衍生性。这种特性为一些好事者提供了一种创造新病毒的捷径。分析计算机病毒的结构可知，传染的破坏部分反映了设计者的设计思想和设计目的。但是，这可以被其他掌握原理的人以其个人的企图进行任意改动，从而又衍生出一种不同于原版本的新的计算机病毒(又称为变种)。这就是计算机病毒的衍生性。这种变种病毒造成的后果可能比原版病毒严重得多。

(9)病毒的寄生性(依附性)。病毒程序嵌入到宿主程序中，依赖于宿主程序的执行而生存，这就是计算机病毒的寄生性。病毒程序在侵入到宿主程序中后，一般对宿主程序进行一定的修改，宿主程序一旦执行，病毒程序就被激活，从而可以进行自我复制和繁衍。

7.4.3 计算机病毒的传播途径

计算机病毒的传染性是计算机病毒最基本的特性，病毒的传染性是病毒赖以生存繁殖的条件，如果计算机病毒没有传播渠道，则其破坏性小，扩散面窄，难以造成大范围流行。

计算机病毒必须要“搭载”到计算机上才能感染系统，通常它们是附加在某个文件上。计算机病毒的主要传播途径有如下六类。

1.软盘

软盘作为最常用的交换媒介，在计算机应用的早期对病毒的传播发挥了巨大的作用，因那时计算机应用比较简单，可执行文件和数据文件系统都较小，许多执行文件均通过软盘相互复制、安装，这样病毒就能通过软盘传播文件型病毒。另外，在软盘列目录或引导计算机时，引导区病毒会在软盘与硬盘引导区互相感染。因此，软盘也成了计算机病毒的主要寄生的“温床”。

2.光盘

光盘因为容量大，存储了大量的可执行文件，大量的病毒就有可能藏身于光盘，对只读式光盘，不能进行写操作，因此光盘上的病毒不能清除。以谋利为目的非法盗版软件的制作过程中，不可能为病毒防护担负专门责任，也决不会有真正可靠可行的技术保障避免病毒的传入、传染、流行和扩散。当前，盗版光盘的泛滥给病毒的传播带来了极大的便利。

3.硬盘

由于带病毒的硬盘在本地或移到其他地方使用、维修等，将干净的软盘传染并再扩散。

4. BBS

电子布告栏(BBS)因为上站容易、投资少,因此深受大众用户的喜爱。BBS 是由计算机爱好者自发组织的通信站点,用户可以在 BBS 上进行文件交换(包括自由软件、游戏、自编程序)。由于 BBS 站一般没有严格的安全管理,亦无任何限制,这样就给一些病毒程序编写者提供了传播病毒的场所。各城市 BBS 站间通过中心站进行传送,传播面较广。随着 BBS 在国内的普及,给病毒的传播又增加了新的介质。

5. 网络

现代通信技术的巨大进步已使空间距离不再遥远,数据、文件、电子邮件可以方便地在各个网络工作站间通过电缆、光纤或电话线路进行传送,但也为计算机病毒的传播提供了新的"高速公路"。计算机病毒可以附在正常文件中,当用户从网络另一端得到一个被感染的程序,并在自己的计算机上未加任何防护措施的情况下运行时,病毒就传染开来了。在信息国际化的同时,病毒也在国际化,大量的国外病毒随着互联网传入国内。随着 Internet 的风靡,给病毒的传播又增加了新的途径,并将成为第一传播途径。Internet 开拓性的发展可能使病毒成为灾难,病毒的传播更迅速,反病毒的任务更加艰巨。Internet 带来两种不同的安全威胁,一种威胁来自文件下载,这些被浏览的或是通过 FTP 下载的文件中可能存在病毒。另一种威胁来自电子邮件。大多数 Internet 邮件系统提供了在网络间传送附带格式化文档邮件的功能,因此,遭受病毒的文档或文件就可能通过网关和邮件服务器涌入企业网络。网络使用的简易性和开放性使得这种威胁越来越严重。

6. 无线通道转播

目前,这种传播途径还不是十分广泛,但预计在未来的信息时代,无线通道传播途径很可能与网络传播途径成为病毒扩散的两大"时尚渠道"。

7.4.4 计算机病毒的主要危害

随着计算机应用的发展,人们深刻地认识到凡是病毒都可能对计算机信息系统造成严重的破坏。计算机病毒的主要危害有下列几项。

1. 病毒激发对计算机数据信息的直接破坏作用。大部分病毒在激发的时候直接破坏计算机的重要信息数据,所利用的手段有攻击硬盘主引导扇区、Boot 扇区、FAT 表、文件目录、格式化磁盘、删除重要文件或者用无意义的"垃圾"数据改写文件、破坏 CMOS 设置等。

2. 占用磁盘空间和对信息的破坏,寄生在磁盘上的病毒总要非法占用一部分磁盘空间。引导型病毒的一般侵占方式是由病毒本身占据磁盘引导扇区,而把原来的引导区转移到其他扇区,也就是引导型病毒要覆盖一个磁盘扇区。被覆盖的扇区数据永久性丢失,无法恢复。文件型病毒利用一些 DOS 功能进行传染,这些 DOS 功能能够检测出磁盘的未用空间,把病毒的传染部分写到磁盘的未用部位去。所以在传染过程中一般不破坏磁盘上的原有数据,但非法侵占了磁盘空间。一些文件型病毒传染速度很快,在短时间内感染大量文件,每个文件都不同程度地加长了,就造成磁盘空间的严重浪费。

3. 大多数病毒在动态下都是常驻内存的,这就必然抢占一部分系统资源。病毒所占用的基本内存长度大致与病毒本身长度相当。病毒抢占内存,导致内存减少,一部分软件不能运行。除占用内存外,病毒还抢占中断,干扰系统运行。计算机操作系统的很多功能是通过中断调用技术来实现的。病毒为了传染、激发,总是修改一些有关的中断地址,在正常中断过程中加入病毒的"私货",从而干扰了系统的正常运行。

4.计算机病毒与其他计算机软件的一大差别是病毒的无责任性。编制一个完善的计算机软件需要耗费大量的人力、物力,经过长时间调试完善,软件才能推出。但在病毒编制者看来既没有必要这样做,也不可能这样做。计算机病毒错误所产生的后果往往是不可预见的,大量含有未知错误的病毒扩散传播,其后果是难以预料的。

5.大多计算机病毒较差的兼容性对系统的运行有很大的影响。兼容性好的软件可以在各种计算机环境下运行,反之兼容性差的软件则对运行条件"挑肥拣瘦",要求机型和操作系统版本等。病毒的编制者一般不会在各种计算机环境下对病毒进行测试,因此病毒的兼容性较差,常常导致死机。

7.4.5 计算机病毒的分类

按照计算机病毒的特点及特性,计算机病毒的分类方法有许多种。因此,同一种病毒可能有多种不同的分法。

1.按照计算机病毒攻击的系统分类

(1)攻击 DOS 系统的病毒。这类病毒出现最早、最多,变种也最多,目前我国出现的计算机病毒基本上都是这类病毒,此类病毒占病毒总数的 99%。

(2)攻击 Windows 系统的病毒。由于 Windows 的图形用户界面(GUI)和多任务操作系统深受用户的欢迎,Windows 正逐渐取代 DOS,从而成为病毒攻击的主要对象。目前发现的首例破坏计算机硬件的 CIH 病毒就是一个 Windows 95/98 病毒。

(3)攻击 UNIX 系统的病毒。当前,UNIX 系统应用非常广泛,并且许多大型的操作系统均采用 UNIX 作为其主要的操作系统,所以 UNIX 病毒的出现,对人类的信息处理也是一个严重的威胁。

2.按照病毒的攻击机型分类

(1)攻击微型计算机的病毒。这是世界上传染最为广泛的一种病毒。

(2)攻击小型机的计算机病毒。小型机的应用范围是极为广泛的,它既可以作为网络的一个节点机,也可以作为小的计算机网络的主机。起初,人们认为计算机病毒只有在微型计算机上才能发生,而小型机则不会受到病毒的侵扰,但自 1988 年 11 月 Internet 受到蠕虫病毒程序的攻击后,使得人们认识到小型机也同样不能免遭计算机病毒的攻击。

(3)攻击工作站的计算机病毒。近几年,计算机工作站有了较大的进展,并且应用范围也有了较大的发展,所以不难想象,攻击计算机工作站的病毒的出现也是对信息系统的一大威胁。

3.按照计算机病毒的链接方式分类

由于计算机病毒本身必须有一个攻击对象以实现对计算机系统的攻击,计算机病毒所攻击的对象是计算机系统可执行的部分。

(1)源码型病毒。该病毒攻击高级语言编写的程序,该病毒在高级语言所编写的程序编译前插入到源程序中,经编译成为合法程序的一部分。

(2)嵌入型病毒。这种病毒是将自身嵌入到现有程序中,把计算机病毒的主体程序与其攻击的对象以插入的方式链接。这种计算机病毒是难以编写的,一旦侵入程序体后也较难消除。如果同时采用多态性病毒技术、超级病毒技术和隐蔽性病毒技术,将给当前的反病毒技术带来严峻的挑战。

(3)外壳型病毒。外壳型病毒将其自身包围在主程序的四周,对源程序不作修改。这种

病毒最为常见,易于编写,也易于发现,一般测试文件的大小便可知。

(4)操作系统型病毒。这种病毒用它自己的程序意图加入或取代部分操作系统进行工作,具有很强的破坏力,可以导致整个系统的瘫痪。圆点病毒和大麻病毒就是典型的操作系统型病毒。这种病毒在运行时,用自己的逻辑部分取代操作系统的合法程序模块,根据病毒自身的特点和被替代的操作系统中合法程序模块在操作系统中运行的地位与作用,以及病毒取代操作系统的取代方式等,对操作系统进行破坏。

4.按照计算机病毒的破坏情况分类

按照计算机病毒的破坏情况可分为两类,具体介绍如下。

(1)良性计算机病毒。良性病毒是指其不包含有立即对计算机系统产生直接破坏作用的代码。这类病毒为了表现其存在,只是不停地进行扩散,从一台计算机传染到另一台计算机,并不破坏计算机内的数据。其实良性、恶性都是相对而言的。良性病毒取得系统控制权后,会导致整个系统和应用程序争抢 CPU 的控制权,导致整个系统被锁死,给正常操作带来麻烦。因此也不能轻视所谓良性病毒对计算机系统造成的损害。

(2)恶性计算机病毒。恶性病毒就是指在其代码中包含有损伤和破坏计算机系统的操作,在其传染或发作时会对系统产生直接的破坏作用。这类病毒是很多的,如,米开朗基罗病毒。当米氏病毒发作时,硬盘的前 17 个扇区将被彻底破坏,使整个硬盘上的数据无法被恢复,造成的损失是无法挽回的。有的病毒还会对硬盘做格式化等破坏。因此,这类恶性病毒是很危险的,应当注意防范。

5.按照计算机病毒的寄生部位或传染对象分类

传染性是计算机病毒的本质属性,根据寄生部位或传染对象分类,即根据计算机病毒传染方式进行分类,可分为下列三种。

(1)磁盘引导区传染的计算机病毒。磁盘引导区传染的病毒,主要是用病毒的全部或部分逻辑取代正常的引导记录,而将正常的引导记录隐藏在磁盘的其他地方。由于引导区是磁盘能正常使用的先决条件,因此,这种病毒在运行的一开始(如系统启动)就能获得控制权,其传染性较大。由于在磁盘的引导区内存储着需要使用的重要信息,如果对磁盘上被移走的正常引导记录不进行保护,则在运行过程中就会导致引导记录的破坏。引导区传染的计算机病毒较多,例如"小球"病毒就是这类病毒。

(2)操作系统传染的计算机病毒。操作系统是一个计算机系统得以运行的支持环境,它包括 .com、.exe 等许多可执行程序及程序模块。操作系统传染的计算机病毒,就是利用操作系统中所提供的一些程序及程序模块寄生并传染的。通常,这类病毒作为操作系统的一部分,只要计算机开始工作,病毒就处在随时被触发的状态。而操作系统的开放性和不绝对完善性给这类病毒出现的可能性与传染性提供了方便。操作系统传染的病毒目前已广泛存在,"黑色星期五"即为此类病毒。

(3)可执行程序传染的计算机病毒。可执行程序传染的病毒通常寄生在可执行程序中,一旦程序被执行,病毒也就被激活,病毒程序首先被执行,并将自身驻留内存,然后设置触发条件,进行传染。

6.按照计算机病毒激活的时间分类

按照计算机病毒激活时间可分为定时的和随机的。定时病毒仅在某一特定时间才发作,而随机病毒一般不是由时钟来激活的。

7.按照传播媒介分类

按照计算机病毒的传播媒介来分类,可分为单机病毒和网络病毒。

(1)单机病毒。单机病毒的载体是磁盘,常见的是病毒从软盘传入硬盘,感染系统,然后再传染其他软盘,软盘又传染其他系统。

(2)网络病毒。网络病毒的传播媒介不再是移动式载体,而是网络通道,这种病毒的传染能力更强,破坏力更大。

8.按照寄生方式和传染途径分类

人们习惯将计算机病毒按寄生方式和传染途径来分类。计算机病毒按其寄生方式大致可分为两类,一是引导型病毒,二是文件型病毒;它们再按其传染途径又可分为驻留内存型和不驻留内存型,驻留内存型按其驻留内存方式又可细分。混合型病毒集引导型和文件型病毒特性于一体。

(1)引导型病毒会去改写(即一般所说的“感染”)磁盘上的引导扇区(BOOT SECTOR)的内容,软盘或硬盘都有可能感染病毒。再不然就是改写硬盘上的分区表(FAT)。如果用已感染病毒的软盘来启动的话,则会感染硬盘。

引导型病毒几乎清一色都会常驻在内存中,差别只在于内存中的位置(所谓“常驻”,是指应用程序把要执行的部分在内存中驻留一份。这样就可不必在每次要执行它的时候都到硬盘中搜寻,以提高效率)。

(2)文件型病毒主要以感染文件扩展名为 .com、.exe 可执行程序为主。它的安装必须借助于病毒的载体程序,即要运行病毒的载体程序,方能把文件型病毒引入内存。已感染病毒的文件执行速度会减缓,甚至完全无法执行。有些文件遭感染后,一执行就会遭到删除。大多数的文件型病毒都会把它们自己的代码复制到其宿主的开头或结尾处。这会造成已感染病毒文件的长度变长,但用户不一定能用 dir 命令列出其感染病毒前的长度。也有部分病毒是直接改写“受害文件”的程序码,因此感染病毒后文件的长度仍然维持不变。

感染病毒的文件被执行后,病毒通常会趁机再对下一个文件进行感染。有的高明一点的病毒,会在每次进行感染的时候,针对其新宿主的状况而编写新的病毒码,然后才进行感染。因此,这种病毒没有固定的病毒码,以扫描病毒码的方式来检测病毒的查毒软件,遇上这种病毒可就一点儿用都没有了。但反病毒软件随病毒技术的发展而发展,针对这种病毒现在也有了有效手段。大多数文件型病毒都是常驻在内存中的。

(3)混合型病毒综合系统型和文件型病毒的特性,它的“性情”也就比系统型和文件型病毒更为“凶残”。这种病毒通过这两种方式来感染,更增加了病毒的传染性以及存活率。不管以哪种方式传染,只要中毒就会经开机或执行程序而感染其他磁盘或文件,此种病毒也是最难杀灭的。

7.5 计算机病毒的防范与检测

随着计算机及计算机网络的发展,伴随而来的计算机病毒传播问题越来越引起人们的关注。例如 CIH 计算机病毒、“蠕虫”病毒等,给广大计算机用户带来了极大的损失。当计算机系统或文件染有计算机病毒时,需要及时检测和消除。采取有效的防范措施,就能使系统不染毒,或者染毒后能减少损失。

7.5.1 计算机病毒的防范

计算机病毒防范是指通过建立合理的计算机病毒防范体系和制度，及时发现计算机病毒侵入，并采取有效的手段阻止计算机病毒的传播和破坏，恢复受影响的计算机系统和数据。计算机病毒利用读写文件能进行感染，利用驻留内存、截取中断向量等方式能进行传染和破坏。预防计算机病毒就是要监视、跟踪系统内类似的操作，提供对系统的保护，最大限度地避免各种计算机病毒的传染破坏。一般采用两种措施进行保护，第一是依靠管理上的措施，及早发现疫情，捕捉计算机病毒，修复系统。计算机病毒防范工作，首先是防范体系的建设和制度的建立。没有一个完善的防范体系，一切防范措施都将滞后于计算机病毒的危害。第二是选用功能更加完善的、具有更强超前防御能力的反病毒软件，尽可能多地堵住能被计算机病毒利用的系统漏洞。

7.5.2 计算机病毒检测与防范技术

1.计算机病毒检测方法

检测磁盘中的计算机病毒可分成检测引导型计算机病毒和检测文件型计算机病毒。这两种检测从原理上讲是一样的，但由于各自的存储方式不同，检测方法是有差别的。

(1)比较法

比较法是用原始备份与被检测的引导扇区或被检测的文件进行比较。比较时可以靠打印的代码清单(如 DEBUG 的 D 命令输出格式)进行比较，或用程序来进行比较(如 DOS 的 DISKCOMP、FC 或 PCTOOLS 等其他软件)。这种比较法不需要专用的查计算机病毒程序，只要用常规 DOS 软件和 PCTOOLS 等工具软件就可以进行。而且用这种比较法还可以发现那些尚不能被现有的查计算机病毒程序发现的计算机病毒。因为计算机病毒传播得很快，新的计算机病毒层出不穷，由于目前还没有做出通用的能查出一切计算机病毒，或通过代码分析，可以判定某个程序中是否含有计算机病毒的查毒程序，发现新计算机病毒就只有靠比较法和分析法，有时必须结合这两者来一同工作。

使用比较法能发现异常，如文件的长度有变化，或虽然文件长度未发生变化，但文件内的程序代码发生了变化。对硬盘主引导扇区或对 DOS 的引导扇区做检查，比较法能发现其中的程序代码是否发生了变化。由于要进行比较，保留好原始备份是非常重要的，制作备份时必须在无计算机病毒的环境里进行，制作好的备份必须妥善保管，写好标签，并加上写保护。

比较法的好处是简单、方便，不需专用软件。缺点是无法确认计算机病毒的种类名称。另外，造成被检测程序与原始备份之间差别的原因尚需进一步验证，以查明是由于计算机病毒造成的，或是由于 DOS 数据被偶然原因，如突然停电、程序失控、恶意程序等破坏的。这些要用到以后讲的分析法，查看变化部分代码的性质，以此来确证是否存在计算机病毒。另外，当找不到原始备份时，用比较法就不能马上得到结论。从这里可以看到制作和保留原始主引导扇区和其他数据备份的重要性。

(2)加总比对法

根据每个程序的档案名称、大小、时间、日期及内容，加总为一个检查码，再将检查码附于程序的后面，或是将所有检查码放在同一个数据库中，再利用此加总对比系统，追踪并记录每个程序的检查码是否遭更改，以判断是否感染了计算机病毒。一个很简单的例子就是当把车停下来之后，将里程表的数字记下来，那么下次再开车时，只要比对一下里程表的数字，那么就可以断定是否有人偷开了自己的车子。这种技术可侦测到各式的计算机病毒，但最大的缺点就是误判断高，且无法确认是哪种计算机病毒感染的。对于隐形计算机病毒也无法侦测到。

(3)搜索法

搜索法是用每一种计算机病毒体含有的特定字符串对被检测的对象进行扫描。如果在被检测对象内部发现了某一种特定字节串，就表明发现了该字节串所代表的计算机病毒。国外把这种按搜索法工作的计算机病毒扫描软件叫做 Virus Scanner。计算机病毒扫描软件由两部分组成，一部分是计算机病毒代码库，含有经过特别选定的各种计算机病毒的代码串；另一部分是利用该代码库进行扫描的扫描程序。目前常见的防杀计算机病毒软件对已知计算机病毒的检测大多采用这种方法。计算机病毒扫描程序能识别的计算机病毒的数目，完全取决于计算机病毒代码库内所含计算机病毒的种类多少。显而易见，库中计算机病毒代码种类越多，扫描程序能认出的计算机病毒就越多。计算机病毒代码串的选择是非常重要的。短小的计算机病毒只有一百多个字节，长的有上万字节的。如果随意从计算机病毒休内选一段作为代表该计算机病毒的特征代码串，可能在不同的环境中，该特征串并不真正具有代表性，不能用于将该串所对应的计算机病毒检查出来。选这种串作为计算机病毒代码库的特征串就是不合适的。

另一种情况是代码串不应含有计算机病毒的数据区，数据区是会经常变化的。代码串一定要在仔细分析了程序之后才选出最具代表特性的，足以将该计算机病毒区别于其他计算机病毒的字节串。选定好的特征代码串是很不容易的，是计算机病毒扫描程序的精华所在。一般情况下，代码串是连续的若干个字节组成的串，但是有些扫描软件采用的是可变长串，即在串中包含有一个到几个“模糊”字节。扫描软件遇到这种串时，只要除“模糊”字节之外的字串都能完好匹配，则也能判别出计算机病毒。

除了前面说的选特征串的规则外，最重要的一条是特征串必须能将计算机病毒与正常的非计算机病毒程序区分开。不然将非计算机病毒程序当成计算机病毒报告给用户，是假警报，这种“狼来了”的假警报太多了，就会使用户放松警惕，等真的计算机病毒一来，破坏就严重了；再就是若将假警报送给杀计算机病毒程序，会将好程序给“杀死”了。使用特征串的扫描法被查计算机病毒软件广泛应用。当特征串选择得很好时，计算机用户使用计算机病毒检测软件就会很方便，对计算机病毒了解不多的人也能用它来发现计算机病毒。另外，不用专门软件，用 PC TOOLS 等软件也能用特征串扫描法去检测特定的计算机病毒。

这种扫描法的缺点也是明显的。

①当被扫描的文件很长时，扫描所花时间也越多。

②不容易选出合适的特征串。

③新的计算机病毒的特征串未加入计算机病毒代码库时，老版本的扫毒程序无法识别出新的计算机病毒。

④怀有恶意的计算机病毒制造者得到代码库后，会很容易地改变计算机病毒体内的代码，生成一个新的变种，使扫描程序失去检测它的能力。

⑤容易产生误报，只要在正常程序内带有某种计算机病毒的特征串，即使该代码段已不可能被执行，而只是被杀死的计算机病毒体残余，扫描程序仍会报警。

⑥不易识别多维变形计算机病毒。不管怎样，基于特征串的计算机病毒扫描法仍是今

天用得最为普遍的查计算机病毒方法。

(4)分析法

一般使用分析法的人不是普通用户，而是防杀计算机病毒技术人员。使用分析法的目的，叙述如下。

①确认被观察的磁盘引导扇区和程序中是否含有计算机病毒。

②确认计算机病毒的类型和种类，判定其是否是一种新的计算机病毒。

③搞清楚计算机病毒体的大致结构，提取特征识别用的字节串或特征串，用于增添到计算机病毒代码库供计算机病毒扫描和识别程序用。

④详细分析计算机病毒代码，为制定相应的防杀计算机病毒措施提供方案。上述四个目的按顺序排列起来，正好是使用分析法的工作顺序。使用分析法要求具有比较全面的有关计算机、DOS、Windows、网络等的结构和功能调用以及关于计算机病毒方面的各种知识，这是与其他检测计算机病毒方法不一样的地方。

要使用分析法检测计算机病毒，其条件除了要具有相关的知识外，还需要反汇编工具、二进制文件编辑器等分析用工具程序和专用的试验计算机。因为即使是很熟练的防杀计算机病毒的技术人员，使用性能完善的分析软件，也不能保证在短时间内将计算机病毒代码完全分析清楚。而计算机病毒有可能在被分析阶段继续传染甚至发作，把软盘硬盘内的数据完全毁坏掉，这就要求分析工作必须在专门设立的试验计算机上进行，不怕其中的数据被破坏。在不具备条件的情况下，不要轻易开始分析工作，很多计算机病毒采用了自加密、反跟踪等技术，使得分析计算机病毒的工作经常是冗长和枯燥的。特别是某些文件型计算机病毒的代码可达 10KB 以上，与系统的牵扯层次很深，使详细的剖析工作十分复杂。计算机病毒检测的分析法是防杀计算机病毒工作中不可缺少的重要技术，任何一个性能优良的防杀计算机病毒系统的研制和开发，都离不开专门人员对各种计算机病毒的详尽而认真地分析。

(5)人工智能陷阱技术和宏病毒陷阱技术

人工智能陷阱是一种监测计算机行为的常驻式扫描技术。它将所有计算机病毒所产生的行为归纳起来，一旦发现内存中的程序有任何不当的行为，系统就会有所警觉，并告知使用者。这种技术的优点是执行速度快、操作简便，且可以侦测到各式计算机病毒；其缺点就是程序设计难，且不容易考虑周全。不过在这千变万化的计算机病毒世界中，人工智能陷阱扫描技术是个至少具有主动保护功能的新技术。

宏病毒陷阱技术(Macro Trap)是结合了搜索法和人工智能陷阱技术，依行为模式来侦测已知及未知的宏病毒。其中，配合 OLE2 技术，可将宏与文件分开，使得扫描速度变得飞快，而且可更有效地将宏病毒彻底清除。

(6)软件仿真扫描法

该技术专门用来对付多态变形计算机病毒(Polymorphic/Mutation Virus)。多态变形计算机病毒在每次传染时，都将自身以不同的随机数加密于每个感染的文件中，传统搜索法的方式根本就无法找到这种计算机病毒。软件仿真技术则是成功地仿真 CPU 执行，在 DOS 虚拟机(Virtual Machine)下伪执行计算机病毒程序，安全并确实地将其解密，使其显露本来的面目，再加以扫描。

(7)先知扫描技术

先知扫描技术(Virus Instruction Code Emulation, VICE)是继软件仿真后的又一大技术突破。既然软件仿真可以建立一个保护模式下的 DOS 虚拟机，仿真 CPU 动作并伪执行程序以解开多态变形计算机病毒,那么应用类似的技术也可以用来分析一般程序,检查可疑的计算机病毒代码。因此先知扫描技术将专业人员用来判断程序是否存在计算机病毒代码的方法,分析归纳成专家系统和知识库,再利用软件模拟技术(Software Emulation)伪执行新的计算机病毒,超前分析出新计算机病毒代码,对付以后的计算机病毒。

2.计算机病毒的防范技术

就像治病不如防病一样,杀毒不如防毒。从技术上采取措施,防范计算机病毒,执行起来并不困难。常见的计算机病毒的预防措施如下所述。

(1)新购置的计算机硬、软件系统的测试

新购置的计算机是有可能携带计算机病毒的。因此,在条件许可的情况下,要用检测计算机病毒软件检查已知计算机病毒,用手动检测方法检查未知计算机病毒,并经过证实没有计算机病毒感染和破坏迹象后再使用。

(2)计算机系统的启动

在保证硬盘无计算机病毒的情况下,尽量使用硬盘引导系统。启动前,一般应将软盘从软盘驱动器中取出。这是因为即使在不通过软盘启动的情况下,只要软盘在启动时被读过,计算机病毒仍然会进入内存进行传染。很多计算机中,可以通过设置 CMOS 参数,使启动时直接从硬盘引导启动,而根本不去读软盘。这样即使软盘驱动器中插着软盘,启动时也会跳过软驱,尝试由硬盘进行引导。很多人认为,软盘上如果没有 COMMAND.COM 等系统启动文件,就不会带计算机病毒,其实引导型计算机病毒根本不需要这些系统文件就能进行传染。

(3)单台计算机系统的安全使用

在自己的计算机上用别人的软盘前应进行检查。在别人的计算机上使用过自己的已打开了写保护的软盘,再在自己的计算机上使用前,也应进行计算机病毒检测。对重点保护的计算机系统应做到专机、专盘、专人、专用,封闭的使用环境中是不会自然产生计算机病毒的。

(4)重要数据文件要有备份

硬盘分区表、引导扇区等的关键数据应作备份工作,并妥善保管。在进行系统维护和修复工作时可作为参考。

重要数据文件定期进行备份工作。不要等到由于计算机病毒破坏、计算机硬件或软件出现故障,使用户数据受到损伤时再去急救。

对于软盘,要尽可能将数据和应用程序分别保存,装应用程序的软盘要有写保护。在任何情况下,总应保留一张写保护的、无计算机病毒的、带有常用 DOS 命令文件的系统启动软盘,用以清除计算机病毒和维护系统。常用的 DOS 应用程序也有副本,计算机修复工作就比较容易进行了。

(5)谨慎收取邮件及下载软件

不要随便直接运行或直接打开电子邮件中夹带的附件文件,不要随意下载软件,尤其是一些可执行文件和 Office 文档。即使下载了,也要先用最新的防杀计算机病毒软件来检查。

(6)计算机网络的安全使用

以上这些措施不仅可以应用在单机上,也可以应用在作为网络工作站的计算机上。而对于网络计算机系统,还应采取下列针对网络的防杀计算机病毒措施。

①安装网络服务器时,应保证没有计算机病毒存在,即安装环境和网络操作系统本身没

有感染计算机病毒。

②在安装网络服务器时,应将文件系统划分成多个文件卷系统,至少划分成操作系统卷、共享的应用程序卷和各个网络用户可以独占的用户数据卷。这种划分十分有利于维护网络服务器的安全稳定运行和用户数据的安全。

③一定要用硬盘启动网络服务器,否则在受到引导型计算机病毒感染和破坏后,遭受损失的将不是一个人的计算机,而会影响到整个网络的中枢。

④为各个卷分配不同的用户权限。将操作系统卷设置成对一般用户为只读权限,屏蔽其他网络用户对系统卷除了读和执行以外的所有其他操作,如修改、改名、删除、创建文件和写文件等操作权限。应用程序卷也应设置成对一般用户是只读权限的,不经授权、不经计算机病毒检测,就不允许在共享的应用程序卷中安装程序。保证除系统管理员外,其他网络用户不可能将计算机病毒感染到系统中,使网络用户总有一个安全的联网工作环境。

⑤在网络服务器上必须安装真正有效的防杀计算机病毒软件,并经常进行升级。必要的时候还可以在网关、路由器上安装计算机病毒防火墙产品,从网络出入口保护整个网络不受计算机病毒的侵害。在网络工作站上采取必要的防杀计算机病毒措施,可使用户不必担心来自网络内和网络工作站本身的计算机病毒侵害。

⑥系统管理员的职责如下所述。

系统管理员的口令应严格管理,不泄露、不定期地予以更换,保护网络系统不被非法存取,不被感染上计算机病毒或遭受破坏。

在安装应用程序软件时,应由系统管理员进行或由系统管理员临时授权进行,以保证网络用户使用共享资源时总是安全无毒的。

系统管理员对网络内的共享电子邮件系统、共享存储区域和用户卷应定期进行计算机病毒扫描,发现异常情况及时处理。如果可能,在应用程序卷中安装最新版本的防杀计算机病毒软件供用户使用。

网络系统管理员在做好日常管理事务的同时,还要准备应急措施,及时发现计算机病毒感染迹象。当出现计算机病毒传播迹象时,应立即隔离被感染的计算机系统和网络,并进行处理。不应当带毒继续工作下去,要按照特别情况清查整个网络,切断计算机病毒传播的途径,保障正常工作的进行。必要的时候应立即求助专家。

由于计算机病毒防治方法在技术上尚无法达到完美的境地,难免会有新的计算机病毒突破防护系统的保护,传染到计算机系统中。因此对可能由计算机病毒引起的现象应予以注意,发现异常情况时,不使计算机病毒传播影响到整个网络。

(7)引导型计算机病毒的识别和防范

引导型计算机病毒主要是感染磁盘的引导扇区,也就是常说的磁盘的 BOOT 区。在使用被感染的磁盘(无论是软盘还是硬盘)启动计算机时,它们就会首先取得系统控制权,驻留内存之后再引导系统,并伺机传染其他软盘或硬盘的引导区。纯粹的引导型计算机病毒一般不对磁盘文件进行感染。感染了引导型计算机病毒后,引导记录会发生变化。预防引导型计算机病毒,通常采用以下一些方法。

①坚持从不带计算机病毒的硬盘引导系统。

②安装能够实时监控引导扇区的防杀计算机病毒软件,或经常用能够查杀引导型计算机病毒的防杀计算机病毒软件进行检查。

③经常备份系统引导扇区。

④某些底板上提供引导扇区计算机病毒保护功能(Virus Protect),启用它对系统引导扇区也有一定的保护作用。不过要注意的是启用此功能可能会造成一些需要改写引导扇区的软件(如 Windows 95/98,WindowsNT 以及多系统启动软件等)安装失败。

(8)文件型计算机病毒的识别和防范

文件型计算机病毒一般只传染磁盘上的可执行文件(COM,EXE),在用户调用染毒的可执行文件时,计算机病毒首先被运行,然后公计算机病毒驻留内存伺机传染其他文件,其特点是附着于正常程序文件,成为程序文件的一个外壳或部件。对于文件型计算机病毒的防范,一般采用以下一些方法。

①安装最新版本的、有实时监控文件系统功能的防杀计算机病毒软件。

②及时更新查杀计算机病毒引擎,一般要保证每月至少更新一次,有条件的可以每周更新一次,并在有计算机病毒突发事件的时候及时更新。

③经常使用防杀计算机病毒软件对系统进行计算机病毒检查。

④对关键文件,如系统文件、保密的数据等,在没有计算机病毒的环境下经常备份。

⑤在不影响系统正常工作的情况下对系统文件设置最低的访问权限,以防止计算机病毒的侵害。

⑥当使用 Windows95/98/2000NT 操作系统时,修改文件夹窗口中的默认属性。双击"我的电脑",选择"查看"菜单中的"选项"命令。然后在"查看"中选中"显示所有文件"选项但不选中"隐藏已知文件类型的文件扩展名"选项,单击"确定"按钮。注意不同的操作系统平台可能显示的文字有所不同。

(9)宏病毒的防范

宏病毒(Macro Virus)传播依赖于包括 Word、Excel 和 PowerPoint 等应用程序在内的 Office 套装软件,只要使用这些应用程序的计算机就都有可能传染上宏病毒,并且大多数宏病毒都有发作日期。轻则影响正常工作,重则破坏硬盘信息,甚至格式化硬盘,危害极大。目前宏病毒在国内流行甚广,已成为计算机病毒的主流,因此用户应时刻加以防范。只要在使用 Office 套装软件之前进行一些正确的设置,就基本上能够防止宏病毒的侵害。任何设置都必须在确保软件未被宏病毒感染的情况下进行。

①在 Word 中选择"选项"菜单中的"宏病毒防护"命令(Word97 及以上版本才提供此功能)和"提示保存 Normal 模板"命令;清理"工具"菜单中"模板和加载项"中的"共用模板及加载项"中预先加载的文件,不必要的就不加载,必须加载的则要确保没有宏病毒的存在,并且确认没有选中"自动更新样式"选项;退出 Word,此时会提示保存 Normal.dot 模板,单击"是"按钮,保存并退出 Word;找到 Normal.dot 文件,将文件属性改成"只读"。

②在 Excel 中选择"工具"菜单中的"选项"命令,在"常规"选项卡中选中"宏病毒防护功能"选项。

③在 PowerPoint 中选择"工具"菜单中的"选项"命令,在"常规"选项卡中选中"宏病毒防护"选项。

④其他防范文件型计算机病毒所做的工作。

做好防护工作后,对打开时提示是否启用宏,除非能够完全确信文档中只包含明确没有破坏意图的宏,否则都不执行宏;而对退出时提示保存除文档以外的文件,如 Normal.dot 模板等,一律不予保存。

(10)电子邮件计算机病毒的识别和防范

所谓电子邮件计算机病毒就是以电子邮件作为传播途径的计算机病毒,实际上该类计算机病毒和普通的计算机病毒一样,只不过是传播方式改变而已。通常对付电子邮件计算机病毒,只要删除携带电子邮件计算机病毒的信件就能够删除它。但是大多数的电子邮件计算机病毒在一被接收到客户端时就开始发作了,基本上没有潜伏期。所以预防电子邮件计算机病毒是至关重要的。以下是一些常用的预防电子邮件计算机病毒的方法。

①不要轻易执行附件中的 EXE 和 COM 等可执行程序。这些附件极有可能带有计算机病毒或是黑客程序,轻易运行,很可能带来不可预测的结果。对于认识的朋友和陌生人发过来的电子邮件中的可执行程序附件都必须检查,确定无异后才可使用。

②不要轻易打开附件中的文档文件。对方发送过来的电子邮件及相关附件的文档,首先要用“另存为”命令保存到本地硬盘,待用查杀计算机病毒软件检查无毒后才可以打开使用。如果用鼠标直接双击 DOC、XLS 等附件文档,会自动启用 Word 或 Excel,如果附件中有计算机病毒则会立刻传染,如果有“是否启用宏”的提示,那绝对不要轻易打开,否则极有可能传染上电子邮件计算机病毒。

③对于文件扩展名很怪的附件,或者是带有脚本文件如 *.VBS、*.SHS 等的附件,千万不要直接打开,一般可以删除包含这些附件的电子邮件,以保证计算机系统不受计算机病毒的侵害。

④如果是使用 Outlook 作为收发电子邮件软件的话,应当进行一些必要的设置。选择“工具”菜单中的“选项”命令,在“安全”选项卡中设置“附件的安全性”为“高”,在“其他”选项卡中单击“高级选项”按钮,再单击“加载项管理器”按钮,不选中“服务器脚本运行”选项。最后单击“确定”按钮保存设置。

⑤如果是使用 Outlook Express 作为收发电子邮件软件的话,也应当进行一些必要的设置。选择“工具”菜单中的“选项”命令,在“阅读”选项卡中不选中“在预览窗格中自动显示新闻邮件”和“自动显示新闻邮件中的图片附件”选项。这样可以防止有些电子邮件计算机病毒利用 Outlook Express 的默认设置自动运行,破坏系统。

⑥对于使用 Windows 98 操作系统的计算机,在“控制面板”中的“添加/删除程序”中选择检查一下是否安装了 Windows Scripting Host。如果已经安装的要卸载它,并且检查 Windows 的安装目录下是否存在 Wscript.exe 文件,如果存在的话也要删除。因为有些电子邮件计算机病毒就是利用 Windows Scripting Host 进行破坏的。

⑦对于自己往外传送的附件,也一定要仔细检查,确定无毒后,才可发送,虽然电子邮件计算机病毒相当可怕,只要防护得当,还是完全可以避免传染上计算机病毒的。

对付电子邮件计算机病毒,还可以在计算机上安装有电子邮件实时监控功能的防杀计算机病毒软件。有条件的还可以在电子邮件服务器上安装服务器版电子邮件计算机病毒防护软件,从外部切断电子邮件计算机病毒的入侵途径,确保整个网络的安全。

7.6 实例——瑞星防火墙的安装和简单配置

1.安装瑞星个人防火墙

(1)启动计算机并进入 Windows(95/98/Me/NT/2000/XP/2003/Vista)系统,关闭其他应用程序。

(2)将瑞星杀毒软件光盘放入光驱,系统会自动显示安装界面,选择“安装瑞星个人防火墙”。如果没有自动显示安装界面，用户可以浏览光盘，运行光盘根目录下的Autorun.exe程序，然后在显示的安装界面中选择“安装瑞星个人防火墙”。

(3)安装程序显示语言选择框，选择用户需要安装的语言版本，单击“确定”继续，如图7-7所示。

(4)进入安装欢迎界面，再选择“下一步”继续，如图7-8所示。

(5)阅读“最终用户许可协议”，选择“我接受”，单击“下一步”继续安装；如果不接受协议，选择“我不接受”退出安装程序，如图7-9所示。

图7-7 安装程序语言选择框

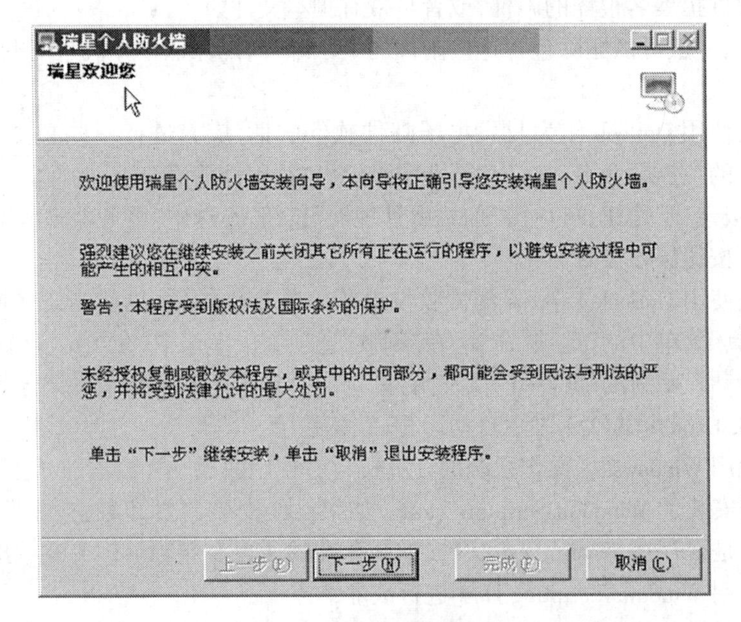

图7-8 安装欢迎界面

(6)在“验证产品序列号和用户ID”窗口中，正确输入产品序列号和12位用户ID(产品序列号与用户ID见用户身份卡)，单击“下一步”继续，如图7-10所示。

(7)在“定制安装”窗口中，选择需要安装的组件。用户可以在下拉菜单中选择全部安装或最小安装(全部安装表示将安装瑞星个人防火墙的全部组件和工具程序；最小安装表示仅选择安装瑞星个人防火墙必需的组件，不包括更多工具程序)；也可以在列表中勾选需要安装的组件。单击“下一步”继续安装，也可以直接单击“完成”按钮，按照默认方式进行安装，如图7-11所示。

(8)在“选择目标文件夹”窗口中，用户可以指定瑞星个人防火墙的安装目录，单击“下一步”继续安装，如图7-12所示。

(9)在“选择开始菜单文件夹”窗口中输入软件名称，单击“下一步”继续安装，如图7-13

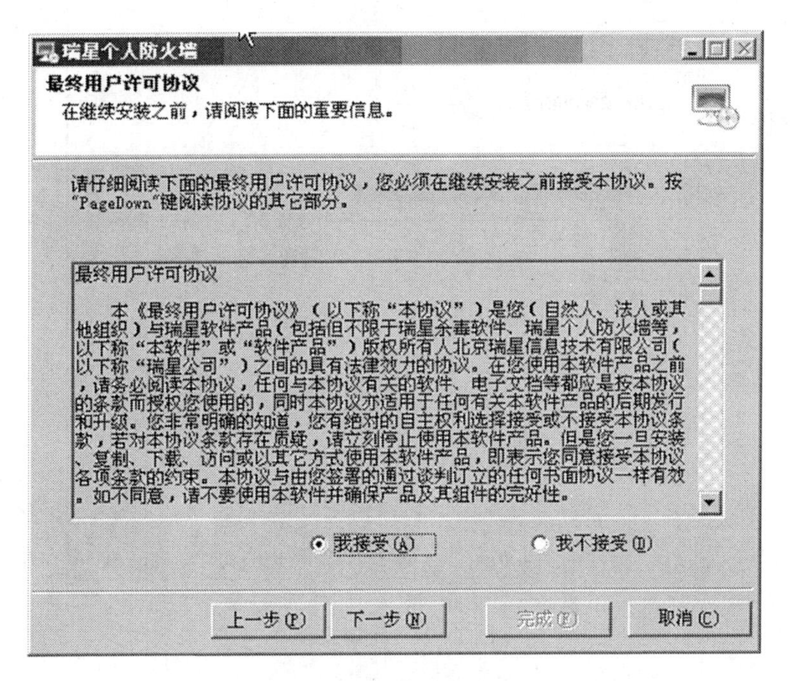

图 7－9　最终用户许可协议

图 7－10　验证产品序列号和用户 ID

所示。

(10)在"安装信息"窗口中，显示了安装路径和程序组名称的信息，用户可以勾选安装之前执行内存病毒扫描，确保在一个无毒的环境中安装瑞星个人防火墙。确认后单击"下一步"开始安装瑞星个人防火墙，如图 7－14 所示。

(11)如果用户在上一步选择了"安装之前执行内存病毒扫描"，在"瑞星内存病毒扫描"窗口中程序将进行系统内存扫描。根据用户系统内存情况，此过程可能要占据 3～5 分钟。

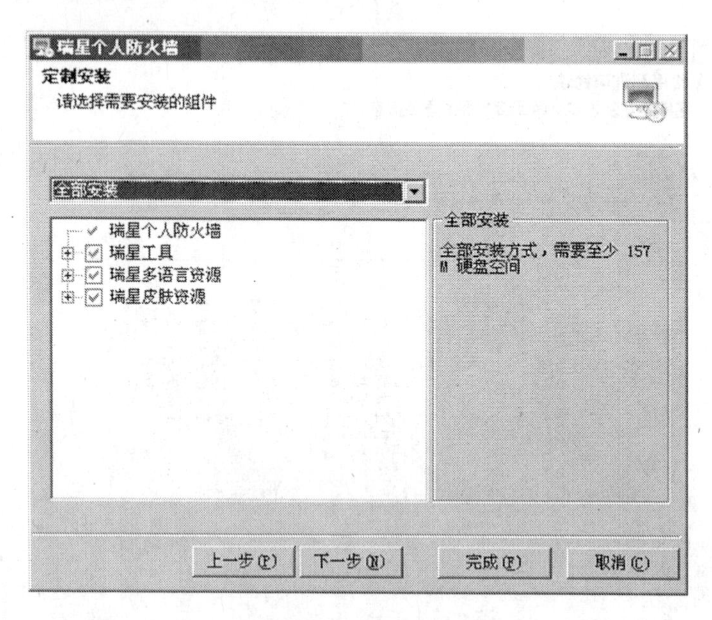

图 7-11 定制安装

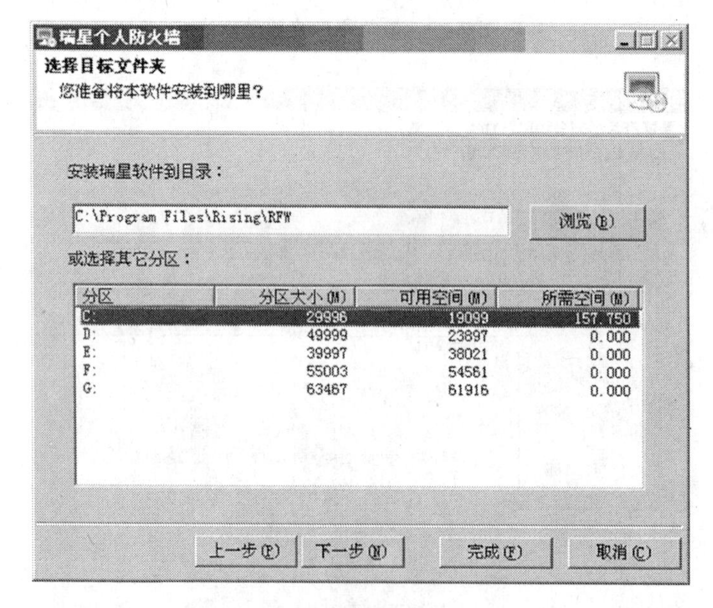

图 7-12 选择目标文件夹

如果用户确认系统内没有病毒，请选择“跳过”，继续安装，如图7-15所示。

(12)在“结束”窗口中，用户可以选择“启动瑞星个人防火墙”和“运行注册向导”启动相应程序，最后选择“完成”结束安装，如图 7-16 所示。

提示：

第一次安装软件完成后，如果勾选了“运行注册向导”，则程序会自动尝试连接瑞星网站，引导用户完成产品注册。

用户只有完成产品注册，才能享受正常的升级服务。请在购买瑞星杀毒软件后尽快连接到瑞星网站上完成产品注册。

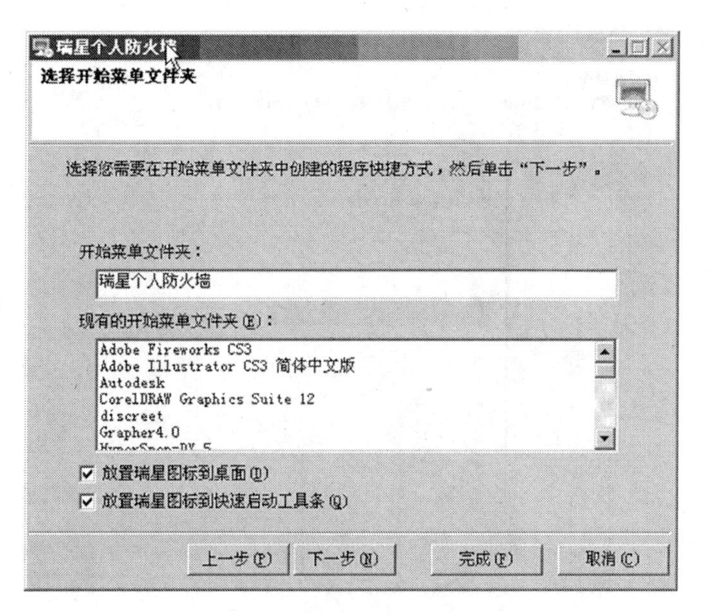

图 7－13　选择开始菜单文件夹

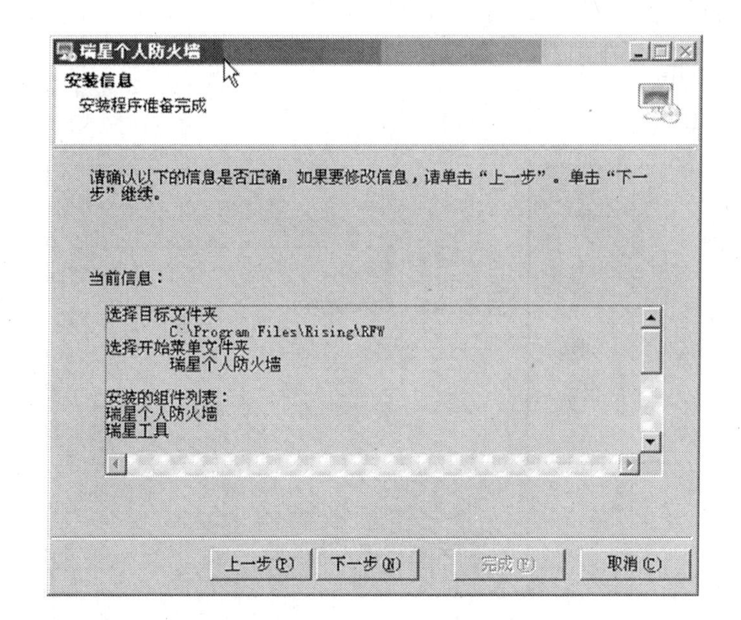

图 7－14　安装信息

如果在安装瑞星杀毒软件后已经成功注册过，则注册瑞星个人防火墙时会提示已经注册。

2.启动瑞星个人防火墙

启动瑞星个人防火墙软件主程序有四种方法。

(1)进入“开始|程序|瑞星个人防火墙”，选择“瑞星个人防火墙”即可启动。

(2)用鼠标双击桌面上的“瑞星个人防火墙”快捷图标 即可启动。

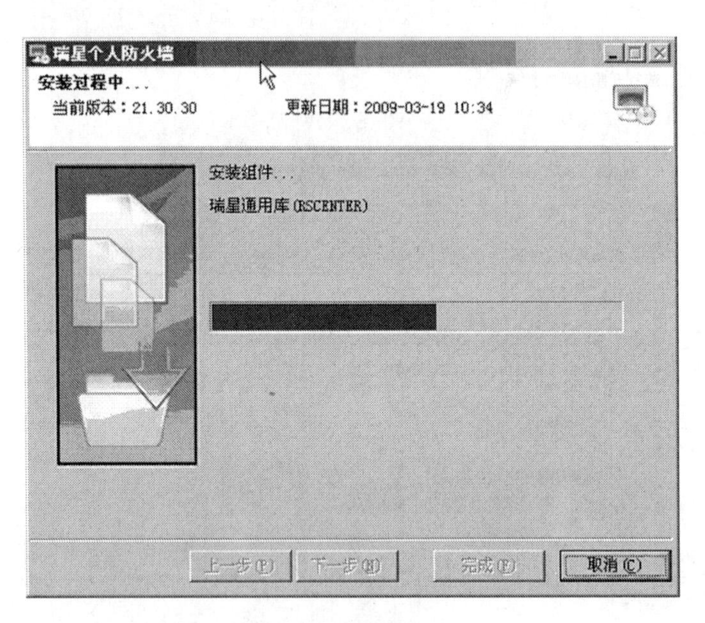

图 7-15　安装过程中

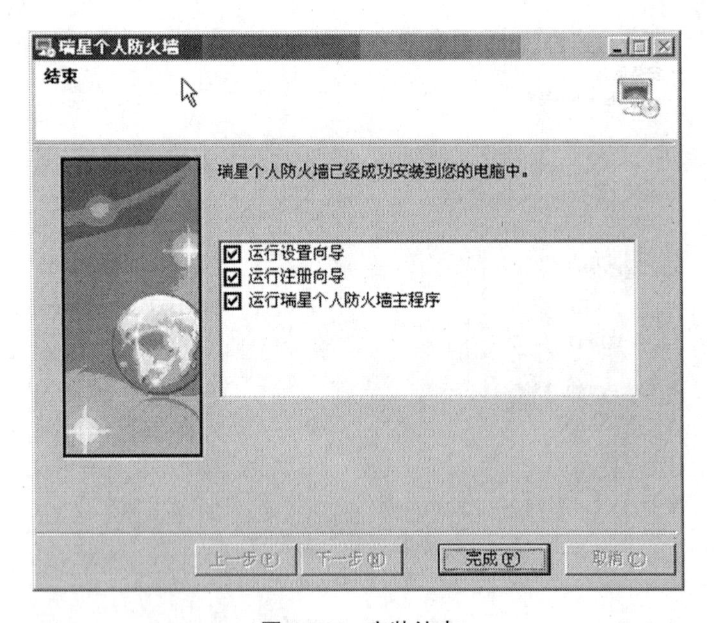

图 7-16　安装结束

(3)用鼠标单击任务栏"快速启动"上的"瑞星个人防火墙"快捷图标 即可启动。

(4)在系统托盘中,用鼠标双击"瑞星个人防火墙"图标 即可启动。

3.查看瑞星个人防火墙的主界面进行安全设置

启动瑞星个人防火墙主界面,如图 7-17 所示。在此界面中可以通过网络安全和访问控制等菜单进行安全设置。

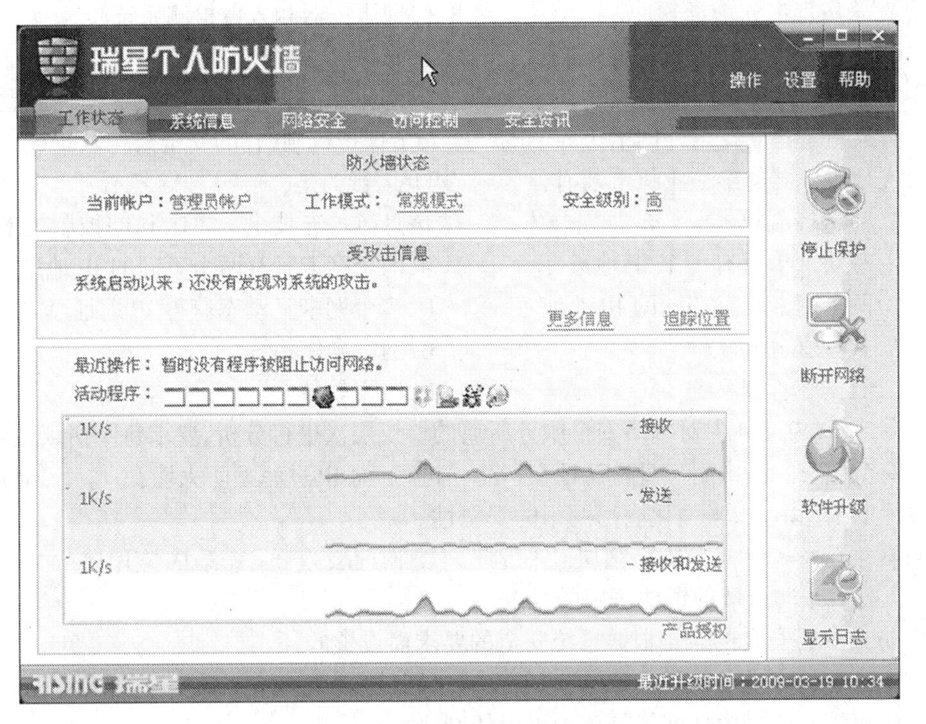

图 7－17 瑞星个人防火墙主界面

【本章小结】

本章介绍了防火墙的基本概念、防火墙的实现技术、防火墙的分类、计算机病毒的基本概念、计算机病毒的检测和防范。

【练习题】

一、选择题

1. 为确保企业局域网的信息安全,防止来自 Internet 的黑客入侵,采用(　　)可以实现一定的防范作用。

A. 网管软件　　B. 邮件列表　　C. 防火墙　　D. 防病毒软件

2. 网络防火墙的作用是(　　)。(多选题)

A. 防止内部信息外泄　　B. 防止系统感染病毒与非法访问

C. 防止黑客访问　　D. 建立内部信息和功能与外部信息和功能之间的屏障

3. 防火墙采用的最简单的技术是(　　)。

A. 安装保护卡　　B. 隔离　　C. 包过滤　　D. 设置进入密码

4. 防火墙技术可以分为(　　)等 3 大类型,防火墙系统通常由(　　)组成,防止不希望的、未经授权的通信进出被保护的内部网络,它是一种(　　)网络安全措施。

①A. 包过滤、入侵检测和数据加密　　B. 包过滤、入侵检测和应用代理

C. 包过滤、应用代理和入侵检测　　D. 包过滤、状态检测和应用代理

②A.杀病毒卡和杀毒软件　　B.代理服务器和入侵检测系统
C.过滤路由器和入侵检测系统　　D.过滤路由器和代理服务器
③A.被动的　B.主动的　C.能够防止内部犯罪的　D.能够解决所有问题的

5.防火墙是建立在内外网络边界上的一类安全保护机制,它的安全架构基于(　　)。一般作为代理服务器的堡垒主机上装有(　　),其上运行的是(　　)。
①A.流量控制技术　B.加密技术　C.信息流填充技术　D.访问控制技术
②A.一块网卡且有一个IP地址　　B.两个网卡且有两个不同的IP地址
C.两个网卡且有相同的IP地址　　D.多个网卡且动态获得IP地址
③A.代理服务器软件　　B.网络操作系统
C.数据库管理系统　　D.应用软件

6.在ISO OSI/RM中对网络安全服务所属的协议层次进行分析,要求每个协议层都能提供网络安全服务。其中用户身份认证在(　　)进行,而IP过滤型防火墙在(　　)通过控制网络边界的信息流动,来强化内部网络的安全性。
A.网络层　B.会话层　C.物理层　D.应用层

7.下列关于防火墙的说法正确的是(　　)。
A.防火墙的安全性能是根据系统安全的要求而设置的
B.防火墙的安全性能是一致的,一般没有级别之分
C.防火墙不能把内部网络隔离为可信任网络
D.一个防火墙只能用来对两个网络之间的互相访问实行强制性管理的安全系统

8.防火墙有(　　)作用。(多选题)
A.提高计算机系统总体的安全性　　B.提高网络的速度
C.控制对网点系统的访问　　D.数据加密

9.(　　)不是防火墙的功能。
A.过滤进出网络的数据包　　B.保护存储数据安全
C.封堵某些禁止的访问行为　　D.记录通过防火墙的信息内容和活动

10.计算机病毒是一种(　　),其特性不包括(　　)。
①A.软件故障　B. 硬件故障　C.程序　D.细菌
②A.传染性　B.隐藏性　C.破坏性　D.自生性

11.下列叙述中正确的是(　　)。
A.计算机病毒只感染可执行文件
B.计算机病毒只感染文本文件
C.计算机病毒只能通过软件复制的方式进行传播
D.计算机病毒可以通过读写磁盘或网络等方式进行传播

12.计算机病毒的传播方式有(　　)。(多选题)
A.通过共享资源传播　　B.通过网页恶意脚本传播
C.通过网络文件传输FTP传播　　D.通过电子邮件传播

13.(　　)病毒是定期发作的,可用设置Flash ROM写状态来避免病毒破坏ROM。
A.Melissa　B.CIH　C.I love you　D.冲击波

14.以下(　　)不是杀毒软件。
A.瑞星　B.KV3000　C.Norton AntiVirus　D.PcTools

15.计算机病毒是人为编制的程序,它具有的典型特征是(　　)。

A.传染性　　B.毁灭性　　C.滞后性　　D.以上都不是

16.效率最高、最保险的杀毒方式是(　　)。

A.手工杀毒　　B.自动杀毒　　C.杀毒软件　　D.磁盘格式化

二、问答题

1.什么是防火墙?防火墙应具有的基本功能是什么?使用防火墙的好处有哪些?

2.总的来说,防火墙主要由哪几部分组成?

3.防火墙按照技术分类,分成几类?

4.包过滤防火墙的工作原理是什么?包过滤防火墙有什么优、缺点?

5.代理服务器的工作原理是什么?代理服务器有什么优、缺点?

6.在防火墙的部署中,一般有哪几种结构?

7.简述网络地址转换(NAT)的原理。它主要应用在哪些方面?

8.什么是计算机病毒?计算机病毒有哪些特征?

9.计算机病毒是如何分类的?举例说明有哪些种类的病毒。

10.计算机病毒检测方法有哪些?简述它们的原理。

第8章 入侵检测系统(IDS)及应用

【案例导入】

生活中会有这样的尴尬:小区的门口配有门卫,他的工作认真负责,对进出小区的人仔细检查出入证、业主证,或进行来访者登记。一旦人员被允许进入小区,他做些什么事情就没有人管了,如某些业主在小区内破坏公共设施,随意停放车辆,影响他人休息……这一系列的事情该怎么管理呢?单纯在大门口设置门卫似乎已经不够了。应怎么办呢?于是,就有了24小时巡逻的保安,发现异常立即作出反映(或警告,或制止)。

网络中也有这样的尴尬,例如一般网站为了能够正常的运作,允许 http 通信协议的使用,既然在防火墙上不能把 http 协议禁止,网络黑客也就可以对企业网站发出超大量的 http 请求,以达到“拒绝服务”的攻击效果。结果,网站就不能再持续提供服务给所有的使用者了。

为了提高安全防御的质量,除了在网络边界防范外部攻击之外,还应该在网络内部对各种访问进行监控和管理。入侵检测系统是一种对于边界防御和内部控管都非常有用的工具,也是建设主动防御体系的重要基础之一。

防火墙就像内网的门卫,入侵检测系统就像小区的巡逻保安。它们各尽其能,恪尽职守,这样内网才能获得更高的安全度。那么,什么是入侵检测?它的构成是怎样的?目前有哪些主流产品?我们该如何应用它呢?本章我们就对这些问题进行阐述。

【学习目标】

1.理解入侵检测系统(IDS)的基本概念、功能、模型
2.掌握 IDS 产品的选购、性能指标和应用
3.掌握入侵检测系统技术和入侵检测系统的应用

8.1 入侵检测系统技术

伴随着计算机网络技术和互联网的飞速发展,网络攻击和入侵事件与日俱增,在这种环境下,入侵检测系统成为了安全市场上新的热点,不仅越来越多地受到人们的关注,而且已经开始在各种不同的环境中发挥其关键作用。

8.1.1 入侵检测系统概述

1.网络安全存在的新问题

随着网络技术这十几年来的迅猛发展,众多的商户、银行与其他商业机构在电子商务热潮中纷纷进入 Internet,很多政府部门、军事机构也与 Internet 互联,通过 Internet 实现包括个人、企业与政府的全社会信息共享已逐步成为现实。

随着网络应用范围的不断扩大,对网络的各类攻击与破坏也与日俱增。网络在带给人

们方便快捷生活的同时,网络安全也一直是困扰人们的一个难题。据统计,信息窃贼在过去5年中以250%速度增长,99%的大公司都发生过大的入侵事件。世界著名的商业网站,如Yahoo、Buy、CNN都曾被黑客入侵,甚至连专门从事网络安全的RSA网站也受到黑客的攻击。

攻击和入侵事件给这些机构和企业带来了巨大的经济损失,有的甚至直接威胁到国家的安全。入侵攻击的检测与防范、保障计算机系统、网络系统及整个信息基础设施的安全已经成为刻不容缓的重要课题。网络安全已成为国家与国防安全的重要组成部分,同时也是国家网络经济发展的关键。

那么,面对越来越多、越来越复杂的网络攻击,应用的安全措施处于什么状态呢?传统上,公司一般采用防火墙作为安全的第一道防线,也是作为最主要的安全防范手段。但是随着攻击者知识的日趋成熟,攻击工具与手法的日趋复杂多样,单纯的防火墙策略已经无法满足对安全高度敏感部门的需要。与此同时,当今的网络环境也变得越来越复杂,各式各样的复杂设备,需要不断升级、补漏的系统使得网络管理员的工作不断加重,不经意的疏忽便有可能造成安全的重大隐患。防火墙已经不能满足人们对网络安全的需求。在这种背景下,近几年入侵检测技术得到了迅速的发展。入侵检测是一种动态地监控、预防或抵御系统入侵行为的安全机制。主要通过监控网络、系统的状态,来检测系统用户的越权行为和系统外部的入侵者对系统的攻击企图。和传统的安全机制相比,入侵检测技术具有智能监控、动态响应、易于配置的优点。作为对防火墙及其有益的补充,IDS(入侵检测系统)能够帮助网络系统快速发现网络攻击的发生,扩展了系统管理员的安全管理能力(包括安全审计、监视、进攻识别和响应),提高了信息安全基础结构的完整性。

2.入侵检测系统

在了解入侵检测系统之前,首先来了解入侵和入侵检测的概念。

"入侵"(Intrusion)是个广义的概念,是指企图对计算机系统造成危害的行为。入侵企图或威胁可以被定义为未经授权蓄意尝试访问信息、篡改信息、使系统不可靠或不能使用,或者是指有关试图破坏资源的完整性、机密性及可用性的活动。一般来说,从入侵者的角度,可以将入侵分为六种类型。

(1)尝试性闯入(Attempted break-in)。

(2)伪装攻击(Masquerade attack)。

(3)安全控制系统渗透(Penetration of the security control system)。

(4)泄露(Leakage)。

(5)拒绝服务(Denial of service)。

(6)恶意使用(malicious use)。

那么,入侵者又是如何进入用户的系统的呢?主要有以下三种方式。

(1)物理入侵。入侵者以物理方式访问一个计算机进行破坏活动,这种入侵十分直观,包含在未授权的情况下对网络硬件的连接,或对系统物理资源的直接破坏。

(2)系统入侵。入侵者拥有系统的一个低级账号权限,在这种条件下进行破坏活动。如拥有低级权限的用户有可能利用系统漏洞获取更高的管理权限,从而越权操作。

(3)远程入侵。这种情况比较常见,多表现为入侵者通过网络渗透到一个系统中。如因浏览了一些垃圾个人站点而造成的木马入侵。这种情况下,入侵者通常不具备任何特殊权限,他们要通过漏洞扫描或端口扫描等技术发现攻击目标,再利用相关技术执行破坏活动。

入侵检测(Intrusion Detection),顾名思义,便是对入侵行为的发觉。它通过对计算机系统,或计算机网络中的若干关键部位收集信息并对其进行分析,从中发现网络或系统中是否有违反安全策略的行为。入侵检测的内容包括试图闯入、成功闯入、冒充其他用户、违反安全策略、合法用户的泄露、独占资源以及恶意使用。

入侵检测系统(Intrusion Detection System, IDS)是进行入侵检测的软件与硬件的组合,事实上入侵检测系统就是"计算机和网络为防止网络小偷安装的警报系统"。与其他安全产品不同的是,入侵检测系统需要更多的智能,它必须可以对得到的数据进行分析,并得出有用的结果。它不但要收集关键点的信息,还要对收集的信息进行分析,从中发现不安全因素的蛛丝马迹并对其做出反应。有些反应是自动的,它包括通知网络安全管理员(通过控制台、电子邮件)、中止入侵进程、关闭系统、断开与互联网的连接,使该用户无效,或者执行一个准备好的命令等。一个合格的入侵检测系统能大大地简化管理员的工作,保证网络安全的运行。

在本质上,入侵检测系统是一个典型的"窥探设备"。它不跨接多个物理网段(通常只有一个监听端口),无需转发任何流量,而只需要在网络上被动地、无声息地收集它所关心的报文即可。因此,对 IDS 的部署,唯一的要求是:IDS 应当挂接在所有所关注流量都必须流经的链路上。在这里,所关注流量指的是来自高危网络区域的访问流量和需要进行统计、监视的网络报文。在如今的网络拓扑中,绝大部分的网络区域都是交换式的网络结构。因此,IDS 在交换式网络中的位置一般选择在下列两个方面。

(1)能靠近攻击源。

(2)尽可能靠近受保护资源。

这些位置通常包括下列三个方面。

(1)服务器区域的交换机上。

(2)Internet 接入路由器之后的第一台交换机上。

(3)重点保护网段的局域网交换机上。

经典的入侵检测系统的部署方式如图 8-1 所示。

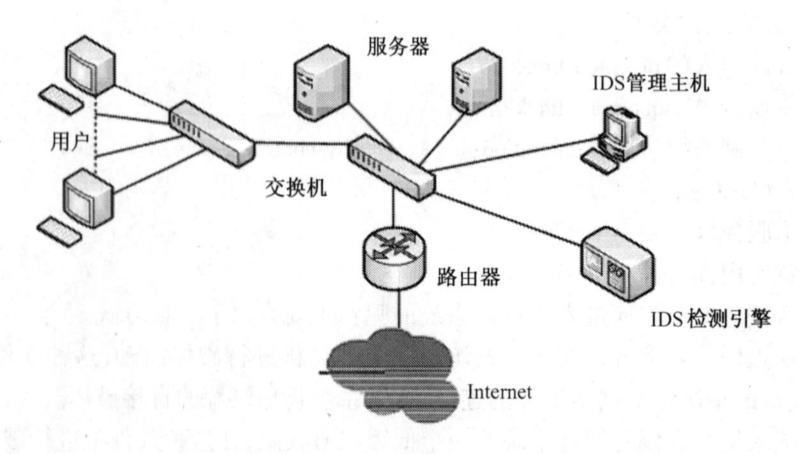

图 8-1 入侵检测系统的应用

3. 入侵检测系统的发展历史

关于入侵检测的研究最早可追溯到 James Anderson 在 1980 年的一份报告。1980 年 4 月

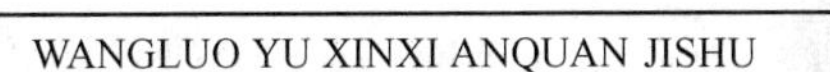

他为一个保密客户写了一份题为《计算机安全威胁监控与监视》(Computer security Threat Monitoring and Surveillance)的技术报告,这份报告被公认为是入侵检测的开山之作。在报告中,他对威胁进行了分类,第一次详细阐述了入侵检测的概念。他将入侵尝试(Intrusion Attempt)或威胁(Threat)定义为:潜在的有预谋未经授权访问信息、操作信息,致使系统不可靠或无法使用的企图。在报告中,Anderson 还提出审计记录可以用于识别计算机误用,审计跟踪可应用于监视入侵活动的思想。

1986 年,斯坦福研究所(Stanford Research Institute,SRI)的 Dorothy E.Denning 发表了一篇论文《An Intrusion—Detection Model》,在这篇文章中,首次将入侵检测的概念作为一种计算机系统安全防御措施提出。

1987 年,乔治敦大学的 Dorothy Denning 和 SRI 公司计算机科学实验室的 Peter Neumann 研究出了一个实时入侵检测系统模型——IDES(Intrusion Detection Expert Systems,入侵检测专家系统),这是第一个在一个应用中运用了统计和基于规则两种技术的系统,是入侵检测研究中最有影响的一个系统。该模型由六个部分组成,即主体、对象、审计记录、轮廓特征、异常记录和活动规则。它独立于特定的系统平台、应用环境以及入侵类型,为构建入侵检测系统提出了一个通用的框架。

1900 年是入侵检测系统发展史上的一个分水岭。这一年,加州大学戴维斯分校的 L.T.Heberlein 等人提出了一个新的概念:基于网络的入侵检测 NSM(Network Security Monitor),NSM 与此前的 IDS 系统最大的不同在于它并不检查主机系统的审计记录,它可以通过在局域网上主动地监视网络信息流量来追踪可疑的行为。这是第一次直接将网络流作为审计数据来源,因而可以在不将审计数据转换成统一格式的情况下监控异种主机。从此之后,入侵检测系统发展史翻开了新的一页,入侵检测系统中的两个重要研究方向开始形成,即基于网络的 IDS 和基于主机的 IDS。同时,在 1988 年莫里斯蠕虫事件发生之后,网络安全引起了军方、学术界和企业的高度重视。美国空军、国家安全局和能源部共同资助空军密码支持中心、劳伦斯利弗摩尔国家实验室、加州大学戴维斯分校、Haystack 实验室,开展对分布式入侵检测系统(DIDS)的研究,将基于主机和基于网络的检测方法集成到一起。DIDS 是分布式入侵检测系统历史上的一个里程碑式的产品,它的检测模型采用了分层结构。

从 1992 年到 1995 年,在 IDES 的基础上,SRI 加强优化 IDES,在以太网的环境下,实现了产品化的入侵检测原型系统 NIDES(Next - Generation Intrusion Detection Expert system),它继承了 IDES 的双重分析特性,可以检测多个主机上的入侵。但是在规模化和针对网络环境使用方面还有所欠缺,缺少协同工作的能力。

1996 年设计和实现的 GrIDS(Graph-based Intrusion Detection System),该系统使得对大规模自动或协同攻击的检测更为便利,这些攻击有时甚至可能跨过多个管理领域。2000 年 2 月,对 Yahoo、CNN 等大型网站的 DDOS(分布式拒绝服务)攻击引发了对 IDS 系统的新一轮研究热潮。

4.入侵检测系统的工作过程

IDS 处理过程分为数据采集阶段、数据处理及过滤阶段、入侵分析及检测阶段、报告以及响应阶段四个阶段。

(1)数据采集阶段。数据采集是入侵检测的基础。入侵检测系统能否检测出非法入侵,在很大程度上依赖于采集的数据的准确性和可靠性。在数据采集阶段,入侵检测系统主要收集目标系统中引擎提供的主机通信数据包和系统使用等情况。

(2)数据处理及过滤阶段。这个阶段中,把采集到的数据进行处理,转换为可以识别是否发生入侵的形式,为下一阶段打下良好的基础。

(3)入侵分析及检测阶段。通过分析上一阶段提供的数据来判断是否发生入侵。这一阶段是整个入侵检测系统的核心阶段,根据系统是以检测异常使用为目的,还是以检测利用系统的脆弱点或应用程序的Bug来进行入侵为目的,可以区分为异常行为和错误使用检测。

(4)报告及响应阶段。针对上一个阶段中进行的判断做出响应。如果被判断为发生入侵,系统将对其采取相应的响应措施,或者通知管理人员发生入侵,以便采取安全管理措施。上述的这个工作过程是由入侵检测系统的三个组成部分实现的,它们分别是感应器(Sensor)、分析器(Analyzer)和管理器(Manager),如图8-2所示。

管理器(Manager)		
分析器(Analyzer)		
感应器(Sensor)		
网络	主机	应用程序

图8-2 入侵检测系统的组成部分

感应器主要负责收集信息。工作在数据采集阶段。

分析器从感应器接收信息,并进行分析,判断是否有入侵行为发生,如果有入侵行为发生,分析器应提供可能采取的措施。分析器工作在入侵分析阶段。

管理器工作在报告及响应阶段,向用户提供分析结果。用户根据该分析结果做出相应的安全管理措施。

5.入侵检测系统的分类

前面给大家介绍了入侵检测系统的定义、工作过程,下面介绍入侵检测系统的分类。

(1)根据其监测的对象分类

根据其监测的对象是主机还是网络,分为基于主机的入侵检测系统和基于网络的入侵检测系统,在实际应用中,也可以将二者结合使用,即分布式入侵检测系统。

①基于主机的入侵检测系统。主机型入侵检测系统所监测的是系统日志、应用程序日志等数据源,对所在的主机收集信息进行分析,以判断是否有入侵行为。主机型入侵检测系统通常是用于保护关键应用的服务器。

典型的基于主机的入侵检测系统结构如图8-3所示。

基于主机的入侵检测系统具有检测效率高、分析代价小、速度快的优点,能够迅速准确地定位入侵者,可以结合操作系统和应用程序的行为特征对入侵进行更深的分析。下面详细介绍这些优点。

a.准确定位入侵。由于基于主机的入侵检测系统使用含有已发生事件的信息,可以准确地确定攻击是否成功。检测的效率较高。

b.可以监视特定的系统活动。基于主机的入侵检测系统主要监测系统、事件以及操作系统下的系统记录,因此它可以监视用户和访问文件的活动,包括文件访问、改变文件权限等。如它可以监督用户的登录及下网情况,以及用户联网后所有的行为。基于主机的入侵检测系统还可以监视主要系统文件和可执行文件的改变。

c.适用于被加密和交换的环境。由于现在的网络都是交换式网络,一个大的网络可以通过交换设备分成很多小的网络,在这种情况下,基于网络的入侵检测系统很难确定检测的最佳位置,而基于主机的入侵检测系统可以安装在所需的重要检测的主机上。另外,在加密环境中,由于加密方式位于协议堆栈内,基于网络的入侵检测系统很难对这些攻击有反应,而基于主机的入侵检测系统看到的是已经解密的数据流,所以优势比较明显。

d.成本低,不需要额外的硬件设备。基于主机的入侵检测系统存在于现行的系统结构当中,效率很高,不需要在网络上另外安装登记、维护和管理的硬件设备。

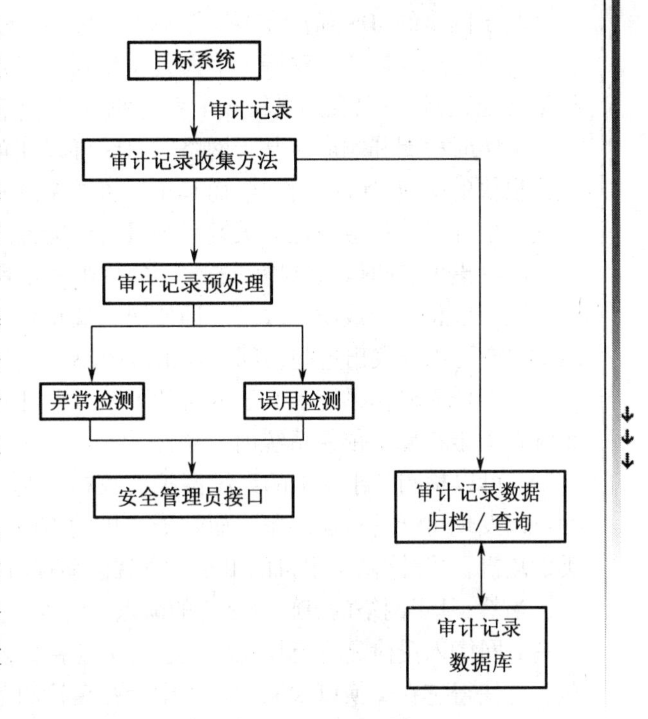

图 8-3　基于主机的入侵检测系统

当然,基于主机的入侵检测系统也有它的缺点:它在一定程度上依靠系统的可靠性,要求系统本身具有基本的安全功能,才能提取入侵信息。由于基于主机的入侵检测系统是通过监视与分析主机的审计记录检测入侵,而主机能够提供的信息有限,有的入侵手段会绕过日志,所以在数据提取的可靠性方面不是很好。另外,全面部署主机入侵系统的代价较大,一个很大的企业很难将所有主机用主机入侵系统保护,只能选择一些重要的主机来保护。主机入侵检测系统除了检测自身的主机之外,根本不检测网络上的情况,这也是它的缺陷之一。

②基于网络的入侵检测系统。基于网络的入侵检测系统主要用于实时监控网络关键路径的信息,该系统通过在共享网段上对通信数据进行侦听,分析通过网络的所有通信业务,来检测入侵行为。一般网络型入侵检测系统担负着保护整个网段的任务。与基于主机的入侵检测系统相比,这类系统对于入侵者来说是透明的。

基于网络的入侵检测系统如图8-4所示。基于网络的IDS通常利用一个运行在混杂模式下的网络适配器来实时监视,并分析通过网络的所有通信业务,它能够检测那些来自网络的攻击以及超过授权的非法访问。一旦攻击被检测到,响应模块按照配置对攻击作出反应。通常这些反应包括发送电子邮件、寻呼、记录日志、切断网络连接等。

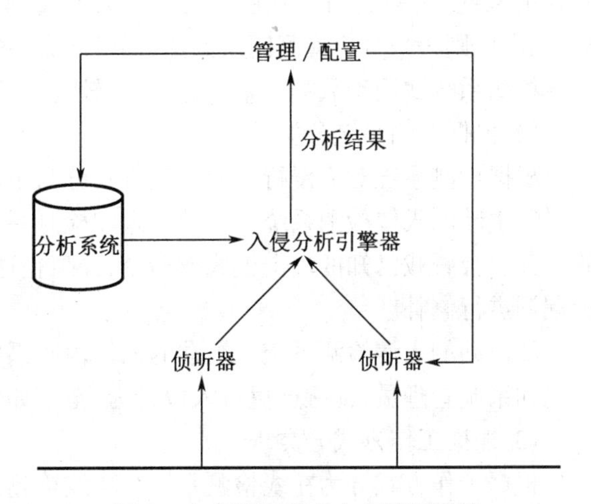

图 8-4　基于网络的入侵检测系统

基于网络的IDS有着许多仅靠基于主机的入侵检测系统无法提供的优点。

a.拥有成本较低。对于一个大公司来说,基于网络的IDS只要在几个关键访问点上进行策略配置,就可以观察发往多个系统的网络通信。

b.实时检测和响应。基于网络的IDS可以在可疑的攻击发生的同时将其检测出来,并做出很快的响应,实时性很强;而基于主机的系统只有在可疑的登录信息被记录下来以后,才能识别并做出反应。这时关键系统极有可能已经遭到破坏。

c.收集更多的信息以检测未成功的攻击和不良企图。基于网络的IDS会收集许多有价值的数据以检测未成功的攻击。即使防火墙正在拒绝这些访问,位于防火墙之外的基于网络的IDS可以查找出这些访问的攻击意图,而基于主机的系统是无法做到这一点的。

d.不依靠操作系统。基于网络的IDS与主机的操作系统无关。而基于主机的入侵检测系统在一定程度上依靠系统的可靠性。

e.可以检测基于主机的系统漏掉的攻击。基于网络的IDS可以检查所有包的头部,从而可以发现可疑的行动迹象。而基于主机的IDS无法查看包的头部,所以它无法检测这一类的攻击。另外,基于主机的IDS本身就会漏掉所有的网络信息。

当然,基于网络的IDS也有它的缺点。

a.网络入侵检测系统只能检查它直接连接的网段的通信,不能检测在不同网段的网络包。这使得它在交换以太网的环境中会存在检测范围的局限性。

b.网络入侵检测系统通常采用特征检测的方法,只可以检测出一些普通的攻击,而对一些复杂的需要计算和分析的攻击检测难度会大一些。

c.网络入侵检测系统只能监控明文格式数据流,处理加密的会话过程比较困难。

③分布式入侵检测系统。是一种基于部件的入侵检测系统,具有良好的分布性和可扩展性。它将基于网络和基于主机的入侵检测系统有机地结合在一起,采用了基于通用硬件平台的分布式体系结构,通过单控制台、多检测器的方式对大规模网络的主干网信道进行入侵检测和宏观安全监测,提供集成化的检测、报告和响应功能,具有良好的可扩展性和灵活的可配置性。

分布式入侵检测系统检测的数据包也是来源于网络,不同的是,它采用分布式检测、集中管理的方法。即在每个网段安装一个监听设备,相当于在每个网段安装了基于网络的入侵检测系统,用来监测其所在网段上的数据流,然后根据集中安全管理中心制定的安全策略、响应规则等来分析检测网络数据,同时向集中安全管理中心发回安全事件信息。分布式入侵检测系统适用于数据流量大、网络比较复杂的环境。

(2)根据检测系统分类

根据检测系统对入侵行为的响应方式分为主动检测系统和被动检测系统。

①主动的入侵检测系统。主动的入侵检测系统在发现入侵行为后,主动地实施响应措施。如它会查找已知的攻击模式或命令,并阻止这些命令的执行;或者自动地对目标系统中的漏洞进行修补。

②被动的入侵检测系统。被动的入侵检测系统在发现入侵行为后,只是产生报警信号来通知系统管理员,提醒这里有入侵行为,至于如何处理,则由系统管理员来实施安全措施。

(3)根据工作方式分类

根据工作方式分为在线检测系统和离线检测系统。

①在线检测系统。在线检测系统是实时联机的检测系统,它的特点是实时入侵检测在

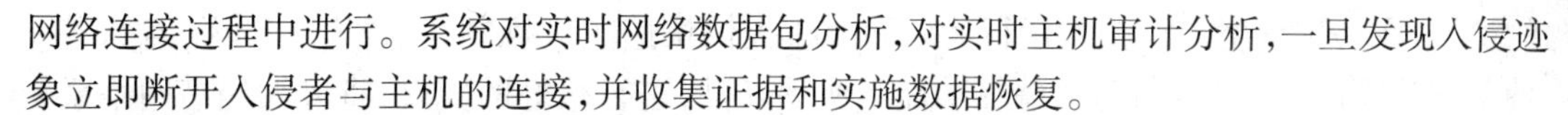

网络连接过程中进行。系统对实时网络数据包分析，对实时主机审计分析，一旦发现入侵迹象立即断开入侵者与主机的连接，并收集证据和实施数据恢复。

②离线检测系统。离线检测系统是非实时工作的系统，它在事后分析审计事件，从中检查入侵活动。事后入侵检测由网络管理人员进行，根据计算机系统对用户操作所做的历史审计记录判断是否存在入侵行为，如果有就断开连接，并记录入侵证据和进行数据恢复。

6.入侵检测系统的作用

入侵检测被认为是防火墙之后的第二道安全闸门，在不影响网络性能的情况下能对网络进行监测，从而提供对内部攻击、外部攻击和误操作的实时保护。IDS 的主要优势是监听网络流量，不会影响网络的性能。有了 IDS，就像在一个大楼里安装了监视器一样，可对整个大楼进行监视，让用户感觉很踏实。具体说来，入侵检测系统的主要功能包括下列几项。

(1)监测并分析系统和用户的活动，查找非法用户和合法用户的越权操作。

(2)核查系统配置和漏洞，并提示管理员修补漏洞。

(3)评估系统关键资源和数据文件的完整性。

(4)识别已知的攻击行为，并向管理人员发出警告。

(5)对异常行为进行统计分析以发现入侵行为的规律。

(6)操作系统日志管理和审计跟踪管理，并识别违反安全策略的用户活动。

7.入侵检测系统与防火墙的比较

防火墙在网络安全中起到大门警卫的作用，对进出的数据依照预先设定的规则进行匹配，符合规则的就予以放行，起访问控制的作用，是网络安全的第一道关卡。优秀的防火墙甚至对高层的应用协议进行动态分析，保护进出数据应用层的安全。但防火墙的功能也有局限性。防火墙只能对进出网络的数据进行分析，对网络内部发生的事件无能为力。同时，由于防火墙处于网关的位置，不可能对进出攻击作太多判断，否则会严重影响网络性能。如果把防火墙比作大门警卫的话，入侵检测就是网络中不间断的摄像机。在实际的部署中，IDS 是并联在网络中，通过旁路监听的方式实时地监视网络中的流量，对网络的运行和性能无任何影响，同时判断其中是否含有攻击的企图，通过各种手段向管理员报警，不但可以发现从外部的攻击，也可以发现内部的恶意行为。所以说，IDS 是网络安全的第二道关卡，是防火墙的必要补充，可构成完整的网络安全解决方案。IDS 与防火墙在网络中各有各的职责，它们的作用如图 8－5 所示。

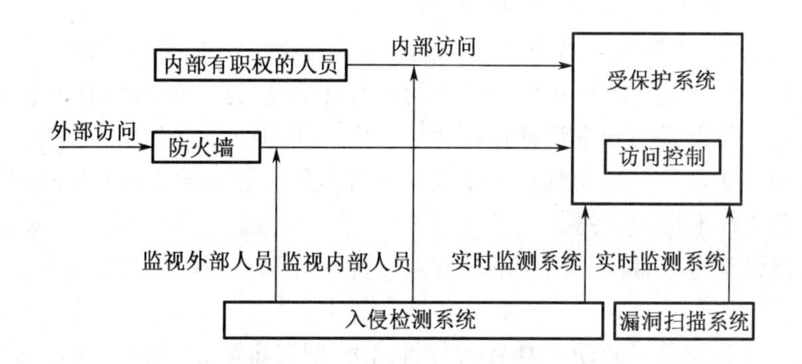

图 8－5　IDS 与防火墙各自的作用

严格地说，IDS 并不是一个防范工具，它并不能阻断攻击。只有防火墙才能限制非授权的访问,在一定程度上防止入侵行为。而 IDS 提供快速响应机制,报告入侵行为,意味着一种牵制政策。IDS 可以与防火墙在功能上实现联动,进行很好的配合,将大大提高网络系统的安全性。当 IDS 检测到入侵行为发生时,立即发出一个指令给防火墙,防火墙马上关闭通信连接,从而阻断入侵。

8.1.2 入侵检测技术分类

入侵检测技术通过对入侵行为的过程与特征的研究,使安全系统对入侵事件和入侵过程做出实时响应,主要包括特征检测、异常检测、协议分析。

1.基于标识的特征检测技术

基于标识(Signature-based)的特征检测技术又称为误用检测,它首先定义违背安全策略事件的特征,然后根据这些特征来检测主体活动,如果主体活动具有这些特征,可以认为该主题活动是入侵行为。这种方法非常类似于杀毒软件。

特征检测技术的关键是如何表达入侵的模式,把真正的入侵与正常行为区分开来。IDS 中的特征通常分为多种,如来自保留 IP 地址的连接企图(通过检查 IP 报头的源地址识别);含有特殊病毒信息的 E - mail(通过对比每封 E - mall 的主题信息和病态 E - mall 的主题信息来识别,或者通过搜索特定名字的附件来识别)。

特征检测技术的优点是误报少,局限是它只能发现已知的攻击,对未知的攻击却无能为力。同时由于新的攻击方法不断产生、新漏洞不断发现,攻击特征库如果不能及时更新也将造成 IDS 漏报。

2.基于异常情况的检测技术

异常检测的假设是入侵者活动异常于正常主体的活动,建立正常活动的“活动简档”,当前主体的活动违反其统计规律时,认为可能是“入侵”行为。通过检测系统的行为或使用情况的变化来完成。

异常检测系统的工作过程是它通过监控程序来监控用户的行为,然后将当前用户的活动情况和用户轮廓进行比较。用户轮廓表示的是正常活动的范围,是各种行为参数的集合。如果用户的活动情况在正常活动的范围内,说明当前用户活动是正常的;当用户活动与正常行为有重大偏差时,可以认为该活动是异常活动,但不能认为异常活动就是入侵。如果系统错误的将异常活动定义为入侵,称为错报;如果系统未能检测出真正的入侵行为则为漏报。这是衡量入侵检测系统的非常重要的两个指标。

人们认为的比较理想的情形是异常活动集与入侵性活动集是一样的。这样,只要识别了所有的异常活动,也就意味着识别了所有的入侵性活动,这样就不会造成错误的判断。可是,入侵性活动并不总是与异常活动相符合。这里存在四种可能性,下面进行简单介绍。

(1)入侵性而非异常。活动具有入侵性却因为不是异常而导致不能检测到,这时候造成漏检,结果就是 IDS 不报告入侵。

(2)非入侵性且是异常的。活动不具有入侵性,而因为它是异常的,IDS 报告入侵,这时候造成虚报。

(3)非入侵性非异常。活动不具有入侵性,IDS 没有将活动报告为入侵,这属于正确的判断。

(4)入侵且异常。活动具有入侵性并因为活动是异常,IDS 将其报告为入侵。

异常入侵要解决的问题就是构造异常活动集,并从中发现入侵性活动子集。异常入侵检测方法依赖于异常模型的建立,异常检测模型如图8－6所示。从图中可以看出,异常检测通过观测到的一组测量值偏离度来预测用户行为的变化,然后作出决策判断。

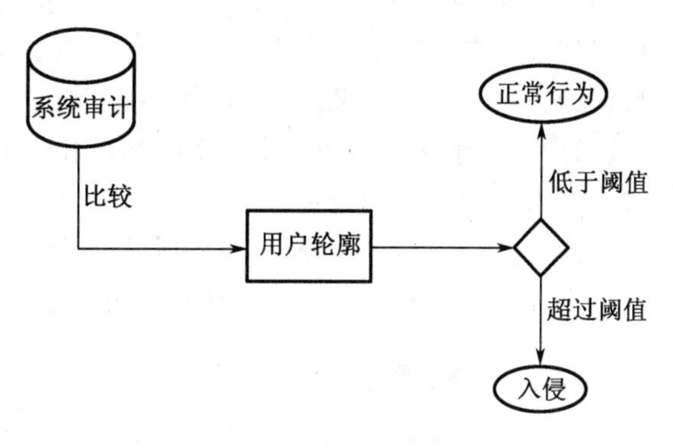

图8－6　异常检测模型

除了异常模型以外,异常入侵检测也依赖于数学模型的建立。这里简单介绍常用的入侵检测的五种统计模型,统计模型常用异常检测,在统计模型中常用的测量参数包括审计事件的数量、间隔时间、资源消耗情况等。

(1)操作模型。该模型首先统计正常使用时的一些固定指标,然后描述这一指标并假设异常可通过测量结果与固定指标相比较得到,如一个在晚10点到早8点之间从不登录的用户账号在凌晨试图登录,且在短时间内多次登录失败,这种行为很有可能是口令尝试攻击。

(2)方差。计算参数的方差,设定其置信区间,当测量值超过置信区间的范围时,表明有可能是异常。

(3)多元模型。操作模型的扩展,通过同时分析多个参数实现检测。

(4)马尔柯夫过程模型。将每种类型的事件定义为系统状态,用状态转移矩阵来表示状态的变化,当一个事件发生时,或状态矩阵转移的概率较小时,则可能是异常事件。

(5)时间序列分析。将事件计数与资源耗用根据时间排成序列,如果一个新事件在该时间发生的概率较小,则该事件可能是入侵。

常见的异常检测方法包括统计异常检测、基于特征选择异常检测、基于贝叶斯推理异常检测、基于贝叶斯网络异常检测、基于模式预测异常检测、基于新鲜网络异常检测。目前比较流行的一种方法是采用数据挖掘技术,来发现各种异常行为之间的关联性,包括源IP关联、目的IP关联、特征关联等。

3.协议分析

协议分析技术是新一代IDS系统探测攻击手法的主要技术,也是目前比较流行的检测技术。它利用网络协议的高度规则性并结合高速数据包捕捉、协议分析和命令解析,以快速探测攻击的存在。

大家都知道,网络协议的核心是TCP/IP协议集,它包含了各层次的协议。采用协议分析技术的IDS能够理解不同协议的原理,由此分析这些协议的流量,来寻找可疑的或不正常行为。

协议分析提供了一种高级的网络入侵解决方案,可以高效地检测更广泛的攻击,包括已知和未知的。协议分析的优点如下所述。

(1)解析命令字符串。URL第一个字节的位置给予解析器。解析器是一个命令解析程序。协议分析可以针对不同的应用协议生成不同的协议分析器,可以在不同的上层应用协议上,对每一个用户命令做出详细分析。

(2)探测碎片攻击和协议确认。在基于协议分析的IDS中,各种协议都被解析,如果出现IP碎片设置,数据包将首先被重装,然后进行协议分析来了解潜在的攻击行为。由于协议被完整解析,这还可以用来确认协议的完整性。

(3)当系统提升协议栈来解析每一层时,它会用已获得的知识来消除在数据包结构中不可能出现的攻击。如如果第四层的协议是 TCP,那么就不用搜索其他第四层协议,如 UDP 上形成的攻击。这样一来,效率会大大提高。

(4)由于基于协议分析的 IDS 系统知道和每个协议相关的潜在攻击的确切位置,因此协议解析大大降低了误报现象。

目前,国际上优秀的 IDS 主要是以特征检测技术为主,并结合异常发现、协议分析技术,并且一个完备的 IDS 一定是同时基于主机和基于网络的分布式系统。

8.1.3 入侵检测模型

对于预警系统来说,确定检测模型是最重要的。由于入侵活动的复杂性,仅仅依靠了解入侵方法还不能完全实现预警,还应该有适当的检测模型与之配合。在预警技术研究中,入侵检测模型是关键技术之一。在这一小节中简单介绍一种使用较多的入侵检测模型——通用入侵检测模型(Denning 模型)。

1984~1986 年,乔治敦大学的 Dorothy Denning 和 SRI 公司计算机科学实验室的 Peter Neumann 研究出了一个实时入侵检测系统模型——入侵检测专家系统(Intrusion Detection Expert Systems,IDES),这个模型独立于任何特殊的系统、应用环境、系统脆弱性和入侵种类,提供了一个通用的入侵检测专家系统框架,由 IDES 原型系统实现,是第一个在一个应用中运用了统计和基于规则两种技术的系统,是入侵检测研究中最有影响的一个系统。

这个模型中,主体要对客体访问必须通过一个安全监控器,该模型独立于任何特殊的系统和应用环境,提供了一个通用的入侵检测专家系统框架。它能够检测出黑客入侵、越权操作及非正常使用计算机系统的行为。Denning 模型基于这样一个假设:由于入侵者使用系统的模式不同于正常用户的使用模式,通过监控系统的跟踪记录,可以识别袭击者异常使用系统的模式,从而检测出袭击者违反系统安全性的情况。

通用入侵检测模型如图 8-7 所示。该模型由主体(Subjects)、客体(Objects)、审计记录(Audit Records)、活动参数(Activity Profile)、异常记录(Anomaly Records)和活动规则(Activity Rules)六部分组成。这六个部分的具体情况如下。

(1)主体(Subjects)。在目标系统上活动的实体,如用户、计算机操作系统的进程、网络

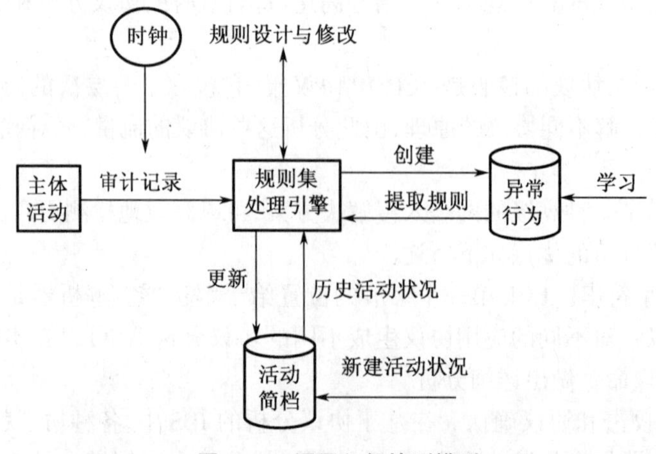

图 8-7 通用入侵检测模型

的服务连接等。

(2)对象(Objects)。系统资源,如文件、设备、命令、网络服务端接口等。(说明:主体和客体有时是相互转变的,如操作系统进程A,当它访问文件B时,进程A是主体;而从进程创建者的角度来看,则进程A是客体。因此,模型中的审计数据的对象是在不断变化的,这取决于入侵检测系统的审计策略。)

(3)审计记录(Audit records)。审计记录是指主体(Subject)对客体(object)实施操作时,系统产生的数据,如用户注册、命令执行和文件访问等。IDES审计记录的格式由六元组构成:<Subject,Action,Object,Exception-Condition,Resource-Usage,Time-Stamp>。活动(Action)是主体对目标的操作,如读、写、登录、退出等操作;异常条件(Exception-Condition)是指系统对主体的该活动的异常报告,如违反系统读写权限;资源使用状况(Resource-Usage)是系统的资源消耗情况,如CPU、内存使用率等;时间戳(Time-Stamp)是指活动发生的时间。

比如用户A在晚上7点执行了程序助,占用CPU时间是395,则审计记录的格式表示为<A,execute,ftpexe,no,CPU(0:0:39),19:00>。通常情况下,审计记录是连续的,而不是仅仅对某一个用户或某一个文件做一次审计记录,连续的审计记录对在线监测用户的行为更有用。

(4)活动简档(Activity Profile)。在IDES模型中用活动简档来保存主体正常活动的有关信息,并使用随机变量(Metries)和统计模型来定量描述观测到的主体对客体的行为活动特征。

活动简档定义有三种类型变量,在这里简单介绍如下。

①事件记数器(Event counter)。简单地记录特定事件的发生次数。

②间隔计时器(Interval Timer)。记录特定事件此次发生和上次发生之间的时间间隔。

③资源计量器(Resource Measure)。记录某个时间内特定动作所消耗的资源量。活动简档的结构由以10个部分组成,分别介绍如下。

Variable-Name:变量名,是识别活动简档的标志。

Action-Pattern:动作模式,用来匹配审计记录中动作的模式。

Exception-Pattern:例外模式,用来匹配审计记录中的异常情况的模式。

Resource-Usage-Pattern:资源使用模式,用来匹配审计记录中的资源使用的模式。

Period:测量的间隔时间或取样时间。

Variable-Type:一种抽象的数据类型,用来定义一种特定的变量和统计模型。

Threshold:阈值,是统计测试中一种表示异常的参数值。

Subject-Pattern:主体模式,用来匹配审计记录中主体的模式,是识别活动简档的标志。

Object-Pattern:对象模式,用来匹配审计记录中对象的模式,是识别活动简档的标志。

Value:当前观测值和统计模型所用的参数值。

活动简档的格式为:<Variable-Name,Action-Pattern,Exception-Pattern,Resource - usage-Pattern,Period,Variable-Type,Threshold,Subject-Pattern,Object-Pattern,Value>。

(5)异常记录(Anomaly records)。由<Event,Time-Stamp,Profile>组成。用以表示异常事件的发生情况。

Event:指明导致异常的事件,例如审计数据。

Time-Stamp:产生异常事件的时间戳。

Profile:检测到异常事件的活动简档。

(6)活动规则(Activity Rules)。活动规则指的是异常记录产生时系统应采取的措施。活动规则有如下四种类型。

审计记录规则(Audit-Record Rules):触发新牛成审计记录和动态的活动简档之间匹配以及更新活动简档和检测异常行为。

定期活动更新规则(Periodic-Activity-update Rules):定期触发动态活动简档中的匹配以及更新活动简档和检测异常行为。

异常记录规则(Anomaly-Record Rules):触发异常事件产生,并将异常情况报告给安全管理员。

定期异常分析规则(Periodic-Anomaly-Analysis Rules):定期触发产生当前的安全状态报告。

Denning 模型独立于特定的系统平台、应用环境、系统弱点以及入侵类型,为构建入侵检测系统提供了一个通用的框架。但由于 IDES 模型依靠分析主机的审计记录,因此,在网络环境下,IDES 模型存在局限性。而 Denning 模型的最大缺点在于它没有包含已知系统漏洞或攻击方法的知识,而这些知识对于入侵检测系统是非常重要的。

近年来,随着网络技术的飞速发展,网络攻击手段也越来越复杂,入侵检测模型要随着网络技术和入侵技术而变化。下面简单介绍的 IDM 模型和 SNMP-IDSM 模型都是对 IDES 模型的补充。

Steven Snap 等人在设计和开发分布式入侵检测系统(DIDS)时,提出一个层次化的入侵检测模型,简称 IDM。该模型将入侵检测系统分为六个层次,从低到高依次为数据层(Data)、事件层(Event)、主体层(Subject)、上下文层(Context)、威胁层(Thread)和安全状态层(Security State)。

北卡罗莱那州立大学的 Felix Wu 等人从网络管理的角度考虑 IDS 的模型,提出了基于 SNMP 的 IDS 模型,简称 SNMP-IDSM。它以 SNMP 为公共语言来实现 IDS 系统之间的消息交换和协同检测,它定义了 IDS-MIB,使得原始事件和抽象事件之间关系明确,并且易于扩展这些关系。

8.2 入侵检测系统产品选型原则与产品介绍

近年来,国内入侵检测系统(Intrusion Detection System,IDS)市场日益活跃,入侵检测产品开始步入快速的成长期,但是产品选型的规范性还有所不足。从 IDS 产品的特点来看,IDS 产品作为一类特殊的信息安全产品,其产品的安全强度直接关系到整个信息安全保障体系的有效运行和安全性,那么如何选择产品,评估 IDS 的好坏需要考虑哪些性能指标呢? 在这一节将简单介绍入侵检测系统产品的选型原则,并将介绍目前市场上的主流产品。

8.2.1 IDS 产品选型概述

由于入侵检测系统的市场在近几年中飞速发展,许多公司投入到这一领域上来。除了国外的 155、NFR、Cisco 等公司外,国内也有数家公司(如中联绿盟、中科网威等)推出了自己相应的产品。但就目前而言,入侵检测系统还缺乏相应的标准。目前,试图对 IDS 进行标准化工作的有两个组织,即 Internet Engineering Task Force(IETF)的 Intrusion Detection Working Group(IDWG)和 Common Intrusion Detection Framework(CIDF),但进展非常缓慢,尚没有被广泛接受的标准出台。在众多的 IDS 产品中,如何选择最适合自己的产品,这是客户要综合考虑的问题,也是一个比较头疼的问题,综合各种因素,可以从产品安全级别、产品的结构和产品评估测试三个方面来考虑。

1.产品安全级别

从安全工程的角度来分析产品选型过程,可以清晰地看到,现有产品选型常注重于产品的易用性、性能指标等,偏离甚至忽略了基本的安全需求,其评估方法和过程的主观因素较强。客户在产品选型中,应分析和明确应用的安全强度需求,评估 IDS 产品是否具有足够的安全功能和安全保证,最后综合判断 IDS 产品的安全强度能否满足应用的要求。那么,如何知道产品的信息安全等级呢?国外就信息安全产品进行等级评估与认证的工作已制定了相应的规范,如 1999 年提出的 150/IECl5408 (common criteria,CC)已有 17 个国家参与了互认。2001 年,我国基于 CC 发布了《国家标准 GB/T18336 信息技术安全性评估准则》。《信息技术安全通用评估方法》是 CC 配套文档,依据 CC 写成,其中描述了评估者进行 CC 评估所需完成的活动,被细分成七个等级,从 EAL1 级到 EAL7 级,分别可满足不同的安全性要求。评估保证分级的主要目的是由于不同的应用场合(或环境)对信息技术产品或系统能够提供的安全性保证程度的要求不同,因为不同的使用环境面临的安全威胁是不同的,所保护的信息资产的价值也有大有小。因此,等级保护的核心在于"合理投人"、"分级进行保护、分类指导"、"分阶段实施"等。

遵循 GB/T18336 中指出的评估方法和入侵检测系统保护轮廓,可对 IDS 产品进行等级评估与认证。其中,通过 EAL3 级认证的产品能满足具有适当安全需求的政府、特定商业用户及军用,覆盖了目前国内 IDS 市场的主流需求。

目前,IDS 产品相关的等级主要有 EALl、EA12 与 EAL3 等三个等级,其主要区别见表 8-1。

表 8-1 EAL1、EAL2 与 EAL3 比较

等级	EAL1	EAL2	EAL3
安全强度	基础	中等以下	中等
适用对象	个人 简单商用	一般商用	政府 特定商用、军用
评估要点	功能测试	结构测试	系统测试检查
评估细节	功能接口规范 指导性文档	开发者测试 脆弱性分析 独立性测试	更完备的测试 改进机制 不被篡改

从表中可以看出,EA13 提供了中等级别的保证,适用于具有适当安全需求的政府、特定商业用户及军用。能满足国内 IDS 市场的主流需求。

作为用户,首先要理解自己的安全需求,要坚持从实际出发,保障重点的原则,不要盲目追求高级别的安全产品。

2.IDS 产品的结构

目前市场上的入侵检测产品很多,分类也不一样,表现形式也有区别,在这里介绍几种产品的结构,便于用户在挑选产品的时候综合考虑。

一种类型的 IDS 产品是探测器和控制台装在不同的计算机上,控制台可以对探测器远程管理。这种产品比较适合探测器布置分散，跨楼层、跨地区的大型网络或具有多个网络的企业用户，他们非常需要具备远程管理功能的众多探测器，以便全方位地掌握整个网络的安全情况。

另一种类型的产品是探测器和控制台以软件形式安装在一台计算机上，虽然操作简单，但不能进行远程管理。这类产品比较适合小型企业环境，这些企业的特征是需要保护的计算机数量很少，用户的投资也相对少些。在这类产品中，有一种常见的应用表现是主机探测器和控制台一起以软件形式安装在服务器上，通过主机探测器的保护功能保护服务器不被非法者入侵。这样，主机探测器变成了单独的服务器防护软件。目前这种服务器防护软件已经能够做到具有主机防火墙功能，并能够对特定文件和进程进行保护，还能够针对易受攻击的特定服务(如 Web 服务)进行保护，非常适合对服务器安全性要求高的应用。像中联绿盟的 HIDS 可实现这一功能。

另外，用户在购买产品时要注意，不同产品的网络探测器的实现形式是不一样的。有的网络探测器以软件形式出现，安装在特定的操作系统上，如 CA、安氏等厂商都提供这种软件产品。而有的网络探测器是和操作系统捆绑在一起的，在安装网络探测器的同时也安装了特定的操作系统，美国 NFR 公司提供这种软件产品。这种产品的优势是操作系统做了相应优化，有利于网络探测器的高效工作。还有的网络探测器做成专用的硬件装置，像防火墙一样，Cisco 和中联绿盟等提供这种产品。这种产品的优点是安装配置简便，工作效率高，软件产品的成本较低，价格也相对便宜；缺点是为了保障 IDS 本身的安全性，作为载体的操作系统需要另做安全配置，一方面，它加大了工作量，另一方面由于安全配置水平的高低，制约了 IDS 本身的安全性。

对用户来说，购买产品时，IDS 产品的结构也是要考虑的，要在价格和性能之间权衡，根据自身的业务重要程度做出选择。

3. IDS 的测试和评估

用户在了解安全等级和产品结构后，并不意味着就彻底了解 IDS 产品性能。面对各种各样的 IDS 产品，客户经常会有这样的疑问，自己买的 IDS 产品能发现入侵行为吗？什么样的 IDS 才是用户需要的性能优良的 IDS 呢？这个时候，作为客户希望有一个标准来对 IDS 进行测试和评估，然后可以通过评估结果来选择适合自己需要的产品，避免各种 IDS 产品宣传的误导。尤其是很多本身对 IDS 产品不了解的客户，他们更希望有专家的评测结果作为自己选择 IDS 的依据。

总的来说，对 IDS 进行测试和评估是非常必要的。

(1)于更好地描述 IDS 的特征。通过测试评估，可更好地认识理解 IDS 的处理方法、所需资源及环境；建立比较 IDS 的基准。

(2)IDS 的各项性能进行评估，确定 IDS 的性能级别及其对运行环境的影响。

(3)利用测试和评估结果，可做出一些预测，推断 IDS 发展的趋势，估计风险，制定可实现的 IDS 质量目标(如可靠性、可用性、速度、精确度)、花费以及开发进度。

(4)根据测试和评估结果，对 IDS 进行改善。也就是发现系统中存在的问题并进行改进，从而提高系统的各项性能指标。

(1)测试评估 IDS 性能的标准

根据 Porras 等的研究，给出了评价 IDS 性能的三个因素。

①准确性(Accuracy)。指 IDS 从各种行为中正确地识别入侵的能力，当一个 IDS 的检测

不准确时，就有可能把系统中的合法活动当作入侵行为并标识为异常(虚警现象)。

②处理性能(Performance)。指一个 IDS 处理数据源数据的速度。显然，当 IDS 的处理性能较差时，它就不可能实现实时的 IDS，并有可能成为整个系统的瓶颈，进而严重影响整个系统的性能。

③完备性(Completeness)。指 IDS 能够检测出所有攻击行为的能力。如果存在一个攻击行为，无法被 IDS 检测出来，那么该 IDS 就不具有检测完备性。也就是说，它把对系统的入侵活动当作正常行为(漏报现象)。由于在一般情况下，攻击类型、攻击手段的变化很快，很难得到关于攻击行为的所有知识，所以关于 IDS 的检测完备性的评估相对比较困难。在此基础上，Debar 等又增加了两个性能评价测度。

①容错性(Fault Tolerance)。由于 IDS 是检测入侵的重要手段，所以它也就成为很多入侵者攻击的首选目标。IDS 自身必须能够抵御对它自身的攻击，特别是拒绝服务(Denial - of-service)攻击。由于大多数的 IDS 是运行在极易遭受攻击的操作系统和硬件平台上，这就使得系统的容错性变得特别重要，在测试评估 IDS 时必须考虑这一点。

②及时性(Timeliness)。及时性要求 IDS 必须尽快地分析数据并把分析结果传播出去，以使系统安全管理者能够在入侵攻击尚未造成更大危害以前做出反应，阻止入侵者进一步的破坏活动，和上面的处理性能因素相比，及时性的要求更高。它不仅要求 IDS 的处理速度要尽可能快，而且要求传播、反应检测结果信息的时间尽可能少。

(2)测试评估 IDS 的性能指标

在分析 IDS 的性能时，主要考虑检测系统的有效性、效率和可用性。有效性研究检测机制的检测精确度和系统检测结果的可信度，它是开发设计和应用 IDS 的前提和目的，是测试评估 IDS 的主要指标；效率则从检测机制的处理数据的速度以及经济性的角度来考虑，也就是侧重检测机制性能价格比的改进；可用性主要包括系统的可扩展性、用户界面的可用性，部署配置方便程度等方面。有效性是开发设计和应用 IDS 的前提和目的，因此也是测试评估 IDS 的主要指标，但效率和可用性对 IDS 的性能也起很重要的作用。效率和可用于渗透于系统设计的各个方面。总的来说，一个好的入侵检测系统应该具有如下一些特点。

①检测效率高。一个好的检测系统应该具有较高的效率，要能够快速地处理数据包，不能出现丢包、漏包的现象。网络安全设备的处理速度一直是影响网络性能的一个瓶颈，如果检测的效率跟不上网络数据的传输速度，那么如何保证网络数据的安全。所以入侵检测系统的检测速度是评判其性能优劣的一个重要指标。

另外，效率高并不仅仅意味着处理数据的速度快，更重要的一点是要保证检测可信度高，仅仅保证速度而不保证质量的高效率并不是真正的高效率。如果漏报太多，就会影响人们对产品的信心。

提到检测可信度，大家必须先了解两个概念，即检测率和虚警率。检测率是指被监控系统在受到入侵攻击时，检测系统能够正确报警的概率；虚警率是指检测系统在检测时出现虚警的概率。实际的 IDS 的实现总是在检测率和虚警率之间徘徊，检测率高了，虚警率就会提高；同样虚警率降低了，检测率也就会降低。一般地，IDS 产品会在两者中取一个折中，并且能够进行调整，以适应不同的网络环境。

在测试评估 IDS 的具体实施过程中，除了要考虑 IDS 的检测率和虚警率之外，往往还会单独考虑与这两个指标密切相关的一些因素，如能检测的入侵特征数量、IP 碎片重组能力、TCP 流重组能力。显然，能检测的入侵特征数量越多，检测率也就越高。此外，由于攻击者为了加大检测的难度甚至绕过 IDS 的检测，常常会发送一些特别设计的分组。为了提高 IDS 的检测率，降低 IDS 的虚警率，IDS 常常需要采取一些相应的措施，如 IP 碎片能力、TCP 流重组。因为分析单个的数据分组会导致许多误报和漏报，所以 IP 碎片的重组可以提高检测的精确度。IP 碎片重组的评测标准有三个性能参数，即能重组的最大 IP 分片数、能同时重组的 IP 分组数、能进行重组的最大 IP 数据分组的长度。TCP 流重组是为了对完整的网络对话进行分析，它是网络 IDS 对应用层进行分析的基础。如检查邮件内容、附件，检查 FTP 传输的数据，禁止访问有害网站等。这两种能力都会直接影响 IDS 的检测可信度。

②资源占用率小。除了考虑系统的效率，也要综合考虑产品对资源的占用情况，如对内存、CPU 的使用。一个好的入侵检测产品应该尽量少占用系统的资源。通常，在同等检测有效性的前提下，对资源的要求越低，IDS 的性能越好，检测入侵的能力也就越强。一些恶意的攻击其目的是耗尽目标主机的资源，入侵检测系统应该能够自我保护，一旦发现资源占用率过高，应该及时采取措施，以免造成系统瘫痪。

③IDS 本身的可靠性好，抗攻击能力强。和其他系统一样，IDS 本身也往往存在安全漏洞。若对 IDS 攻击成功，则直接导致其报警失灵，入侵者在其后所作的行为将无法被记录。因此 IDS 首先必须保证自己的安全性。IDS 本身的抗攻击能力也就是 IDS 的可靠性，也是评价入侵检测系统性能的一个重要指标。

④系统的可用性好。系统的可用性主要是指系统安装、配置、管理和使用的方便程度。一个好的入侵检测系统要有友好的系统界面和易于维护的攻击规则库，便于用户配置和管理。

除了以上四个方面，用户在选择入侵检测系统时，还要综合考虑以下因素，即系统的价格、特征库升级与维护的费用、网络入侵检测系统的最大可处理流量(包/秒)、运行与维护系统的开销、产品支持的入侵特征数、是否通过了国家权威机构的评测。

总之，入侵检测系统是一个比较复杂的系统，用户在选择产品时，一定要根据白己的需求，实事求是，综合考虑以上因素，才能选购到最适合自己的产品。

8.2.2 IDS 产品性能指标

对于 IDS，用户会关注每秒能处理的网络数据流量、每秒能监控的网络连接数等指标。但除了上述指标外，其实一些不为一般用户了解的指标也很重要，甚至更重要，如每秒抓包数、每秒能够处理的事件数等。

1. 每秒数据流量(Mb/s 或 Gb/s)

每秒数据流量是指网络上每秒通过某节点的数据量。这个指标是反映网络入侵检测系统性能的重要指标，一般用 Mb/s 来衡量。如 10 Mb/s、100 Mb/s 和 1 Gb/s。网络入侵检测系统的基本工作原理是嗅探(sniffer)，它通过将网卡设置为混杂模式，使得网卡可以接收网络接口上的所有数据。

如果每秒数据流量超过网络传感器的处理能力，NIDS 就可能会丢包，从而不能正常检测攻击。但是 NIDS 是否会丢包，不是主要取决于每秒数据流量，而是主要取决于每秒抓包数。

2. 每秒抓包数(PPS)

每秒抓包数是反映网络入侵检测系统性能的最重要的指标。因为系统不停地从网络上抓包，对数据包作分析和处理，查找其中的入侵和误用模式。所以，每秒所能处理的数据包

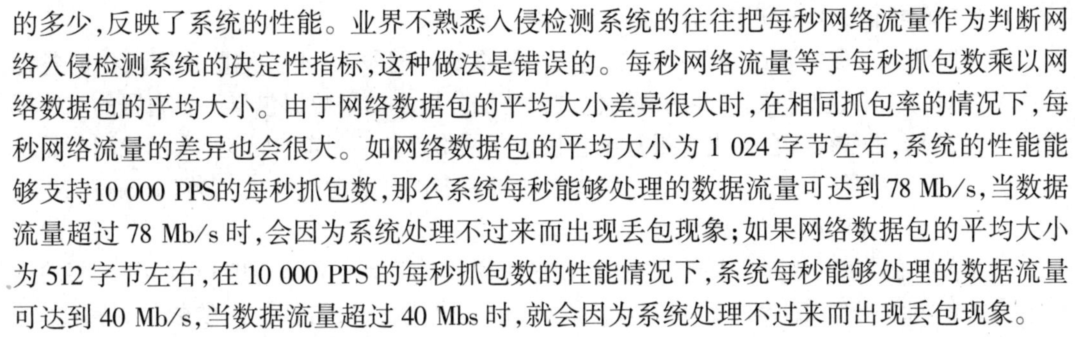

的多少，反映了系统的性能。业界不熟悉入侵检测系统的往往把每秒网络流量作为判断网络入侵检测系统的决定性指标，这种做法是错误的。每秒网络流量等于每秒抓包数乘以网络数据包的平均大小。由于网络数据包的平均大小差异很大时，在相同抓包率的情况下，每秒网络流量的差异也会很大。如网络数据包的平均大小为 1 024 字节左右，系统的性能能够支持10 000 PPS的每秒抓包数，那么系统每秒能够处理的数据流量可达到 78 Mb/s，当数据流量超过 78 Mb/s 时，会因为系统处理不过来而出现丢包现象；如果网络数据包的平均大小为 512 字节左右，在 10 000 PPS 的每秒抓包数的性能情况下，系统每秒能够处理的数据流量可达到 40 Mb/s，当数据流量超过 40 Mbs 时，就会因为系统处理不过来而出现丢包现象。

在相同的流量情况下，数据包越小，处理的难度越大。小包处理能力也是反映防火墙性能的主要指标。

3.每秒能监控的网络连接数

网络入侵检测系统不仅要对单个的数据包作检测，还要将相同网络连接的数据包组合起来作分析。网络连接的跟踪能力和数据包的重组能力是网络入侵检测系统进行协议分析、应用层入侵分析的基础。这种分析延伸出很多网络入侵检测系统的功能，如检测利用HTTP 协议的攻击、敏感内容检测、邮件检测、Telnet 会话的记录与回放、硬盘共享的监控等。

4.每秒能够处理的事件数

网络入侵检测系统检测到网络攻击和可疑事件后，会生成安全事件或称报警事件，并将事件记录在事件日志中。每秒能够处理的事件数，反映了检测分析引擎的处理能力和事件日志记录的后端处理能力。有的厂商将反映这两种处理能力的指标分开，称为事件处理引擎的性能参数和报警事件记录的性能参数。大多数网络入侵检测系统报警事件记录的性能参数小于事件处理引擎的性能参数。

8.2.3 IDS 使用

经过多年的发展，入侵检测产品开始步入快速的成长期。从技术上看，这些产品基本上分为两类，即基于网络的产品和基于主机的产品。混合的入侵检测系统可以弥补一些基于网络与基于主机产品的片面性缺陷。此外，文件的完整性检查工具也可看作是一类入侵检测产品。

目前，在安全市场上，最普遍的两种入侵检测产品是基于网络的网络入侵检测系统(NIDS)和基于主机的主机入侵检测系统(HIDS)。那么，NIDS 与 HIDS 到底有哪些区别？用户在使用时该如何选择呢？在本节以 NIDS 与 HIDS 产品为例，简要介绍各种 IDS 产品的使用情况，并深入阐述目前入侵检测产品所面临的挑战。

在讲产品之前，首先回顾一下 IDS 的定义：所谓入侵检测，就是通过从计算机网络或计算机系统中的若干关键点收集信息并对其进行分析，从中发现网络或系统中是否有违反安全策略的行为和遭到袭击的迹象，并对此做出适当反应的过程。而入侵检测系统则是实现这些功能的系统。不难看出，IDS 应该是包含了收集信息、分析信息、给出结论、做出反应四个过程。在 IDS 发展初期，想要全部实现这些功能在技术上是很难办到的，所以大家都从不同的出发点开发了不同的 IDS 产品。

一般情况下，按照“审计来源”将 IDS 分成基于网络的 NIDS 和基于主机的 HIDS，这也是目前应用最普遍的两种 IDS，尤以 NIDS 应用最为广泛。

1.基于网络的入侵检测产品(NIDS)

基于网络的入侵检测产品(NIDS)放置在比较重要的网段内,不停地监视网段中的各种数据包。对每一个数据包或可疑的数据包进行特征分析。如果数据包与产品内置的某些规则吻合,入侵检测系统就会发出警报甚至直接切断网络连接。目前,大部分入侵检测产品是基于网络的。在网络入侵检测系统中,有多个比较有名的开放源码软件,它们是 Snort、NFR、Shadow 等,其 Snort 的社区非常活跃。

基于网络的 NIDS 相对于基于主机的 HIDS 来说比较简单。购买 NIDS 产品要考察的指标有支持的网络类型、IP 碎片重组能力、可以分析的协议数、攻击特征库的数目、特征库的更新频率、日志能力、数据处理能力、自身抗攻击性等。在这几个指标中,更要关注的是数据处理能力,还有攻击特征库和更新频率,国内市场常见的 NIDS 的攻击特征数大概都在1 200个以上,更新也比较频繁,基本上是每月,甚至每周更新。

NIDS 最大的缺点是漏报和误报。所以,在采购时最好要做实际的洪水攻击测试。

网络入侵检测系统产品比较多,这里不再一一进行介绍。

2.入侵检测产品所面临的挑战

尽管有很多商家推出了自己的主打入侵检测产品,但与诸如防火墙等技术高度成熟的产品相比,入侵检测系统还存在相当多的问题。随着网络技术的发展以及人们对安全性能要求的提高,这些矛盾可能越来越尖锐。以下便是对入侵检测产品提出挑战的主要因素。

(1)攻击者不断增加的知识,日趋成熟多样的自动化工具,以及越来越复杂细致的攻击手法。随着网络的发展,系统和网络的漏洞不断被发现,黑客的入侵手段也在不断发展,安全问题正日渐突出,IDS 必须不断跟踪最新的安全技术,才有可能不被攻击者所超越。

(2)恶意信息采用加密的方法传输。网络入侵检测系统通过匹配网络数据包发现攻击行为,IDS 往往假设攻击信息是通过明文传输的,因此对信息的稍加改变便可能骗过 IDS 的检测。TFN 现在便已经能通过加密的方法传输控制信息。还有许多系统通过 VPN(虚拟专用网)进行网络之间的互联,如果 IDS 不了解其所用的隧道机制,会出现大量的误报和漏报。

(3)必须协调、适应多样性环境中的不同的安全策略。网络及其中的设备越来越多样化,既存在关键资源,如邮件服务器、企业数据库,也存在众多相对不是很重要的 PC。不同企业之间这种情况也往往不尽相同。IDS 要能有所定制以更适应多样的环境要求。

(4)不断增大的网络流量。用户往往要求 IDS 尽可能快地报警,因此需要对获得的数据进行实时的分析,这导致对所在系统的要求越来越高,商业产品一般都建议采用当前最好的硬件环境。尽管如此,对百兆以上的流量,单一的 IDS 系统仍很难应付。可以想见,随着网络流量的进一步加大,对 IDS 将提出更大的挑战,在 PC 上运行纯软件系统的方式需要突破。

(5)广泛接受的术语和概念框架的缺乏。目前,入侵检测领域还没有一个相关的国际标准,国内也没有相关标准,入侵检测系统的厂家基本处于各自为战的情况,标准的缺乏使得其间的互通几乎不可能。

(6)不断变化的入侵检测市场给购买、维护 IDS 造成的困难。入侵检测系统是一项新生事物,随着技术水平的上升和对新攻击的识别的增加,IDS 需要不断地升级才能保证网络的安全性,而不同厂家之间的产品在升级周期、升级手段上均有很大差别。因此用户在购买时很难做出决定,同时维护时也往往处于很被动的局面。

(7)采用不恰当的自动反应所造成的风险。入侵检测系统可以很容易地与防火墙结合,当发现有攻击行为时,过滤掉所有来自攻击者的 IP 的数据。但是,不恰当的反应很容易带

来新的问题,一个典型的例子便是:攻击者假冒大量不同的IP进行模拟攻击,而IDS系统自动配置防火墙将这些实际上并没有进行任何攻击的地址都过滤掉,于是形成了新的拒绝访问攻击(DOS)。

(8)对IDS自身的攻击。和其他系统一样,IDS本身也往往存在安全漏洞。若对IDS攻击成功,则直接导致其报警失灵,入侵者在其后所作的行为将无法被记录。

(9)大量的误报和漏报。由于入侵检测技术发展的时间不长,研究还不够深入,技术上也不是很成熟,目前入侵检测产品的检测准确率较低,出现了大量的漏报、误报情况,如果不改善这种情况,将使得网络管理员对IDS产品失去信心。

(10)客观的评估与测试信息的缺乏。

(11)交换式局域网造成网络数据流的可见性下降,同时更快的网络使数据的实时分析越发困难。

3.入侵检测产品的发展方向

随着系统和网络的漏洞不断地被发现,入侵的手段和技术也在不断的发展,在这里简单介绍一下目前入侵技术的发展和演化,以及入侵检测产品的发展方向。

这几年,入侵技术的发展主要表现在以下几个方面。

(1)入侵的综合化与复杂化。由于网络防范技术的多重化,攻击的难度增加,使得入侵者在实施入侵或攻击时往往同时采取多种入侵的手段,以保证入侵的成功概率。

(2)入侵主体的间接化。入侵者通过一定的隐蔽技术,来掩盖攻击主体的源地址及主机位置,使得入侵对象找不到入侵者违法的证据。

(3)入侵或攻击的规模扩大。现在的入侵大部分都是针对网络的,一旦目标网络崩溃,波及面会很广。

(4)入侵或攻击技术的分布化。以往常用的入侵与攻击行为往往由单机执行。而现在,攻击者采用的是多台计算机攻击一台计算机的方法,即分布式拒绝服务攻击(DDOS),这种攻击危害很大,它可以在很短时间内造成被攻击计算机的瘫痪。

(5)攻击对象的转移。入侵与攻击常以网络为侵犯的主体,但近期来的攻击行为却发生了策略性的改变,由攻击网络改为攻击网络的防护系统。

针对入侵技术的新发展、新特点,今后的入侵检测产品大致会朝着以下四个方向发展。

(1)分布式入侵检测。使用入侵检测高度分布式监控结构来检测分布式的攻击,其中的关键技术为检测信息的协同处理与入侵攻击的全局信息的提取。

(2)智能化入侵检测。使用智能化的方法与手段来进行入侵检测。现阶段常用的智能化方法有神经网络、遗传算法、模糊技术、免疫原理等,这些方法常用于入侵特征的辨识与泛化。利用专家系统的思想来构建入侵检测系统也是常用的方法之一。特别是具有自学习能力的专家系统,实现了知识库的不断更新与扩展,使设计的入侵检测系统的防范能力不断增强,应具有更广泛的应用前景。常规意义下的入侵检测系统与具有智能检测功能的检测软件或模块的结合使用是以后产品的一大发展趋势。

(3)防火墙联动功能以及全面的安全防御方案。入侵检测发现攻击,自动发送给防火墙,防火墙加载动态规则拦截入侵,称为防火墙联动功能。目前此功能还没有到完全实用的阶段,主要是一种概念。目前主要的应用对象是自动传播的攻击,如Nimda等,联动在这种场合有一定的作用。无限制地使用联动对防火墙的稳定性和网络应用会造成负面影响。

除了让入侵检测和防火墙技术结合,还可以将网络安全作为一个整体工程来处理。从网络管理、网络结构、加密通道、防火墙、病毒防护、入侵检测等多方位对所关注的网络作全面的评估,然后提出可行的全面解决方案。

(4)入侵检测系统的标准化方向。尽管入侵检测系统经历了二十多年的发展,但是到目前为止,入侵检测系统还没有一个真正的国际标准。国内也没有这方面的标准。目前有两个组织在做这方面的工作,即前面提到的 CIDF(公共入侵检测框架)和 IDWG。

以后,入侵检测系统的体系结构、系统内部的通信协议、安全部件的协议和接口都会逐渐标准化,只有实现不同厂家的 IDS 之间的标准化,才能更好地发挥它们各自的作用。

8.3 实例——Scorpio-I 入侵检测系统

Scorpio-I 入侵检测系统,是国内首款基于 Windows 平台 GUI 界面的入侵检测软件。它执行基于网络的入侵检测任务,操作简便,功能强大,提供全自动的安装程序,只需启动软件包中的 Setup.exe,其他的一切工作会自行完成。Scorpio 全功能版本能够提供对高达3 000多种攻击行为的检测能力,包括如下几点。

1.碎片攻击、拒绝服务攻击等协议攻击手段。

2.端口扫描(隐蔽、半开扫描等)。

3.Web(Apache, IS 等)各种攻击手段。

4.SMTP、telnet、ftp、RPC、NFS 等各种网络服务攻击手段。

5.各种类型的缓冲区溢出(Buffer Overflow)攻击手段等。

Scorpio-I 安装应用如下。

1.在 A 机上直接运行安装文件 Setup 安装程序,随即显示 Scorpio-I 入侵检测系统安装界面,如图 8-8 所示。

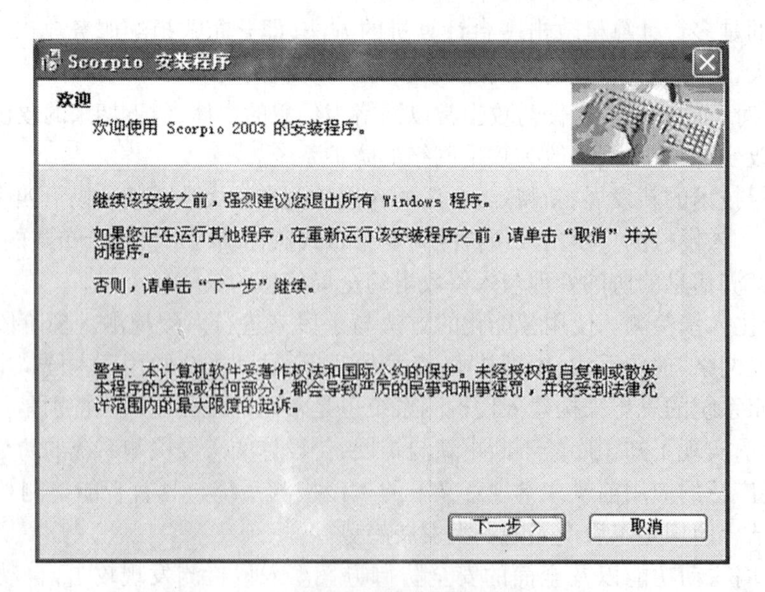

图 8-8 Scorpio-I 入侵检测系统安装界面

2.单击“下一步”按钮,根据出现的提示逐步完成软件的安装。

3.直接运行桌面上的“Scorpio-I”入侵检测系统快捷方式,打开“Scorpio-I”入侵检测系统

的主界面，如图 8－9 所示。

图 8－9 Scorpio-I 入侵检测系统的主界面

4.单击工具栏上的“启动检测”按钮，启动“Scorpio-I”入侵检测系统的入侵检测功能。

5.在 B 机的 DOS 界面上利用 IIS5hack 攻击软件对 A 机进行攻击，如图 8－10 所示。

```
命令提示符
或批处理文件。

C:\Documents and Settings\hchy>cd\

C:\>iis5hack 192.168.0.219 80 1 99
iis5 remote .printer overflow. writen by sunx
    http://www.sunx.org
    for test only, dont used to hack, :p

usage: iis5hack  <Host> <Port> <hosttype>

    chinese edition:            0
    chinese edition, sp1:       1
    english edition:            2
    english edition, sp1:       3
    japanese edition:           4
    japanese edition, sp1:      5
    korea edition:              6
    korea edition, sp1:         7
    mexico edition:             8
    mexico edition, sp1:        9

C:\>
```

图 8－10 对 A 机进行攻击

6.在 A 机上观察结果，结果如图 8－11 所示。

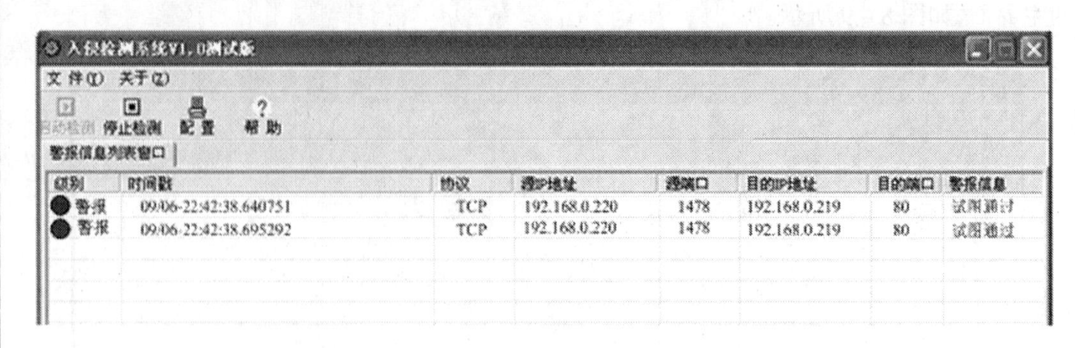

图 8-11　Scorpio-I 入侵监测系统检测到攻击时的界面

【本章小结】

入侵检测技术是网络安全的核心技术，本章主要介绍了入侵检测技术的基础知识，包括入侵检测技术的历史、概念、作用等，在此基础上介绍了入侵检测系统的分类、模型等相关知识。最后介绍了入侵检测产品的选型原则和目前市场上的主流产品，并通过实训环节讲解了入侵检测系统的实际应用。

【练习题】

一、填空题

1. 入侵者进入用户的系统主要有三种方式，即________、________、________。

2. 入侵检测系统是进行________的软件与硬件的组合。

3. 入侵检测系统由三个功能部分组成，它们分别是________、________、________。

4. 入侵检测系统根据其监测的对象是主机还是网络分为基于________的入侵检测系统和基于的入侵检测系统。

5. 入侵检测系统根据工作方式分为________检测系统和________检测系统。

6. 通用入侵检测模型由________、________、________、________、________、________等六部分组成。

二、选择题

1. IDS 产品相关的等级主要有(　　)等三个等级。

A. EAL0　　B. EAL1　　C. EAL2　　D. EAL3

2. IDS 处理过程分为(　　)四个阶段。

A. 数据采集阶段　　B. 数据处理及过滤阶段

C. 入侵分析及检测阶段　　D. 报告以及响应阶段

3. 入侵检测系统的主要功能有(　　)。

A. 监测并分析系统和用户的活动　　B. 核查系统配置和漏洞

C. 评估系统关键资源和数据文件的完整性　　D. 识别已知和未知的攻击行为

4. IDS 产品性能指标有(　　)。

A. 每秒数据流量　　B. 每秒抓包数

C.每秒能监控的网络连接数　　　　D.每秒能够处理的事件数

5.入侵检测产品所面临的挑战主要有(　　)。

A.黑客的入侵手段多样化　　　　B.恶意信息采用加密的方法传输

C.大量的误报和漏报　　　　D.客观的评估与测试信息的缺乏

三、简答题

1.什么是入侵检测系统？简述入侵检测系统的作用。

2.比较一下入侵检测系统与防火墙的作用。

3.简述基于主机的入侵检测系统的优缺点。

4.简述基于网络的入侵检测系统的优缺点。

5.为什么要对入侵检测系统进行测试和评估？

6.简述 IDS 的发展趋势。

四、操作题

观察一下自己所在院校的校园网,总结一下该校校园网的安全漏洞。假设学校要购买入侵检测产品,而你是学校的网络管理员,试分析一下你会选择市场上的哪种产品？试述你选择产品的依据以及该产品如何实施。

第9章　虚拟专用网(VPN)技术

【案例导入】

广州一家公司在西安和郑州有两家分公司,各地分公司都能接入 Internet,但是和总部进行信息沟通很不便利,不能访问公司总部信息资源的情况时有发生。为了能有效地共享资源,该公司希望采用某种技术,使得信息交流安全顺畅并且成本较低。

VPN 技术能有效解决这个问题。VPN 技术可以通过一个公用网络(通常是因特网)建立一个临时的、安全的连接,是一条穿过混乱的公用网络的既安全又稳定的隧道。通过虚拟专用网 VPN 可以帮助远程用户、分公司、合作伙伴及经销商间建立内部的可信安全连接,保证数据的安全传输,这样既可以得到最新的信息,扩大信息量,又能保证沟通的及时性,最主要的是它可以使整个的"内部"大环境更加的安全可靠。

【学习目标】

1.理解虚拟专用网(VPN)的基本概念

2.掌握虚拟专用网(VPN)的安全

3.掌握基于数据链路层的 VPN 技术

9.1　VPN 简 介

9.1.1　VPN 的定义

VPN 专指在公共通信基础设施上构建的虚拟"专用或私有"网络,可以被认为是一种从公共中隔离出来的网络。VPN 的隔离特性提供了某种程度的通信隐秘性和虚拟性。虽然 VPN 在本质上并不是完全独立的网络,它与真实物理网络的差别在于 VPN 以逻辑隔离方式通过共享的公共通信基础设施,它提供了不与非 VPN 通信共享任何相互连接点的排他性通信环境。

VPN 的定义为:VPN 是一种通信环境,在这种环境中,存取受到控制,目的在于只允许被确定为统一个共同体的内部层连接,而 VPN 的构建则是通过对公共通信设施的通信介质进行某种逻辑分割来进行的,其中基础通信介质提供基于非排他性网络的通信服务。

同时,VPN 又是一种网络技术。VPN 通过共享通信基础设施为用户提供定制的网络连接,这种定制的连接要求用户共享相同的安全性、优先级服务、可靠性和可管理性策略,在共享的基础通信设施上采用隧道技术和特殊配置技术措施仿真点到点的连接。

VPN 可以构建在两个端系统之间或两个组织机构之间,一个组织机构内部的多个端系统之间或跨越全局性因特网的多个组织之间,以及单个应用或组合应用之间。

任何通信连接只要是全部或部分地通过公共通信基础设施来实现,那么这种连接所组成网络就不是真正的私有网络,也不是真正意义上的网络连接,换句话说,除非一个组织部署自己专有的通用介质和层次化传输系统，那么任何网络都存在“虚拟化”连接服务。

9.1.2 VPN的特点

1.安全保障

虽然实现VPN的技术和方式很多，但所有的VPN均应保证通过公用网络平台传输数据的专用性和安全性，在非面向连接的公用IP网络上建立一个逻辑的、点对点的连接，称之为建立一个隧道。可以利用加密技术对经过隧道传输的数据进行加密，以保证数据仅被指定的发送者和接受者了解，从而保证了数据的私有性和安全性。在安全性方面，由于VPN直接构建在公用网络上，实现简单、方便、灵活，但同时其安全问题也更加突出。企业必须确保其VPN上传送的数据不被攻击者窥视和篡改，并且要防止非法用户对网络资源或私有信息的访问。Extranet VPN将企业网扩展到合作伙伴和客户，对安全性提出了更高的要求。

2.服务质量保证(QoS)

VPN网应当为企业数据提供不同等级的服务质量保证。不同的用户和业务对服务质量保证的要求差别较大。如移动办公用户，提供广泛的连接和覆盖性是保证VPN服务的一个重要因素；而对于拥有众多分支机构的专线VPN网络，交互式的内部企业网应用则要求网络能提供良好的稳定性；对于其他应用(如声频、视频等)则对网络提出了更明确的要求，如网络延时及误码率等。所有以上网络应用均要求网络根据需要提供不同等级的服务质量。在网络优化方面，构建VPN的另一重要需求是充分有效地利用有限的广域网资源，为重要数据提供可靠的带宽。

广域网流量的不确定性使其带宽的利用率很低，在流量高峰时引起网络阻塞，产生网络瓶颈，使实时性要求高的数据得不到及时发送；而在流量低谷时又造成大量的网络带宽空闲。QoS通过流量预测与流量控制策略，可以按照优先级分配带宽资源，实现带宽管理，使得各类数据能够被合理的先后发送，并预防阻塞的发生。

3.可扩充性和灵活性

VPN必须能够支持通过Intranet和Extranet的任何类型的数据流，方便增加新的节点，支持多种类型的传输媒介，可以满足同时传输语音、图像和数据等新应用对高质量传输以及带宽增加的需求。

4.可管理性

从用户角度和运营商角度可方便地进行管理、维护。在VPN管理方面，VPN要求企业将其网络管理功能从局域网无缝地延伸到公用网，甚至是客户和合作伙伴。虽然可以将一些次要的网络管理任务交给服务提供商去完成，企业自己仍需要完成许多网络管理任务。所以，一个完善的VPN管理系统上必不可少的。

VPN管理的目标是减小网络风险、具有高扩展性、经济性、高可靠性等优点。事实上，VPN的管理主要包括了安全管理、设备管理、配置管理、访问控制列表管理、QoS管理等内容。

9.1.3 VPN的应用

利用各种VPN技术几乎可以解决所有利用公共通信设施的虚拟连接问题。归纳起来，VPN技术主要有以下几种应用。

1.远程访问

利用VPN远程访问也叫Access VPN，是VPN基本的应用类型。远程移动用户通过VPN

技术可以在任何时间、任何地点采用拨号、ISDN、DSL、移动 IP 和电缆技术与公司内部网的 VPN 设备建立起隧道或秘密信道实现访问连接，此时的远程用户终端设备上必须加装相应的 VPN 软件。推而广之，远程用户可与任何一台主机或网络在相同策略下利用公共通信网络设施实现 VPN 访问。

2.组建内联网

一个组织机构的总部或中心网络与跨地域的分支机构网络在公共通信基础设施上采用隧道等 VPN 的技术构成组织机构内部的虚拟专用网络，当其将公司所有权的 VPN 设备配置在各个公司网络与公共网络之间时，这样的内联网还具有管理上的自主可控、策略集中配置和分布式安全控制的安全特性。利用 VPN 组建的内联网也叫 Intranet VPN。Intranet VPN 是解决内联网结构安全、连接安全和传输安全的主要方法。

3.组建外联网

使用虚拟专用网络技术在公共通信基础设施上将合作伙伴或有共同利益的主机或网络与内联网连接起来，根据安全策略，资源共享约定规则实施内联网内的特定主机和网络资源与外部特定的主机和网络资源的互相共享。组建的外联网也叫 Extranet VPN。Extranet VPN 是解决外联网结构安全、连接安全和传输安全的主要方法。

9.2 VPN 安 全

由于传输的是私有信息，VPN 用户对数据的安全性都比较关心。目前 VPN 主要采用五项技术来保证其安全性，分别是隧道技术(Tunneling)、加密解密技术(Encryption&Decryption)、密钥管理技术(Key Management)、QoS 技术、身份认证技术(Authentication)。

9.2.1 VPN 安全技术

1.隧道技术

隧道技术是 VPN 的基本技术，类似于点对点的连接技术，它在公用网上建立一条数据通道(隧道)，让数据包通过这条隧道传输。

隧道是由隧道协议形成的，分为第二、三层隧道协议。第二层隧道协议是先把各种网络协议封装到 PPP 中，再把整个数据包装入隧道协议中。这种双层封装方法形成的数据包靠第二层协议进行传输。第二层协议有 L2F、PPTP、L2TP 等。L2TP 协议是目前 IETF 的标准，由 IETF 融合了 PPTP 与 L2F 而形成。

第三层隧道协议是把各种网络协议直接装入隧道协议中，形成的数据包依靠第三层协议进行传输。第三层隧道协议有 VTP、IPSec 等。IPSec(IP Security)是由一组 RFC 文档组成，定义了一个系统来提供安全协议选择、安全算法，确定服务所使用的密钥等，从而在 IP 层提供了安全保障。以下将简单介绍隧道的分类。

图 9-1 显示了两个设备之间的逻辑连接。这种逻辑连接称为隧道，它提供了 VPN 的“模拟”组建。VPN 隧道分类指 3 种设备之间的隧道类型，即 VPN 用户、VPN 启动器和 VPN 服务器。

(1)主动隧道

当一台工作站或路由器使用隧道客户软件创建到目标隧道服务器的虚拟连接时，就建立了主动隧道。为实现这一目的，客户端计算机必须安装适当的隧道协议。主动隧道需要有一条IP连接(通过局域网或拨号线路)。使用拨号方式时,客户端必须在建立隧道之前创建与公共互联网络的拨号连接。

一个最典型的实例是 Internet 拨号用户必须在创建 Internet 隧道之前拨通本地的 ISP,取得与 Internet 的连接。

图 9-1 虚拟专用网

主动隧道要求用户能够管理本身的 VPN 隧道。在这种情况下,当数据流向企业内部网时,通过客户建立的隧道进行路由。这个范例的优点在于 VPN 用户同时是 VPN 启动器,从而允许接入因特网的 VPN 用户建立 VPN。因特网的连接也可以通过多种不同的业务,如本地拨号 ISP X类数字用户有线业务、调制解调器连接,甚至是通过商业合伙人。另一个优点在于 VPN 服务器不一定要有一个路由器,如图 9-2 所示,VPN 服务器可以很容易地成为网络服务器 B 或工作站 B。

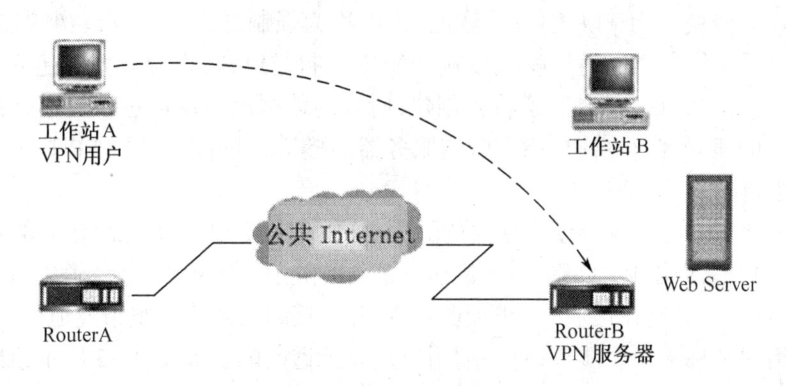

图 9-2 主动隧道的 VPN

由于这些隧道是动态的,一旦管理员建立起 VPN 服务器,VPN 启动器就会自动建立隧道。用户可能认为本例与远程访问服务器(Remote Access Server,RAS)类似,但在远程访问服务器中客户可以拨号连接到网络上。VPN 服务器管理员唯一需要注意的是除了排除与启动器的连接故障外,还要确认 VPN 服务器的硬件容量是否足够大。

隧道的缺点在于用户计算机必须安装特殊的软件,以便管理自身的 VPN。这使得配置过程相当的繁琐,特别是当要将此服务加入已经配置好了的便携式电脑时。这是因为 VPN 客户需要在操作系统中安营扎寨,而这会与用户机器上已经存在的服务发生冲突,加之在配置之前不能对所有可能的情况进行测试,用户应该有对付延迟转出或者停止转出的办法。当配置主动隧道时,新客户机的配置应该加以考虑,这样能有在配置之前给 IT 进行彻底检验配置的机会,以减少对使用主动隧道转出的 VPN 支持程序的调用。

主动隧道经常与远程访问 VPN 共同使用。因为移动用户不可能知道网络连接的来源,所以主动隧道对他们来说特别有用。主动隧道对于远程工作人员也有帮助,特别是对于不在同一地域的人员来说。允许远程工作人员使用 ISP 能节省直接拨号访问企业通信网时的长途费用。虽然主动隧道通常不与其他 VPN 类型进行配置,但是可以将主动隧道配置成为外联网 VPN。使用主动隧道的另一大显著优点在于通常可以相当快的对其进行配置。在组织管理严密的应用程序或业务需要的情况下,建立主动隧道的效果会更好。

在外联网 VPN 中进行短期项目或基础设施不支持 VPN 的这两种情况下，主动隧道可能是最合适的解决方案。这并非因为主动隧道所需要的组件设置快速，而是因为减少了有关人员数量的缘故。

(2)强制隧道

目前，一些商家提供能够代替拨号客户创建隧道的拨号接入服务器。这些能够为客户端计算机提供隧道的计算机或网络设备包括支持 PPTP 协议的前端处理器(FEP)，支持 L2TP 协议的 L2TP 接入集线器(LAC)或支持 IPSec 的安全 IP 网关。下面主要以 FEP 为例进行说明。

为正常地发挥功能，FEP 必须安装适当的隧道协议，同时必须能够当与客户计算机建立连接时创建隧道。在 Internet 中，客户机向位于本地 ISP 的能够提供隧道技术的 NAS 发出拨号呼叫。如企业可以与某个 ISP 签订协议，由 ISP 为企业在全国范围内设置一套 FEP。这些 FEP 可以通过 Internet 创建一条到隧道服务器的隧道，隧道服务器与企业的专用网络相连，这样就可以将不同地方合并成企业网络端的一条单一的 Internet 连接。

因为客户只能使用由 FEP 创建的隧道，所以称为强制隧道。一旦最初的连接成功，所有客户端的数据流将自动地通过隧道发送。使用强制隧道，客户端计算机建立单一的 PPP 连接，当客户拨入 NAS 时，一条隧道将被创建，所有的数据流自动通过该隧道路由。可以配置 FEP 为所有的拨号客户创建到指定隧道服务器的隧道，也可以配置 FEP 基于不同的用户名或目的地创建不同的隧道。

强制隧道技术为每个客户创建独立的隧道。FEP 和隧道服务器之间建立的隧道可以被多个拨号客户共享，而不必为每个客户建立一条新的隧道。因此，一条隧道中可能会传递多个客户的数据信息，只有在最后一个隧道用户断开连接之后才终止整条隧道。

强制隧道通常称为命令隧道，对终端用户是完全透明的。如图 9-3 所示给出了使用强制隧道 VPN 的例子。在该例中，连接到路由器 A 的资源需要使用隧道来访问连接到路由器 B 的资源，这种隧道需要路由器 A 的管理员和路由器 B 的管理员进行合作。

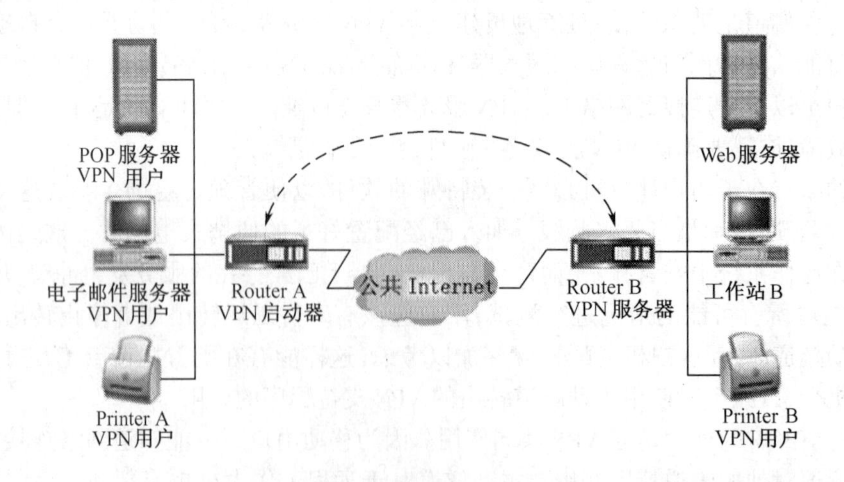

图 9-3 强制隧道的 VPN

强制隧道的优点是，要使用这种 VPN 时网络双方不需要进行任何重新配置或拥有特定的软件。这对于没有 VPN 软件的设备(如打印机或较低版本的操作系统)来说，具有显著的特点。缺点是配置新隧道时需要更多的时间。这是因为与主动隧道不同,强制隧道必须要对每个新隧道进行配置。

这种隧道通常与五种不同类型的 VPN 共同使用,即远程访问 VPN、内联网 VPN、外联网 VPN、语音 VPN 以及企业 VPN。但是,当和远程访问 VPN 共用时,它的基础设施稍有不同。当使用强制隧道和远程访问 VPN 时,ISP 和办公室之间必须共同协作。VPN 用户连接到本地ISP,同时本地 ISP 从路由器 A(VPN 启动器)到路由器 B(VPN 服务器)中穿过连接。在这里,路由器 B 负责分配 IP 地址以及支持拨号连接所需要的任何其他属性。这样,VPN 用户就可直接访问路由器 B 了。这个方法的优点是不需要对客户机进行配置。只要客户机能使用相同的 ISP,就能将通信费用控制到最低。

2.加密解密技术

数据加密的基本思想是通过变换信息的表示形式来伪装需要保护的敏感信息,使非授权者不能了解被保护信息的内容。加密算法有用于 Windows 95 的 RC4,也有用于 IPSec 的 DES 和 3DES。RC4 虽然强度比较弱,但是保护免于非专业人员的攻击已经足够;DES 和 3DES 强度比较高,可用于敏感的商业信息。

加密技术可以在协议栈的任意层进行,可以对数据或报文头进行加密。在网络层中的加密标准是 IPSec。网络层加密实现的最安全方法是在主机的端到端间进行。另一个选择是隧道模式,即加密只在路由器中进行,而终端与第一条路由之间不加密。这种方法安全性低,因为数据从终端系统到第一条路由时可能被截获而危及数据安全。终端到终端的加密方案中,VPN 安全粒度达到个人终端系统的标准。而隧道模式方案中,VPN 安全粒度只达到子网标准。在链路层中,目前还没有统一的加密标准,因此所有链路层加密方案基本上是厂家自己设计的,需要特别的加密硬件。

加密技术是数据通信中一项较成熟的技术,在 VPN 中可直接利用现有的技术(有关数据加密技术见第 2 章)。

3.密钥管理技术

密钥管理技术的主要任务是如何在公用数据网上安全的传递密钥而不被窃取。现有的密钥管理技术又分为 SKIP 与 ISAKMP/OAKLEY 两种。SKIP 主要是利用 Diffie - Hellman 的演算法则,在网上传输密钥。在 ISAKMP 中,双方都有两把密钥,分别用于公用和私用。

4.QoS 技术

通过隧道技术和加密技术,已经能够建立起一个具有安全性、互操作性的 VPN。但是,该 VPN 的性能不稳定,管理上不能满足企业的要求,这就要加入 QoS 技术。实行 QoS 应该在主机网络中建立一条性能符合用户要求的隧道。不同的应用对网络通信有不同的要求,这些要求可用如下的参数进行衡量。

(1)带宽。网络提供给用户的传输率。

(2)反应时间。用户所能容忍的数据报传递延时。

(3)抖动。延时的变化。

(4)丢失率。数据包丢失的比率。

网络资源是有限的,有时用户要求的网络资源得不到满足,通过 QoS 机制对用户的网络资源分配进行控制以满足应用的需求。

QoS 机制具有通信处理机制、供应(Provisioning)机制和配置(Configuration)机制。通信处理机制包括 802.1p、区分服务(Differentiated Service per - hop - behaviors,DiffServ)、综合服务

(Integrated Services，IntServ)等。现在大多数局域网是基于IEEE802技术的，如以太网、令牌环、FDDI等，802.1p为这些局域网提供了一种支持QoS的机制。802.1p对数据链路层的802报文定义了一个可表达8种优先级的字段。802.1p优先级只在局域网中有效，一旦出了局域网，通过第三层设备时就被移走。DiffServ则是第三层的QoS机制，它在IP报文中定义了一个字段称为DSCP(DiffServ Codepoint)。DSCP有六位，用作服务类型和优先级，路由器通过他对报文进行排队和调度。

与802.1p、DiffServ不同的是，IntServ是一种服务框架，目前有保证服务和控制负载服务两种服务框架。保证服务许诺在保证的延时下传输一定的信息量；控制负载服务则同意在网络轻负载的情况下传输一定的通信量。典型的是IntServ与资源预留协议(Resource Reservation Protocol，RSVP)相关。IntServ服务定义了允许进入的控制算法，决定了多少通信量被允许进入网络中。

供应和配置机制包括RSVP、子网带宽管理(Subnet Bandwidth Manager，SBM)、政策机制和协议、管理工具和协议。这里供应机制指的是比较静态的、比较长期的管理任务，如网络设备的选择、网络设备的 更新、接口的添加与删除、拓扑结构的改变等。而配置机制指的是比较动态的、比较短期的管理任务，如流量处理的参数。

RSVP是第三层协议，是一种独立的网络媒介。因此，RSVP往往被认为位于应用层(或操作系统)与特定网络媒介QoS机制之间的一个抽象层。RSVP有两个重要的消息，一是PATH消息，从发送者到接受者；二是RESV消息，从接受者到发送者。

RSVP消息包含如下的信息。

(1)网络如何识别一个会话流(分类信息)。

(2)描述会话流的定量参数(如数据率)。

(3)要求网络为会话流提供的服务类型。

(4)政策信息(如用户标识)。

RSVP的工作流程如下。

(1)会话发送者首先发送PATH信息，沿途的设备若支持RSVP则进行处理，否则继续发送。

(2)设备若能满足资源要求，并且符合本地管理政策的话，则进行资源分配，PATH消息继续发送，否则向发送者发送拒绝消息。

(3)会话接受者若对发送者要求的会话流认同，则发送RESV消息，否则发送拒绝消息。

(4)当发送者收到RESV消息时，表示可以进行会话，否则表示失败。

SBM是对RSVP功能的加强，扩大了对共享网络的利用。在共享子网或LAN中包含大量交换机和网络集线器，因此标准的RSVP对资源不能充分利用。支持RSVP的主机和路由器同意或拒绝会话流，是基于它们个人有效的资源而不是基于全局有效的共享资源。结果，共享子网的RSVP请求导致局部资源的负载过重。

SBM可以解决这个问题，即协调智能设备，包括具有SBM能力的主机、路由器以及交换机。这些设备自动运行一选举协议，选出最合适的设备作为DSBM(designated SBM)。当交换机参与选举时，它们会根据第二层的拓扑结构对子网进行分割。主机和路由器发现最近的DSBM并把RSVP消息发送给它。然后，DSBM查看所有消息来影响资源的分配并提供允许进入控制机制。

网络管理员基于一定的政策进行QoS机制配置。

政策组成部分包括政策数据,如用户名;有权使用的网络资源;政策决定点(Policy Decsion Point,PDP);政策加强点(Policy Enforcement Point,PEP)以及它们之间的协议。传统的由上而下(TopDown)的政策协议包括简单网络管理协议(Simple Network Management Protocol,SNMP)、命令行接口(Command Line Interface,CLI)、命令开放协议服务(Command Open Protocol Services,COPS)等。这些 QoS 机制相互作用使网络资源得到最大化利用,同时又向用户提供了一个性能良好的网络服务。

5.身份认证技术

身份认证技术最常用的是用户名与密码或卡片式认证等方式。(有关详细内容见第 5 章)

9.2.2 VPN 远程访问的安全问题

安全问题是 VPN 的核心问题。目前,VPN 的安全保证主要是通过防火墙技术、路由器配以隧道技术、加密协议和安全密钥来实现的,这样可以保证企业员工安全的访问公司网络。

但是,值得注意的是如果一个企业的 VPN 需要扩展到远程访问时,这些与公司网络直接或者始终在线的连接将会是黑客攻击的主要目标。因为远程工作的员工通过防火墙之外的个人计算机可以接触到公司预算、战略计划以及工程项目等核心内容,这就构成了公司安全防御系统中的弱点。虽然,员工可以双倍的提高工作效率,并减少在交通上所花费的时间,但同时也为黑客、竞争对手以及商业间谍提供了无数进入公司网络核心的机会。

但是,企业并没有对远距离工作的安全性予以足够的重视,大多数公司认为,公司网络处于一道网络防火墙之后是安全的,员工可以拨号进入系统,而防火墙会将一切非法请求拒之门外;还有一些网络管理员认为,为网络建立防火墙并为员工提供 VPN,使他们可以通过一个加密的隧道拨号进入公司网络就是安全的。这些想法都是不对的。

从安全的观点来看,在家办公是一种极大的威胁,因此公司使用的大多数安全软件并没有为家用计算机提供保护。一些员工所做的仅仅是进入一台家用计算机,通过一条授权的连接,进入公司网络系统。虽然,公司的防火墙可以将侵入者隔离在外,并保证主要办公室和家庭办公室之间 VPN 的信息传输安全。但问题在于,侵入者可以通过一个被信任的用户进入网络。因此,加密的隧道是安全的,连接也是正确的,但这并不意味着家庭计算机是安全的。

黑客为了入侵员工的家用计算机,需要探测 IP 地址。有统计表明,使用拨号连接的 IP 地址几乎每天都受到黑客的扫描。因此,如果在家办公人员具有一条诸如 DSL 的不间断连接链路(通常这种连接具有一个固定的 IP 地址),会使黑客的入侵更为容易,因为拨号连接在每次接入时都被分配不同的 IP 地址,虽然它也能被侵入,但相对要困难一些。一旦黑客侵入家庭计算机,他便能够远程运行员工的 VPN 客户端软件。因此,必须有相应的解决方案堵住远程访问 VPN 的安全漏洞,使员工与网络的连接既能充分体现 VPN 的优点,又不会成为安全的威胁。在个人计算机上安装个人防火墙是极为有效的解决方法,它可以使非法入侵者难以进入公司网络。

当然,还有一些提供给远程工作人员的解决办法。

(1)所有远程工作人员必须被批准使用 VPN。

(2)所有远程工作人员需要有个人防火墙,它不仅防止计算机被侵入,还能记录连接被扫描了多少次,给出警告信息。

(3)所有远程工作人员应具有入侵检测系统软件,提供对黑客攻击信息的记录。

(4)监控安装在远端系统中的软件,并将其限制只能在工作中使用。

(5)IT 人员需要对这些系统进行与办公室系统同样的定期性预定检查。

(6)外出工作人员应对敏感信息文件进行加密或权限限制。

(7)安装要求输入密码的访问控制程序,如果输入密码错误,则通过 Modem 向系统管理员发出警报。

(8)当选择 DSL 供应商时,应选择能够提供安全防护功能的供应商。

9.3 基于数据链路层的 VPN 技术

在上一节中,已经简单介绍了主动和强制隧道技术,这是虚拟专用网络封装技术。在本节中,将详细介绍基于数据链路层的 VPN 隧道技术,它们都属于强制的 VPN 封装技术,它们分别是:PPTP 协议和 L2TP 协议。

9.3.1 PPTP 协议

点到点隧道协议(Point – to – Point Tunneling Protocol,PPTP)是一个 Internet 协议,它提供 PPTP客户机与 PPTP 服务器之间的加密通信,它允许使用专用隧道,通过 Internet 的数据通信时,需要对数据流进行封装和加密,PPTP 可实现这两个功能。这就是说,通过 PPTP 的封装或隧道服务,使非 IP 网络可以获得进行 Internet 通信的优点。PPTP 比主动的 VPN 技术优越的一点是它的客户机广泛分布在各种操作系统中。

在建立 PPTP 的连接过程中,需要协商在 PPP 连接过程中协商的数据链路层和网络层的特性,如鉴别、加密、压缩、IP 地址、IPX 网络地址等。同样在 PPP 协商过程中所使用的协议(LCP 和 NCP)在 PPTP 协商过程中也使用。

1.PPTP 体系结构概述

PPTP 是由许多公司共同合作开发的(包括 Microsoft、Ascend、3Com、ECI Telematics 以及 Copper Mountain Networks),PPTP 当前是由 RFC2637 定义的。它的目的就是要指定一种能够在 IP 分组内封装 PPP 分组的协议。PPTP 可以分为两部分,即传输工具和加密。传输工具构成虚拟连接,而加密部分使其成为专用连接。PPTP 使用 GRE 的扩展版本来传输 PPP 分组,并且允许出现低等级的拥挤和流控制,GRE 是一个传输工具,PPTP 用它把分组封装到 VPN 终结器。

2.PPTP 控制消息和数据隧道

为了使得计算机能够使用 PPTP,计算机必须已经具有对基于 IP 的网络访问权。可以是通过 Ethernet 的基于 LAN 的连接,也可以是通过调制解调器向 ISP 进行拨号连接。PPTP 使用两种不同类型的消息,一个用于 PPTP 控制连接,另外一个用于 PPTP 数据隧道。每种消息都具有不同的帧格式,并且使用不同的标识符,当通过访问列表或者防火墙定义网络安全时,必须考虑以上因素。

PPTP 控制连接使用 TCP 端口 1723 控制隧道的创建、维护以及终止有关的消息。如图 9 – 4所示是 PPTP 控制连接分组的格式。

许多不同的消息都可以用来支持 PPTP 隧道。这些消息包括如下几点。

(1)开始控制连接请求(Start-Control-Connection-Request,SCCRQ)。此种类型的消息由

数据链路层	IP 数据头	TCP 数据头	PPP 控制消息	数据链路层 CRC

图 9－4　PPTP 控制连接分组格式

PPTP客户机发送以便建立控制连接。每个 PPTP 隧道必须在发送任何其他的控制消息之前就具有控制连接。

(2)开始控制连接答复(Start-Control-Connection-Reply，SCCRP)。这是对 SCCRQ 的答复。

(3)输出呼叫请求(Outgoing-Call-Request，OCRQ)。它由 PPTP 客户机发送，以便建立 PPTP 隧道。在这个消息中指定一个 Call ID，它用在 GRE 数据头中，用来标识隧道的通信量。

(4)输出呼叫回复(Outgoing-Call-Reply，OCRP)。此消息由 PPTP 服务器发送，用来对 OCRQ 做出响应。

(5)回显请求(Echo-Request)。这是一个类似于 PING 的消息，它是一种用来确保其他端(PPTP 客户机或 PPTP 服务器)仍然存在的机制。

(6)回显回复(Echo-Reply)。发送此消息以对回显请求做出响应。

(7)广域网错误通知(WAN-Error-Notify)。此消息从 PPTP 服务器发送出来，用来表示 PPTP 服务器的 PPP 接口上出现了错误。

(8)设置链路信息(Set-Link-Information)。此消息由 PPTP 客户机或 PPTP 服务器所发送，以便启动与 PPP 有关的协商选项。

(9)呼叫清除请求(Call-Clear-Request)。此消息由 PPTP 客户机发送，它表示应该终止隧道。

(10)呼叫断开通知(Call-Disconnect-Notify)。此消息直接对呼叫清除请求做出响应。

(11)停止控制连接请求(Stop-Control-Connection-Request)。此消息由 PPTP 客户机或 PPTP 服务器所发送，以便通知其他设备终止控制连接。

(12)停止控制连接回复(Stop-Control-Connection-Reply)。发送此消息用来对停止控制连接请求做出响应。

如图 9－5 所示是 PPTP 数据封装分组格式。

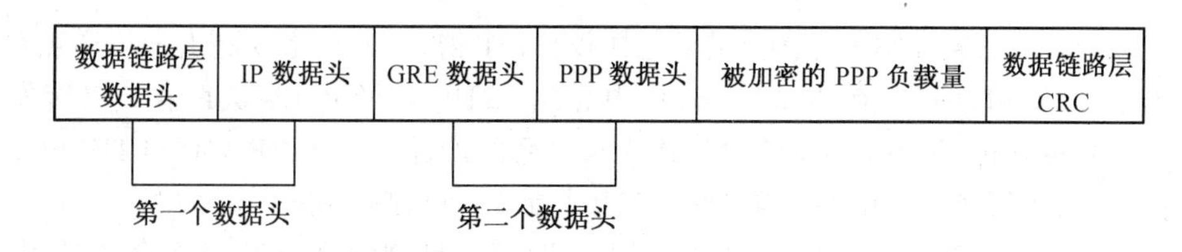

图 9－5　PPTP 数据封装分组格式

在图 9－5 中，可以看到使用了两种不同的数据头。第一个 IP 数据头用来把分组传输到 VPN 服务器，而 GRE 数据头，它使用 IP 端口号 47，在其内部封装 PPP 分组。VPN 服务器拆除 IP 和 GRE 数据头，发送回 PPTP 客户机的分组被 PPTP 服务器封装，它必须把第一个数据头加入到分组中，这样才能将其路由回 VPN 客户机中。

PPTP 利用鉴别和加密这两个标准来保证数据流的安全性。

3.PPTP 鉴别

PPTP 鉴别具有用户鉴别与数据鉴别两种形式。用户鉴别要求交换口令(PAP)或者散列(CHAP)。数据鉴别通过使用加密的检验和来实现,这种检验和是基于一个只有发送者和接受者才知道加密密钥的方式。

由于 PPTP 和 PPP 之间的关系非常紧密,因此 PPTP 鉴别使用与 PPP 相同的鉴别协议,一般来说是 PAP 和 CHAP。Microsoft 的产品也具有附加的鉴别协议,即 Microsoft CHAP(MS-CHAP),它们都是用来鉴别 PPP 和 PPTP 会话的。在 PPTP 隧道的创建过程中很少使用 PAP 鉴别,这是因为 PAP 使用明文来发送用户名和口令,这样无安全性可言。

4.点到点加密

PPTP 把鉴别与加密合并到 MPPE 中。鉴别利用一种加密的检验和来验证分组的数据起源。为了达到此目的,PPTP 使用用户的口令生成检验和的散列,当远程 PPTP 对等设备执行相同的操作,并且把新计算出来的检验和与分组一起发送的检验和进行比较时,将会发生鉴别过程。如果检验和相匹配,那么就认证分组。

通过使用 RSA 的 RC4 流密码(把用户的口令作为“共享的秘密”),MPPE 把数据加密(高达 128 位加密)合并在 PPP 负载量中。由于加密仅仅出现在 PPP 负载量中而不是出现在整个 PPTP 分组中,因此,这很类似于 IPSec 的传输模式。需要注意的是,不能对数据头信息进行加密,否则,分组就不能被发送到它的目的地址了。

5.建立 PPTP 连接

(1)工作站 A 通过标准的模拟电话或者综合业务数字网络向 ISP 发起了一个标准的 PPP 连接。ISP 接受了此连接,从而建立了网络层连接。

(2)工作站 A 与路由器 B 联系,以便建立使用 SCCRQ 消息的 PPTP 隧道。

(3)PPTP 服务器建立了一个新的 PPTP 隧道,并已使用 SCCRP 消息进行答复。

(4)PPTP 客户机通过发送 OCRQ 消息而发起会话。

(5)PPTP 服务器建立一个虚拟接口,并且使用 OCRP 消息进行答复。

图 9-6 所示描述了这个过程。

9.3.2 L2TP 协议

在上一节中,已经介绍了点到点的隧道协议(PPTP 协议)通过主动隧道来传递点对点协议(PPP 协议)的通信量。在本节中,将集中介绍 L2TP,它是继 Cisco 的第二层转发技术(Layer Two Forwarding)和 Microsoft 的 PPTP 技术之后的产品。与 PPTP 类似,L2TP 也是一种 VPN 技术,它能够支持主动隧道,但同时,L2TP 也能支持强制隧道。

L2TP(Layer Two Tunneling Protocol,第二层隧道协议)是 PPTP 与 L2F 的综合,它是由 Cisco 公司所推出的一种技术。为了避免两种互相兼容的隧道协议在市场上互相竞争而使用户产生混淆,IETF 建议把这两种技术结合起来成为一种隧道协议,用来反映 PPTP 和 L2F 各自的优点。RFC2661 中说明了 L2TP。由于 L2TP 能够支持主动隧道和强制隧道,因此,它可以提供很大的灵活性。通过把这些属性一一进行分解,可以完全地改变大型机构所配置的 PPP 拨号连接的形式。

1.L2TP 的广泛用途

L2TP 能够允许用户拨入 ISP,并且允许拨入用户把他们的连接并入到公司的网络中,这样,就使得公司网络能够向所有的拨入连接提供所有的逻辑属性,比如说鉴别和网络属性,

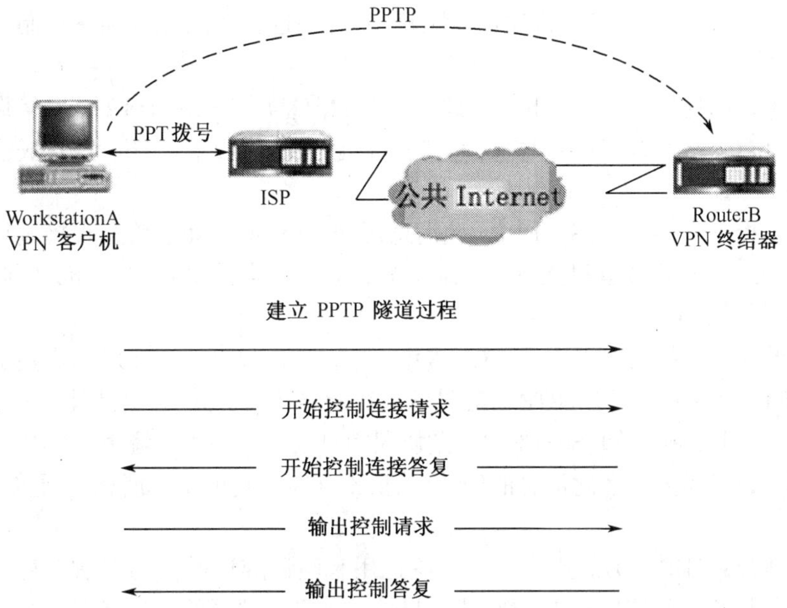

PPTP

PPT 拨号

ISP

公共 Internet

WorkstationA
VPN 客户机

RouterB
VPN 终结器

建立 PPTP 隧道过程

开始控制连接请求

开始控制连接答复

输出控制请求

输出控制答复

图 9－6 建立 PPTP 连接的过程

它还允许ISP保持其在物理属性方面的工作重心。

L2TP 可以采用与 PPTP 相同的方式工作，使得早已拥有 IP 连通性的用户能够与公司网络相连接。尽管此种类型的主动隧道看起来使用了与 PPTP 相同的方法，但是，实际上 L2TP 的工作原理和它在本质上是不同的。

在建立 L2TP 连接的过程中，在 PPP 连接过程中被协商的相同的数据链路层和网络层特性在 L2TP 中也被协商，如鉴别、加密、压缩、IP 地址、IPX 网络地址等。与 PPTP 类似，L2TP 通过在数据传输中使用 PPP 来提供多协议支持，然而，与 PPTP 不同的是，L2TP 不具有内置的加密。在 L2TP 中内置的唯一机制就是在隧道 ID 生成过程中使用随机数字和呼叫 ID，以便保护针对 L2TP 的盲目攻击。对于那些想对 L2TP 数据流进行加密的用户，可以利用网络层的加密协议（IPSec）完成。

L2TP 对需要在 IP、X.25、帧中继或者 ATM 网络上传送的 PPP 帧进行封装。目前，只有 IP 网络上的 L2TP 被定义。当 L2TP 帧在 IP 互联网上发送时，L2TP 帧被封装成 UDP（User Datagram Protocol，用户数据报协议）消息。L2TP 可以被用来作为 Internet 或者专用网络的隧道协议。L2TP 使用 IP 互联网 UDP 消息进行隧道维护与产生隧道数据。被封装后的 PPP 帧有效地载荷可以被加密或者被压缩或者同时进行这两个动作。

2.L2TP 控制消息和数据隧道

许多在 PPTP 中使用的技术都能用于 L2TP，L2TP 在封装中也使用两种类型的消息，分别是控制消息和数据隧道。L2TP 消息负责创建、维护以及终止 L2TP 隧道。L2TP 数据隧道分组负责用户的 PPP 数据的真正传输。

然而，与 PPTP 不同的是，对于发送控制消息和数据消息而言，L2TP 都使用相同的帧格式，在帧的内部，只有一个字段用来标识此帧是数据消息还是控制消息。当发送控制消息时，在 L2TP 分组的后面将跟随一个非零的属性值对。L2TP 协议不是使用静态字段来定义消息，而是使用属性对来定义。这种格式就使得 L2TP 协议未来的扩展变得非常容易，此外，在属性对字段内部存在一种允许属性对隐藏的方法，这种方法允许加密控制消息。这些消息包括如下。

(1)开始控制连接请求(SCCRQ)。此种类型的消息用来在两个 L2TP 对等设备之间发起一个隧道。LAC 或者 LNS 都可以发送它，它应该包括协议版本、主机名称、成帧性能以及本地分配隧道的 ID。

(2)开始控制连接答复(SCCRP)。此消息用来对任何 SCCRQ 信息直接进行答复。它表示接受了 SCCRQ，并且隧道建立应该接续。消息应该包含协议版本、主机名称、成帧性能以及本地分配隧道的 ID。

(3)开始控制连接已经被连接(SCCCN)。发送此协议消息，直接对完成隧道建立过程的 SCCRP 消息做出响应。两个 L2TP 对等设备现在能够开始协商 L2TP 特性。

(4)停止控制连接通知(StopCCN)。此协议消息表示正在关闭隧道。LAC 或者 LNS 都可以发送此协议，只需要发送此消息的确认消息，不存在回复消息。消息必须包括本地分配隧道的 ID。

(5)欢迎消息(HELLO)。这是一个被隧道用来验证隧道操作的存活消息。接受此消息的 L2TP 对等设备必须使用 ZLB ACK 或者另外一个没有关系的消息来作出响应。

(6)进入呼叫请求(ICRQ)。当检验到进入呼叫时，LAC 向 LNS 发送此控制消息。此消息是建立在 L2TP 隧道的 3 个内部交换消息的第一个消息。

(7)进入呼叫回复(ICRP)。此控制消息由 LNS 发送给 LAC，表示对 ICRQ 做出直接的响应。这是 3 个交换消息中的第二个。此消息必须包括本地分配隧道的 ID。

(8)进入呼叫已经被连接(ICCN)。此控制消息由 LAC 发送给 LNS，表示已经接收到了 ICRQ 并已经答复了呼叫。此外，它还表示 L2TP 会话已进入到建立状态，此消息必须包含本地分配隧道的 ID。这是 3 个交换消息中的最后一个。

(9)输出呼叫请求(OCRQ)。由 LNS 交换给 LAC，它表示必须建立来自于 LAC 的出站呼叫。此消息必须包括设置呼叫所需的所有参数。

(10)输出呼叫回复(OCRP)。此控制消息由 LNS 所发送，它用来确认 OCRQ 消息的接收。

(11)输出呼叫连接(OCCN)。当 OCRP 消息一被接收到，此控制消息就会立即由 LAC 发送给 LNS。它用来表示被请求的输出呼叫的结果是成功的。它还可以提供关于呼叫的参数，如连接速度、成帧类型等。

(12)呼叫断开通知(CDN)。LAC 或者 LNS 都可以发送此消息，以便请求断开隧道内部特定的连接。它允许 L2TP 对等设备清除由会话使用的资源。对于此消息而言，并不需要任何响应。

(13)广域网错误通知(WEN)。LAC 或者 LNS 都可以发送此消息，用来表示广域网出现了错误。累加计数器的值，并且每秒钟内发送的次数不能超过 1 次。消息必须要表示正被检测出来的错误的类型。

(14)设置连接信息(SLI)。LNS 发送此消息给 LAC，以便设置被 PPP 协商的选项。根据 RFC，这些选项在呼叫期间可以改变任意多次，LAC 必须能够更新在此活动会话期间内它的信息和行为。

把上述的呼叫信息分为不同的四类，如表 9－1 所示。

表 9-1 L2TP 控制消息类型和分类

信息分类	信息类型
隧道建立	SCCRQ、SCCRP、SCCCN、StopCCN
进入连接(用户建立)	ICRQ、ICRP、ICCN
输出连接(LNS 建立)	OCRQ、OCRP、OCCN
多种信息	HELLO、CDN、WEN、SLI

4.建立隧道

为了在主机以及 LNS 之间建立 L2TP 会话,必须存在一个 L2TP 隧道,此隧道能够把 PPP 分组从 LAC 发送到 LNS。下面将介绍在 LAC 和 LNS 之间设置 L2TP 隧道的过程,如图 9-7 所示。

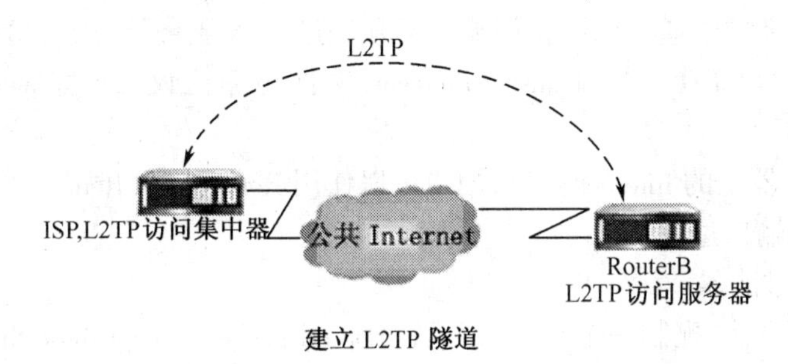

建立 L2TP 隧道

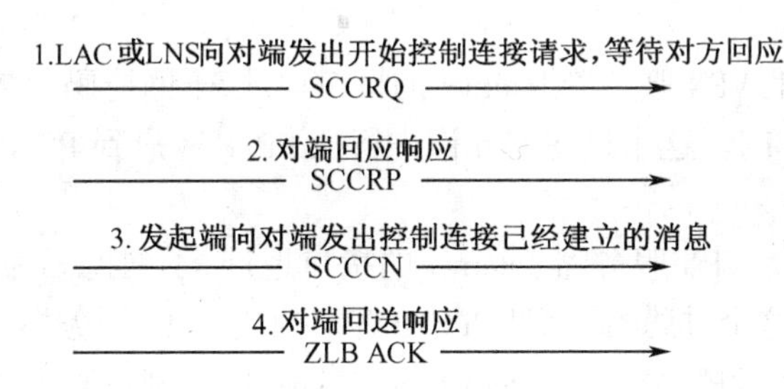

图 9-7 建立 L2TP 隧道的过程

建立隧道分为三个步骤。

(1)LAC 向 LNS 发送开始控制连接请求(SCCRQ)。

(2)LNS 向 LAC 发送开始控制连接回复(SCCRP)。

(3)LAC 向 LNS 发送开始控制连接已经被连接(SCCCN)。

9.4 VPN 综合应用

9.4.1 VPN 与 Windows 防火墙

防火墙可以用来进行报文过滤,以便允许或者不允许那些非常特殊的网络流量信息通过。IP 报文过滤功能为用户提供了一种方法,用来精确的定义什么类型的 IP 流量允许通过防火墙,IP 报文过滤功能对于将专用网络连接到公共网络(如 Internet)非常重要。

可以有两种方法在 VPN 服务器上使用防火墙。

(1)VPN 服务器在 Internet 上,而防火墙位于 VPN 服务器与内部网之间,即 VPN 服务器位于防火墙之前。

(2)防火墙在 Internet 上,VPN 服务器位于防火墙与内部网之间,即 VPN 服务器位于防火墙之后。

1. VPN 服务器位于防火墙之前

VPN 位于防火墙之前被连接到 Internet 上,用户就必须在 Internet 接口上添加一个报文过滤器,用来只允许那些到达或者来自 Internet VPN 服务器接口的 IP 地址的 VPN 流量流动。

对于输入流量,隧道数据被 VPN 服务器解密后将被转发给防火墙,防火墙再利用过滤器来允许流量转发给内部网中的资源。由于在 VPN 服务器上通过的流量仅仅是被以验证的 VPN 客户所产生的流量,所以在这个过程中执行的防火墙过滤功能可以用来防止 VPN 用户访问某些特定的内部网资源。

由于允许在内部网中通过的因特网流量必须经过 VPN 服务器,因此这个过程也会阻止非 VPN Internet 用户对 FTP(File Transfer Protocol,文件传输协议)或者 Web 内部网资源的共享。

对于 VPN 服务器上的 Internet 接口,用户可以使用 Routing and Remote Access 插件配制下列的输入过滤器与输出过滤器。

(1)PPTP 报文过滤器

可以按照以下方法,配制一个动作设置为 Drop all packets except those that meet the criteria below 的输入过滤器。

①目标 IP 地址是 VPN 服务器 Internet 的接口地址,子网掩码为 255.255.255.255,TCP 目标端口为 1723(0x06BB)。这个过滤器允许进行从 PPTP 客户到 PPTP 服务器的 PPTP 隧道维护流量的通过。

②目标 IP 地址是 VPN 服务器 Internet 的接口地址,子网掩码为 255.255.255.255,IP 协议 ID 为 47(0x2F)。这个过滤器允许从 PPTP 客户到达 PPTP 服务器的 PPTP 隧道数据流通。

③目标 IP 地址是 VPN 服务器 Internet 的接口地址,子网掩码为 255.255.255.255,TCP 源端口为 1723(0x06BB)。这个过滤器只有当 VPN 服务器充当路由器到路由器的 VPN 连接中的 VPN 客户(呼叫方路由器)时才必需。如果用户选择了 TCP[established],那么只有当 VPN 服务器初始化了 TCP 连接时才接受流量。

还可以按照以下方法,配制一个动作被设置为 Drop all packets except those that meet the criteria below 的输出过滤器。

①源 IP 地址是 VPN 服务器 Internet 的接口地址,子网掩码为 255.255.255.255,TCP 源端口为 1723(0x06BB)。这个过滤器允许进行从 VPN 服务器到 VPN 客户的 PPTP 隧道维护流量的通过。

②源 IP 地址是 VPN 服务器 Internet 的接口地址,子网掩码为 255.255.255.255,IP 协议 ID 为 47(0x2F)。这个过滤器允许从 VPN 服务器到达 VPN 客户的 PPTP 隧道数据流通。

③源 IP 地址是 VPN 服务器 Internet 的接口地址,子网掩码为 255.255.255.255,TCP 目标端口为 1723(0x06BB)。这个过滤器只有当 VPN 服务器充当路由器到路由器的 VPN 连接中的 VPN 客户(呼叫方路由器)时才必需。如果用户选择了 TCP[established],那么只有当 VPN 服务器初始化了 TCP 连接时才接受流量。

(2)IPSec L2TP 报文过滤器

可以按照以下方法,配制一个动作被设置为 Drop all packets except those that meet the criteria below 的输入过滤器。

①目标 IP 地址是 VPN 服务器 Internet 的接口地址,子网掩码为 255.255.255.255,UDP 目标端口为 500(0x01F4)。这个过滤器允许到达 VPN 服务器的 IKE(Internet Key Exchange,网际密钥交换)流量流通。

②目标 IP 地址是 VPN 服务器 Internet 的接口地址,子网掩码为 255.255.255.255,UDP 目标端口为 1701(0x06A5)。这个过滤器允许从 VPN 客户到 VPN 服务器的 L2TP 隧道数据流通。

还可以按照以下方法,配制一个动作被设置为 Drop all packets except those that meet the criteria below 的输出过滤器。

①源 IP 地址是 VPN 服务器 Internet 的接口地址,子网掩码为 255.255.255.255,UDP 源端口为 500(0x01F4)。这个过滤器允许来自 VPN 服务器的 IKE 流量流通。

②源 IP 地址是 VPN 服务器 Internet 的接口地址,子网掩码为 255.255.255.255,UDP 源端口为 1701(0x06A5)。这个过滤器允许从 VPN 服务器到 VPN 客户的 L2TP 隧道数据流通。

对于 IP 协议 50 的 IPSec ESP 流量,不需要有任何过滤器。在 IPSec 模块的 TCP/IP 删除了 ESP 头之后,Routing and Remote Access 服务过滤器就自动发挥作用。

2.VPN 服务器位于防火墙之后

在更为常见的配置方式中,防火墙是直接连接到 Internet 上,而 VPN 服务器则是连接到 DMZ(Demilitarized Zone,非敏感区)的另一个内部网资源。DMZ 是一个 IP 网关,通常包含有 Internet 用户可以访问的网络资源(如 Web 服务器与 FTP 服务器)。VPN 服务器分别在 DMZ 和内部网上各有一个接口。

在这种方式中,防火墙必须在它的 Internet 接口上配置有输入过滤器和输出过滤器,用来允许到达 VPN 服务器的隧道维护流量与隧道数据通过。其他的过滤器可以用来允许到达 Web 服务器、FTP 服务器以及 DMZ 上其他类型的服务器流量的通过。

因为防火墙没有为每个 VPN 连接提供单独的密钥,它只能对隧道数据的明文头部进行过滤,也就是说所有的隧道数据都可以通过防火墙。但是,这并不是一种安全的通信方法,因此 VPN 连接需要有一个验证过程用来阻止对 VPN 服务器的未授权访问。

对于防火墙上的 Internet 接口,必须使用防火墙配置软件对下列输入过滤器或者输出过滤器进行配置。

(1)PPTP 报文过滤器

用户可以按照以下方法,配制一个动作被设置为 Drop all packets except those that meet the criteria below 的输入过滤器。

①目标 IP 地址是 VPN 服务器 DMZ 接口地址,TCP 目标端口是 1723(0x06BB)。这个过滤器允许进行从 PPTP 客户到 PPTP 服务器的 PPTP 隧道维护流量的通过。

②目标 IP 地址是 VPN 服务器 DMZ 接口地址,IP 协议 ID 为 47(0x2F)。这个过滤器允许从 PPTP 客户到达 PPTP 服务器的 PPTP 隧道数据流通。

③目标 IP 地址是 VPN 服务器 DMZ 接口地址,TCP 源端口为 1723(0x06BB)。这个过滤器只有当 VPN 服务器充当路由器到路由器的 VPN 连接中的 VPN 客户(呼叫方路由器)时才必需。如果用户选择了 TCP[established],那么只有当 VPN 服务器初始化了 TCP 连接时才接受流量。

用户还可以按照以下方法,配制一个动作被设置为 Drop all packets except those that meet the criteria below 的输出过滤器。

①源 IP 地址是 VPN 服务器 DMZ 接口地址,TCP 源端口为 1723(0x06BB)。这个过滤器允许进行从 VPN 服务器到 VPN 客户的 PPTP 隧道维护流量的通过。

②源 IP 地址是 VPN 服务器 DMZ 接口地址,IP 协议 ID 为 47(0x2F)。这个过滤器允许从 VPN 服务器到达 VPN 客户的 PPTP 隧道数据流通。

③源 IP 地址是 VPN 服务器 DMZ 接口地址,TCP 目标端口为 1723(0x06BB)。这个过滤器只有当 VPN 服务器充当路由器到路由器的 VPN 连接中的 VPN 客户(呼叫方路由器)时才必需。如果用户选择了 TCP[established],那么只有当 VPN 服务器初始化了 TCP 连接时才接受流量。

(2)IPSec L2TP 报文过滤器

用户可以按照以下方法,配制一个动作被设置为 Drop all packets except those that meet the criteria below 的输入过滤器。

①目标 IP 地址是 VPN 服务器 DMZ 接口地址,UDP 目标端口为 500(0x01F4)。这个过滤器允许到达 VPN 服务器的 IKE 的流量流通。

②目标 IP 地址是 VPN 服务器 DMZ 接口地址,IP 协议 ID 为 50(0x0032)。这个过滤器允许从 VPN 客户到 VPN 服务器的 IPSec ESP 隧道数据流通。

用户还可以按照以下方法,配制一个动作被设置为 Drop all packets except those that meet the criteria below 的输出过滤器。

①源 IP 地址是 VPN 服务器 DMZ 接口地址,UDP 源端口为 500(0x01F4)。这个过滤器允许来自 VPN 服务器的 IKE 的流量流通。

②源 IP 地址是 VPN 服务器 DMZ 接口地址,IP 协议 ID 为 50(0x0032)。这个过滤器允许从 VPN 服务器到 VPN 客户的 IPSec ESP 隧道数据流通。

在 UDP 端口 1701 上不需要为 L2TP 流量提供过滤器。在防火墙上,所有的 L2TP 流量(包括隧道维护信息与隧道数据)都是作为 IPSec ESP 有效载荷进行加密处理的。

9.4.2 VPN 与网络地址翻译器

NAT(Network Address Translator,网络地址翻译器)是一种具有对报文的 IP 地址与 TCP/UDP 端口号进行翻译能力的 IP 路由器。现在假设有某一小公司希望将多台计算机连接到 Internet 上。

通常情况下,它必须为每台计算机在网络上获取一个公共地址。但是利用 NAT,就可以不需要多个地址。它可以在小型商务网的网段上使用专用地址(RFC 1597 已经有说明),然后利用 NAT 将专用地址映射到 ISP 所分配的一个或多个 IP 地址上。关于 NAT 的功能特性,在 RFC 1631 中有说明。

如某公司在它的专用网内部要使用网络地址 10.0.0.0/8,并且某个 ISP 为它分配了一个公共 IP 地址 w.x.y.z,那么 NAT 就可以静态或者动态地将所有专用网络 10.0.0.0/8 的 IP 地址映射到 IP 地址 w.x.y.z 上。

对于输出报文,源 IP 地址与 TCP/UDP 端口号被映射到 w.x.y.z 以及一个可能改变了的 TCP/UDP 端口号上。对于输入报文,目标 IP 地址与 TCP/UDP 端口号被映射到专用 IP 地址以及一个原始的 TCP/UDP 端口号上。

缺省情况下,NAT将对IP地址与TCP/UDP端口进行翻译。如果IP地址与端口信息仅仅在IP头与TCP/UDP头中,那么这个应用协议将会被透明地翻译。如在WWW上对HTTP(Hyper Text Transfer Protocol,超文本传输协议)流量进行翻译。

但是,有些应用与协议在它们的头中存储IP地址或者TCP/UDP端口信息。如FTP就是在FTP头中存储IP地址。如果NAT不能正确地翻译FTP头中的IP地址,那么就有可能导致连接错误。此外,有些协议并不使用TCP头或者UDP头,而是在其他的头中使用某些域来标识数据流。

如果NAT组件必须翻译或调整IP头、TCP头以及UDP头中的有效载荷,那么就必须使用NAT编辑器。NAT编辑器可以正确的修改那些不可翻译的有效载荷,以便使它们能够在NAT上顺利通过。

VPN流量的地址映射与端口映射是为了能够保证PPTP隧道与IPSec L2TP隧道在NAT上正确地工作,NAT必须能够将多个数据流映射到单独的IP地址上,也要能从单独的IP地址映射到多个数据流。

1.PPTP流量

PPTP流量中包括进行隧道维护的TCP连接以及隧道数据的GRE封装结果。TCP连接方式可以被NAT翻译,这是因为源TCP端口号可以被透明地翻译。但是,GRE的封装数据在没有NAT编辑器支持的情况下是不能被NAT所翻译的。对于隧道数据,隧道可以由源IP地址与GRE头中的Call ID域进行标识。如果在NAT隧道的专用网络端存在多个PPTP客户都要与相同的PPTP服务器建立隧道,那么这些所有的隧道流量就具有相同的源IP地址。同时,由于PPTP客户并不知道它们已经被翻译,所以就有可能在建立PPTP隧道的过程中使用相同的Call ID,因此有可能出现这种情况:来自NAT专用网络端多个PPTP客户的隧道数据在翻译时具有相同的源IP地址与相同的Call ID。

为了防止这种情况的发生,PPTP的NAT编辑器必须监视PPTP隧道的创建工程并且在专用IP地址与Call ID之间建立单独的映射关系,就像PPTP客户将公共IP地址与在Internet PPTP服务器上所接收到的单独Call ID进行映射一样。

Routing and Remote Access服务中的NAT路由协议包含有一个PPTP编辑器,可以用来对GRE Call ID进行翻译,以便在NAT的专用网络区分多个PPTP隧道。

2.IPSec L2TP流量

IPSec L2TP流量不可被NAT所翻译,这是因为UDP端口号被加密了,并且对它的值受校验和的保护。由于以下原因,即使是带有编辑器的NAT也不能对IPSec L2TP流量进行翻译。

(1)不能区分多个IPSec ESP数据流

ESP头中包含有一个名为SPI(Security Parameter Index,安全参数索引)的域。SPI可以用来将明文形式IP头中的目标IP地址与IPSec安全协议(ESP头或者验证头)连接起来,用来标识IPSec SA(Security Association,安全协会)。

对于来自NAT的输出流量,它的目标IP地址并不改变。对于到达NAT的流量,目标IP地址必须被映射到专用IP地址。正如在NAT专用网络端可能会存在多个PPTP客户的情况一样,多个IPSec ESP数据流输入流量的目标IP地址也相同。为了将IPSec ESP数据流互相区分开来,目标IP地址与SPI必须被映射到一个专用目标IP地址与SPI上。但是,由于ESP Auth跟踪器中包含有用来验证ESP头以及它的有效载荷的校验和信息,因此,SPI在没有经校验和验证的情况下就不能发生改变。

（2）不能改变 TCP 校验和与 UDP 校验和

在 IPSec L2TP 报文中，UDP 头与 TCP 头中包含关于源 IP 地址与目标 IP 地址的明文形式 IP 头在内的校验和。在没有经过对 TCP 头与 UDP 头进行校验和验证的情况下，就不能改变明文形式 IP 头中的地址。而且，TCP 校验和与 UDP 校验和不能被更新，这是因为它们是 ESP 有效载荷中的被加密部分。

9.5 实例——虚拟专用网配置

在这一实验中，将在 Windows2000 中创建一个 VPN 连接。完成这一实验后，将能够完成如下操作。

（1）在服务器端安装"路由和远程访问"服务。

（2）在服务器端配置"路由和远程访问"服务，使它允许入站 VPN 连接。

（3）在客户端利用"网络连接"向导配置并测试出站 VPN 连接。

在安装 Windows 2000 服务器时，就已经自动安装上了远程访问组件。Windows 2000 的远程访问组件包括两部分，即路由和远程访问。远程访问组件包括路由的原因是因为 Windows 2000 的远程访问协议具有路由功能。虽然远程访问组件在安装 Windows 2000 服务器时已经自动安装，但是在没有进行人工启动之前它仍保持停用状态。

本实验所用的 IP 地址为 192.168.0.12。

1. 配置 Windows 2000 Server VPN 服务器端的操作步骤

（1）单击"开始"→"设置"→"控制面板"→"管理工具"→"路由和远程访问"选项，如图 9－8 所示。

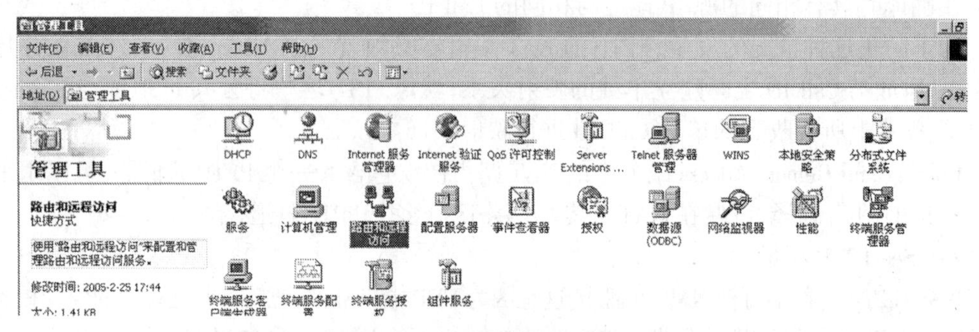

图 9－8 管理工具

（2）双击"路由和远程访问"图标，打开如图 9－9 所示的"路由与远程访问"窗口。

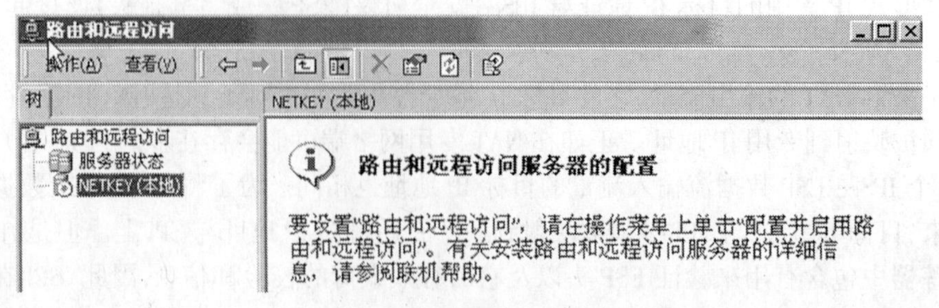

图 9－9 路由和远程访问

(3)选中服务器，打开“操作”菜单，然后单击“配置并启用路由和远程访问”命令，启动“路由和远程访问服务器安装向导”对话框。如图 9－10 所示。

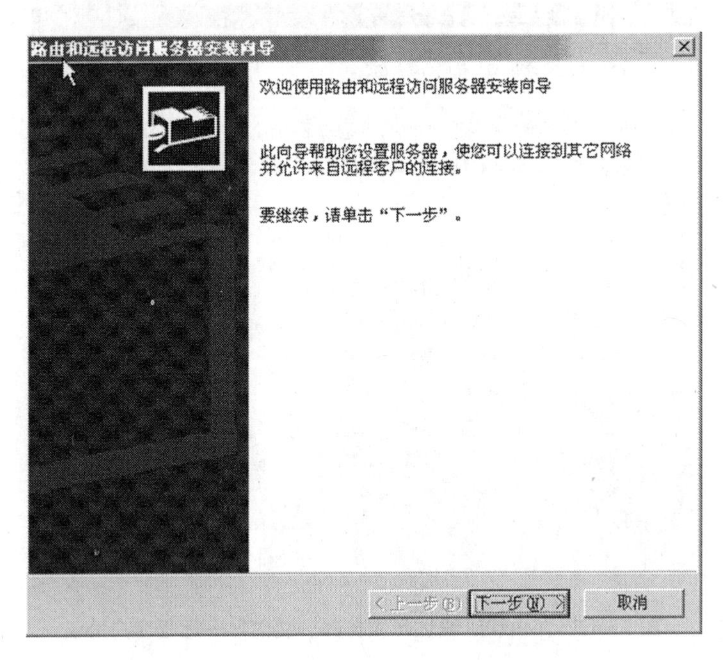

图 9－10　路由和远程访问服务器安装向导

(4)单击“下一步”，进入如图 9－11 所示的“路由和远程访问服务器安装向导—公共设置”对话框。

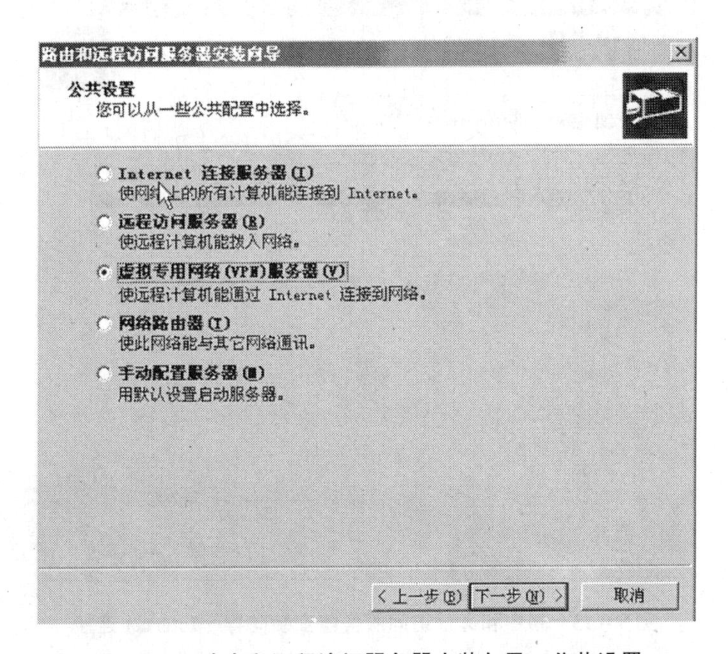

图 9－11　路由和远程访问服务器安装向导—公共设置

(5)选择“虚拟专用网络(VPN)服务器”选项，单击“下一步”按钮，打开如图 9－12 所示的“路由和远程访问服务器安装向导—远程客户协议”对话框。

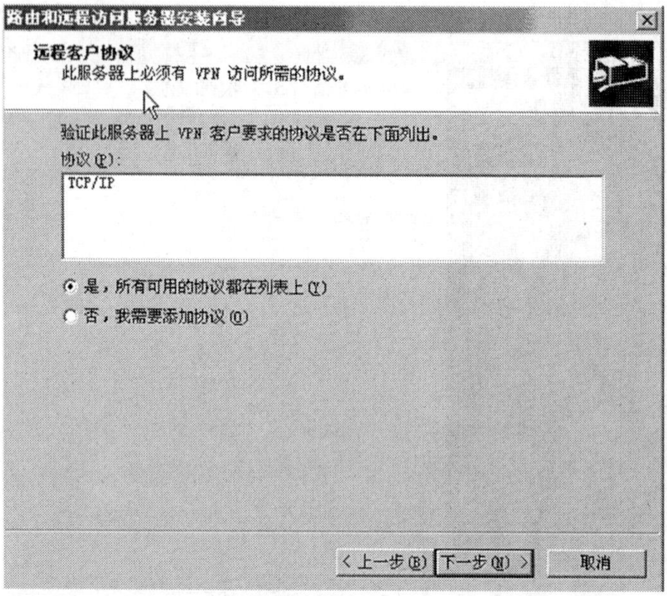

路由和远程访问服务器安装向导
远程客户协议
此服务器上必须有 VPN 访问所需的协议。
验证此服务器上 VPN 客户要求的协议是否在下面列出。
协议(P):
TCP/IP
是，所有可用的协议都在列表上(Y)
否，我需要添加协议(O)
< 上一步(B) 下一步(N) > 取消

图 9－12　路由和远程访问服务器安装向导—远程客户协议

(6)选择“是,所有可用的协议都在列表上”选项,单击“下一步”按钮,打开如图 9－13 所示的“路由和远程访问服务器安装向导—Internet 连接”对话框。

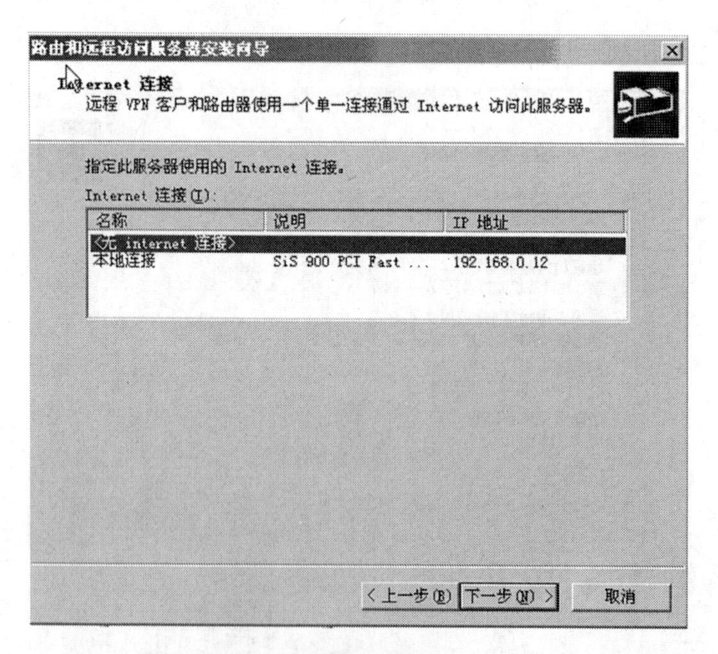

图 9－13　路由和远程访问服务器安装向导—Internet 连接

(7)单击“下一步”按钮,打开如图 9－14 所示的“路由和远程访问服务器安装向导—IP 地址指定”对话框。

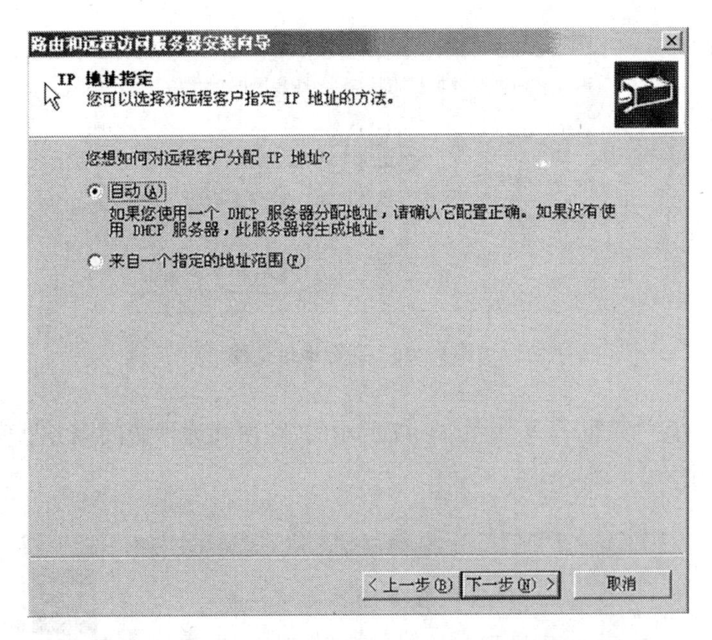

图 9－14　路由和远程访问服务器安装向导—IP 地址指定

(8)选择“来自一个指定的地址范围”选项，单击“下一步”按钮，打开如图 9－15 所示的“路由和远程访问服务器安装向导—地址范围指定”对话框。

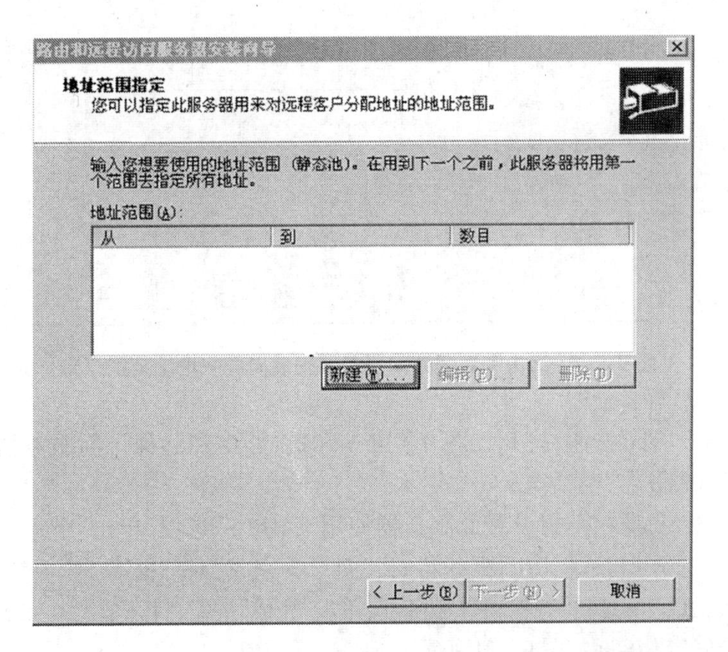

图 9－15　路由和远程访问服务器安装向导—地址范围指定

(9)单击“新建”按钮，打开如图 9－16 所示“新建地址范围”的对话框，输入起始的 IP 地址为 192.168.0.11，结束的 IP 地址为 192.168.0.55。这里的地址范围主要根据本机的 IP 地址来确定。

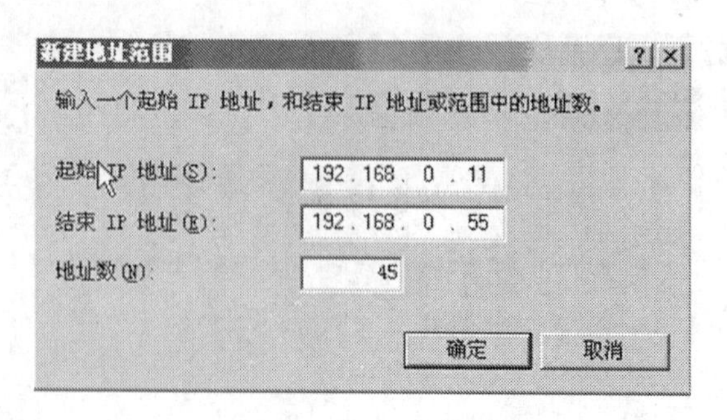

图 9-16　新建地址范围

(10)单击“确定”按钮，打开如图 9-17 所示的“路由和远程访问服务器安装向导—地址范围指定”对话框。

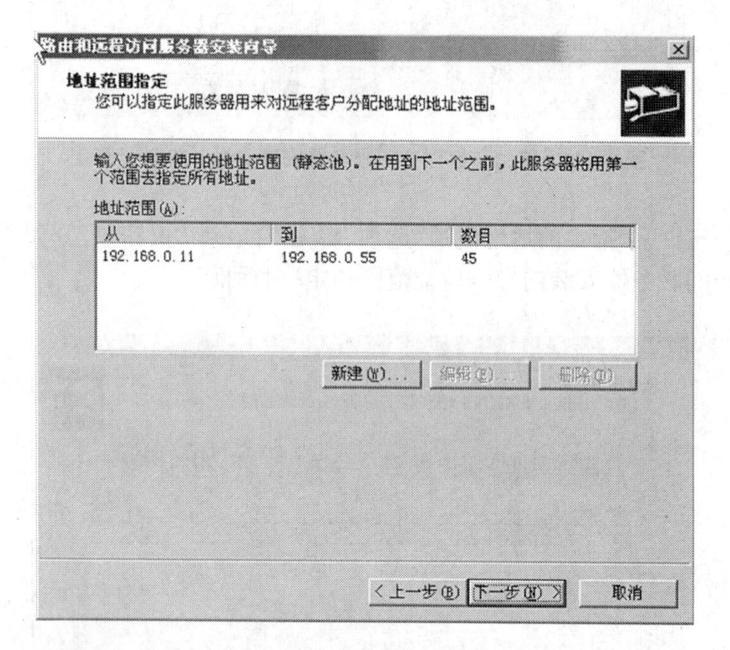

图 9-17　路由和远程访问服务器安装向导—地址范围指定

(11)单击“下一步”按钮，打开如图 9-18 所示的“路由和远程访问服务器安装向导—管理多个远程访问服务器”对话框。

(12)选择“不，我现在不想设置此服务器使用 RADIUS”选项，单击“下一步”按钮，打开如图 9-19 所示的“路由和远程访问服务器安装向导—完成”对话框。

(13)至此，已成功配置了一个 VPN 服务器，单击“完成”按钮，打开如图 9-20 所示对话框。

(14)点击“确定”按钮，如图 9-21 所示。

(15)返回到图 9-9 路由和远程访问窗口，可以看到右侧显示内容，点击“远程访问策略”，如图9-22所示。

(16)双击“远程访问策略”，选择“如果启用拨入许可，就允许访问”，双击该选项，进入“如果启用拨入许可，就允许访问属性”对话框，如图9-23所示。

(17)选择“授予远程访问权限”，点击“确定”按钮，关闭窗口。

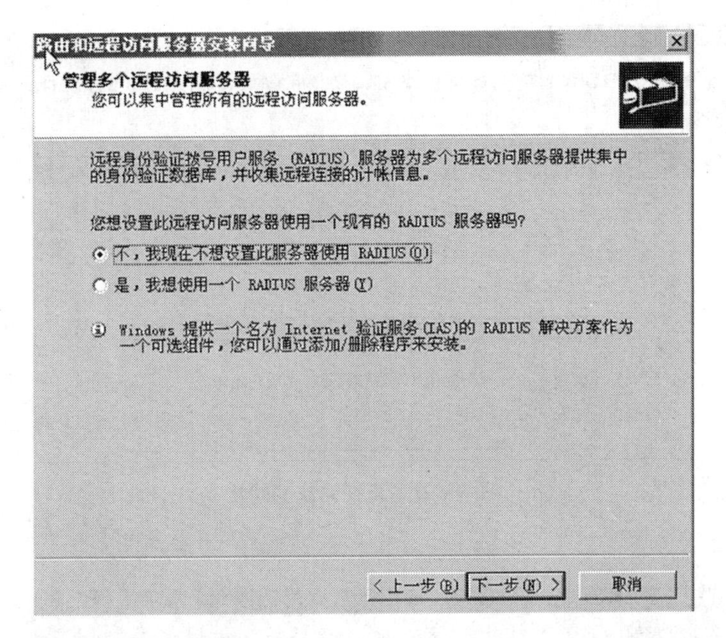

图 9-18　路由和远程访问服务器安装向导—管理多个远程访问服务器

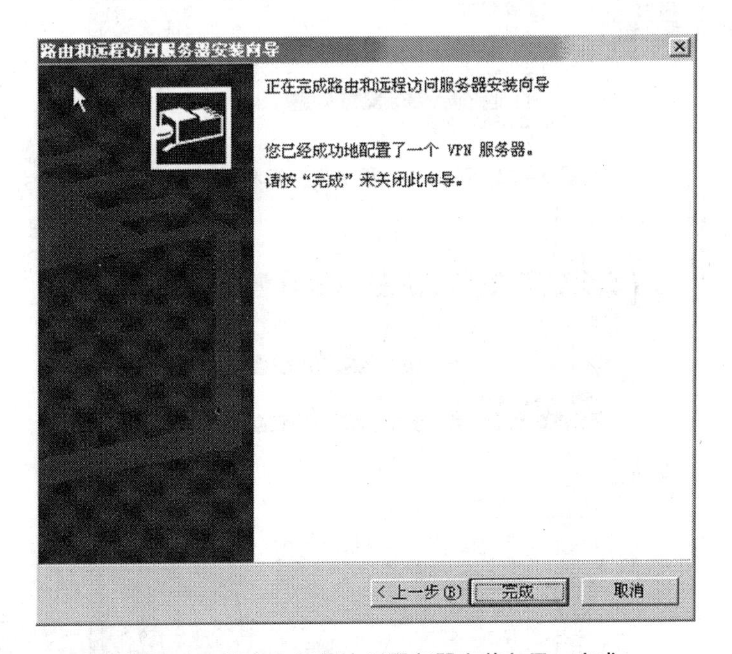

图 9-19　路由和远程访问服务器安装向导—完成

2.配置 Windows 2000 Server VPN 客户端的步骤如下。

(1)右键单击“网上邻居”,选择“属性”,打开“网络和拨号连接”对话框,如图 9-24 所示。

(2)双击“新建连接”,打开如图 9-25 所示的“网络连接向导”对话框。

(3)单击“下一步”按钮,打开如图 9-26 所示的“网络连接向导—网络连接类型”对话框。

(4)选择“通过 Internet 连接到专用网络”选项,单击“下一步”按钮,打开如图 9-27 所示的“网络连接向导—目标地址”对话框。

图 9－20　路由与远程访问

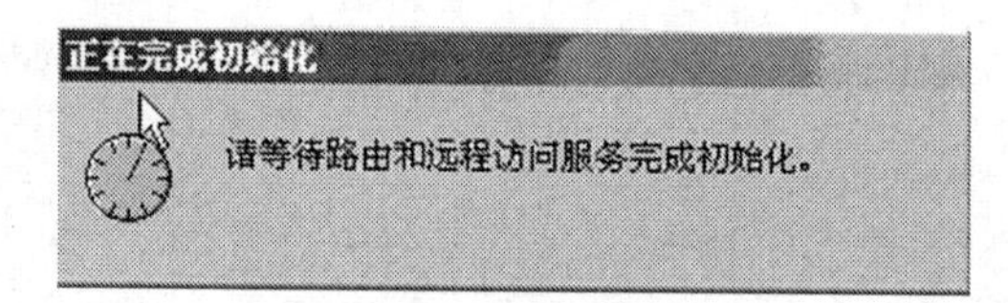

图 9－21　正在完成初始化

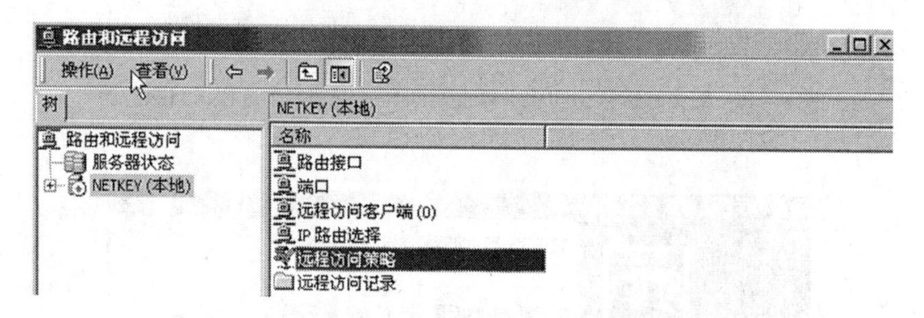

图 9－22　路由和远程访问—远程访问策略

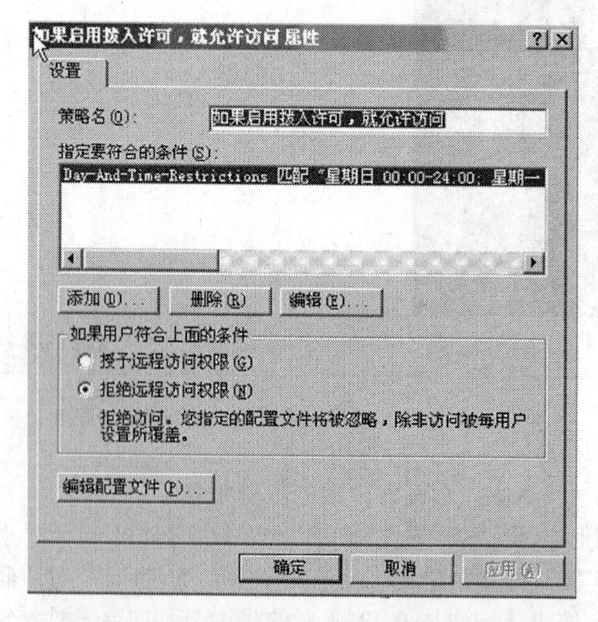

图 9－23　如果启用拨入许可，就允许访问属性

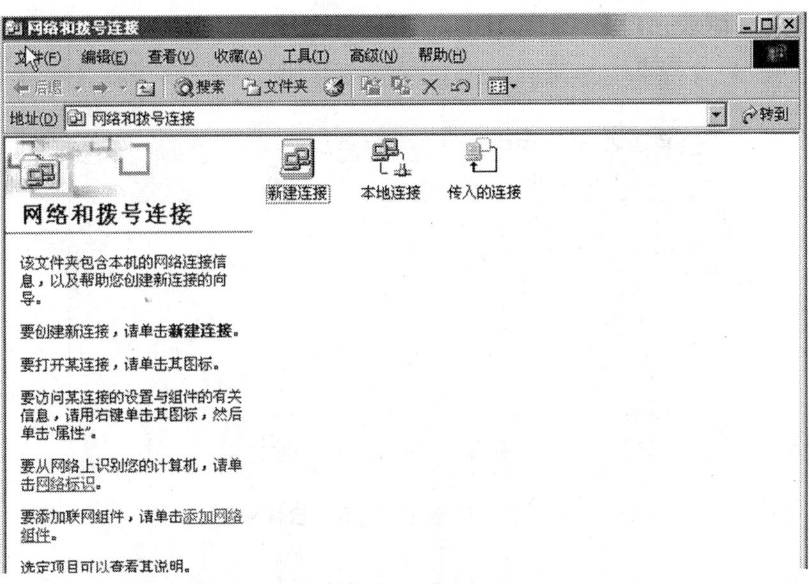

图 9－24 网络和拨号连接

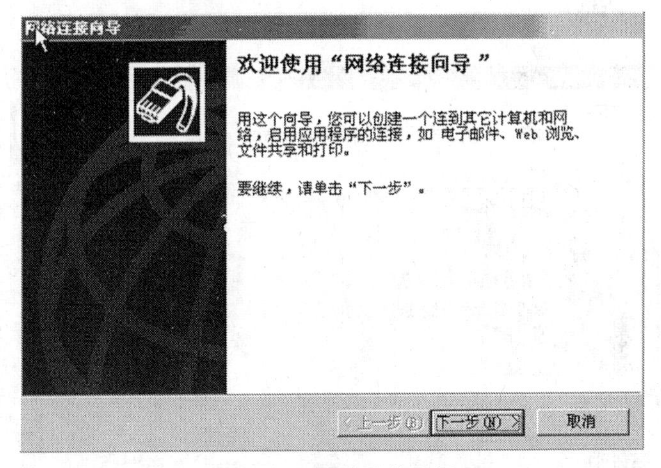

图 9－25 网络连接向导

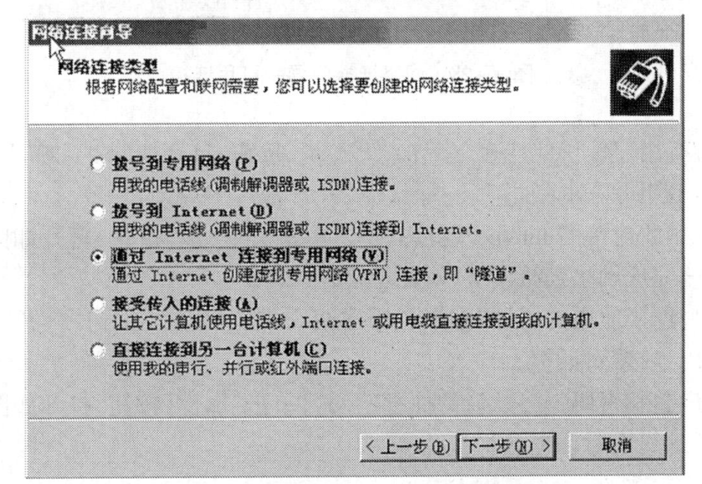

图 9－26 网络连接向导—网络连接类型

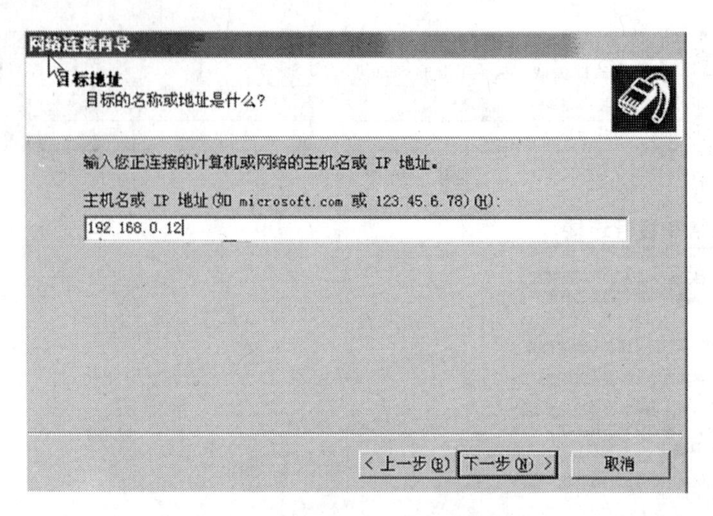

图 9－27　网络连接向导—目标地址

(5)输入 IP 地址:192.168.0.12,单击“下一步”按钮,打开如图 9－28 所示的“网络连接向导—可用连接”对话框。

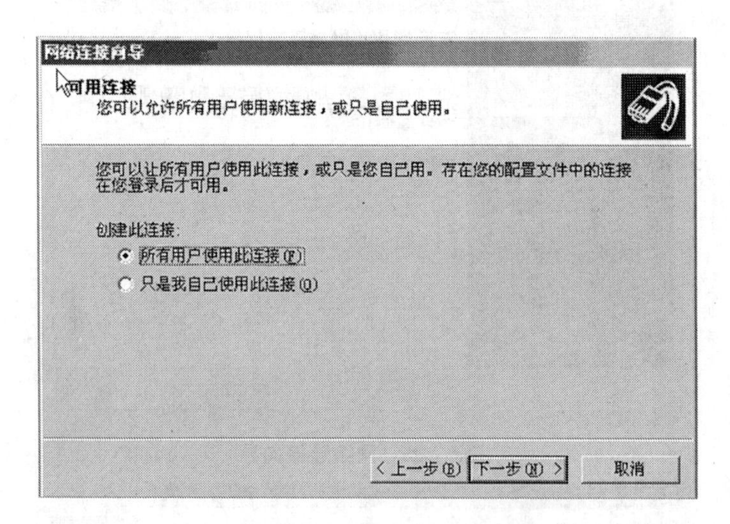

图 9－28　网络连接向导—可用连接

(6)选择“所有用户使用此连接”,单击“下一步”按钮,打开如图 9－29 所示的“网络连接向导—Internet 连接共享”对话框。

(7)选择“启用此连接的 Internet 连接共享”,单击“下一步”按钮,打开如图 9－30 所示的“网络连接向导—完成网络连接向导”对话框。

(8)键入这个连接使用的名称“虚拟专用连接”,点击“完成”按钮,打开如图 9－31 所示的“连接虚拟专用连接”对话框。

(9)输入用户名和密码,并且选择“保存密码”,单击“属性”按钮,打开如图 9－32 所示的“虚拟专用连接”的属性对话框。

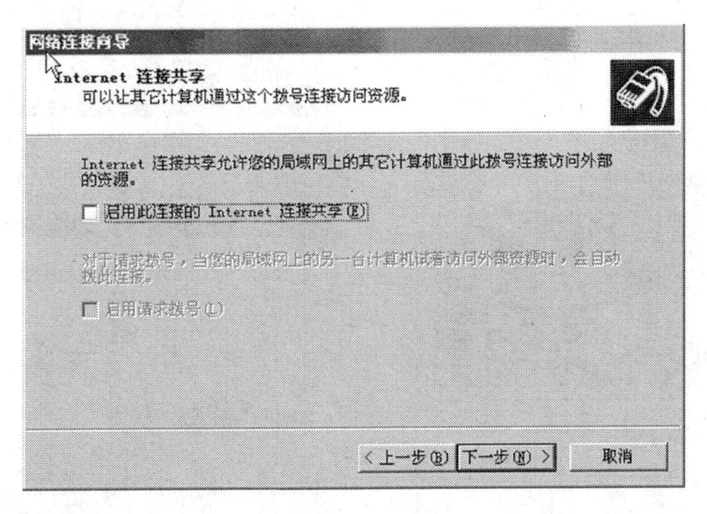

图 9－29 网络连接向导—Internet 连接共享

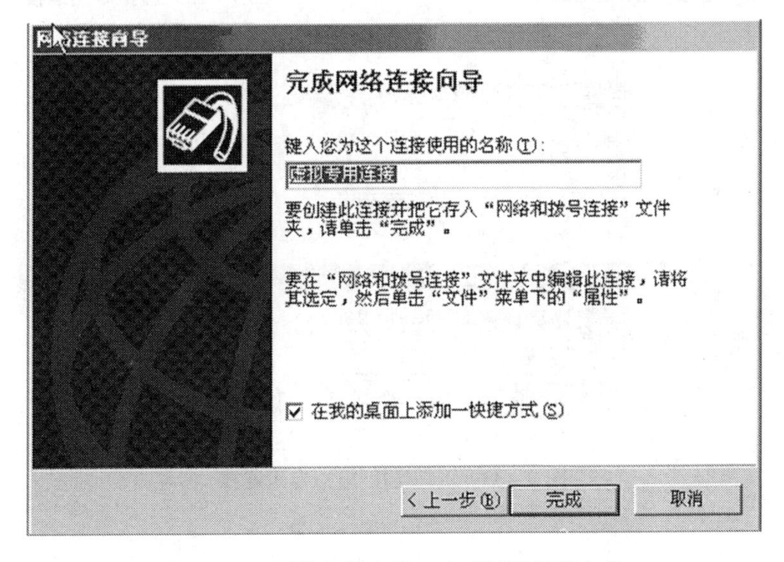

图 9－30 网络连接向导—完成网络连接向导

(10)单击并浏览属性对话框中的“常规”、“选项”、“安全措施”,“网络”和“共享”等选项卡后,点击图9－17的“连接”按钮,打开如图 9－33 所示的“正在连接 虚拟专用连接”对话框。

(11)至此,完成了客户端配置,右下角的系统托盘上出现了两个网络连接图标。其中一个是VPN虚拟专用连接,另一个是 VPN 服务器接收的传入的连接。

图 9－31　连接 虚拟专用连接

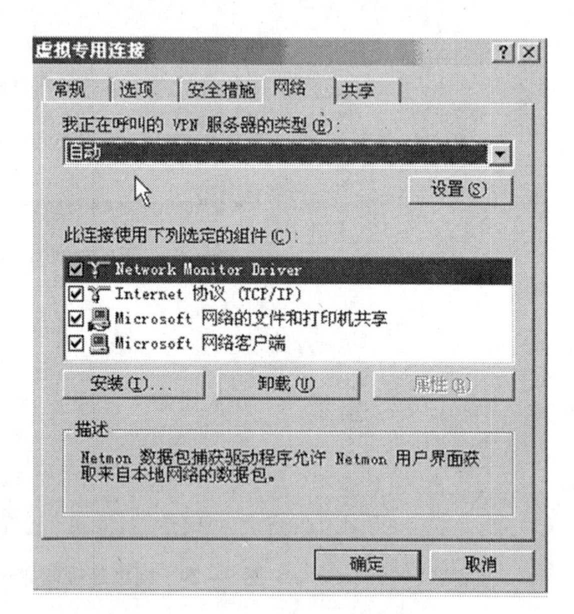

图 9－32　虚拟专用连接

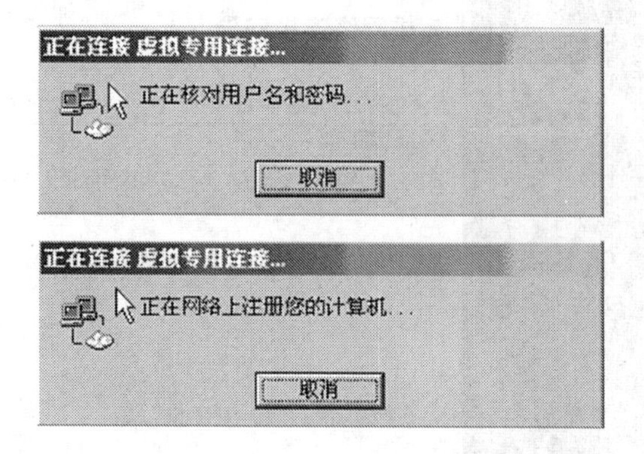

图 9－33　正在连接 虚拟专用连接

【本章小结】

本章重点讲述了虚拟专用网(VPN)的基本概念及 VPN 的安全技术,由于 VPN 对于安全性能要求比较高,所以在设计 VPN 网络时,应该把安全性能放在首要位置。本章围绕构建一个安全性能较高的 VPN 网络展开讲述,首先介绍 VPN 的特点、应用领域,接着简单介绍了实现 VPN 的各种技术,最后讲述了在数据链路层如何实现 VPN,其中主要分析了 PPTP 协议和 L2TP 协议。

【练习题】

一、选择题

1. VPN使用________保证保密。(　　)

A. IPSec　　B. 隧道技术　　C. A和B都是　　D. 以上都不是

2. 在VPN中,________被加密。(　　)

A. 内层数据报　　B. 外层数据报

C. 内层和外层数据报都是　　D. 内层和外层数据报都不是

3. 不属于虚拟专用网分类的是(　　)。

A. 内部网VPN　　B. 远程访问VPN

C. 外连网VPN　　D. 隧道模式VPN

4. 以下哪个描述不是关于虚拟专用网络的描述(　　)。

A. 虚拟专用网络的实施需要租用专线,以保证信息难以被窃听或破坏

B. 虚拟专用网络需要提供数据加密、信息认证、身份认证和访问控制

C. 虚拟专用网络的主要协议包括IPSEC、PPT/L2TP、SOCKETS v5等

D. 虚拟专用网络的核心思想是将数据包二次封装,在Internet上建立虚拟的专用网络

5. 以下关于IPSEC虚拟专用网的说法中,那个是正确的(　　)。

A. AH用于保护整个IP数据载荷(包括IP头信息)

B. IKE是针对IPSEC而设计的,难以应用到其他协议当中

C. IPSEC隧道模式用于建立端到端的VPN

D. IPSEC有传输和隧道两种模式

二、填空题

1. 虚拟专用网络至少应该提供________、________、________、________等功能。

2. 虚拟专用网络VPN专指在公共通信基础设施上构建的虚拟"专用或私有"网络,可以被认为是一种________的网络。

3. 虚拟专用网络VPN技术几乎可以解决所有利用公共通信设施的虚拟连接问题,VPN技术主要应用在________、________和________方面。

4. VPN主要采用五项技术来保证其安全性,分别是________、加密解密技术、密钥管理技术、________和身份认证技术。

三、简答题

1. 简述VPN的定义。

2. 用于构建VPN的技术主要有哪些?

3. 简述VPN的特点。

4. VPN主要采用哪些技术来保证传输数据的安全性,请简述之。

5. 如何解决VPN远程访问的安全问题?

6. 在实际设计VPN网络时,有哪些是值得重点考虑的关键问题?

第 10 章　Web 与电子商务安全

【案例导入】

网民在支付宝支付时选择任一银行卡支付通道后立即进入银行网关,银行卡资料全部在银行网关加密页面上填写,无论是支付平台还是网站都无法看到或了解到任何银行卡资料,更不会被黑客通过技术手段盗取。网民输入卡资料提交过程全部采用国际通用的 SSL 或 SET 及数字证书进行加密传输,安全性由银行全面提供支持和保护,各银行网上支付系统完全可以确保网上支付的安全。银行和支付宝以及商家之间是通过数字签名和加密验证传送信息的,提供层层安全保护,您绝不用担心卡片信息外泄。

在电子商务交易中,银行卡的应用类似于实际交易过程。只是用户在自己的计算机上选好商品后,键入银行卡的号码登陆到发卡银行,并输入密码和在线商店的账号,就完成了整个支付过程。

现在,几乎所有的商业企业、大多数的政府机构和很多个人都有自己的 web 站点,访问 Internet 的个人和公司的数量也在快速增长。Web 安全是一种基于应用层技术的安全服务,应用层直接面对最终用户,因此应用层所面临的安全性问题与其他网络层次有明显的不同。网络应用和服务种类非常多,实现方式的差异也非常大,每一种应用服务都有特定的安全问题。应用服务的复杂性,决定了其面临安全威胁的复杂性。应用的安全性是实现最终的网络安全服务的重要因素之一。而前面讨论的各种安全技术最终也是为实现应用安全服务的。

【学习目标】

1. 了解 HTTP 协议
2. 掌握 SSL 加密和安全 HTTP
3. 掌握 WWW 服务器及安全配置问题
4. 理解 JavaScript、CGI 程序、Perl 语言、ActiveX 及 Cookie 的安全问题

10.1　HTTP 协议及其安全性

Web 本质上是运行在 Internet 和 TCP/IP 内联网上的客户服务器应用程序,通常采用基于 HTTP 协议的 Web 技术实现的。Web 浏览器通常具有良好的图形界面,集成了对多种应用的支持。因此,目前绝大多数的网络应用服务都倾向于采用 Web 的方式来向用户提供服务。特别是作为社会生活信息化重要标志的电子商务和电子政务等,也都是基于 web 来与用户进行交流的。但是 web 在为我们服务的同时,其安全性的弱点也日益突出:Internet 是双向的,Web 服务器反攻击能力非常脆弱。

Web 已经成为公司形象和产品信息的窗口和商业交互的平台。Web 服务器的一旦被破坏,不但会遭受经济损失,企业形象和声誉也会遭受损害。

尽管 Web 浏览器非常容易使用，Web 服务器也容易配置和管理，Web 内容也越来越容易开发，但底层的软件却异乎寻常的复杂。这些复杂的软件可能隐藏了很多潜在的安全隐患。在 Web 短暂的发展历史中，新的支持技术和系统版本升级层出不穷，但对于不同的安全攻击却都很脆弱。

Web 服务器作为进入公司或机构计算机系统的门户，一旦被破坏，攻击者可以访问的不仅仅是 Web 本身，而且还包括连接到本地站点服务器上的重要数据和商业机密信息。

从安全的角度来看，没有经过训练的用户是基于 Web 服务的常见客户。这样的用户并没有了解到可能存在的安全风险，并且没有工具或者很难采取有效对策来防止其私人信息的泄密。

10.1.1 HTTP 协议及其安全性

HTTP 协议（Hypertext Transfer Protocol，超文本传输协议）是分布式的 Web 应用的核心技术协议，在 TCP/IP 协议栈中属于应用层。它定义了 Web 浏览器向 Web 服务器发送 Web 页面的请求格式，以及 Web 页面在 Internet 上的传输方式。HTTP 协议一直在不断地发展和完善。

HTTP 协议允许远程用户对服务器的通信请求，并且允许用户在远程执行命令，这会危及 Web 服务器和客户端的安全，如下几方面所示。

（1）随意的远程请求验证。

（2）随意的 Web 服务器验证。

（3）滥用服务器功能和资源。

有一些程序，如 Netscape 的 SSL 和 SHTTP 都可以在一定程度上解决这些问题，不过不能全部解决问题。Web 服务器对 Internet 上的客户行为的抵抗力并不强，因此在允许 HTTP 访问一个非指定端口时，应给用户以提示。

HTTP 的另一个安全漏洞就是服务器日志。通常，Web 服务器会记录下各种用户的大量请求及数据信息，HTTP 可能对这些信息的检索不加任何限制，从而泄露用户信息。

10.1.2 安全超文本传输协议 S-HTTP

S-HTTP（Secure Hypertext Transfer Protocol）是保护 Internet 上所传输的敏感信息的安全协议。随着 Internet 和 Web 对身份验证的需求的日益增长，用户在彼此收发加密文件之前需要身份验证。S-HTTP 协议也考虑了这种需要。

S-HTTP 的目标是保证蓬勃发展的商业交易的传输安全，从而推动了电子商务的发展。S-HTTP 使 web 客户和服务器均处于安全保护之中，其信息交换也是安全的。

利用 S-HTTP，安全服务器以加密和签名信息回答请求，同样，安全客户可以对签名和身份进行验证。验证是通过服务器的私钥实现的，该私钥用来产生服务器的数字签名，当信息发送给客户时，服务器将其公钥证书和签名信息一起发往客户，客户便可以验证发送者身份。服务器也可以用同样的过程来验证发自客户的数字签名。

10.1.3 缓存的安全性

缓存通过在本地磁盘中存储高频请求文件，从而大大提高 Web 服务的性能。不过，如果远程服务器上的文件更新了，用户从缓存中检索到的文件就有可能过时，而且由于这些文件可由远程用户取得,因而可能暴露一些公众或外部用户不能读取的信息。HTTP服务器通过将远程服务器上文件的日期与本地缓存的文件日期进行比较可以解决这个问题。

10.2 安全套接字层(SSL)

10.2.1 SSL概述

SSL安全协议最初是由Netscape Communication公司设计开发的,又叫"安全套接字层(Secure Sockets Layer)协议",其主要用于提高应用程序之间的数据交换的安全性。SSL协议的整个概念可以被总结为:一个保证安装了任何安全套接字层的客户和服务器之间事务安全的协议,它涉及所有TCP/IP应用程序。

SSL安全协议是国际上最早应用于电子商务的一种网络安全协议,至今仍然有很多网上商店使用。在传统的邮购活动中,客户首先寻找商品信息,然后汇款给商家,商家将商品寄给客户。这里假设商家是可以信赖的,所以要求客户先付款给商家。在电子商务的开始阶段,商家担心客户购买后不付款,或使用过期的信用卡,因而希望银行给予认证。SSL安全协议正是在这种背景下产生的。

SSL利用公钥密码技术(RSA)作为用户端与主机端传送机密资料时的加密通信协定。目前,大部分的Web服务器及浏览器都广泛使用SSL技术。在电子商务交易过程中,由于有银行参与,按照SSL协议,客户的购买信息首先被发往商家,商家再将信息转发银行,银行验证客户信息的合法性后,通知商家付款成功,商家再通知客户购买成功,并将商品寄送客户。

SSL主要采用公开密钥体制和X.509数字证书技术,其目标是保证两个应用间通信的保密性、完整性和可靠性,可在服务器和客户端两端同时实现支持。通过SSL在客户端和服务器之间建立一个安全的网络通道,在该安全通道上,实现安全的电子商务方案。

SSL使用公钥密码系统和技术进行客户端和服务器通信实体身份的认证和会话密钥的协商,使用对称密码算法对SSL连接上传输的敏感数据进行加密。

SSL提供一个安全的"握手"来初始化一个TCP/IP连接,完成客户端和服务器之间关于安全等级、密码算法、通信密钥的协商,以及执行对连接端身份的认证工作。在此之后,SSL连接上所传送的应用层协议数据都会被加密,从而保证通信的机密性。

SSL协议提供的三种基本的安全服务如下所示。

(1)秘密性

安全套接层协议所采用的加密技术既有对称密钥技术,也有公开密钥技术。具体是在客户机与服务器进行数据交换之前,首先通过密码算法和密钥的协商,建立起一个安全的通道。以后在安全通道中传输的所有信息都经过加密处理,从而保证了数据传输的机密性。

(2)认证性

为了保证客户和服务器的合法性,利用证书技术和可信的第三方CA来使客户和服务器之间相互识别对方的身份,使得它们能够确信数据将被发送到正确的客户机和服务器上。为了验证用户是否合法,安全套接层协议要求握手交换数据进行数据认证,以此来确保用户的合法性。

(3)完整性

安全套接层协议SSL利用密码算法和HASH函数,通过对传输中消息摘要的比较来提

供信息完整性服务，建立客户机与服务器之间的安全通道，使所有经过安全套接层协议处理的业务在传输过程中能全部完整地、准确无误地到达目的地。

安全套接层协议作为保证计算机通信安全的协议，买施对通信对话过程进行安全保护。例如，一台客户机与一台主机连接上了，首先是要初始化握手协议，然后就建立了一个 SSL，从对话开始到对话结束，安全套接层协议都会对整个通信过程加密，并且检查其完整性。这样一个对话时段算一次握手，而 HTTP 协议中的每一次连接就是一次握手。

与 HTTP 相比，安全套接层协议的通信效率会高一些。下面是一个 SSL 会话的步骤。

(1)接通阶段。客户通过网络向服务商打招呼，服务商应答。

(2)密码交换阶段。客户与服务器之间交换双方认可的密码。

(3)会话密码阶段。客户与服务商之间产生彼此交互的会话密码。

(4)检验阶段。检验服务商取得的密码。

(5)客户认证阶段。验证客户的可信度。

(6)结束阶段。客户与服务商之间相互交换结束的信息。

当上述动作完成之后，两者间的资料传送就会加密，另外一方收到资料后，再将编码资料还原。即使盗窃者在网络上取得编码后的资料，如果没有会话密钥，就不能获得可读的有用资料。发送时信息用对称密钥加密，对称密钥用非对称算法加密，再把加密消息与被加密的密钥数据包绑在一起传送。接收的过程与发送正好相反，先用接收者的私钥打开对称密钥的加密包，再用对称密钥对消息进行解密。

SSL 协议运行的基点是商家对客户信息保密的承诺。但在上述流程中我们也可以注意到，SSL 协议有利于商家而不利于客户。客户的信息首先传到商家，商家阅读后再传至银行，这样一来客户资料的安全性便受到威胁。商家对客户认证是必要的，但整个过程中，缺少了客户对商家的认证。在电子商务的开始阶段，由于参与电子商务的公司大都是一些大公司，信誉较高，这个问题没有引起人们的重视。随着参与电子商务的厂商迅速增加，对厂商的认证问题显得越来越突出，SSL 协议的缺点完全暴露出来。SSL 协议将逐渐被新的电子商务协议（如 SET）所取代。

10.2.2 SSL 体系结构

SSL 被设计为使 TCP 提供一个可靠的端到端的安全服务。SSL 不是单个协议而是两层协议。

一层是 SSL 记录协议（SSL Record Protocol），它建立在可靠的传输协议（如 TCP）之上，为更高层提供基本的安全服务，如提供数据封装、压缩、加密等基本功能的支持。另一层是建立在 SSL 记录协议之上，用于在实际的数据传输开始前，通信双方进行身份认证、协商加密算法、交换加密密钥等。

它由 3 个协议组成，即 SSL 握手协议（SSL Handshake Protocol）、SSL 修改密文规约协议（SSL Change Cipher Spec Protocol），SSL 告警协议（SSL Alert Protocol），如图 10－1 所示。

其中，SSL 记录协议用来定义传输的格式。SSL 握手协议是 SSL 的高层协议，用于管理 SSL 交换。SSL 握手协议是用来协商密钥，协议的大部分内容就是通信双方如何利用它来安全地协商出一份密钥。

在 SSL 协议中有 SSL 会话和 SSL 连接状态两个重要概念。

SSL 会话（SSL session）。一个 SSL 会话是在客户与服务器之间的一个关联。会话由握手

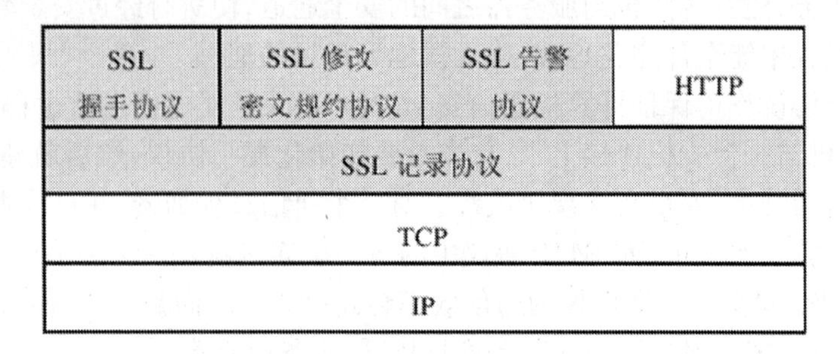

图 10－1 SSL 协议栈

协议创建。会话定义了一组可供多个连接共享的加密安全参数。会话用以避免为每一个连接提供新的安全参数所付出昂贵的代价。

SSL 连接(SSL connection)。在 OSI 分层模型的定义中,连接是指提供一种合适类 型服务的传输。而 SSL 的连接是点对点的关系。连接是暂时的,每一个连接和一个会话关联。

在任何一对交互实体之间可能存在多个安全连接。理论上,在交互实体中间也可能同时存在多个会话。实际上,每个会话存在一组状态。一旦建立了会话,就有当前的操作状态用于接收和发送。另外,在握手协议期间,创建了挂起的接收和发送状态。一旦握手协议达成结果,挂起状态就变成了当前状态。

会话状态由下列参数定义。

1.会话标识符(Session Identifier)。服务器选择的一个任意字节序列,用以标识一个活动的或可激活的会话状态。

2.对方证书(Peer Certificate)。一个 X.509.v3 证书。可为空。

3.压缩方法(Compression Method)。加密前进行数据压缩的算法。

4.密文规约(Cipher Spec)。指明数据体加密的算法(无或 DES 等),以及用以计算 MAC 散列算法,如 MD5 或 SHA-1。还包括其他参数,如散列长度。

5.主密码(Master Secret)。48 位在客户端与服务器之间共享的密钥。

6.可重新开始的。一个标志,指明该会话是否能用于产生一个新连接。

连接状态由下列参数定义。

1.服务器和客户的随机数(Server and Client Random)。服务器和客户为每一个连接所选择的字节序列。

2.服务器写 MAC 密码(Server Write MAC Secret)。一个密钥,用来对服务器发送的数据进行 MAC 操作。

3.客户写 MAC 密码(Client Write MAC Secret)。一个密钥,用来对客户发送的数据进行 MAC 操作。

4.服务器写密钥(Server Write Key)。用于服务器进行数据加密,客户进行数据解密的对称加密密钥。

5.客户写密钥(Client Write Key)。用于客户进行数据加密,服务器进行数据解密的对称加密密钥。

6.初始化向量(Initialization Vectors)。当数据加密采用 CBC 方式时,每一个密钥保持一个 IV。该字段首先由 SSL 握手协议初始化,以后保留每次最后的密文数据块作为下一个记录的IV。

7.序号(Sequence Number)。每一方为每一个连接的数据发送与接收维护单独的顺序号。当一方发送或接收一个修改的密文规约的报文时,序号置为0,最大 $2^{64}-1$。

10.2.3 SSL记录协议

在SSL协议中,所有的传输数据都被封装在记录中。记录是由记录头和长度不为0的记录数据组成的。所有的SSL通信包括握手消息、安全空白记录和应用数据都使用SSL记录层。SSL记录协议(SSL Record Protocol)包括了记录头和记录数据格式的规定。

1.SSL记录头格式

SSL的记录头可以是两个或三个字节长的编码。SSL记录头包含的信息包括记录头的长度、记录数据的长度、记录数据中是否有黏贴数据。其中黏贴数据是在使用块加密算法时填充实际数据,使其长度恰好是块的整数倍。最高位为1时,不含有黏贴数据,记录头的长度为两个字节,记录数据的最大长度为32 767个字节;最高位为0时,含有黏贴数据,记录头的长度为3个字节,记录数据的最大长度为16 383个字节。

2.SSL记录数据的格式

MAC数据用于数据完整性检查。MAC的计算公式

MAC数据 = HASH[密钥,实际数据,粘贴数据,序号]

当会话的客户端发送数据时,密钥是客户的写密钥(服务器用读密钥来验证MAC数据);而当会话的客户端接收数据时,密钥是客户的读密钥(服务器用写密钥来产生MAC数据)。序号是一个可以被发送和接收双方递增的计数器。每个通信方向都会建立一对计数器,分别被发送者和接收者拥有。计数器有32位,计数值循环使用,每发送一个记录计数值递增一次,序号的初始值为0。

3.SSL记录协议操作

当要将数据传输到上层应用以及从上层应用中接收数据时,这些操作都在SSL的记录层(Record Layer)里完成,操作过程如图10-2所示,正是在这一层对数据进行了加密、解密和认证。

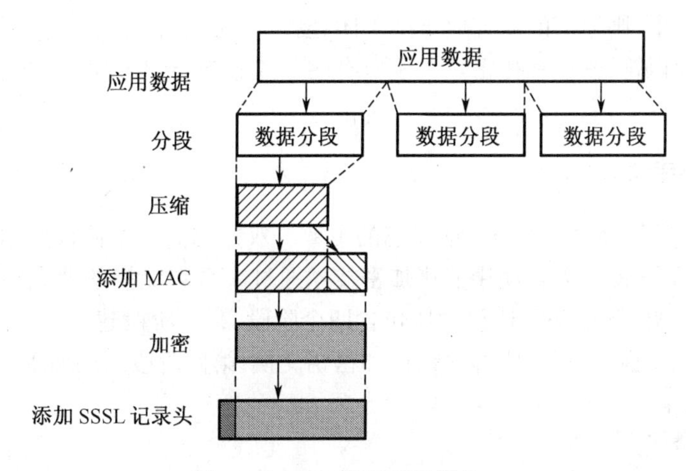

图10-2 SSL记录协议操作

在记录层中的操作步骤如下。

(1)当记录从上面的应用层接收到不间断的数据流时,将对数据进行分段,或将其分割成可管理的明文块(或称记录)。每一个记录的长度为 16 KB(16 384 B)或者更小。

(2)作为一种选择,可使用当前会话状态中定义的压缩算法对明文块记录进行压缩。

(3)对第一个明文记录计算 MAC 值。为此目的,需要使用先前建立的共享密码。

(4)使用先前达成共识的用于会话的对称密码对压缩的(或者明文)数据以及与之相关联的 MAC 加密。加密不可能使记录的整个长度的增加超过 1 024 B。

(5)将包含下面各域的 SSL 头作为一个前缀加到每一个记录中。

①内容类型。该域表明用于处理在下一个高层协议中被封装的记录的协议。

②主版本号。该域表明使用的 SSL 协议的主版本号。

③次版本号。该域表明使用的 SSL 协议的次版本号。

④压缩长度。该域表明以字节计的明文记录的总长度。

接收到这些信息的实体要将该过程逆转,也就是说,应简单地将解密和认证功能倒过来执行。

10.2.4 修改密文规约协议

修改密文规约协议(Change Cipher Spec Protocol)是简单的特定 SSL 的协议。它的存在是为了表示密码策略的变化。该协议包括一个单一的消息,它由记录层按照密码规约中所指定的方式进行加密和压缩。在完成握手协议之前,客户端和服务器都要发送这一消息,以便通知对方其后的记录将用刚刚协商的密码规范以及相关联的密钥来保护。所有意外的更改密码规范消息都将生成一个"意外消息(Unexpected Message)"警告。

10.2.5 警告协议

SSL 记录层支持的内容类型之一是警告(Alert)类型。警告协议将警告消息以及它们的严重程度传递给 SSL 会话中的主体。就像由记录层处理的应用层数据一样,警告消息也用当前连接状态所指定的方式来压缩和加密。

当任何一方检测到一个错误时,检测的一方就向另一方发送一个消息。如果警告消息有一个致命的后果,则通信的双方应立即关闭连接。双方都需要忘记任何与该失败的连接相关联的会话标识符、密钥和秘密。对于所有的非致命错误,双方可以缓存信息以恢复该连接。

10.2.6 握手协议

SSL 握手协议负责建立当前会话状态的参数。双方协商一个协议版本,选择密码算法,互相认证(不是必需的),并且使用公钥加密技术通过一系列交换的消息在客户端和服务器之间生成共享密钥。SSL 握手协议动作包含四个阶段,第一阶段建立安全能力;第二阶段服务器认证和密钥交换;第三阶段客户认证和密钥交换;第四阶段结束握手。握手协议的动作如图 10－3 所示。

1.建立安全能力

这个阶段用于逻辑连接并建立和这个连接关联的安全能力。

(1)Client Hello 消息

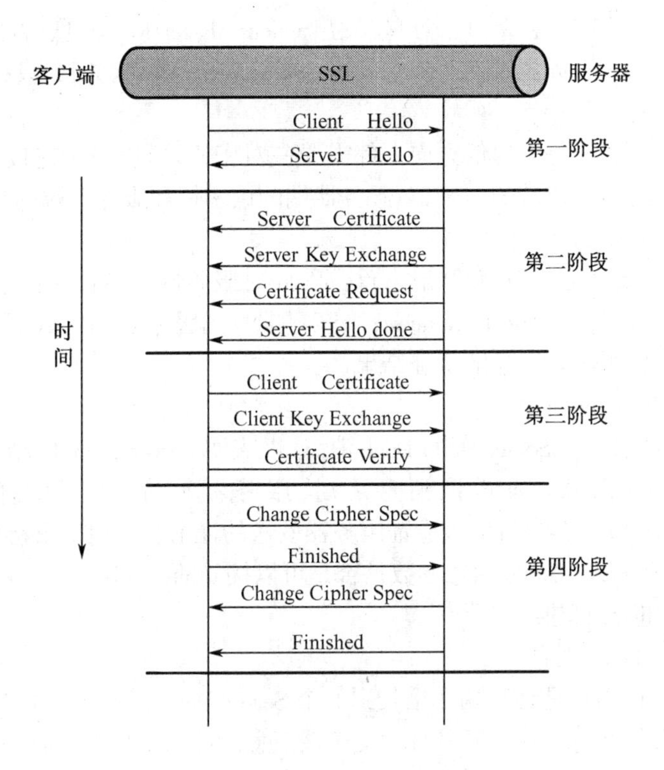

图 10－3　握手协议动作

为了在客户端和服务器之间开始通信，客户端必须初始化一个 Client Hello 消息。该消息的内容是向服务器提供关于客户端所支持的可变数据（如版本、随机值、会话 ID、可接受的密码以及可接受的压缩方法）。该消息也可以作为客户端对一个来自服务器 Server Hello 请求的响应。

发送一个 Client Hello 消息之后，客户等待一个 Server Hello 消息。如果服务器回复不是 Server Hello 消息而是任何其他握手消息，就会导致一个致命的错误，随后通信将终止。

（2）Server Hello 消息

服务器处理了 Client Hello 消息之后，可以用一个握手失败警告或者一个 Server Hello 消息来响应。Server Hello 消息的内容（如版本、随机值、会话 ID、决定的密码以及决定的压缩方法）与 Client Hello 消息的内容相似。区别在于 Client Hello 消息用于列出客户端的能力，而 Server Hello 消息则用于作出决定，并将该决定传输回客户端。

2. 服务器认证和密钥交换

（1）Server Certificate 消息

接在 Server Hello 消息之后，服务器可以发送它的证书、加密规约和连接标识以便用于认证。在所有的协商式密钥交换中都需要认证。对于所选定的密码组的密钥交换算法，必须使用合适的证书类型（通常是一个 X.509v3 服务器证书）。

（2）Server Key Exchange 消息

当双方都接收到 Hello 消息时，就有足够的信息确定是否需要一个新的密钥。若不需要新的密钥，双方立即进入握手协议的第二阶段。否则，此时服务器端的 Server Hello 消息将包含足够的信息使客户端产生一个新的密钥。这些信息包括服务器所持有的证书、加密规约和连接标识。若密钥产生成功，客户端发出 Client Master Key 消息，否则发出错误消息。最终当密钥确定以后，服务器端向客户端发出 Server Verify 消息。因为只有拥有合适的公钥的服务器才能解开密钥。

需要注意的一点是，每一通信方向上都需要一对密钥，所以一个连接需要四个密钥，分别为客户端的读密钥、客户端的写密钥、服务器端的读密钥和服务器端的写密钥。

(3)Certificate Request 消息

第二阶段的主要任务是对客户端进行认证，此时服务器已经被认证了。服务器端向客户端发出认证请求消息 Certificate Request；当客户端收到服务器端的认证请求消息后，发出自己的证书，并且监听对方回送的认证结果。

(4)Server Hello Done 消息

服务器向客户端发送 Server Hello Done 消息，以表明 Server Hello 的结束，不再有进一步相关的 Server Hello 消息。发送该消息之后，服务器等待着客户端的响应。接收到 ServerHello Done 消息后，客户端应该验证服务器发送的证书和任何证书链(如果需要)，应该验证接收到的所有 Server Hello 消息参数是否是可以接受的。

3.客户认证和密钥交换

(1)Client Certificate 消息

Client Certificate 消息是客户端在接收到一个 Server Hello 消息之后可以发送的第一个消息，并且仅仅在服务器请求一个证书时才发送该消息。如果客户端没有一个合适的证书(如一个 X.509 客户端证书)可供发送，客户端就应该发送一个无证书(No-Certificate)警告。该警告仅仅是一个警示，究竟是继续还是中断通信将由服务器来决定。

(2)Client Key Exchange 消息

与 Server Key Exchange 消息相似，Client Key Exchange 消息允许客户端向服务器发送密钥信息。然而与 Server Key Exchange 消息不同，本密钥信息是关于双方将在会话中使用的对称密钥算法的。如果该消息中不包含任何信息，则通信无法继续。

该消息的内容取决于密钥交换类型。

①RSA 客户端生成一个 48 字节的预主密码(Pre-master-secret)，它要么使用服务器中的公钥加密，要么使用一个 Server Key Exchange 消息中的临时 RSA 密钥加密。然后将结果发送给服务器用作计算机主密码的密钥。

②临时或匿名 Diffie-Hellman 客户端向服务器提供它自己的 Diffie-Hellman 的公开参数。

③Fortezza 客户端使用服务器证书中的公钥以及客户端令牌中的私有参数计算公开参数。

(3)Certificate Verify 消息

Certificate Verify 消息用于提供对客户端证书的显式认证。当使用客户端认证时，服务器使用其私钥来对客户端认证。该消息中包含有经客户端私钥签名的预主密码密钥。服务器需要向客户端认证它自己。因为预主私钥是使用服务器的公钥发送给服务器的，只有合法的服务器使用相应的私钥才可以解密它。

4.结束握手

这个阶段完成安全连接的建立。客户端发送一个 Change Cipher Spec 消息，后面紧跟一个 Finished 消息。当服务器接收到该 Finished 消息时，它同样发送出一个 Change Cipher Spec 消息，然后发送它的 Finished 消息。此时握手协议完成，双方可以安全地传输应用数据了。

10.3 WWW 服务器的安全性

10.3.1 CGI 的安全性

从技术的角度来说，WWW 服务有两种形式，即静态服务和动态服务。静态服务是指 WWW 服务器将预先存放的 HTTP 超文本文件原封不动地传送给发出请求的用户。动态服务是指用户发出的请求含有动态生成过程及其参数，WWW 服务器的前台进程接收到用户的请求后，将用户的请求转给后台相应的服务进程去处理，后台的服务进程处理完后，将生成相应的结果，并把结果返回给前台，由前台进程负责将结果转送给用户。

使 Web 成为交互式媒体的两种机制是表格和网关。表格可以让浏览者把信息反馈给 WWW 服务器内处理这些表格的程序，这样可以形成双向和交互式通信。但表格只是其中一个方面，要想处理返回的各种类型的信息，就必须建立一个能接受客户浏览器发出信息的程序，这个程序就是 CGI 程序。

1.CGI 脚本的激活方式

尽管可以限制特定的 IP 地址或使用用户名/口令结合的方式控制对某个脚本的访问，但是无法控制脚本的激活方式。脚本可以被任何地方的任何表格激活，或者可以完全避开表格接口而直接请求 URL 来激活脚本。不要假设脚本永远会从用户写的表格里调用，要预期某些参数会丢失或没有期望值，所以在编写 CGI 时一定要注意对输入参数进行检查，避免漏洞的出现。当限制对一个脚本的访问时，记住把限制放到脚本以及所有调用它的 HTML 文件中。

2.关于 CGI 脚本编写的一些问题

隐藏变量在服务器送到浏览器的原始 HTML 中是可见的。要看隐藏变量，用户只需在浏览器菜单里选中查看源程序。同样的道理，没有什么可以阻止用户设置隐藏变量为任意值并把它送回给脚本，所以也不要依赖隐藏变量来保证安全。

对于一个浏览 WWW 信息的使用者来说，有必要注意自己的信息是否被别人利用。所有对文件的请求都被 Web 服务器记下，通常会记下客户机 IP 地址和计算机主机名。而且有的服务器还会在调用新的 URL 时记下正在看的 URL。如果这个站点管理得好，那么访问记录只会用来生成统计数据和供调试之用。然而，有的站点会把记录留给站点上的本地用户看或用它们来产生邮寄列表。

用 get 请求发送的表格查询内容会出现在服务器记录文件中，因为查询的内容是作为 URL 的一部分来发送的。然而，当用 post 请求(发送填写的表格通常是这种情况)来发送请求时，送出的数据不会被记录下来。如果关心某公共记录中一个关键字查找的内容，则可以检查一下查找的脚本用的是 get 还是 post 方式。最简单的方式是先用一个随意的查找来试一下，如果查询的内容出现在所查文件的 URL 上，那么它们也可能出现在远程服务器的记录中。如果使用数据加密服务器/浏览器的组合，对 URL 请求进行加密，那么加密的请求因为是用 post 请求来发送的，就不会出现在服务器记录中。

用 post 发送的请求通常不出现在用户的请求所在的服务器或那些 Web 代理记录中，而 get 的请求却会在服务器中有记录，除此之外两种方式在其他方面没有明显的区别。所以如果不想自己的请求被记录在案，最好是使用 post。

3.CGI 的安全漏洞

CGI Script 是 WWW 安全漏洞的主要来源。尽管 CGI 协议并不是固有的不安全,然而不幸的是,有的 Script 缺少这样的标准,而对之信任的 Web 管理员把它安装在他们的站点上,却没有意识到这个问题。每个 CGI Script 部存在被攻击的可能性,实际上它们都是小型的服务器。CGI Script 的安全漏洞在于两个方面。

(1)它们会有意无意泄漏主机系统的信息,帮助黑客侵入。

(2)处理远程用户输入的,如表格的内容或“搜索索引”命令的 Script,程用户攻击而执行命令。可能容易被远程攻击。

甚至在用户用“Nobody”这个具有较低权限的账号来运行服务器的 CGI Script 也仍然存在潜在的安全漏洞。一个被破坏的以“Nobody”运行的 CGI Script 还是可以寄出系统的口令文件。检查网络信息图,或在高端口启动一个 10DN 进程(这在 Perl 里只需要很少的命令就能完成),甚至当用户的服务器用 Root 目录运行时,有 bug 的 CGI Script 也能泄漏足够多的信息来危害主机的安全。

确实有不少广泛传播的 CGI Script 含有已知的安全漏洞,大多数都已经被发现并改正,但如果用户的系统正在运行这些老版本,那么它将是易受攻击的。解决方法是删除这些老版本,并安装最新的版本,或者安装它的修补版本。

10.3.2 Active X 的安全性

Active X 是 Microsoft 公司开发的用来在 Internet 上分发软件的技术。像 Java Applet 一样,Active X 控件能结合进 Web 页面中,典型的表现是一个漂亮的可交互的图形。有许多为 IE(目前唯一支持它们的浏览器)而作的 Active X 控件,包括滚动的字幕、背景发生器和执行 Java Applet 的 Active X 控件。不像 Java 那样是独立于平台的编程语言,Active X 控件是以可执行的二进制码分发的,必须为各种目标计算机和操作系统分别编译。

Active X 的安全模型与 Java Applet 有很大不同,Java 通过把 App1et 的表现限制在一系列安全的动作中以达到安全的目的,而 Active X 对一个控件能做什么却没有限制。它采用的方式是每个 Active X 控件可以由作者数字化签名,这个签名不能被改变或否认,然后这个签名由可信任的检验机构检验,产生一个压缩软件包的等价物。这样,如果下载了一个签过名的 Active X 控件而使计算机崩溃,那么至少知道谁应该是责任人。

这个安全模型把计算机系统安全的责任直接放到用户手中。在浏览器下载未签名或已经签名但由一家未知的验证机构验证的 Active X 控件时,浏览器会弹出一个对话框警告用户这个操作可能不安全。

在 IE 中,安全级别和证书是保证 Active X 安全性的主要手段。证书是网站安全性的声明。网站证书声明了特定网站是安全的,且的确是这个站点。它可以确保没有其他网站能假冒原始安全站点的身份。从网站下载软件时,可使用证书以确保软件来自已知且可靠的资源。IE 采用 Authenticode 技术核实该程序的身份。Authenticode 技术将验证程序是否有有效的证书,即软件发布者的身份与该证书匹配且证书仍然有效。

可根据下载程序发生的区域,对 IE 处理下载程序进行不同的设置。如若确信本地 Intranet 下载的所有内容都是安全的,可将“本地 Intranet”区域的安全设置调整到较低的级别,以便下载时尽量少出或不出提示;若源位置属于“Internet”区域或“受限制的站点”区域,可能需要将安全级设为“中”或“高”。这样,在下载程序之前,系统会提示有关程序证书的信息，否则将无法下载全部程序。在 IE 中，打开"Internet 选项"对话框，单击"安全"选项卡，然后单击要设置安全级别的区域。在"该区域的安全级别"区中，选择"默认级别"来使用该区域的默认安全级别，或者单击"自定义级别"，然后在"安全设置"对话框中选择需要的设置，如图 10－4 所示。

可以选择以何种方式处理可能造成危害的插件下载内容，如果希望在继续之前给出请求批准的提示，选择"提示"项；如果希望不经过提示并自动拒绝下载，选择"禁用"项；如果希望未经过提示而自动继续下载，选择"启用"项即可。

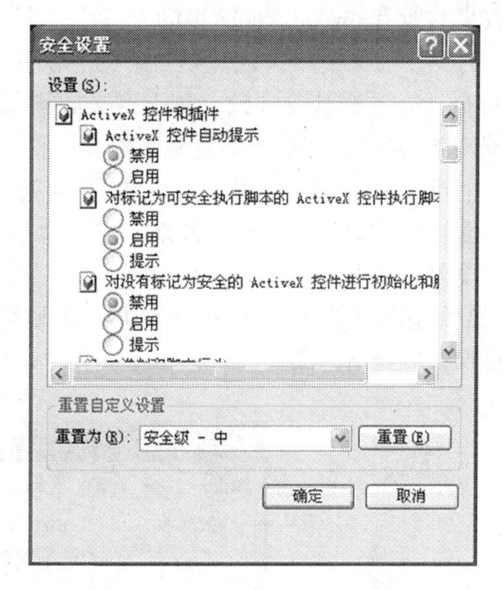

图 10－4　IE 中 Active X 的安全设置

10.3.3　Cookie 的安全性

Cookie 是 Netscape 公司开发的一种机制，用来改善 HTTP 协议的无状态性。通常每次浏览器从 Web 服务器请求网页的 URL 时，这个请求都被认为是一次全新的交互。但是这个请求可能是用户有顺序地浏览节点中的最后一个请求，这样的请求被弄丢了，尽管这使得 Web 更有效率，但这种无状态的表现使得 Web 服务器要在一定时间内记住用户执行的操作很困难。Cookie 则解决了这个问题。Cookie 是一段很小的信息，通常只有一个短短的章节标记那么大。它是在浏览器第一次连接时由 HTTP 服务器送到浏览器的，以后浏览器每次连接都把这个 Cookie 的一个拷贝返回给服务器。一般地，服务器用这个 Cookie 来记住用户或者用来维护一个跨多页的过程影像。由于 Cookie 不是标准 HTTP 规格的一部分，只有部分浏览器支持他们，目前有 Microsoft Internet Explorer3.0 和以上版本、Netscape Navigator2.0 和以上版本。服务器和(或)它的 CGI 脚本也必须知道 Cookie 以便使用它们。

Cookie 不能用来窃取用户的或用户计算机系统的信息，在某种程度上，它们只能用在存储用户提供的信息上。如用户填了一张表格，并且给出用户喜欢的颜色，服务器能把这个信息放在一个 Cookie 里并送到用户的浏览器。下次用户看这个节点时，用户的浏览器会返回这个 Cookie，使服务器调整其网页中的背景色来适合用户的需要。

然而 Cookie 能被用于更有争议的地方。用户的浏览器在 Web 节点上的每次访问都留下与用户有关的某些信息，在 Internet 上产生轻微的痕迹。在这个痕迹上的少量数据中，包含了计算机的名字和 IP 地址、浏览器的品牌和前面访问的网页的 URL。没有 Cookie 的话，任何人都几乎不可能系统地跟踪这个痕迹来掌握用户的浏览习惯，因为他们将不得不从成百上千的服务器记录中整理出用户的路径。而有 Cookie 后，情况就完全不同了。

在用 Netscape 的 UNIX 操作系统里，Cookie 文件可以在根目录下的 ~/.Netscape/cookies 文件中找到。Windows 用户可以在 Cookie.txt 文件中找到等价的信息，它位于 C:\program\Netscape\Navigator 目录下，而 Macintosh 用户则应查看他们系统文件夹的属性。Microsoft Internet Explorer 的用户应该检查 C:\Windows\Cookies 下的文件。

目前版本的 Netscape Navigator 和 Internet Explorer 都提供选项，可以在服务器试图给浏览器一个 Cookie 时给出警告。如果打开这个警告，就可以选择拒绝 Cookie，也可以手工删除所收集的所有 Cookie。最简单的方式是完全删除 Cookie 文件。

这个方案的一个缺点是尽管第一次就拒绝它们,很多服务器还会重复向用户发送相同的 Cookie,这很快会导致一种无意义的状态出现。但是大多数的 Cookie 是试图改善 Web 浏览体验的良性尝试,而不是隐私侵犯。

可使用 IE 的隐私设置指定 IE 如何处理个别网站或全部网站的 Cookie,也可以通过导入包含自定义隐私设置的文件来自定义隐私设置,或者指定所有网站或个别网站的自定义隐私设置。在 IE 中,打开菜单命令“工具”—“Internet 选项”,打开“Internet 选项”对话框。在“隐私”选项卡“设置”区中,上下移动滑块可设置隐私保护等级,如图 10－5 所示。IE6 的隐私保护等级有六个。

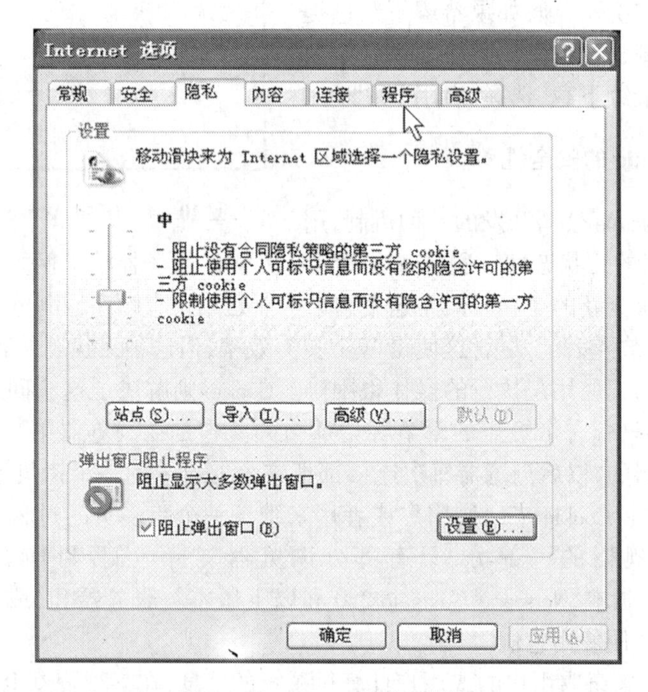

图 10－5 Internet 选项对话框

1.阻止所有的 Cookie。将阻止所有网站的 Cookie,网站不能读取计算机上已有的 Cookie。

2.高。阻止没有合同隐私策略(合同隐私计算机可读的隐私申明)的所有网站的 Cookie,阻止不经明确同意就使用个人可标识信息的网站的 Cookie。

3.中高。阻止没有合同隐私策略的第三方网站的 Cookie,阻止不经明确同意就使用个人可标识信息的第三方网站的 Cookie,阻止不经暗示同意就使用个人可标识信息的第一方网站的 Cookie。

4.中。阻止没有合同隐私策略的第三方网站的 Cookie,阻止不经暗示同意就使用个人可标识信息的第三方网站的 Cookie。关闭 IE 时,从计算机上删除不经暗示同意就使用个人可标识信息的第一方网站的 Cookie。

5.低。阻止没有合同隐私策略的第三方网站的 Cookie。关闭 IE 时,从计算机上删除不经暗示同意就使用个人可标识信息的第三方网站的 Cookie。

6.接受所有 Cookie。所有 Cookie 都保存在计算机上。计算机上已有的 Cookie 可以由创建 Cookie 的网站读取。

说明:①第一方网站是指当前正在查看的网站。第三方网站是指当前正在查看的网站以外的网站。第三方网站通常提供当前正在查看的网站的一些内容,如许多站点使用第三方网站的广告。这些第三方网站可能使用 Cookie。

②某些网站要求 Cookie,因此,如果选择不允许将 Cookie 保存在计算机上的设置,就不能查看某些网站。

③更改隐私设置时,不会影响已保存在计算机上的 Cookie。若希望确保计算机上的所有 Cookie 都满足隐私设置,则应先删除已存在的 Cookie。一些网站在 Cookie 中保存了一些个人可识别信息,若删除所有 Cookie,下次访问该站点时可能需重新输入这些信息。

④隐私设置仅适用于 Internet 区域中的网站。

⑤也可以为 Internet 区域中的所有网站或个别网站指定自定义隐私设置。

10.3.4 Java applet 的安全性问题

Java applet 在连接的浏览器端而不是服务器端执行,把安全风险直接从服务器移到了客户端。Java 有几个内置的安全机制使它不会损坏远程客户的机器。当以 applet 运行时,Java applet 被限制在一个安全管理员对象允许的范围内。安全管理员通常不允许 applet 执行任意的系统命令、调用系统库、或打开系统设备驱动器,如磁盘驱动器。而且 applet 一般被限制为只能读写一个用户指明的目录中的文件(HotJava 浏览器允许用户设置这个目录,而 Netscape 不允许所有的文件操作)。applet 能做的网络连接也是受限的,applet 只允许同它被下载的服务器建立连接。最后一点,安全管理员允许 Java applet 读写网络和本地磁盘,但不能同时对两者操作。这个限制是为了防止 applet 偷看用户的私有文档并将其传回服务器。由于 Netscape 的实现方案不允许任何的文件操作,这个限制没有实际意义。

但事实上 Java applet 存在安全漏洞,在发行后的很短时间内,Java 中就发现了很多由于实现方案的错误引起的安全漏洞。尽管大部分严重的错误在目前的版本中都已经修复,但至少还存在一个严重的安全漏洞,以及许多令人担心、在语言实现本身的潜在弱点。

由于 Java 目前的问题,最安全的方式是关掉 Java(在 Netscape 的安全选项中),除非是访问确信无疑的、可信任的主机的 applet。

10.3.5 JavaScript 的安全性问题

JavaScript 在历史上因为安全漏洞出过很多麻烦。尽管 Netscape 的开发人员试图去掉它们,但其中的三个漏洞还继续存在。JavaScript 的漏洞不像 Java 的漏洞那样能损坏用户的机器,而只是侵犯用户的隐私。下面的漏洞存在于 Netscape 版本 2.0 和 2.01 中,它们是被 OSF 研究所的 John Robert LoVerso(liverso@osf.org)发现并公开的。

1.JavaScript 可以欺骗用户,将用户的本地硬盘或连在网络上的磁盘上的文件上载到 Internet 上的任意主机。尽管用户必须按一下按钮以开始传输,但这个按钮可以很容易地被伪装成其他东西。而且在事件的前后也没有任何指示表明发生了文件传输。这对依赖于口令文件来控制访问的系统来说是主要的安全风险,因为偷走的口令文件通常能被轻易破解。

2.JavaScript 能获得用户本地硬盘和任何网络上的目录列表。这既代表了对隐私的侵犯又代表了安全风险,因为对机器组织的理解是设计入侵方法的一个重要进展。

3.JavaScript 能监视用户某段时间内访问的所有网页，捕捉 URL 并将它们传到 Internet 上某台主机中。这个漏洞需要用户的交互来完成上载，但像第一个例子那样，这个交互可以被伪装成无害的方式。

10.4 电子交易的安全需求

随着电子商务在全球范围内的迅猛发展，电子商务中的网络安全问题日渐突出。中国互联网络信息中心(CNNIC)发布的“中国互联网络发展状况统计报告”指出，在电子商务方面，一半以上的用户最关心的是交易是否安全可靠。由此可见，电子商务中的网络安全问题是实现电子商务的关键。

10.4.1 电子商务的安全威胁

电子商务系统从技术上来讲，主要面临着以下几种安全威胁。

1.信息的截获和窃取

如果没有采用加密措施或加密强度不够，攻击者可能通过互联网、公共电话网上搭线、电磁波辐射范围内安装截收装置或在数据包通过的网关和路由器上截获数据等方式，获取传输的机密信息，或通过对信息流量和流向、通信频度和长度等参数进行分析，推出有用的信息，如消费者的银行帐号、密码以及企业的商业机密等。

2.信息的篡改

当攻击者了解了网络的信息格式以后，通过各种方法和手段对网络传输的信息进行中途修改，并发往目的地，从而破坏信息的完整性。

3.信息假冒

当攻击者掌握了网络信息数据规律或解密了商务信息以后，可以假冒合法的用户使用系统资源或发送假冒信息来欺骗其他用户。信息假冒主要有两种方式，一是伪造电子邮件，另一个是假冒他人身份。

4.交易抵赖

交易抵赖行为包括许多情况，如发信者事后否认曾经发送过某条信息或内容；收信者事后否认曾经收到过某条消息或内容；购买者发了定货单不承认；商家收到货款却给予否认或卖出的商品因价格差而不承认原有的交易。

10.4.2 电子商务的安全要求

电子商务面临的威胁导致了对电子商务安全的需求，安全电子商务系统要求做到以下几个方面。

1.机密性

电子商务作为贸易的一种手段，建立在一个开放的网络环境上，其信息直接包含着个人、企业或国家的商业机密。因此，维护商业机密是电子商务全面推广的保障。为了预防信息在传输过程中被非法篡改、假冒和非法存取，一般对传输的信息进行加密技术处理来实现对数据的保护。

2.鉴别性

电子商务交易是在虚拟的网络环境中进行的，交易双方可能互不相识，也可能来自不同的地区或国家，如何才能保证交易双方身份的真实可靠呢？这就需要有一种措施能够对双方的身份进行鉴别，即当某人或实体声称具有某个特定的身份时，鉴别服务将提供一种方法来验证其声明的正确性。一般通过证书机构 CA（Certification Authority）和证书解决身份的认证问题。

3.完整性

与传统的贸易相比，电子商务减少了许多人为的干预，但同时也带来如何确保贸易各方商业信息的完整性和统一性的问题。一般可以通过提取消息摘要的方式来验证信息的完整性，从而确保在电子交易过程中，信息既不被修改和删除，也不会丢失和重复。

4.有效性

电子商务以电子票据的形式取代了传统商务中的实际票据，但是网络故障、主机故障、操作错误、计算机病毒都有可能造成电子票据的失效，因此确保电子票据的有效性是开展电子商务的前提。有效性要求电子票据及贸易数据在确定的时刻、确定的地点是有效的。

5.不可抵赖性

在传统的贸易中，双方通过在合同、契约等书面文件上手写签名或加盖印章来约束交易双方，防止抵赖行为的发生。在电子交易中通过对发送的消息进行数字签名来实现交易的不可抵赖性。

10.4.3 电子商务的安全体系角色构成

电子商务系统把服务商、客户和银行三方通过 Internet 连接起来，实现具体的业务操作，电子商务安全系统除了三方的安全代理服务器外，还应该包含 CA 认证系统，它们遵循相同的协议，协调工作，以实现整个电子商务交易数据的安全、完整、身份验证和不可抵赖等功能。电子商务的安全体系结构包括下列几个角色。

1.银行

银行方面主要包括银行端安全代理、数据库管理系统、审计信息管理系统、业务系统等部分，它与服务商或客户进行通信，实现对服务商或客户账号合法性的认证，保证业务的安全进行。

2.服务商

服务商主要包括服务商安全代理、数据库管理系统、审计信息管理系统、Web 服务器系统等部分。在进行电子商务活动时，服务商的服务器与客户和银行进行通信。

3.客户方

在客户方，电子商务的用户通过自己的计算机与 Internet 相连，在客户计算机中，除了 WWW 浏览器软件外，还装有电子商务系统的客户安全代理软件。客户端安全代理的主要任务是负责对客户敏感信息（如交易信息）进行加密、解密和数字签名，以密文的形式与服务商或银行进行通信，并通过 CA 和服务器端安全代理或银行安全代理一起实现用户身份认证。

4.认证机构

认证机构是为用户签发证书的机构。认证机构的服务器由五部分组成，用户注册机构、证书管理机构、存放有效证书和作废证书的数据库、密钥恢复中心以及认证机构自身密钥和证书管理中心。

10.5 安全电子交易(SET)

在电子交易过程中,为了保证交易的安全性,需要采用数据的加密和身份认证技术,以便使商家和客户的机密信息都得到可靠的传输,并且双方都能互相验证身份,防止欺诈行为。针对这种情况,在 1994 年底由 Netscape 首先引入了安全套接层协议(Secure Sockets Layer,即 SSL),并在 1996 年 6 月由 Master Card 和 Visa 等九大公司联合制定的标准安全电子交易协议(Secure Electronic Transaction,即 SET)也正式公布。本节着重介绍这种比较流行的协议。

10.5.1 SET 概述

安全电子交易(Secure Electronic Transaction, SET)协议,是由 VISA 和 Master Card 两大信用卡公司于 1997 年 5 月联合推出的规范。SET 主要是为了解决用户、商家和银行之间通过信用卡支付的交易而设计的,以保证支付信息的机密、支付过程的完整、商户及卡用户的合法身份、以及可操作性。SET 中的核心技术主要有公开密钥加密、电子数字签名、电子信封、电子安全证书等。SET 能在电子交易环节上提供更大的信任度、更完整的交易信息、更高的安全性和更少受欺诈的可能性。SET 协议用以支持 B to C(Business to Consumer)这种类型的电子商务模式,即消费者持卡在网上购物与交易的模式。SET 交易分以下三个阶段进行。

1.在购买请求阶段,用户与商家确定所用支付方式的细节。

2.在支付的认定阶段,商家会与银行核实,随着交易的进展,他们将得到付款。

3.在受款阶段,商家向银行出示所有交易的细节,然后银行以适当方式转移货款。

如果不是使用借记卡,而直接支付现金,商家在第二阶段完成以后的任何时间即可以供货支付。第三阶段将紧接着第二阶段进行。用户只和第一阶段交易有关,银行与第二、三阶段有关,而商家与三个阶段都要发生关系。每个阶段都涉及到 RSA 对数据加密,以及 RSA 数字签名。使用 SET 协议,在一次交易中要完成多次加密与解密操作,要求商家的服务器有很高的处理能力。

1.商业需求

SET 规范所定义的 SET 的商业需求如下。

(1)提供支付和订购信息的保密性,即保证相关联的订单信息的保密性,减少交易中各方或恶意的第三方欺骗的危险。

(2)保证所有传输的信息的完整性,即保证在 SET 报文传输过程中不会出现对内容修改的现象。

(3)提供对卡用户账户的合法性认证,以保证卡用户是某种品牌的支付卡账户的合法用户。

(4)通过与金融机构的关系对商家是否可以接受信息用卡交易提供认证,这是前面需求的补充。持卡者需要能够确认与之能够进行安全交易的商家的身份。

(5)保证使用最好的安全措施和系统设计技术,从而保护在一个电子商务交易中的所有合法方。

(6)创建一种既不依赖于传输层安全机制,但又不妨碍应用这些机制的协议,即 SET 可以安全地运行在“原始的”TCP/IP 栈上,但又不与其他安全机制交道,如 SSL 或 IPSec。

(7)促进和鼓励软件和网络供应商之间的互操作性。

2.SET 的特点

为了满足所提出的商业需求,SET 定义了如下一些特征。

(1)信息的保密性

保密性为所有的支付和账户信息提供了一个安全通道,以防止非授权的泄漏。SET 通过使用 DES 算法来提供保密性。

(2)数据的完整性

数据的完整性保证消息的内容在传输的过程中没有被更改,这一特点是通过使用 SH - 1 哈希值的 RSA 算法的数字签名来提供的。

(3)卡用户账户认证

SET 为商家提供了一种验证卡用户是否为合法用户的方式,使用 X.509v3 数字证书和 RSA 签名来实现这一功能。

(4)商家认证

SET 为卡用户提供了一种认证方式,以认证商家不仅是合法用户而且还与某个金融机构有关系。同样使用 X.509v3 数字证书和 RSA 签名来实现这种服务。

(5)互操作性

互操作性允许在来自不同厂商的硬件和软件中使用该规范,并允许卡用户和其他的参与者使用它们。

3.SET 参与者

各种各样的参与者使用 SET 规范并与 SET 规范交互。参与者交互的一个简要的介绍如图 10 - 6 所示。

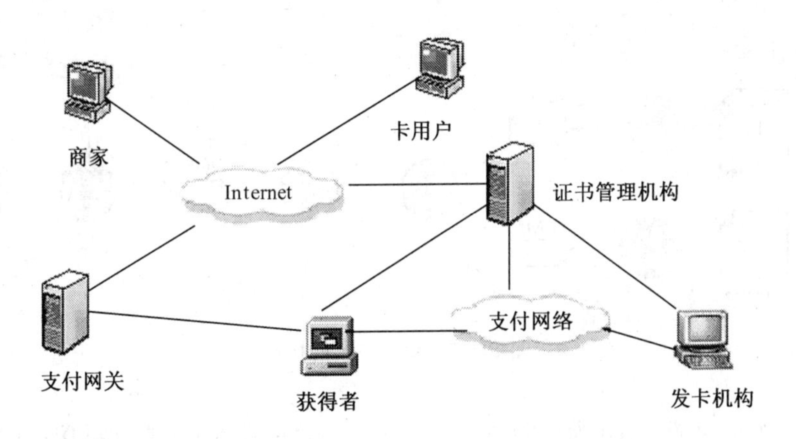

图 10 - 6 SET 参与者之间的交互

下面是由 SET 规定的这些参与者以及他们在交易中的角色。

(1)发卡机构

发卡机构是银行或者其他的金融机构,它们为个人提供某种品牌的支付卡(诸如一张 Master Card 或者 VISA 信用卡)。该卡当个人在发卡机构建立了一个账户之后由发卡机构提供。对卡中的所有的授权交易,由发卡机构来负责偿还债务。

(2)卡用户

卡用户是被授权使用支付卡的个人。SET 协议为卡用户通过 Internet 与商家的交易提供保密性服务。

(3)商家

商家是任何为了获得支付而向卡用户提供商品和/或服务的实体。任何接受支付的商家必须与某个金融机构有关系。

(4)获得者

是一个与商家建立一个账号并处理支付卡的授权和支付的金融机构。它通过提供处理支付卡的服务来支持商家。即获得者向商家支付,发卡机构再向获得者支付。

(5)支付网关

支付网关是一个处理商家支付消息(如来自持卡人的支付指令)的实体。获得者或者一个指定的第三方主体可以充当一个支付网关,但第三方主体必须在某一时刻与获得者交互。

(6)证书管理机构(CA)

是可信任的向卡用户、商家和支付网关发行 X.509v3 公开密钥证书的一个实体。SET 的成功依赖于完成这个功能的可用的 CA 基础设施的存在。使用层次结构的 CA,参与者不需由根管理机构直接担保。

10.5.2 双重签名

SET 协议引入了双重签名(Dual Signature),它是数字签名中的一个新概念。双重签名允许将两种数据连接在一起并交给两个不同的实体处理。如在 SET 里,卡用户需要发送一个订单消息(Order Information,OI)给商家处理,同时,支付网关需要一个支付指令(Payment Instructions,PI)消息。双重签名的生成过程如图 10-7 所示。

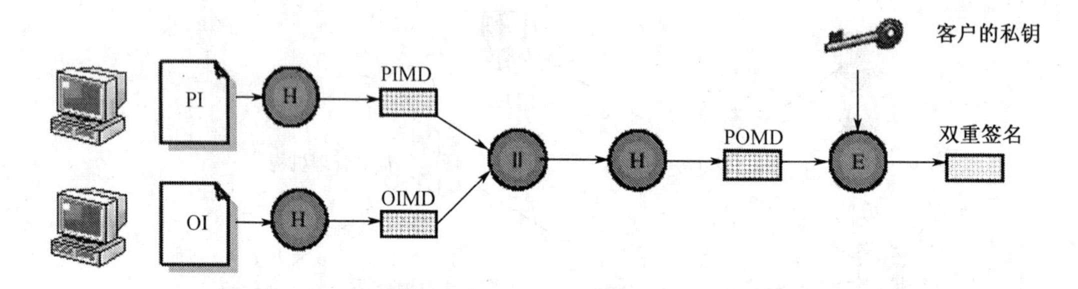

图 10-7 双重签名的构造

其中,PI 为支付消息,OI 为订购消息,H 为哈希函数(SHA-1);‖ 为拼接;PIMDPI 为报文摘要;OIMDOI 为报文摘要;POMD 为支付订购报文摘要;E 为加密(RSA)。

双重签名过程遵循下面的步骤。

1.每一个 OI 和 PI 都生成一个消息摘要。

2.将两个消息摘要连接在一起(作哈希运算)生成一个新的消息块。

3.对新的消息块再哈希运算以提供一个最终的消息摘要。

4.使用签名者的私钥对最终的摘要加密,产生一个双重签名。

任何一个消息的接收者都可以验证消息的真实性,这可以通过对消息的拷贝生成消息摘要,并将它与另一个消息(由发送者提供)的消息摘要连接在一起,最后对其结果计算消息摘要来实现。如果新生成的消息摘要与解密的双重签名相符,接收者就可以相信消息的真实性。

10.5.3 SET 证书

SET 协议通过使用 X.509v3 来为参与者提供认证服务,并且通过使用 CRLv2(X.509v3 和 CRLv2)而具有了吊销措施。这些证书是特定于应用的,也就是说,SET 定义了它自己特定的专有扩展项,这些扩展项仅对于与 SET 兼容的系统才有意义。对于每一种类型的证书,SET 都包含有如下预先定义的协议子集。

1.卡用户证书

卡用户证书的作用是作为支付卡的电子表示。因为金融机构对这些证书进行了数字签名,所以它们不能被第三方更改,并且只有金融机构才能生成这类证书。卡用户证书中不包含账户号码和截止日期。相反是使用一个单向哈希函数来对只有卡用户的软件才知道的账户信息和一个秘密值进行编码。

2.商家证书

商家证书的作用是作为商品品牌标签的电子替代物。标签本身表示商家与某个金融机构有关系,允许它接受该品牌的支付卡,因为商家的金融机构对它们进行了数字签名,所以商家证书不能被第三方更改,并且只有金融机构才能生成这类证书。

3.支付网关证书

支付网关证书是通过让受方或者它们的用于处理授权和回复消息的系统处理器来获得的。卡用户从本证书中获得网关的加密密钥,它可以用于保护卡用户的账户信息,支付网关证书是由支付卡品牌组织颁发给让受方的。

4.获得者证书

获得者证书只在运作一个 CA 时才需要,该 CA 可以直接接受和处理商家通过公开和专有网络发来的证书请求。那些选择让支付卡品牌组织代表它们来处理证书请求的获得者并不需要证书,因为它们不处理 SET 消息,获得者从支付卡品牌组织那里接收它们的证书。

5.发卡机构证书

发卡机构证书只在运作一个 CA 时才需要,该 CA 可以直接接受和处理卡用户通过公开和专有网络发的证书请求,那些选择让支付品牌组织代表它们来处理证书请求的发卡机构并不需要证书,因为它们不处理 SET 消息。发卡机构从支付卡品牌组织那里接收它们的证书。

SET 规范规定证书必须通过一个严格的认证层次结构来管理,如图 10-8 所示。

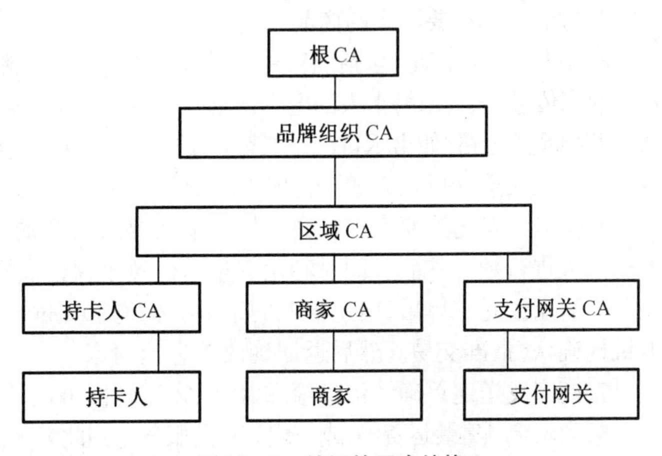

图 10-8　认证的层次结构

在 SET 的情况下,每一个证书都与一个对其进行数字签名的实体的签名证书联系在一起,沿着信任树直到一个已知的可信主体,个人就可以确信某一证书是合法的。如卡用户证书与发卡机构(或者代表发卡机构的品牌组织)证书是联系在一起的。发卡机构的证书通过品牌组织的证书向前与一个根密钥联系在一起。所有的 SET 软件都知道根的公开签名密钥,因此可以用它来验证每一个证书。

10.5.4 交易实现过程

电子商务的工作流程与实际的购物流程非常接近,它与现实购物的流程很相似,这使得电子商务与传统商务可以很容易融合,用户使用也没有什么障碍。从顾客通过浏览器进入在线商店开始,一直到所定货物送货上门或所定服务完成,然后账户上的钱转移,所有这些都是通过公共网络(因特网)完成的。如何保证网上传输数据的安全和交易双方的身份确认是电子商务能否得到推广的关键。这也正是 SET 所要解决的最主要的问题。下面我们从一事实上完整的购物处理流程来看 SET 是如何工作的,如图 10-9 所示。

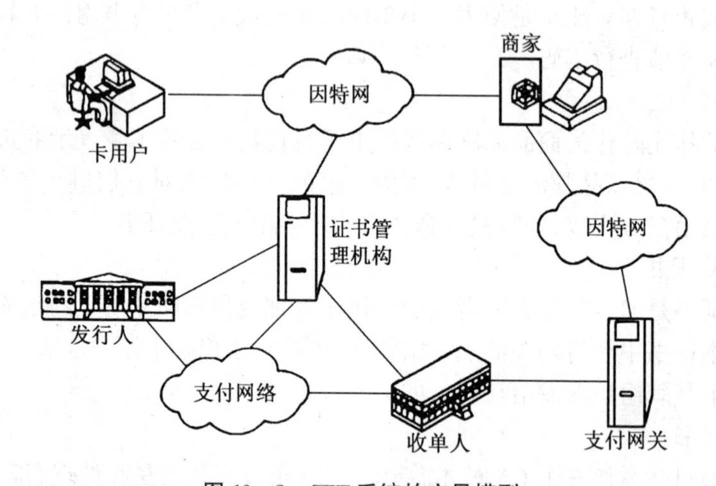

图 10-9 SET 系统的交易模型

1.持卡人使用浏览器在商家的 Web 主页上查看在线商品目录浏览商品。

2.持卡人选择要购买的商品。

3.持卡人填写定单,包括项目列表、价格、总价、运费、搬运费、税费。定单可通过电子化方式从商家传过来,或由持卡人的电子购物软件(Wallet)建立。有的在线商场可以让持卡人与商家协商物品的价格(如出示自己是老客户证明,要求折扣,或给出了竞争对手的价格信息)。

4.持卡人选择付款方式。此时 SET 开始介入。

5.持卡人发送给商家一个完整的定单及要求付款的指令。在 SET 中,定单和付款指令由持卡人进行数字签名。同时利用双重签名技术保证商家看不到持卡人的账号信息。

6.商家接受定单后,向持卡人的金融机构请求支付认可。通过支付网关到银行,再到发卡机构确认,批准交易。然后返回确认信息给商家。

7.商家发送定单确认信息给顾客,顾客端软件可记录交易日志,以备将来查询。

8.商家给顾客装运货物,或完成订购的服务。到此为止,一个购买过程已经结束。商家可以立即请求银行将钱从购物者的账号转移到商家账号,也可以等到某一时间,请求成批划账处理。

9.商家从持卡人的金融机构请求支付,在认证操作和支付操作中间一般会有一个时间间隔,如在每天的下班前请求银行结一天的账。

前面的 3 个步骤与 SET 无关,从第 4 步开始 SET 起作用,一直到第 9 步,在处理过程中,通信协议、请求信息的格式、数据类型的定义等,SET 都有明确的规定。在操作的每一步,持卡人、商家、网关都通过 CA 来验证通信主体的身份,以确保通信的对方不是冒名顶替者。

10.5.5 SET 和 SSL 协议的比较

SET 和 SSL 除了都采用 RSA 公钥算法以外,二者在其他技术方面没有任何相似之处,而 RSA 在二者中也被用来实现不同的安全目标。

SET 协议比 SSL 协议复杂,因为 SET 不仅加密两个端点间的单个会话,它还非常详细而准确地反映了卡交易各方之间存在的各种关系。SET 还定义了加密信息的格式和完成一笔卡支付交易过程中各方传输信息的规则。事实上,SET 远远不止是一个技术方面的协议,它还说明了每一方所持有的数字证书的合法含义,希望得到数字证书以及响应信息的各方应有的动作,与一笔交易紧密相关的责任分担。SET 实现起来非常复杂,商家和银行都需要改造系统以实现互操作。另外 SET 协议需要认证中心的支持。

SET 是一个多方的报文协议,它定义了银行、商家、卡用户之间的必须的报文规范,与此同时 SSL 只是简单地在两方之间建立了一条安全连接。SSL 是面向连接的,而 SET 允许各方之间的报文交换不是实时的。SET 报文能够在银行内部网或者其他网络上传输,而 SSL 之上的卡支付系统只能与 Web 浏览器捆绑在一起。

10.6 实例——Windows 系统中 SSL 的配置

大多数中小企业在自己的网站和内部办公管理系统上采用 Windows 系统,而且很多都是用默认的 IIS 来做 Web 服务器使用。由于 IIS 配置不当会造成很多漏洞和引起安全问题,为避免安全隐患,可利用 SSL 加密 HTTP 通道。本节介绍如何在 Windows2003 中利用 SSL 加密 HTTP 通道。

(1)在 Windows 2000 桌面上选择“开始|设置|控制面板”命令,在出现的“控制面板”窗口中,单击“添加/删除 Windows 组件”图标,出现“Windows 组件向导”对话框,如图 10-10 所

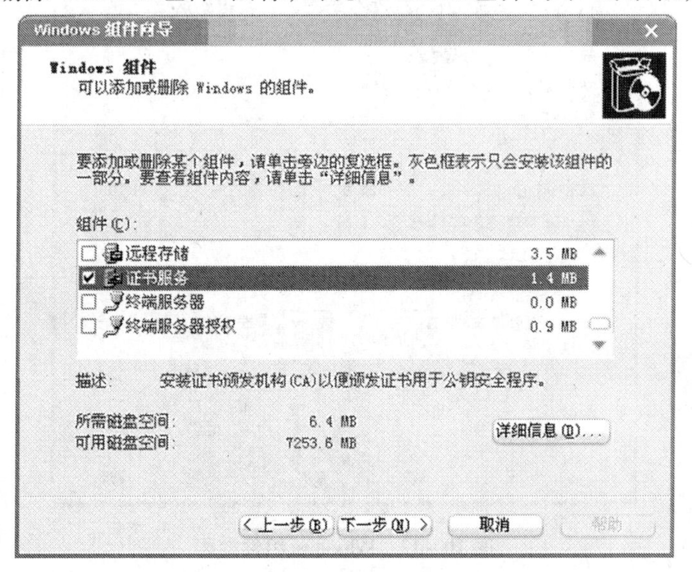

图 10-10 Windows 组件向导

示。选择“证书服务”复选框(这个服务在默认安装中没有被安装),单击“下一步”按钮(需要安装光盘来安装),出现“证书颁发机构类型”对话框。

(2)选择“独立根CA”类型,见图10-11,单击“下一步”按钮,给本机的CA取一个名字来完成安装。

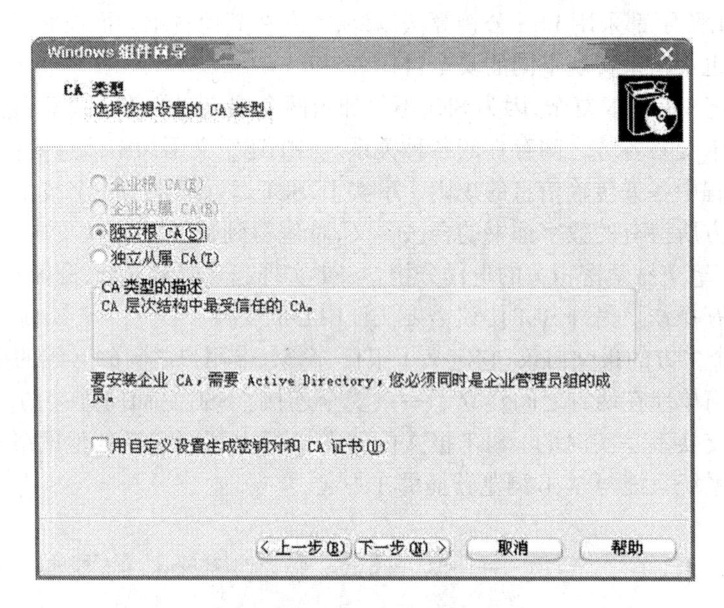

图10-11 Windows组件向导

(3)安装完成后,启动IIS管理器来申请一个数字证书,启动Internet管理器选择需要配置的Web站点,如www.die.net。出现“www.die.net属性”对话框,如图10-12所示。

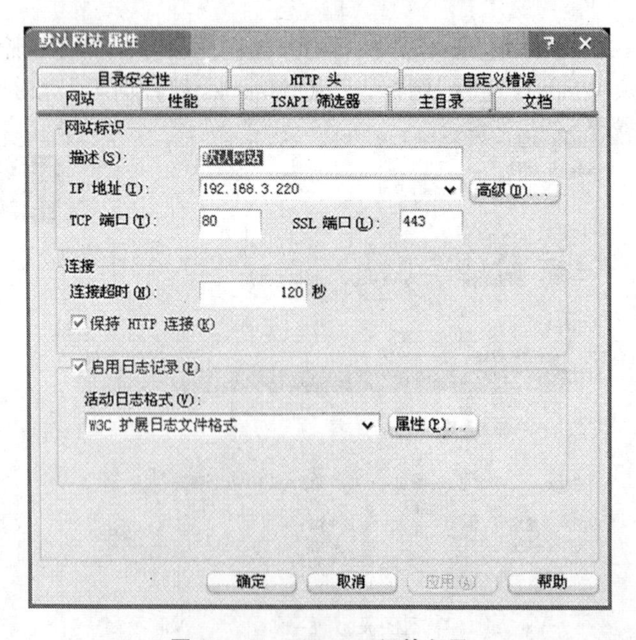

图10-12 Windows组件向导

(4)在“www.die.net 属性”对话框中，选择“目录安全性”标签页，在“安全通信”选项组中，单击“服务器证书”按钮，出现“IIS证书向导”对话框，如图 10－13 所示。

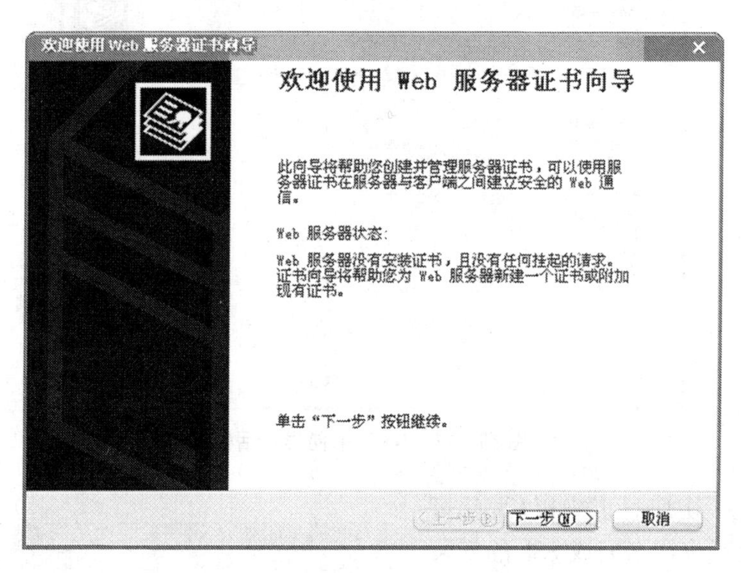

图 10－13　Web 服务器证书向导对话框

(5)要通过“Web 服务器证书向导”申请 Web 证书，需选择“创建一个新证书”单选按钮，单击“下一步”按钮。在以后的几步中，根据系统的提示填写相关信息，最后将填写的相关信息保存到一个文本文件中。

(6)启动 IE 浏览器，在地址栏中输入证书颁发机构的地址，如 http://127.0.0.1/certsrv/。按照“申请证书→高级申请→使用 base64 编码的 PKCS # 10 文件提交一个证书申请”的顺序执行，在“提交一个保存的申请”网页中，将保存的文本文件内容复制到“Base64 编码证书申请”栏中，从而完成提交。

(7)启动“证书颁发机构”，颁发待定申请的证书。成功以后，在“颁发的证书”里找到刚才颁发的证书，双击其属性栏，打开“证书”对话框，然后在“详细信息”标签页里选择将证书复制到文件。

(8)启动“证书导出向导”，在“导出文件格式”对话框中选择“DER 编码二进制 X.509(D)”做为示范，我们将其保存为 sql.cer 文件。

(9)重新回到 IIS 的 Web 管理界面选择证书申请，启动“IIS 证书向导”，这个时候显示的界面就是挂起的证书请求了。选择我们导出的 tianshui.cer 文件，如图 10－14 所示。图 10－15 显示了证书的有关信息。

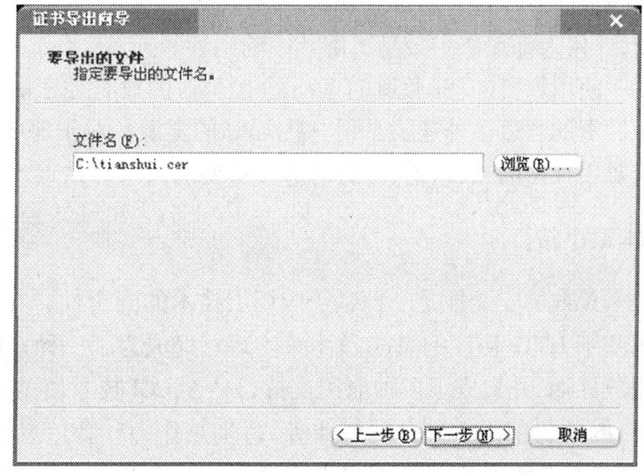

图 10－14　证书导出向导对话框

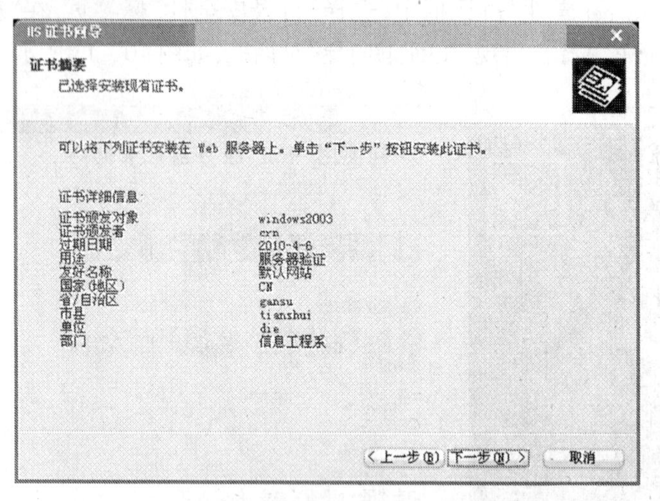

图 10 – 15 IIS 证书向导对话框

(10)确定一切信息正确以后,就可以单击“下一步”按钮来完成 SSL 的安装了。在“安全通信”对话框中,选择“申请安全通道”复选框,如图 10 – 16 所示。

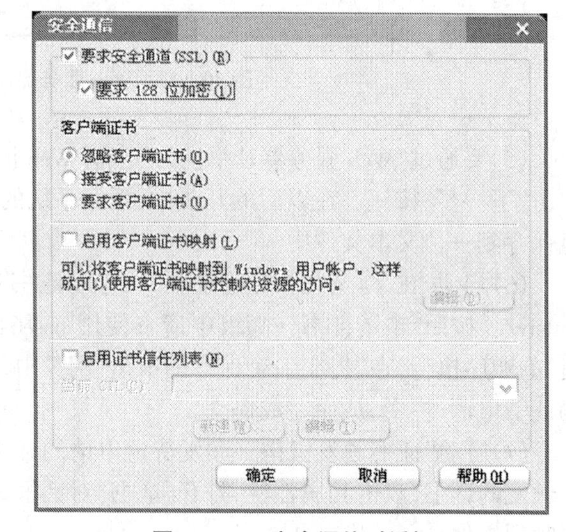

图 10 – 16 安全通信对话框

(11)默认安装结束后,SSL 并没有启动,需要自己给站点 SSL 指定加密通道,并且确定 HTTPS 使用的端口。参考图 10 – 17,在“Web 站点”标签页中将 SSL 端口设置为 443。

(12)第一次通过 HTTPS 进入站点的时候,会有一个对话框让我们确认是否同意当前证书,如图 10 – 18 所示。

完成操作后,在登录某网络时,所有在网上的信息都是以加密的方式来传送的,任何人都无法再轻易了解其中的内容。

使用加密的SSL通道的 Web 会比普通的没有加密的 Web 浏览的时候慢一点,主要是因为加密的通道额外还要占用一些 CPU 的资源。对于那些没有任何秘密可言的 Web 站点,不需要用加密的SSL通道,只有对那些重要的目录和站点才有这个必要性。

【本章小结】

Web 的安全性是一种基于应用层技术的安全性。在当前最主要的网络应用服务中,采用基于 HTTP 协议的 Web 技术来实现已经成为了一种普遍的趋势。Web 通常都具有良好的用户界面,并集成了多种应用支持,JAVA、CGI 技术使 Web 具有更强的交互性来支持各种应用,因此目前绝大部分网络服务,特别是作为社会信息化重要标志的电子商务和电子政务等,也都基于 Web 来与用户进行交互。由于 Web 是一种应用层技术,因此涉及的安全性问题也相当复杂,特别是 JAVA、CGI、ASP 等技术的引入带来的安全性问题更为复杂,往往需要

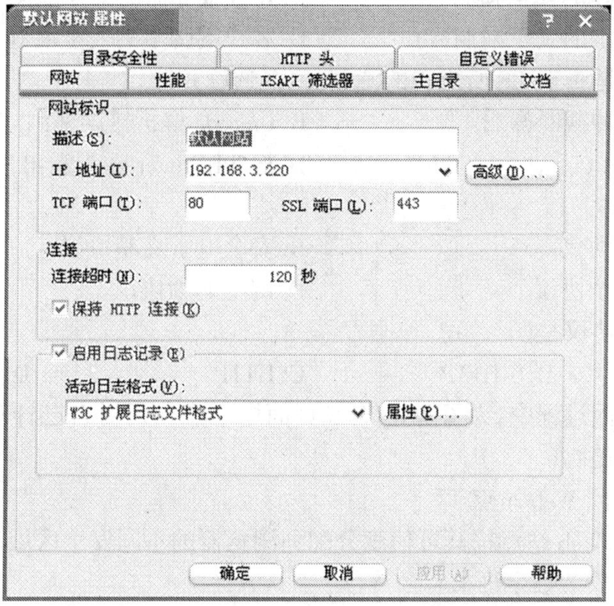

图 10－17 Web 站点默认属性对话框

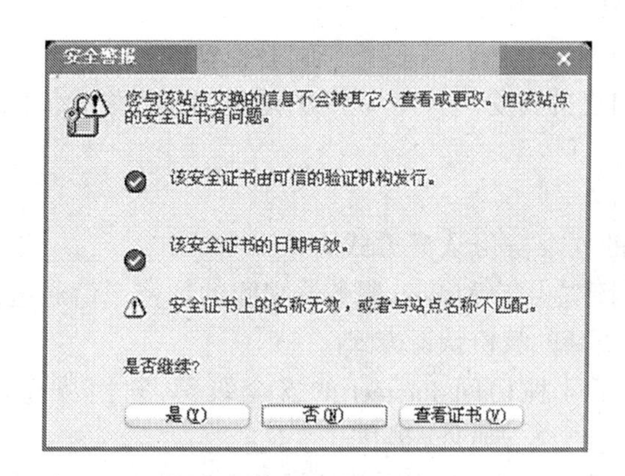

图 10－18 安全警报对话框

通过更严密的安全分析和安全策略来控制整个系统的安全性。在安全协议的支持方面，SSL 在传输层上为 Web 应用提供了安全通信的支持。针对某些特定应用，如信用卡支付也设计了 SET 等应用协议。

【练习题】

一、选择题

1. 在建立网站的目录结构时，最好的做法是(　　)。
A. 将所有的文件最好都放在根目录下　B. 目录层次选在 3 ~ 5 层
C. 按栏目内容建立子目录　D. 最好使用中文目录
2. 用 ISAPI 编写的运行程序中出现的漏洞被称为(　　)。

A.操作系统存在的安全漏洞　　B.Web 服务器的安全漏洞
C.服务器端脚本的安全漏洞　　D.客户端脚本的安全漏洞

3.下面(　　)是属于 IIS 所出现的漏洞。(多选题)
A.ISM.DLL 缓冲截断漏洞　　B.Unicode 解析错误漏洞
C.WEBdav 漏洞　　D.ISAPI Printer 远程溢出

4.SET 协议又称为(　　)。
A.安全套接层协议　　B.安全电子交易协议
C.信息传输安全协议　　D.网上购物协议

5.安全套接层协议是(　　)。
A.SET　　B.S-HTTP　　C.HTTP　　D.SSL

6.在访问因特网过程中,为了防止 Web 页面中恶意代码对自己计算机的损害,可以采取以下哪种防范措施?(　　)
A.利用 SSL 访问 Web 站点
B.将要访问的 Web 站点按其可信度分配到浏览器的不同安全区域
C.在浏览器中安装数字证书
D.要求 Web 站点安装数字证书

7.IE 浏览器将因特网世界划分为因特网区域、本地 Intranet 区域、可信站点区域和受限站点区域的主要目的是(　　)。
A.保护自己的计算机　　B.验证 Web 站点
C.避免他人假冒自己的身份　　D.避免第三方偷看传输的信息

二、填空题

1.IIS 服务器提供的登录身份认证方式有________、________和________ 3 种,还可以通过________安全机制建立用户和 Web 服务器之间的加密通信通道,确保所传递信息的安全性,这是一种安全性更高的身份认证方式。

2.IE 浏览器定义了 4 种访问 Internet 的安全级别,它们从高到低分别是________、________、________、________;另外,提供了________、________、________、________和 4 种访问对象。用户可以根据需要,对不同的访问对象设置不同的安全级别。

三、问答题

1.结合自己的亲身体验,说明在 Internet 上,Web 的安全问题无处不在。

2.Web 服务器的安全漏洞有哪些?分别指出它们有哪些危害?

3.简述 IIS 的安全性设置方法。

4.什么是 CGI?它有哪些常见的安全漏洞?

5.什么是 ASP?它有哪些常见的安全漏洞?

6.Cookie 对用户计算机系统会产生伤害吗?为什么说 Cookie 的存在对个人隐私是一种潜在的威胁?

7.在 IE 中如何设置 ActiveX 和 Cookie 的安全性?

参考文献

[1] 庞淑英.网络信息安全技术基础与应用[M].北京:冶金工业出版社,2009.
[2] 周继军,蔡毅.网络与信息安全基础[M].北京:清华大学出版社,2008.
[3] 蔡皖东.网络与信息安全[M].西安:西北工业大学出版社,2004.
[4] 崔宝江,李宝林.网络安全实验教程[M].北京:电子工业出版社,2009.
[5] 安继芳,海建.网络安全应用技术[M].北京:人民邮电出版社,2007.
[6] 王常吉,龙冬阳.信息与网络安全实验教程[M].北京:清华大学出版社,2007.
[7] 张兆信,赵永葆,赵尔丹.计算机网络安全与应用[M].北京:机械工业出版社,2005.
[8] 李艇.计算机网络管理与安全技术[M].北京:人民邮电出版社,2008.
[9] 戚文静,刘学.网络安全原理与应用[M].北京:水利水电出版社,2005.
[10] 石淑华,池瑞楠.计算机网络安全技术[M].2版.北京:人民邮电出版社,2008.
[11] 谢冬青,冷健,熊伟.计算机网络安全技术教程[M].北京:机械工业出版社,2007.
[12] 阎雪.黑客就这么几招[M].2版.北京:北京科海集团公司,2002.
[13] 葛秀慧,田浩,王凌云等.计算机网络安全管理[M].北京:清华大学出版社,2003.
[14] 蔡永泉.计算机网络安全理论与技术教程[M].北京:北京航空航天大学出版社,2003.